电力系统水处理和水分析人员
资格考核用书

电力系统水分析培训教材

（第二版）

火电厂水处理和水分析人员资格考核委员会
西安热工研究院有限公司 编著

中国电力出版社
CHINA ELECTRIC POWER PRESS

内 容 提 要

本书是根据火力发电厂水质分析人员需持证上岗，开展培训、考核、取证和发证工作而编写的。本书自2009年出版以来，共印刷5000册，且全部售完。由于近几年知识更新、科技进步、标准制修订等原因，迫切需要更新其内容。因此，在火力发电厂水处理和水分析资格考核委员会的统一安排下，对本书进行了全面的修编与更新。为方便电厂化学专业人员培训、考核的需要，还同步出版了《电力系统水处理培训教材　第二版》《电力系统水处理事故案例分析》《电力系统水分析事故案例分析》。

本书从化学分析的原理出发，系统地阐述了滴定分析法、分光光度法、电位分析法、电导率测量、离子色谱分析；以火电厂和核电站的水、汽监测项目为例，力求理论联系实际。

本书可作为火力发电厂水质分析人员学习的培训教材，也可作为从事相应工作人员的参考书。

图书在版编目（CIP）数据

电力系统水分析培训教材/火电厂水处理和水分析人员资格考核委员会，西安热工研究院有限公司编著. —2版. —北京：中国电力出版社，2016.9（2024.3重印）
电力系统水处理和水分析人员资格考核用书
ISBN 978-7-5123-9534-3

Ⅰ.①电…　Ⅱ.①火…　②西…　Ⅲ.①火电厂-电力系统-水质分析-资格考试-教材　Ⅳ.①TM621.8

中国版本图书馆CIP数据核字（2016）第161016号

中国电力出版社出版、发行
（北京市东城区北京站西街19号　100005　http://www.cepp.sgcc.com.cn）
三河市百盛印装有限公司印刷
各地新华书店经售
*
2009年6月第一版
2016年9月第二版　　2024年3月北京第十次印刷
787毫米×1092毫米　16开本　20.5印张　498千字
印数13501-14500册　　定价**80.00**元

编写人员名单

主　编　孙本达

参　编　田　利　曹杰玉　江俭军　常旭红

曹松彦　叶春松　龚秋霖　厉敏宪

李建华

前言

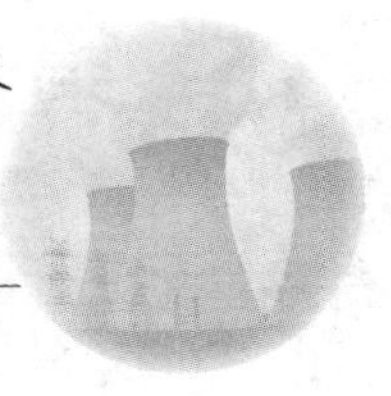

近几年来，有大量的新标准颁布实施，大量的新技术、新方法在电厂中应用。因此需要对原教材进行整理与修编，以适应电厂检测工作的需要。本次修编的主要内容如下：

（1）对引用的标准内容进行了更新。主要包括 GB/T 15481《检测和校准实验室能力的通用要求》规范实验室的检测和建立测量结果的溯源性、GB/T 6379.1《测量方法与结果的准确度（正确度与精密度） 第1部分：总则与定义简要介绍一些名词术语和定义；有关水汽试验方法》。

（2）规范、统一了电位、电导率和络合稳定常数的表示符号；明确了标准偏差真值 σ 和标准偏差的估计值 s 的定义及表示方法。

（3）补充和完善了分光光度法中有关光学知识和相关数据，改正了有关公式。

本书自出版以来一直作为火力发电厂水质分析人员需持证上岗的培训教材，对提高电厂水分析人员基础理论和操作技能起到了很大的作用。本次修编是在火力发电厂水处理和水分析人员资格考核委员会的统一安排下进行的。全书由孙本达、田利通读整理。由于编者水平有限、时间仓促，错误和不妥之处在所难免，敬请广大读者批评指正。

编　者

2016 年 6 月

第一版前言

改革开放以来，每年都有大量火电机组投入运行，电厂中水质分析人员也不断更新，用于火力发电厂水、汽品质检测的《火力发电厂水、汽试验方法》及《锅炉用水和冷却水试验方法》等标准也进行了修订，一些新的成熟的仪器分析方法也被电厂采用。本书是为火力发电厂水质分析人员持证上岗，开展培训、考核、取证和发证工作而编写的，可作为火力发电厂水质分析人员的培训教材，也可作为从事相应工作人员的参考书。

本书紧密结合电厂水、汽监督项目，分为第一篇和第二篇。第一篇是基础理论，内容上除了滴定分析法、分光光度法、电位分析法、电导率的测量等电厂普遍采用的分析方法外，还加入了原子吸收光谱法、离子色谱法和分析误差的基本理论。第二篇是定量分析操作技能，是每个从事化学分析工作的人员必须熟练掌握的专业技能，也是培训、考核的内容之一。

本书的编写是在火力发电厂水处理和水分析人员资格考核委员会的统一安排下进行的，并在考核委员领导杜红纲、汪德良和孟玉婵等安排下完成编审校等工作。第一章由田利编写，第二章由龚秋霖、厉敏宪、李建华编写，第三章由叶春松编写，第四章由曹杰玉编写，第五章由常旭红、曹松彦编写，第六章、第七章、第九章由江俭军编写，第八章由田利编写，全书由孙本达通读并整理。由于作者水平和时间有限，难免有错误和不妥之处，敬请广大读者批评指正。

编　者

2009 年 4 月

目录

第二篇　定量分析操作技能

基础理论

第一章 滴定分析法

第一节 概 述

一、滴定分析法的特点

滴定分析法又叫容量分析法。这种方法是将一种已知准确浓度的试剂溶液（标准溶液）滴加到被测物质的溶液中，直到所加的试剂与被测物质按化学计量定量反应为止，然后根据试剂溶液的浓度和用量，计算被测物质的含量。

这种已知准确浓度的试剂溶液就是滴定剂。将滴定剂从滴定管加到被测物质溶液中的过程叫“滴定”。当加入的滴定剂的量与被测物的量之间正好符合化学反应式所表示的化学计量关系时，则称反应达到了化学计量点。在化学计量点时，往往觉察不到任何外部特征，必须借助于加入的另一种试剂的颜色的改变来确定，这种能改变颜色的试剂称为指示剂。在滴定过程中，指示剂正好发生颜色变化的转变点称为滴定终点。滴定终点与化学计量点不一定恰好符合，因此造成的分析误差称为终点误差。

滴定分析通常用于测定常量组分，即被测组分的含量一般在1%以上，有时也可用于测定微量组分。滴定分析法比较准确，在正常的情况下，测定的相对误差不大于0.2%。

滴定分析简便、快速，可用于测定很多物质，且有足够的准确度，因此它在生产实践和科学实验中具有很大的实用价值。

二、滴定分析法对化学反应的要求和滴定方式

为了保证滴定分析的准确度，滴定分析法的化学反应必须具备以下几个条件：

（1）滴定剂与被滴定物质必须按一定的计量关系进行反应，没有副反应。

（2）反应要接近完全（通常要求达到99.9%以上）。

（3）反应能够迅速完成。对于速度较慢的反应，有时可通过加热或加入催化剂等方法来加快反应速度。

（4）可用较简便的方法确定滴定终点。

凡是能满足上述要求的反应，都可应用于直接滴定法中，即用标准溶液直接滴定被测物质。直接滴定法是滴定分析法中最常用和最基本的滴定方法。

对不能完全满足上述要求的反应，不能采用直接滴定法。遇到这种情况时，可采用下述几种方法进行滴定。

1）返滴定法。当试液中的被测物质与滴定剂反应很慢或者用滴定剂直接滴定固体试样反应不能立即完成时，不能用直接滴定法进行滴定。此时可先准确地加入过量滴定剂，使其与试样中的被测物质或固体试样进行反应，待反应完成后，再用另一种标准溶液滴定剩余的滴定剂，这种滴定法称为返滴定法。例如垢样中 Al_2O_3 的测定，在试样中加入过量的EDTA标准溶液，待反应结束后，剩余的 EDTA 可用标准 Zn^{2+} 或 Cu^{2+} 溶液返滴定。

有时采用返滴定法是由于某些反应没有合适的指示剂。如在酸性溶液中用 $AgNO_3$ 滴定 Cl^-，缺乏合适的指示剂，此时可先加过量的 $AgNO_3$ 标准溶液，再以三价铁盐作指示剂，用 NH_4SCN 标准溶液返滴定过量的 Ag^+，出现$[Fe(SCN)]^{2+}$，呈淡红色，即为终点。

2）置换滴定法。有些物质不能直接滴定时，可通过它与另一种物质起反应，置换出一定量能被滴定的物质，然后用适当的滴定剂进行滴定，这种滴定方法称为置换滴定法。例如，以 $K_2Cr_2O_7$标定 $Na_2S_2O_3$标准溶液的浓度时，不能直接用 $Na_2S_2O_3$滴定 $K_2Cr_2O_7$，因为在酸性溶液中，$K_2Cr_2O_7$将 $S_2O_3^{2-}$ 氧化为 $S_4O_6^{2-}$ 及 SO_4^{2-} 等的混合物，反应没有定量关系。但 $Na_2S_2O_3$却是一种很好的滴定 I_2的滴定剂，故可在 $K_2Cr_2O_7$酸性溶液中加入过量的 KI，使 $K_2Cr_2O_7$还原，并产生一定量的 I_2，即可用 $Na_2S_2O_3$标准溶液进行滴定。

3）间接滴定法。不能与滴定剂直接起反应的物质，有时可通过另外的化学反应，用滴定法间接进行滴定。例如，将 Ca^{2+}沉淀为 CaC_2O_4后，用 H_2SO_4溶解，再用 $KMnO_4$标准溶液滴定与 Ca^{2+}结合的 $C_2O_4^{2-}$，从而间接测定 Ca^{2+}。

三、滴定分析法的分类

根据所利用的化学反应类型不同，滴定分析法又分为以下四种。

（1）酸碱滴定法。以质子传递反应为基础的一种滴定方法，可以用来滴定酸、碱，其反应实质如下

$$H^+ + A^- = HA$$

（2）沉淀滴定法。以生成沉淀的化学反应为基础的一种滴定法，可用来对 Ag^+、CN^-、SCN^-及卤素等离子进行测定，如银量法，其反应如下

$$Ag^+ + Cl^- = AgCl\downarrow$$

（3）络合滴定法。以络合反应为基础的一类滴定法，如 EDTA 法测定金属离子，其反应如下

$$M^{n+} + Y^{4-} = [MY]^{n-4}$$

式中 M^{n+}——1～4 价金属离子；

Y^{4-}——EDTA 阴离子。

（4）氧化-还原滴定法。以氧化-还原反应为基础的一种滴定法，如用草酸溶液标定高锰酸钾溶液，其反应如下

$$2MnO_4^- + 5C_2O_4^{2-} + 16H^+ = 2Mn^{2+} + 10CO_2\uparrow + 8H_2O$$

四、基准物质、标准溶液以及浓度表示

在滴定分析中，不论采取何种滴定方法，都离不开标准溶液，否则无法计算分析结果。因此，正确地配制标准溶液、准确地标定标准溶液的浓度、妥善地保存标准溶液对于提高滴定分析的准确度是有重要意义的。

1. 基准物质

能用于直接配制或标定标准溶液的物质称为基准物质或标准物质。基准物质应符合下列要求：

(1) 试剂的纯度应足够高，一般要求其纯度在99.9%以上，其杂质含量应在滴定分析所允许的误差限度以下；

(2) 组分恒定，物质的组成应和化学式完全符合，若含结晶水，其结晶水含量也应该与化学式完全相符；

(3) 性质稳定，即保存时应该稳定，加热干燥时不挥发、不分解，称量时不吸收空气中的水分或二氧化碳；

(4) 具有较大的摩尔质量，这样称量较多，称量时相对误差较小；

(5) 参加反应时，应按反应式定量进行，没有副反应。

常用的基准物质有纯金属和纯化合物。表1-1列出了几种最常用基准物质的干燥条件和应用。

表1-1 常用基准物质的干燥条件和应用

基准物质		干燥后的组成	干燥条件（℃）	标定对象
名称	分子式			
十水合碳酸钠	$Na_2CO_3 \cdot 10H_2O$	$Na_2CO_3 \cdot 10H_2O$	270～300	酸
硼砂	$Na_2B_4O_7 \cdot 10H_2O$	$Na_2B_4O_7 \cdot 10H_2O$	放在装有NaCl和蔗糖饱和溶液的密闭器皿中	酸
碳酸氢钾	$KHCO_3$	$KHCO_3$	270～300	酸
二水合草酸	$H_2C_2O_4 \cdot 2H_2O$	$H_2C_2O_4 \cdot 2H_2O$	室温空气干燥	碱或$KMnO_4$
邻苯二甲酸氢钾	$KHC_8H_4O_4$	$KHC_8H_4O_4$	110～120	碱
重铬酸钾	$K_2Cr_2O_7$	$K_2Cr_2O_7$	140～150	还原剂
溴酸钾	$KBrO_3$	$KBrO_3$	130	还原剂
碘酸钾	KIO_3	KIO_3	130	还原剂
铜	Cu	Cu	室温干燥器中保存	还原剂
草酸钠	$Na_2C_2O_4$	$Na_2C_2O_4$	130	氧化剂
碳酸钙	$CaCO_3$	$CaCO_3$	110	EDTA
锌	Zn	Zn	室温干燥器中保存	EDTA
氧化锌	ZnO	ZnO	900～1000	EDTA
氯化钠	NaCl	NaCl	500～600	$AgNO_3$
氯化钾	KCl	KCl	500～600	$AgNO_3$
硝酸银	$AgNO_3$	$AgNO_3$	220～250	氯化物

2. 标准溶液

标准溶液是已知准确浓度的试剂溶液。标准溶液的配制一般采用直接法或间接法。

(1) 直接法。准确称取一定量的基准物质，溶解后配成一定体积的溶液，根据物质质量和溶液体积，计算出该标准溶液的准确浓度。

例如，称取12.2580g$K_2Cr_2O_7$，用水溶解后转移至1L容量瓶中，稀释至刻度，摇匀即得$c(1/6K_2Cr_2O_7)=0.2500$mol/L的$K_2Cr_2O_7$标准溶液。

(2) 间接法。有很多物质不能直接用来配制标准溶液，但可将其先配制成一种接近所需浓度的溶液，然后用基准物质（或已用基准物质标定过的标准溶液）来标定它的准确浓度。例如，配制0.1mol/L NaOH标准溶液，首先配成大约为0.1mol/L的溶液，然后用该溶液滴定准确称量的邻苯二甲酸氢钾基准物质，根据两者完全作用时 NaOH 溶液的用量和邻苯二甲酸氢钾的质量，即可计算出 NaOH 溶液的准确浓度。

在进行标定时应注意：

1）选择合适的基准物质，一般要选用摩尔质量较大的基准物质；

2）标定时所用的标准溶液的体积不能太小，以减少滴定误差；

3）尽量用基准物质标定，避免用另一种标准溶液标定，以减少误差的叠加；

4）至少做三次平行标定，每次平行标定的结果相对偏差不应超过 0.2%。

3. 标准溶液浓度的表示方法

标准溶液浓度通常有两种表示方式——物质的量浓度和滴定度。

（1）物质的量浓度。物质的量浓度简称浓度，是指单位体积溶液所含物质 B 的物质的量 n_B，其符号为 c_B，表达式为

$$c_B = \frac{n_B}{V} \tag{1-1}$$

式中 V——溶液体积。

物质的浓度 c_B的 SI 单位为 mol/m^3，在分析化学中常用的单位符号为 mol/L，名称是摩尔每升。

由以上定义可知，浓度是含有物质的量的一个导出量，因此在使用浓度时必须指明基本单元。例如，要表明硫酸溶液浓度时，应该是 H_2SO_4的浓度为 0.1mol/L 或 $c(H_2SO_4)=0.1mol/L$；$1/2H_2SO_4$的浓度为 0.2mol/L 或 $c(1/2H_2SO_4)=0.2mol/L$。不能不指明基本单元就说硫酸的浓度为 0.1mol/L。

浓度的规定符号是 c_B，其下标 B 泛指基本单元。若某溶液其溶质的基本单元具体有所指时，则应将代表基本单元的化学基本符号写在与主符号齐线的圆括号内，如 $c(NaOH)$、$c(1/2H_2SO_4)$等。

物质的浓度 c_B可代替以前化学中常用的当量浓度、克分子浓度和式量浓度等。物质 B 的浓度除可用符号 c_B表示外，在化学中还可用符号[B]表示。一般说来，常用 c_B表示总浓度，用[B]表示平衡浓度。

物质的摩尔质量(M_B)、物质的量浓度(c_B)、物质质量(m)、物质的量(n_B)之间的关系式为

$$c_B = \frac{n_B}{V} = \frac{m}{M_B V}$$

$$m = n_B M_B = c_B V M_B \tag{1-2}$$

【例 1-1】 欲配制 $c(1/6K_2Cr_2O_7)=0.2500mol/L$ 的标准溶液 1000.0mL，需要称取 $K_2Cr_2O_7$多少克？

解 因为 $M(1/6K_2Cr_2O_7)=294.18/6=49.03g/mol$

所以需称取 $K_2Cr_2O_7$的质量为

$$\begin{aligned} m &= c(1/6K_2Cr_2O_7)VM(1/6K_2Cr_2O_7) \\ &= 0.2500\times1000\times49.03 = 12\,257.5(mg) \\ &= 12.2575(g) \end{aligned}$$

【例 1-2】 每升含有 NaOH 40g 的溶液物质的浓度是多少？

解

$$M(NaOH)=40g/mol$$

$$c(NaOH)=\frac{m}{M(NaOH)V}=\frac{40}{40\times 1}=1(mol/L)$$

（2）滴定度。滴定度是指与每毫升标准溶液相当的待测组分的质量，用 $T_{A/B}$（A 表示滴定剂，B 表示待测物质）表示，单位为 g/mL 或 mg/mL。如果分析的对象固定，用滴定度计算其含量时，只需将滴定度乘以所消耗标准溶液的体积即可求出被测物的质量，计算十分方便。

五、滴定分析结果的计算

滴定分析计算是以化学反应中各物质质量之间的关系为基础的，因而标准溶液与被测物质在反应中的化学计量关系是计算滴定分析结果的关键。

1. 计算原则

“等物质的量规则”是滴定分析计算的基础，此规则定义为：在化学反应中，待测物质 B 和滴定剂 A 反应完全时，消耗的两反应物的物质的量是相等的，即

$$n_A = n_B$$

则

$$c_A V_A = c_B V_B = \frac{m_B}{M_B} \tag{1-3}$$

应用等物质的量反应规则时，关键在于选择基本单元。有关滴定分析的化学反应有四类，可根据反应的实质先确定某物质的基本单元，然后再确定与之反应的另一物质的基本单元。

在酸碱滴定中，用 NaOH 标准溶液滴定 H_2SO_4 溶液时，反应如下

$$H_2SO_4 + 2NaOH \xlongequal{} Na_2SO_4 + 2H_2O$$

尽管 H_2SO_4 分子中有两个质子，但如果选用 NaOH 作为基本单元，则一个 NaOH 分子每接受一个质子，H_2SO_4 只需转移一个质子给 NaOH，因此硫酸的基本单元应该选为 1/2 H_2SO_4。

在氧化-还原滴定中，其反应的实质是电子的转移，据此可确定标准溶液的基本单元，然后根据反应确定待测物质的基本单元。例如，在高锰酸钾法中，用 $H_2C_2O_4$ 为基准物标定 $KMnO_4$ 溶液浓度时，反应为

$$2MnO_4^- + 5C_2O_4^{2-} + 16H^+ \xlongequal{} 2Mn^{2+} + 10CO_2\uparrow + 8H_2O$$

在上述反应中，每个 MnO_4^- 转移 5 个电子，每个 $C_2O_4^{2-}$ 转移 2 个电子，因此其基本单元可分别取 $1/5KMnO_4$ 和 $1/2H_2C_2O_4$。

在络合滴定法中，常以 EDTA(H_2Y^{2-})为基本单元；在沉淀滴定法中，以 $AgNO_3$ 为基本单元。

2. 溶液各种浓度的换算

（1）质量分数 w（%）与物质的量浓度的换算。设 M_B 为溶质的摩尔质量，ρ 为溶液的密度，且溶液体积为 1L，则

$$w(\%) = \frac{c_B M_B}{1000\rho} \times 100 = \frac{c_B M_B}{10\rho}$$

$$c_B = \frac{10\rho w}{M_B} \tag{1-4}$$

【例 1-3】 某一盐酸溶液的密度为 1.163g/mL，质量分数为 32%，求其物质的量浓度。

解 已知 $M(HCl)=36.45g/mol$，则

$$c(HCl)=\frac{1000\times1.163\times32\%}{36.45}=10.00(mol/L)$$

即盐酸溶液的物质的量浓度为 10.00mol/L。

(2) 滴定度与物质的量浓度之间的换算。

滴定度是指 1mL 标准溶液（B）相当于被测物质（A）的质量（g 或 mg），以 T 表示。滴定剂的物质的量浓度 c_B 与滴定度 T（mg/mL）可按式（1-5）进行换算，即

$$T=c_BM_X \tag{1-5}$$

式中 M_X——被测物的摩尔质量，g/mol。

【例 1-4】 计算 $c(HCl)=0.1015mol/L$ 的 HCl 溶液对 Na_2CO_3 的滴定度。

解 反应式为

$$Na_2CO_3+2HCl=\!=\!=2NaCl+H_2O+CO_2\uparrow$$

$$M(1/2Na_2CO_3)=53g/mol$$

$$T=c_BM(1/2Na_2CO_3)=0.1015\times53=5.38(g/L)=5.38(mg/mL)$$

3. 物质间反应所涉及的计算类型

(1) 两种溶液之间的计算。

分别以 c_A、V_A 和 c_B、V_B 代表滴定剂 A 和待测物 B 的浓度和体积，当反应达到化学计量点时，$n_A=n_B$，则

$$c_AV_A=c_BV_B \tag{1-6}$$

根据已知条件，可计算出其中任何一项。

【例 1-5】 滴定 25.00mL NaOH 溶液需 $c(1/2H_2SO_4)=0.2000mol/L$ 的硫酸溶液 20.00mL，求 $c(NaOH)$。

解

$$2NaOH+H_2SO_4=\!=\!=Na_2SO_4+2H_2O$$

$$c(NaOH)V(NaOH)=\!=\!=c(1/2H_2SO_4)V(H_2SO_4)$$

$$c(NaOH)=\frac{c(1/2H_2SO_4)V(H_2SO_4)}{V(NaOH)}=\frac{0.2000\times20}{25}=0.1600(mol/L)$$

(2) 溶液与物质质量之间的换算。

物质 A 的质量为 m，其物质的量 n_A 为

$$n_A=\frac{m_A}{M_A}$$

当物质 A 与浓度为 c_B、体积为 V_B 的标准溶液作用完全时，根据等物质的量规则得出

$$c_BV_B=\frac{m_A}{M_A} \tag{1-7}$$

【例 1-6】 选用邻苯二甲酸氢钾作基准物质，标定浓度约为 0.2mol/L 的 NaOH 溶液的准确浓度。欲控制 NaOH 溶液消耗体积在 25mL 左右，应称取基准物质的质量为多少克？

解 反应式为

$$C_6H_4(COOH)(COOK)+NaOH=\!=\!=C_6H_4(COONa)(COOK)+H_2O$$

反应中邻苯二甲酸氢钾给出一个质子，基本单元是其化学式，由题意可得

$$M(KHC_8H_4O_4)=204.2\text{g/mol}$$

由 $c(NaOH)V(NaOH)=\dfrac{m(KHC_8H_4O_4)}{M(KHC_8H_4O_4)}$可得

$$m(KHC_8H_4O_4)=0.2\times25\times10^{-3}\times204.2=1.0(\text{g})$$

应称取基准物质的质量为1.0g。

(3) 待测组分含量的测定。滴定分析结果通常以待测组分含量表示，在水分析中通常以每升水样中所含被测物的质量表示，其单位为mg/L。

【例1-7】 用$AgNO_3$溶液滴定水样中的氯离子，已知移取水样体积为50mL，水样消耗$AgNO_3$标准溶液体积为25.20mL，空白消耗$AgNO_3$标准溶液体积为0.20mL，$AgNO_3$标准溶液滴定度为1.0045mg/mL，求水样中的氯离子含量。

解 $X(Cl^-)=\dfrac{(25.20-0.20)T}{V\times10^{-3}}=\dfrac{25\times1.0045}{50}\times1000=502.2(\text{mg/L})$

水样中的氯离子含量为502.25mg/L。

第二节 酸碱滴定法

酸碱滴定法是以质子传递反应为基础的滴定分析方法。该滴定法所涉及的反应是酸碱反应，因此必须对酸碱反应的基础理论进行简要的了解后，才能掌握酸碱滴定法的有关理论和应用。

对于一般的酸碱以及能与酸碱直接或间接发生质子传递反应的物质，几乎都可以利用酸碱滴定法进行测定。因此，酸碱滴定法是滴定分析重要的方法之一。为了能够正确地完成酸碱滴定，一方面要了解滴定过程中溶液pH值的变化规律；另一方面要了解酸碱指示剂的性质、变色原理及变色范围，以便能正确地选择指示剂来判断滴定终点，从而获得准确的分析结果。

一、酸碱质子理论

1. 酸碱定义

根据酸碱质子理论，凡能给出质子(H^+)的物质就是酸，能接受质子的物质就是碱。当一种酸(HA)给出质子后，剩下的酸根(A^-)自然对质子具有一种亲和力，因而是一种碱；同样，一种碱接受质子后，其生成物具有给出质子的倾向，它就是酸。这样就构成了如下的共轭酸碱体系(共轭酸碱对)

$$HA \rightleftharpoons H^+ + A^-$$

$$\text{酸} \rightleftharpoons H^+ + \text{碱}$$

以上反应称为酸碱半反应，HA(酸)失去质子后转化为它的共轭碱A^-，A^-(碱)得到质子后转化为它的共轭酸HA。下面列举了此共轭酸碱对的酸碱半反应

酸　　质子　碱

$$H_2O \rightleftharpoons H^+ + OH^-$$

$$HAc \rightleftharpoons H^+ + Ac^-$$

$$HCl \rightleftharpoons H^+ + Cl^-$$

$$NH_4^+ \rightleftharpoons H^+ + NH_3$$

$$HSO_4^- \rightleftharpoons H^+ + SO_4^{2-}$$

由上述例子可见质子理论的酸碱概念比电离理论的酸碱概念具有更广泛的含义，即酸碱可以是电中性的物质，也可以是阴离子或阳离子。另一方面，质子理论的酸碱概念还具有相对性。例如以下两个酸碱半反应

$$HCO_3^- \rightleftharpoons H^+ + CO_3^{2-}$$

$$HCO_3^- + H^+ \rightleftharpoons H_2CO_3$$

HCO_3^- 在反应中既可作为酸，又可作为碱，这类物质是酸还是碱，取决于它们对质子亲和力的相对大小和存在条件。因此，同一物质在不同的介质或溶剂中常会引起酸碱性的改变。

2. 酸碱反应

上面讲到的共轭酸碱对仅仅是从概念出发，实际上溶液中并不存在那样的平衡。酸碱反应的实质是质子的转移（得失），为了实现酸碱反应，作为酸的物质必须将它的质子转移到一种作为碱（能接受质子）的物质上。由此可见，酸碱反应是两个共轭酸碱对共同作用的结果，或者说是由两个酸碱半反应相结合而完成的。例如，HAc 在水中的电离

$$HAc(\text{酸}_1) \rightleftharpoons H^+ + Ac^-(\text{碱}_1)$$

$$H^+ + H_2O(\text{碱}_2) \rightleftharpoons H_3O^+(\text{酸}_2)$$

$$HAc + H_2O \rightleftharpoons H_3O^+ + Ac^-$$

$$\text{酸}_1 + \text{碱}_2 \quad \text{酸}_2 \quad \text{碱}_1$$

（碱₂—酸₂ 共轭；酸₁—碱₁ 共轭）

这里水既作为溶剂，同时又起碱的作用。质子(H^+)在溶液中不能单独存在，而是以水合质子(H_3O^+)状态存在，通常简化写成 H^+，于是 HAc 在水中的电离平衡可简化为

$$HAc \rightleftharpoons H^+ + Ac^-$$

本书在以后许多反应式或计算式中也常采用这种简化表示方法。

同样，碱在水溶液中接受质子的过程也必须有水分子参加，这时水起酸的作用。例如

$$NH_3(\text{碱}_2) + H^+ \rightleftharpoons NH_4^+(\text{酸}_2)$$

$$H_2O(\text{酸}_1) \rightleftharpoons H^+ + OH^-(\text{碱}_1)$$

$$NH_3 + H_2O \rightleftharpoons OH^- + NH_4^+$$

$$\text{碱}_2 + \text{酸}_1 \quad \text{碱}_1 \quad \text{酸}_2$$

（酸₁—碱₁ 共轭；碱₂—酸₂ 共轭）

从上述酸碱在水溶液中的反应可知，当酸碱发生中和反应时，质子并非直接从酸转移至碱，而是通过溶剂 H_2O 进行传递的。例如 HCl 与 NH_3 的反应为

$$HCl + H_2O \rightleftharpoons H_3O^+ + Cl^-(\text{HCl 水溶液})$$

$$NH_3 + H_3O^+ \rightleftharpoons NH_4^+ + H_2O(NH_3\text{水溶液})$$

$$HCl + NH_3 \rightleftharpoons NH_4^+ + Cl^-(\text{总反应})$$

反应中 HCl 和 NH_3 中和，分别生成各自的共轭碱和共轭酸。

3. 水的质子自递反应

水是一种两性溶剂，纯水的微弱电离是一个水分子能从另一个水分子中夺取质子而形成 H_3O^+ 和 OH^-，即

$$H_2O + H_2O \rightleftharpoons H_3O^+ + OH^-$$

水分子之间存在着的质子传递作用称为水的质子自递作用。这个反应的平衡常数称为质子自递常数(简称水的离子积)，以 K_W 表示，即

$$K_W = [H_3O^+][OH^-] \tag{1-8}$$

水合质子 H_3O^+ 常简写为 H^+，因此式(1-8)可简写为

$$K_W = [H^+][OH^-]$$

在 25℃时，$K_W = 1.0 \times 10^{-14}$，则

$$pK_W = -\lg K_W = 14.00$$

对于离解性的非水溶剂，同样存在着酸碱共轭关系，同样有溶剂的质子自递作用和质子自递常数，不同溶剂其自递常数各不相同。

4. 水溶液中酸碱的强度

酸碱的强弱取决于它给出质子和接受质子能力的强弱。给出质子的能力越强，酸性就越强；接受质子的能力越强，碱性就越强。

酸或碱在水中电离时，同时产生与其相应的共轭碱或共轭酸。某种酸的酸性越强，其共轭碱的碱性越弱，例如 HCl 是强酸，其共轭碱 Cl^- 则是一个极弱碱；同理，某种碱的碱性越强，其共轭酸的酸性越弱，例如 NH_3、S^{2-} 是较强的碱，其共轭酸 NH_4^+、HS^- 则是弱酸。

各种酸碱的电离平衡常数 K_a 和 K_b 的大小定量地说明了各种酸碱的强弱程度。例如，HCl 在水溶液中将质子完全转移给水分子，K_a 很大。

$$HCl + H_2O \rightleftharpoons H_3O^+ + Cl^-$$

它的共轭碱 Cl^- 则是一个极弱碱，K_b 值小到测定不出来。又如

$$HAc + H_2O \rightleftharpoons H_3O^+ + Ac^- \qquad K_a = 1.8 \times 10^{-5}$$

$$NH_4^+ + H_2O \rightleftharpoons H_3O^+ + NH_3 \qquad K_a = 5.6 \times 10^{-10}$$

$$HS^- + H_2O \rightleftharpoons H_3O^+ + S^{2-} \qquad K_a = 7.1 \times 10^{-15}$$

这三种酸的强度为 $HAc > NH_4^+ > HS^-$，而它们的共轭碱的离解常数 K_b 分别为

$$Ac^- + H_2O \rightleftharpoons HAc + OH^- \qquad K_b = 5.6 \times 10^{-10}$$

$$NH_3 + H_2O \rightleftharpoons NH_4^+ + OH^- \qquad K_b = 1.8 \times 10^{-5}$$

$$S^{2-} + H_2O \rightleftharpoons HS^- + OH^- \qquad K_b = 1.4$$

这三种共轭碱的强度为 $S^{2-} > NH_3 > Ac^-$，这个次序恰好与上述三种共轭酸的强度次序相反，从而定量地说明了：酸越强，它的共轭碱越弱；酸越弱，它的共轭碱越强。

共轭酸碱对的 K_a 和 K_b 之间存在一定的关系，例如

$$HAc + H_2O \rightleftharpoons H_3O^+ + Ac^- \qquad K_a = \frac{[H_3O^+][Ac^-]}{[HAc]}$$

$$Ac^- + H_2O \rightleftharpoons HAc + OH^- \qquad K_b = \frac{[HAc][OH^-]}{[Ac^-]}$$

$$K_aK_b=\frac{[H_3O^+][Ac^-]}{[HAc]}\frac{[HAc][OH^-]}{[Ac^-]}=[H_3O^+][OH^-]$$

即

$$K_aK_b=K_W=10^{-14} \text{或} K_b=\frac{K_W}{K_a}$$

因此，只要知道酸或碱的电离常数，就可计算出它们的共轭碱和共轭酸的电离常数。

二、缓冲溶液

酸碱缓冲溶液是一种对溶液的酸度起稳定作用的溶液。如果向溶液中加入少量的酸或碱，或溶液中的化学反应产生了少量的酸或碱，或将溶液稍加稀释，都能使溶液的酸度基本上稳定不变。这种能对抗外来酸、碱或稀释而其 pH 值不易发生变化的作用称为缓冲作用。

缓冲溶液的组成有三种情况：一是由一定浓度的共轭酸碱对组成，如 HAc-NaAc、NH_3-NH_4Cl 等；二是由高浓度强酸、强碱溶液组成，这种情况主要应用于高酸度(pH＜2)或高碱度(pH＞12)的缓冲范围；三是由不同类型的两性物质组成，如邻苯二甲酸氢钾。

1. 缓冲作用的原理

现以 HAc-NaAc 缓冲体系为例说明缓冲作用的原理。

在 HAc-NaAc 缓冲溶液中，NaAc 完全电离为 Na^+、Ac^-，HAc 则部分电离，即

$$NaAc \longrightarrow Na^+ + Ac^-$$

$$HAc \rightleftharpoons H^+ + Ac^-$$

溶液中 HAc 和 Ac^- 为共轭酸碱对。当向溶液中加入少量强酸（如 HCl），加入的 H^+ 即与溶液中的 Ac^- 反应生成难电离的共轭酸 HAc，使平衡向左移动，溶液中的 $[H^+]$ 基本保持不变；当向溶液中加入少量强碱（如 NaOH），加入的 OH^- 与溶液中的 H^+ 结合成难电离的 H_2O，促使 HAc 继续向水转移质子，平衡向右移动，溶液中的 $[H^+]$ 也基本保持不变；如果将溶液稍加稀释，HAc 和 Ac^- 的浓度都相应降低，使 HAc 的电离度增大，那么溶液中的 $[H^+]$ 仍然基本保持不变，从而使溶液酸度稳定在一定范围内。

2. 缓冲溶液 pH 值计算

缓冲溶液 pH 值计算可以从酸的电离平衡求得。以弱酸 HA 及其共轭碱 A^- 组成的缓冲溶液为例，设它们的浓度分别为 c_{HA} 和 c_{A^-}，则

$$NaA \longrightarrow Na^+ + A^-$$

$$HA \rightleftharpoons H^+ + A^-$$

$$K_a=\frac{[H^+][A^-]}{[HA]} \qquad [H^+]=K_a\frac{[HA]}{[A^-]}$$

由于 HA 及 A^- 同时以较高浓度存在于溶液中，再加上同离子效应，使得 HA 的电离度更小，可认为$[HA]\approx c_{HA}$。因为 NaA 为强电解质，HA 电离度小，所以$[A^-]\approx c_{A^-}$，则

$$[H^+]=K_a\frac{c_{HA}}{c_{A^-}} \tag{1-9}$$

$$pH=pK_a+\lg\frac{c_{A^-}}{c_{HA}}$$

式中 K_a——弱酸的电离常数；

c_{HA}——弱酸的分析浓度，mol/L；

c_{A^-}——共轭碱的分析浓度，mol/L。

【例 1-8】 计算 $c(HAc)=0.10mol/L$ 的 HAc 和 $c(NaAc)=0.10mol/L$ 的 NaAc 溶液组成的缓冲溶液的 pH 值。

解 已知 HAc 的 $pK_a=4.74$，则

$$pH=pK_a+\lg\frac{c_A}{c_{HA}}=4.74+\lg\frac{0.10}{0.10}=4.74$$

缓冲溶液 pH 值主要与组成缓冲溶液的弱酸电离常数有关，同时也和该酸与其共轭碱的浓度比有关，适当改变浓度比值，就可在一定范围内配制不同 pH 值的缓冲溶液。

需要 pH=5.0 左右的缓冲溶液，则可选择 HAc-NaAc 缓冲体系，因为 HAc 的 $pK_a=4.74$；如需要 pH=9.5 左右的缓冲溶液，则应选择 NH_3-NH_4Cl 体系，因为 NH_4^+ 的 $pK_a=9.26$。如果分析反应要求溶液的酸度在 pH=0～2 或 pH=12～14 的范围内，则应选用强酸或强碱溶液来控制。

三、酸碱指示剂

1. 酸碱指示剂的作用原理

酸碱滴定中，一般利用酸碱指示剂颜色的变化来指示滴定终点。常用的酸碱指示剂是弱有机酸、弱有机碱或酸碱两性物质。当溶液 pH 值改变时，指示剂由于结构上的变化而发生颜色的变化，从而指示酸碱滴定终点。例如，酚酞指示剂是无色的二元弱酸，它在水中发生如下电离和颜色变化

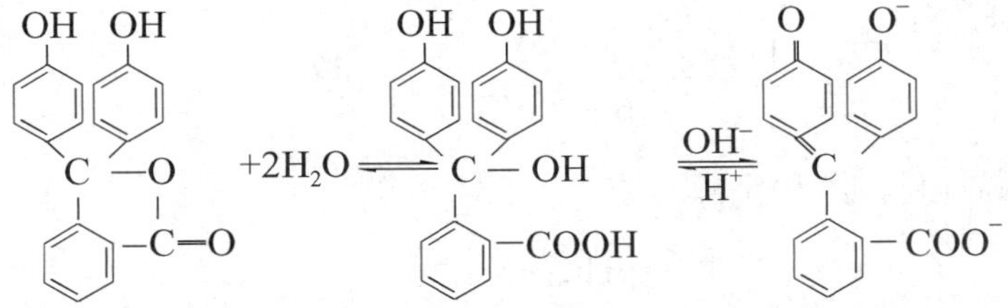

OH　OH　　C—O　—C=O　$+2H_2O$ ⇌ OH　OH　C—OH　—COOH　$\underset{H^+}{\overset{OH^-}{\rightleftharpoons}}$ O　O^-　C　—COO^-

无色(内酯式)　　**无色(羟式)**　　**红色(醌式)**

由平衡关系可见，在酸性溶液中，酚酞呈无色(内酯式、羟式)；在碱性溶液中，酚酞转移质子转化为醌式后呈红色。

又如，甲基橙是一种双色指示剂，它在溶液中发生如下电离作用和颜色变化

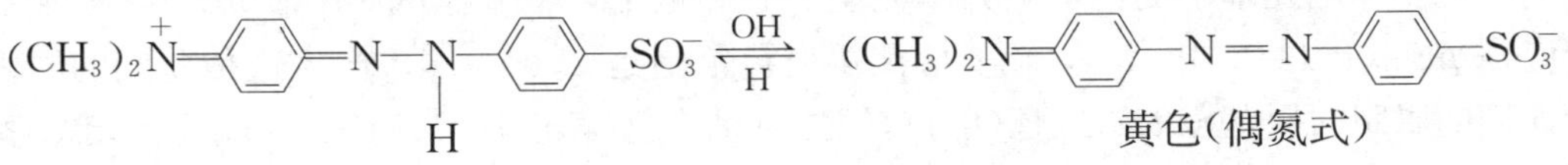

$$(CH_3)_2\overset{+}{N}=\!\langle\;\rangle\!=N-\underset{\substack{|\\ H}}{N}-\langle\;\rangle-SO_3^- \underset{H}{\overset{OH}{\rightleftharpoons}} (CH_3)_2N-\langle\;\rangle-N=N-\langle\;\rangle-SO_3^-$$

红色(醌式)　　黄色(偶氮式)

由平衡关系可见，增大溶液酸度，平衡向左移动，甲基橙以红色双极离子形式存在，溶液呈红色；降低溶液酸度，平衡向右移动，甲基橙以黄色偶氮式形式存在，溶液呈黄色。

2. 指示剂的变色范围

根据实际测定，当溶液的 pH 值小于 8 时，酚酞呈无色；pH 值大于 10 时，酚酞呈红色，pH 值从8～10 是酚酞从无色渐变为红色的过程，称酚酞的变色范围。当溶液的 pH 值小于 3.1 时，甲基橙呈红色；pH 值大于 4.4 时，甲基橙呈黄色；pH 值从 3.1～4.4 是甲基橙的变色范围。

由于各种指示剂的平衡常数不同，其变色范围也不同。溶液 pH 值的变化使指示剂共轭酸碱的电离平衡发生移动，致使颜色变化。但是，只有当溶液的 pH 值改变到一定范围时，才能明显看到指示剂的颜色变化。现以弱酸型指示剂(HIn)为例来说明。指示剂的酸式 HIn 和共轭碱式 In^- 在溶液中有如下电离平衡

$$\underset{\text{酸式色}}{HIn}+H_2O \rightleftharpoons H_3O^+ + \underset{\text{碱式色}}{In^-}$$

当电离达到平衡时，则

$$K_{HIn}=\frac{[H^+][In^-]}{[HIn]} \qquad \frac{K_{HIn}}{[H^+]}=\frac{[In^-]}{[HIn]}$$

式中 $[In^-]$、$[HIn]$——指示剂碱式色和酸式色的浓度。

由上式可知，溶液呈现什么颜色主要决定于$[In^-]$与$[HIn]$的比值，该比值又与 K_{HIn} 和 $[H^+]$有关。在一定温度下，对于某一种指示剂，其 K_{HIn} 是一个常数值，因此该比值仅为$[H^+]$的函数，即$[H^+]$发生改变，$[In^-]/[HIn]$也随之改变，溶液颜色也逐渐发生改变。当$[In^-]/[HIn]=1$ 时，酸式色和碱式色各占 50%，呈现混合色，任何$[H^+]$的改变都将导致比值的改变，此时的 pH 值($pH=pK_{HIn}$)即为该种指示剂的理论变色点。但是人的眼睛对颜色的分辨能力有一定限度，极少量的$[H^+]$的变化很难分辨出溶液颜色的变化。一般来说，只有当 HIn 浓度大于 In^- 浓度 10 倍以上时，才能看到酸式色；当 In^- 浓度大于 HIn 浓度 10 倍以上时，方可看到碱式色。

$\frac{[In^-]}{[HIn]}\geqslant 10$ 时，$[H^+]\leqslant\frac{K_{HIn}}{10}$，即

$$pH\geqslant pK_{HIn}+1$$

$\frac{[In^-]}{[HIn]}\leqslant\frac{1}{10}$时，$[H^+]\geqslant 10K_{HIn}$，即

$$pH\leqslant pK_{HIn}-1$$

由此可见，当溶液 pH 值由 $pK_{HIn}-1$ 变化到 $pK_{HIn}+1$ 时，就可明显看到指示剂由酸式色变为碱式色。因此，$pH=pK_{HIn}\pm 1$ 就是理论上指示剂变色的 pH 值范围，简称指示剂变色范围。

由于人眼对各种颜色的敏感程度不同，加上两种颜色互相掩盖影响观察，因此观察到的实际变色范围与上述理论变色范围并不完全一致。例如，甲基橙的 $pK_{HIn}=3.4$，理论变色范围应是 $pK_{HIn}\pm 1=2.4\sim 4.4$，而实际测得变色范围是 3.1～4.4，产生这种差别的原因是由于人们的眼睛对甲基橙的酸式色(红色)较之对碱式色(黄色)更为敏感，所以甲基橙的变色范围在 pH 值小的一端就小些。

综上所述，酸碱指示剂的颜色随 pH 值的变化而变化，形成一个变色范围。各种指示剂由于其 pK_{HIn}不同，变色范围也不同，各种指示剂变色范围的幅度也各不相同。大多数指示剂的变色幅度是 1.6～1.8 个 pH 值单位。指示剂的变色范围越窄越好，因为 pH 值稍有改变就可观察到溶液颜色的改变，有利于提高测定结果的准确度。表 1-2 列出了几种常用酸碱指示剂的变色范围。

3. 影响指示剂变色的主要因素

(1) 温度。酸碱指示剂的变色点、变色范围的决定因素是指示剂的 K_{HIn}，而 K_{HIn}是随温

度变化而变化的。如 18℃时甲基橙的变色范围是 pH＝3.1～4.4；100℃时则为 pH＝2.5～3.7。

表 1-2　　几种常用酸碱指示剂的变色范围

指示剂	变色范围 pH 值	颜色变化	pK_{HIn}	浓　度	每 10mL 试液用量（滴）
百里酚蓝(第一变色点)	1.2～2.8	红—黄	1.7	0.1%的 20%乙醇溶液	1～2
甲基黄	2.9～4.0	红—黄	3.3	0.1%的 90%乙醇溶液	1
甲基橙	3.1～4.4	红—黄	3.4	0.05%的水溶液	1
溴酚蓝	3.0～4.6	黄—紫	4.1	0.1%的 20%乙醇溶液或其钠盐水溶液	1
溴甲酚绿	4.0～5.6	黄—蓝	4.9	0.1%的 20%乙醇溶液或其钠盐水溶液	1～3
甲基红	4.4～6.2	红—黄	5.0	0.1%的 60%乙醇溶液或其钠盐水溶液	1
溴百里酚蓝	6.2～7.6	黄—蓝	7.3	0.1%的 20%乙醇溶液或其钠盐水溶液	1
中性红	6.8～8.0	红—黄橙	7.4	0.1%的 60%乙醇溶液	1
苯酚红	6.8～8.4	黄—红	8.0	0.1%的 60%乙醇溶液或其钠盐水溶液	1
酚　酞	8.0～10.0	无—红	9.1	0.5%的 90%乙醇溶液	1～3
百里酚蓝(第二变色点)	8.0～9.6	黄—蓝	8.9	0.1%的 20%乙醇溶液	1～4
百里酚酞	9.4～10.6	无—蓝	10.0	0.1%的 90%乙醇溶液	1～2

（2）溶剂。指示剂在不同溶剂中其 K_{HIn} 值不同，因此指示剂在不同溶剂中具有不同的变色范围。例如，甲基橙在水溶液中 $pK_{HIn}=3.4$，在甲醇溶液中 $pK_{HIn}=3.8$。

（3）指示剂的用量。若指示剂用量过多(或浓度过高)，指示剂就会多消耗一些滴定剂，从而带来误差；另外，对于双色指示剂，增大指示剂浓度，使 HIn 与 In^- 两者吸光度增加，吸收峰重叠部分加大，使本来易于分辨的两种颜色变得难于分辨了，客观上降低了指示剂的灵敏度。

此外，指示剂的用量对单色指示剂的变色范围影响较大。这是因为从无色观察到轻微的颜色需要一个最低浓度(设为 a)。例如酚酞的酸式色是无色，碱式色为红色，人眼可见红色最低浓度为 a 应是固定的。若指示剂的总浓度为 c，由指示剂的电离平衡式可得

$$\frac{K_{HIn}}{[H^+]}=\frac{[In^-]}{[HIn]}=\frac{a}{c-a} \tag{1-10}$$

式中 a 和 K_{HIn} 是固定的，当 c 增大时，为维持平衡，$[H^+]$就须相应增大，即指示剂会在较低 pH 值时显红色。如在 50mL 溶液中加入 2～3 滴 0.1%酚酞，在 pH＝9.0 时出现微红色；若加入 10～15 滴酚酞，则在 pH＝8.0 时就会出现微红色。因此，在滴定中应避免加入过多的指示剂。

（4）滴定顺序。滴定顺序对选择指示剂也很重要，例如酚酞由无色(酸式色)变为红色(碱式色)颜色变化敏锐；甲基橙由黄色变为红色比由红色变为黄色易于辨别。因此，用强酸滴定强碱时应选用甲基橙(或甲基红)作指示剂，而强碱滴定强酸时则常选用酚酞作指示剂。

（5）混合指示剂。单一指示剂的变色范围一般都较宽，然而在酸碱滴定中有时需要将滴定终点限制在很窄的 pH 值范围，这时可采用混合指示剂。混合指示剂具有变色范围窄、变

色明显等优点。

混合指示剂一般有两种配制方法：一种是由两种或两种以上的指示剂混合而成；另一种方法是用一种不随 H^+ 浓度变化而改变颜色的染料与一种指示剂混合而成。

例如，溴甲酚绿和甲基红两种指示剂所组成的混合指示剂较两种单一使用时具有变色敏锐的优点；甲基橙和靛蓝染料组成混合指示剂，靛蓝的蓝色在滴定过程中只作为甲基橙变色的背景，该混合指示剂较单一甲基橙指示剂的变色灵敏，易于辨别。表 1-3 列出几种常用混合指示剂及其配制方法。

表 1-3　　几种常用混合指示剂及其配制方法

指示剂溶液的组成	变色时pH值	颜色变化		浓　度
		酸色	碱色	
1份0.1%甲基黄乙醇溶液 1份0.1%次甲基蓝乙醇溶液	3.25	蓝紫	绿	pH=3.2，蓝紫色； pH=3.4，绿色
1份0.1%甲基橙水溶液 1份0.25%靛蓝二磺酸水溶液	4.1	紫	黄绿	0.1%的90%乙醇溶液
1份0.2%甲基橙水溶液 1份0.1%溴甲酚绿钠盐水溶液	4.3	橙	蓝绿	pH=3.5，黄色； pH=4.05，绿色； pH=4.3，浅绿色
1份0.2%甲基红乙醇溶液 3份0.1%溴甲酚绿乙醇溶液	5.1	酒红	绿	
1份0.1%氯酚红钠盐水溶液 1份0.1%溴甲酚绿钠盐水溶液	6.1	黄绿	蓝紫	pH=5.4，蓝绿色； pH=5.8，蓝色； pH=6.0，蓝带紫； pH=6.2，蓝紫色
1份0.1%中性红乙醇溶液 1份0.1%次甲基蓝乙醇溶液	7.0	紫蓝	绿	pH=7.0，蓝紫色
1份0.1%甲酚红钠盐水溶液 3份0.1%百里酚蓝钠盐水溶液	8.3	黄	紫	pH8.2，玫瑰红； pH=8.4，清晰的紫色
3份0.1%酚酞50%乙醇溶液 1份0.1%百里酚蓝50%乙醇溶液	9.0	黄	紫	从黄色到绿色，再到紫色
1份0.1%酚酞乙醇溶液 1份0.1%百里酚酞乙醇溶液	9.9	无	紫	pH=9.6，玫瑰红； pH=10，紫色
1份0.1%茜素黄R乙醇溶液 2份0.1%百里酚酞乙醇溶液	10.2	黄	紫	

四、滴定曲线和指示剂的选择

为了正确运用酸碱滴定法进行分析测定，必须了解各类酸碱滴定过程中溶液 pH 值的变化情况，尤其是化学计量点附近 pH 值的变化，选择最合适的指示剂来指示化学计量点。下面分别讨论各种类型的滴定曲线和选择指示剂的原则。

1. 强碱滴定强酸或强酸滴定强碱

其特点是强酸和强碱在溶液中全部电离，滴定的基本反应为

$$OH^- + H^+ \longrightarrow H_2O$$

现用 0.1000mol/L 的 NaOH 溶液滴定 20.00mL 0.1000mol/L 的 HCl 溶液为例来说明。为了便于研究滴定过程中 H^+ 浓度的变化规律，将整个滴定过程分为滴定开始前、滴定开始后至化学计量点前、化学计量点时、化学计量点后 4 个阶段分析。

(1) 滴定开始前：溶液中仅有 HCl 存在，溶液的 pH 值取决于 HCl 的初始浓度，即 $[H^+]=0.1000mol/L$，pH=1.00。

(2) 滴定开始后至化学计量点前：随着 NaOH 不断滴入，部分 HCl 被中和，组成 HCl +NaCl，其中 NaCl 对 pH 值无影响，可根据剩余的 HCl 量计算 pH 值。

例如，当加入 18.00mL NaOH 溶液时，剩余的 HCl 为 2.00mL，这时溶液的总体积应为 38.00mL，溶液的 pH 值为

$$[H^+]=\frac{2\times 0.1000}{20.00+18.00}=5.26\times 10^{-3}(mol/L) \qquad pH=2.28$$

当加入 19.98mL NaOH 溶液时，溶液 pH 值为

$$[H^+]=\frac{0.02\times 0.1000}{20.00+19.98}=5.0\times 10^{-5}(mol/L) \qquad pH=4.30$$

(3) 化学计量点时：滴入 NaOH 溶液 20.00mL 时，NaOH 与 HCl 等物质的量反应，溶液呈中性，pH=7.00。

(4) 化学计量点后：化学计量点后再继续加入 NaOH 溶液，溶液中就有了过量的 NaOH，此时溶液中的 $[H^+]$ 取决于过量的 NaOH 浓度。

例如，加入 20.02mL NaOH 溶液时，NaOH 溶液过量 0.02mL，过量 NaOH 浓度为

$$[OH^-]=\frac{0.02\times 0.1000}{20.00+20.02}=5.0\times 10^{-5}(mol/L)$$

$$pH=14-pOH=14.00-4.30=9.70$$

其他各点可参照上述方法逐一计算，计算结果列于表 1-4 中。

表 1-4　　用 0.1000mol/L 的 NaOH 滴定 20.00mL 的 0.1000mol/L HCl

加入 NaOH (mL)	中和百分数 (%)	剩余 HCl (mL)	过量 NaOH (mL)	$[H^+]$ (mol/L)	pH 值
0.00	0.00	20.00		1.00×10^{-1}	1.00
18.00	90.00	2.00		5.26×10^{-3}	2.28
19.80	99.00	0.20		5.02×10^{-4}	3.30
19.96	99.80	0.04		1.00×10^{-4}	4.00
19.98	99.90	0.02		5.00×10^{-5}	4.31
20.00	100.00	0.00		1.00×10^{-7}	7.00
20.02	100.10		0.02	2.00×10^{-10}	9.70
20.04	100.20		0.004	1.00×10^{-10}	10.00
20.20	101.00		0.20	2.00×10^{-11}	10.70
22.00	110.00		2.00	2.10×10^{-12}	11.70
40.00	200.00		20.00	3.00×10^{-13}	12.50

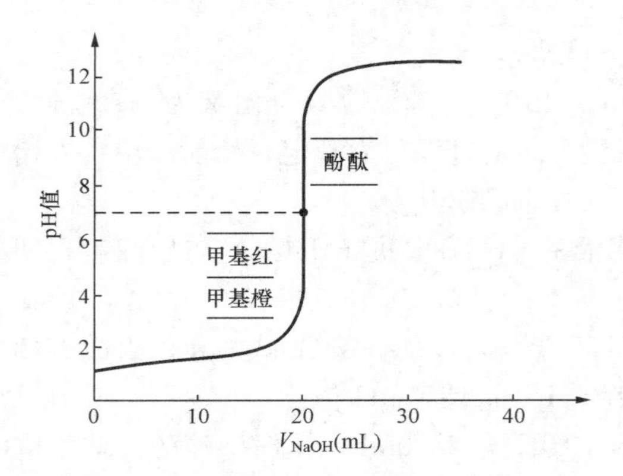

图 1-1 0.1000mol/L 的 NaOH 滴定 20.00mL 的 0.1000mol/L HCl 的滴定曲线

以滴加的 NaOH 溶液的体积(mL)为横坐标，以溶液的 pH 值为纵坐标来绘制关系曲线，则得如图 1-1 所示的滴定曲线。

从表 1-4 和图 1-1 可以看出，整个滴定过程 pH 值的变化是不均匀的。从滴定开始到加入 19.98mL NaOH 溶液，溶液 pH 值变化缓慢，只改变了 3.3 个 pH 值单位；在接近化学计量点，即化学计量点前半滴至后半滴(19.98～20.02mL，0.04mL 约一滴)，溶液的 pH 值突然从 4.30 增高至 9.70，增大了 5 个 pH 值单位，滴定曲线上出现的一段垂直线称为滴定曲线的突跃范围；此后，过量 NaOH 溶液所引起的 pH 值的变化越来越小，滴定曲线又趋平坦。

根据滴定曲线的突跃范围，可选择适当的指示剂，并且可测得化学计量点时所需的 NaOH 溶液体积。最理想的指示剂应恰好在滴定反应的化学计量点变色，但实际上，凡是在突跃范围(pH=4.3～9.7)内变色的指示剂都可以选用，如甲基橙、甲基红、酚酞都可以认为是合适的指示剂。

从滴定分析准确度要求出发，若用甲基橙作指示剂时，滴定到甲基橙由红色突变为黄色时溶液的 pH 值约为 4.4，滴定终点处在化学计量点之前，但不超过 0.02mL，这时产生的相对误差为

$$相对误差=\left|\frac{-0.02}{20.00}\times100\right|=0.1\%$$

完全符合滴定分析要求。

若用酚酞作指示剂，酚酞由无色显微红色时，pH>9.1，滴定终点处在化学计量点之后，碱虽过量但也不超过 0.02mL，这时产生的相对误差为

$$相对误差=\left|\frac{+0.02}{20.00}\times100\right|=0.1\%$$

也符合滴定分析的误差。

由此可得出如下结论：在酸碱滴定中，如果用指示剂指示滴定终点，则应根据化学计量点附近的滴定突跃来选择指示剂，应使指示剂的变色范围处于或部分处于化学计量点附近滴定曲线的 pH 值突跃范围内。

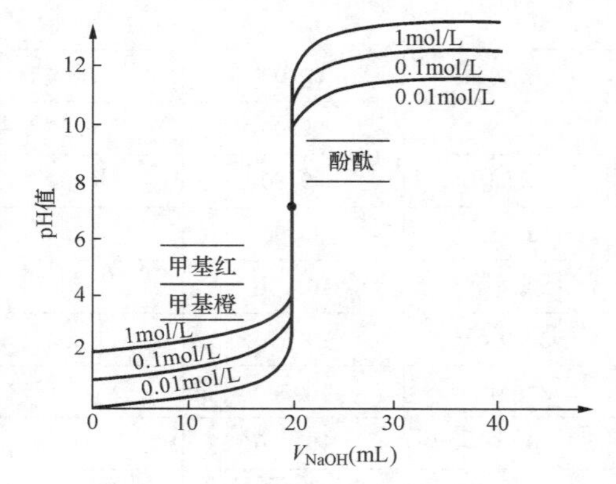

图 1-2 不同浓度 NaOH 溶液滴定不同浓度 HCl 溶液的滴定曲线

以上讨论的是用 0.1000mol/L 的 NaOH 滴定 0.1000mol/L 的 HCl 溶液的情况。如果溶液浓度改变，化学计量点时溶液的 pH 值仍为 7，但化学计量点附近的滴定突跃范围大小却不相同。从图 1-2 可以清楚地看出，酸碱溶液越浓，滴定曲线上化学计量点附近的滴定突跃范围越大，可

供选择的指示剂就越多。酸碱溶液越稀，滴定曲线上化学计量点附近的滴定突跃范围越小，指示剂的选择越受限制。当用 0.010 00mol/L 的 NaOH 滴定 0.010 00mol/L 的 HCl 溶液时，用甲基橙指示剂就不合适了。用 NaOH 滴定其他强酸溶液，其滴定情况相似，指示剂的选择也相似。

2. 强碱滴定弱酸

这里以 NaOH 溶液滴定 HAc 溶液为例，讨论强碱滴定弱酸的情况。

滴定过程中发生的化学反应为

$$OH^- + HAc = Ac^- + H_2O$$

与强碱滴定强酸相类似，整个滴定过程也可分为 4 个阶段。

这里选用最简式计算溶液的浓度。虽然用最简式求得的溶液的[H^+]有百分之几的误差，但当换算成 pH 值时，小数点后第二位才显出差异，对于滴定曲线上各点的计算，这个差异是允许的，不影响指示剂的选择。因此，除了使用的溶液浓度极稀或酸碱极弱的情况外，通常用最简式计算即可。

现以 0.1000mol/L 的 NaOH 溶液滴定 20.00mL 0.1000mol/L 的 HAc 溶液为例，计算滴定曲线上各点的 pH 值。已知 HAc 的 $pK_a=4.74$。

(1) 滴定开始前：这时溶液是 0.1000mol/L 的 HAc 溶液，则

$$[H^+]=\sqrt{cK_a}=\sqrt{0.1000\times10^{-4.74}}=10^{-2.87}\quad(\text{mol/L})\qquad pH=2.87$$

(2) 滴定开始至化学计量点前：该阶段溶液中未反应的弱酸 HAc 及反应产物 NaAc 组成缓冲体系。pH 值按式 (1-11) 计算，即

$$pH=pK_a+\lg\frac{c_{Ac^-}}{c_{HAc}}\tag{1-11}$$

如果滴入的 NaOH 溶液为 19.98mL，剩余的 HAc 为 0.02mL，则溶液中剩余的 HAc 浓度为

$$c_a=\frac{0.02\times0.100}{20.00+19.98}=5.03\times10^{-5}\quad(\text{mol/L})$$

反应生成的 Ac^- 浓度为

$$c_b=\frac{19.98\times0.1000}{20.00+19.98}=5.00\times10^{-2}\quad(\text{mol/L})$$

$$[H^+]=\frac{c_a}{c_b}K_a=\frac{5.03\times10^{-5}}{5.00\times10^{-2}}\times10^{-4.74}=1.83\times10^{-8}\quad(\text{mol/L})$$

$$pH=7.74$$

(3) 化学计量点时：此时 HAc 全部被中和生成一元弱碱 Ac^-，其浓度为

$$c_b=\frac{20.00\times0.1000}{20.00+20.00}=5.00\times10^{-2}\quad(\text{mol/L})$$

$$pK_b=14-pK_a=14-4.74=9.26$$

$$[OH^-]=\sqrt{cK_b}=\sqrt{5.00\times10^{-2}\times10^{-9.26}}=5.24\times10^{-6}\quad(\text{mol/L})$$

$$pH=14.00-pOH=14.00-5.28=8.72$$

(4) 化学计量点之后：与强碱滴定强酸的情况完全相同，根据 NaOH 过量的程度计算溶液的 pH 值。例如，当加入 20.02mL NaOH 时，NaOH 过量 0.02mL，即

$$[OH^-]=\frac{0.02\times0.1000}{20.00+20.02}=5.03\times10^{-5}\quad(mol/L)$$

$$pH=14.00-pOH=14.00-4.30=9.70$$

如此逐一计算，结果列入表 1-5 中。

表 1-5　　用 0.1000mol/L 的 NaOH 滴定 20.00mL 的 0.1000mol/L 的 HAc

加入 NaOH (mL)	中和百分数 (%)	剩余 HAc (mL)	过量 NaOH (mL)	pH 值
0.00	0.00	20.00		2.87
18.00	90.00	2.00		5.70
19.80	99.00	0.20		6.73
19.98	99.90	0.02		7.74
20.00	100.00	0.00		8.72
20.02	100.10		0.02	9.70
20.20	101.00		0.20	10.70
22.00	110.00		2.00	11.70
40.00	200.00		20.00	12.50

滴定前溶液的 pH=2.87，比同浓度 HCl 溶液约高两个 pH 值单位。滴定开始后 pH 值升高较快，这是由于中和生成的 Ac^- 产生同离子效应，使 HAc 更难电离，$[H^+]$ 较快降低所致。继续滴入 NaOH，溶液中形成 HAc-NaAc 缓冲体系，pH 值增加缓慢，这段曲线较为平坦。当滴定接近化学计量点时，剩余的 HAc 已很少，溶液缓冲能力逐渐减弱，于是随着 NaOH 滴入，溶液的 pH 值又迅速升高。到达化学计量点时，在其附近出现了一个较为短小的滴定突跃，这个突跃的值为 7.74～9.70，比同浓度强碱滴定强酸时小得多。化学计量点后溶液 pH 值的变化规律与强碱滴定强酸相同。

这类型滴定的突跃范围是在碱性范围内，因此在酸性范围变色的指示剂，如甲基橙、甲基红等都不能作为强碱滴定弱酸的指示剂。可选用酚酞、百里酚蓝等变色范围处于突跃范围内的指示剂作为这一滴定类型的指示剂。

这一滴定类型的突跃范围不仅与滴定剂的浓度有关，而且与弱酸的强度和浓度有关。图 1-3 中标出了浓度为 0.1000mol/L 的 NaOH 溶液滴定 0.1000mol/L 不同强度弱酸的滴定曲线。从图1-3 中可见，当酸的浓度一定时，K_a 值越小，滴定突跃范围也越小，当 $K_a=10^{-9}$（例如 H_3BO_3）时，已无明显突跃，这种情况下已无法选用一般的酸碱指示剂来确定滴定终点。

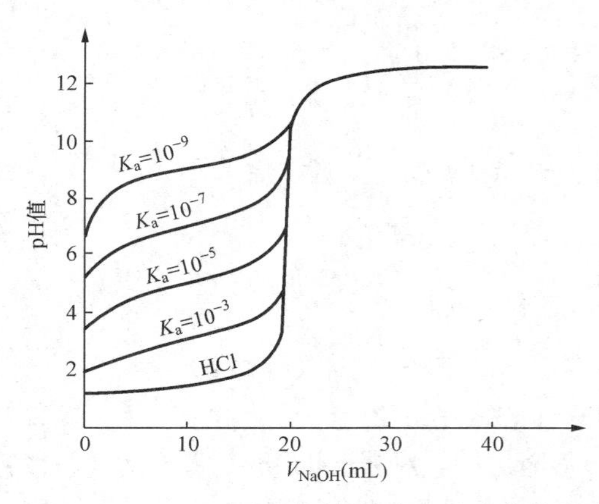

图 1-3　NaOH 滴定不同弱酸溶液的滴定曲线

综上所述，可得出如下几点结论：

（1）强碱滴定弱酸，当达到化学计量点时，由于生成弱酸的共轭碱，溶液呈碱性，pH>7。酸越弱，其共轭碱越强，化学计量点处 pH 值越高。

(2) 化学计量点附近 pH 值突跃处于碱性范围，应选用碱性范围内变色的指示剂。

(3) pH 值突跃范围的大小与滴定剂和弱酸的浓度有关，浓度大，突跃范围大；突跃范围大小也与酸的强度有关，酸越弱，突跃范围越小。一般来说，当 $cK_a \geqslant 10^{-8}$ 时，滴定突跃为 0.6pH 值单位，即滴定终点与化学计量点约差 0.3pH 值单位。实践证明，人眼借助于指示剂颜色变化准确判断终点 pH 值差异为 ±0.2～±0.3，通常以 $\Delta pH = \pm 0.3$ 作为指示剂判别终点的极限，在这种条件下，分析结果的相对误差才能小于 0.1%。因此判断弱酸能否被直接滴定的条件是 $cK_a \geqslant 10^{-8}$。

3. 强酸滴定弱碱

以 HCl 溶液滴定 NH_3 溶液属于强酸滴定弱碱。这种类型的滴定与强碱滴定弱酸非常相似，不同的是溶液的 pH 值由大到小，因此滴定曲线的形状刚好与强碱滴定弱酸相反，而且化学计量点时溶液显酸性。这是由于生成的大量的 NH_4^+ 在水溶液中按酸式电离，产生一定的 H^+，使溶液显酸性，所以滴定时应选用在微酸性范围内变色的指示剂。

对于强酸滴定弱碱也可得出以下几点结论：

(1) 强酸滴定弱碱到达化学计量点时，由于生成共轭酸溶液而呈酸性，碱越弱，生成的共轭酸越强，化学计量点时 pH 值就越小。

(2) 化学计量点附近的 pH 值突跃处在酸性范围内，应选用酸性范围内变色的指示剂，如甲基红、溴甲酚绿等。

(3) pH 值突跃范围大小与滴定剂和弱碱的浓度有关。浓度大，突跃范围大；突跃范围大小又与弱碱的强度有关，碱越弱，pH 值突跃范围越小，判断弱碱能否被直接滴定的条件是 $cK_b \geqslant 10^{-8}$。

4. 多元碱的滴定（HCl 滴定 Na_2CO_3）

滴定分析中常用 Na_2CO_3 作基准物标定 HCl 溶液。现以 HCl 溶液滴定 Na_2CO_3 为例讨论多元碱的滴定。

H_2CO_3 是很弱的二元酸，在水溶液中分部电离，即

$$H_2CO_3 \rightleftharpoons H^+ + HCO_3^- \qquad pK_{a1} = 6.38$$

$$HCO_3^- \rightleftharpoons H^+ + CO_3^{2-} \qquad pK_{a2} = 10.25$$

用 HCl 滴定 Na_2CO_3 时，分两步中和，首先与 CO_3^{2-} 反应生成 HCO_3^- 达到第一个化学计量点。此时溶液的 pH 值由 HCO_3^- 的浓度决定，HCO_3^- 为两性物质，按近似公式计算得

$$[H^+] = \sqrt{K_{a1}K_{a2}} = \sqrt{4.2 \times 10^{-7} \times 5.6 \times 10^{-11}} = 4.85 \times 10^{-9} \ (mol/L)$$

$$pH = 8.31$$

故可选用酚酞作指示剂。但由于 K_{a1}/K_{a2} 略小于 10^4，这个化学计量点附近的滴定突跃范围较为短小，为了准确判断第一个终点，通常采用 $NaHCO_3$ 溶液作参比溶液或使用混合指示剂。如甲酚红与百里酚酞的混合指示剂，它的变色 pH 值范围为 8.2（粉红）～8.4（紫），能使滴定结果准确到约 0.5%。

HCl 滴定 Na_2CO_3 的第二个化学计量点也不够理想，由于溶液中存在大量的 CO_2，使指示剂变色不够敏锐。第二个化学计量点的滴定产物是 H_2CO_3，其饱和溶液的浓度为 0.04mol/L，则

$$[H^+] = \sqrt{K_{a1}c} = \sqrt{4.2 \times 10^{-7} \times 0.04} = 1.3 \times 10^{-4} \ (mol/L)$$

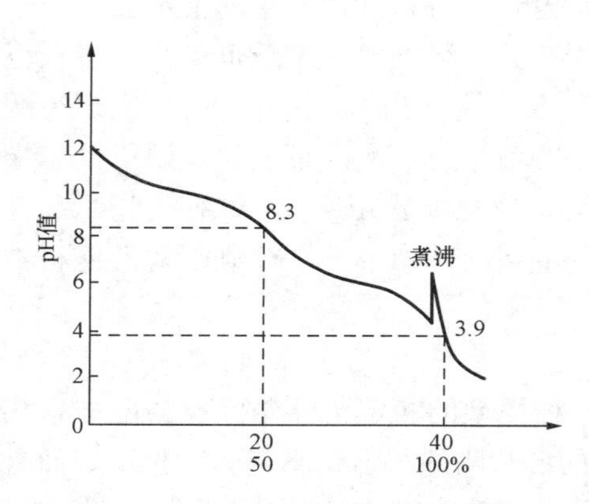

图 1-4 HCl 滴定 Na_2CO_3 的滴定曲线

pH=3.89

此时可选用甲基橙作指示剂，但由于这时容易形成 CO_2 的过饱和溶液，滴定过程中生成的 H_2CO_3 只能缓慢地转变成 CO_2，使溶液酸度稍稍增大，终点较早出现，因此在滴定终点附近应剧烈摇动溶液。

0.1000mol/L HCl 滴定 0.1000mol/L Na_2CO_3 的滴定曲线如图 1-4 所示。

5. 碳酸平衡

天然水中均含有碳酸。水中的碳酸和溶解的二氧化碳有下列平衡

$$CO_2 + H_2O \rightleftharpoons H_2CO_3$$

因为水中未电离的碳酸浓度一般只有水中二氧化碳浓度的 0.1%左右，且碳酸和二氧化碳又不易区分，所以所谓“游离碳酸”或“游离二氧化碳”皆指水中碳酸和二氧化碳的总量，其浓度可用[H_2CO_3]或[CO_2]表示。

碳酸是二元弱酸，它和它的盐类统称为碳酸化合物。碳酸化合物在水中存在的形态有三种：①分子状态溶解的二氧化碳和碳酸；②离子状态的 HCO_3^-，称为重碳酸盐；③离子状态的 CO_3^{2-}，称为碳酸盐。

各种形态的碳酸按以下反应式相互转化

$$CO_2 + H_2O \rightleftharpoons H_2CO_3 \rightleftharpoons H^+ + HCO_3^- \rightleftharpoons 2H^+ + CO_3^{2-}$$

碳酸的第一级和第二级电离常数表示为

$$\frac{[H^+][HCO_3^-]}{[H_2CO_3]} = K_{a1} = 4.2 \times 10^{-7}$$

$$\frac{[H^+][CO_3^{2-}]}{[HCO_3^-]} = K_{a2} = 5.6 \times 10^{-11}$$

由以上反应式可知，碳酸各种形态含量的相对比例与溶液的 pH 值有关，在不同 pH 值时各种形态碳酸的相对比例如图 1-5 所示。

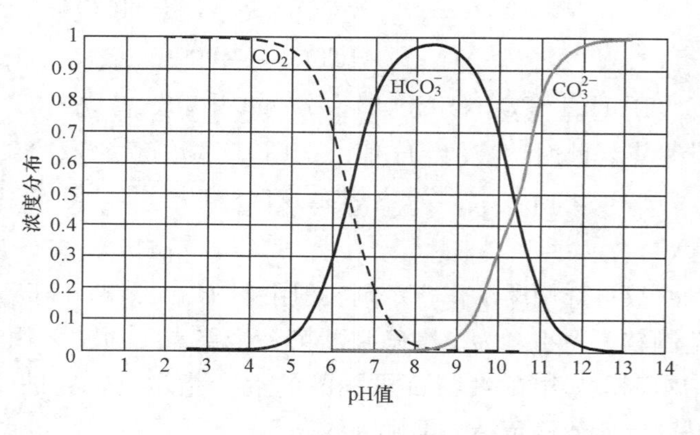

图 1-5 水中各种碳酸化合物的相对量和 pH 值的关系

由图可以看出，当 pH≤4.3 时，水中只有 CO_2 一种形态；当 pH=8.3 时，[HCO_3^-]可认为接近 100%，[H_2CO_3]=[CO_2]≈0；当 pH≥8.3 时，CO_2 消失，HCO_3^- 与 CO_3^{2-} 共存；当 pH>10 时，HCO_3^- 迅速减小。因此，重碳酸盐的存在范围是 pH 值为 4.5～12。

在 pH<8.3 时，水中[CO_3^{2-}]含量很少，只有[CO_2]和[HCO_3^-]，故可只考虑碳酸的一级电离平衡为

$$[H^+]=\frac{K_{a1}[CO_2]}{[HCO_3^-]}$$

$$pH=pK_{a1}-\lg[CO_2]+\lg[HCO_3^-]$$

在25℃时，$K_{a1}=4.2\times10^{-7}$，$pK_{a1}=6.37$，则

$$pH=6.37+\lg[HCO_3^-]-\lg[CO_2] \tag{1-12}$$

对天然淡水来说，式(1-12)是一个很重要的关系式，因为这类水质的pH值一般都在8.0下，水中$[HCO_3^-]$实际就是水的碱度(A)，于是式(1-12)可写成

$$pH=6.37+\lg A-\lg[CO_2]$$

如果pH>8.3，水中$[CO_2]$的含量很少，可认为水中只有$[CO_3^{2-}]$和$[HCO_3^-]$，故可只考虑碳酸的二级电离平衡，即

$$[H^+]=K_{a2}\frac{[HCO_3^-]}{[CO_3^{2-}]}$$

$$pH=pK_{a2}-\lg[HCO_3^-]+\lg[CO_3^{2-}]$$

6. 酸碱滴定法在电厂中的应用

(1) 水中碱度的测定。在火力发电厂水质分析中，碱度是必不可少的分析项目，在水的凝聚澄清处理、水的软化处理中，碱度的大小都是很重要的影响因素。碱度是指水中能与强酸定量作用的物质总量，水中碱度可分为以下三种：

1) 碳酸盐碱度。因水中碳酸根(CO_3^{2-})而产生的碱度。

2) 重碳酸盐碱度。因水中重碳酸根(HCO_3^-)而产生的碱度。

3) 氢氧化物碱度。因水中氢氧化物而产生的碱度。

若采用强酸标准溶液滴定溶液碱度，用酚酞作指示剂测得的碱度叫酚酞碱度(滴定终点pH值约为8.3)；用甲基橙作指示剂时测得的碱度叫甲基橙碱度，又叫全碱度(滴定终点pH值约为3.9)。

【例1-9】 有100.0mL水样，用$c(HCl)=0.05000mol/L$ HCl滴定至酚酞终点，消耗HCl溶液15.20mL；再加甲基橙指示剂，继续以HCl溶液滴定至橙色，又用去25.80mL，则水样中含有何种碱度？其含量分别为多少？

解 已知以酚酞为指示剂时HCl用量$P=15.20mL$；以甲基橙为指示剂时HCl用量$M=25.80mL$。$P<M$，水样中含有CO_3^{2-}和HCO_3^-碱度。

用HCl滴定水样，溶液中起下列反应

$$CO_3^{2-}+H^+\rightleftharpoons HCO_3^- \quad \text{化学计量点时 pH=8.3(酚酞指示终点)}$$

$$HCO_3^-+H^+\rightleftharpoons H_2CO_3 \quad \text{化学计量点时 pH=3.9(甲基橙指示终点)}$$

第一个反应中，碳酸盐碱度被中和了一半，HCl用量为P；第二个反应滴定的是碳酸盐碱度的一半和重碳酸盐碱度，此时HCl用量为M。故碳酸盐碱度消耗HCl量为$2P$，重碳酸盐碱度消耗HCl量为$M-P$，计算为

$$[CO_3^{2-}]=\frac{1}{2}\times\frac{2\times15.20\times0.05000\times10^3}{100.0}=7.600(mmol/L)$$

$$[CO_3^{2-}]=7.600\times60.00=456.0(mg/L)$$

$$[HCO_3^-]=\frac{(M-P)\times c(HCl)\times 10^3}{V}$$

$$=\frac{(25.80-15.20)\times 0.0500\times 10^3}{100.0}=5.300(mmol/L)$$

$$[HCO_3^-]=5.300\times 61.00=323.3(mg/L)$$

(2) 酸度的测定。水中酸度分为强酸酸度和游离碳酸酸度。

强酸酸度也称无机酸度。当溶液中存在微量强酸时，其 pH 值小于 4，此时可采用甲基橙为指示剂，用强碱滴定强酸，溶液在 pH=4.5 时由红色变为黄色，可认为强酸被中和完毕，所得结果即为无机酸度。

当水样的 pH 值高于 4 时，水的酸度一般由弱酸构成，当水未受其他工业废水污染时，大多数情况下由碳酸构成。溶液中反应为

$$H_2CO_3+OH^-=H_2O+HCO_3^-$$

若用酚酞为指示剂，溶液滴定终点的 pH 值为 8.34，溶液中全部的 CO_2 都被中和转化为 HCO_3^-，测定结果就是水中的 $CO_2+H_2CO_3$，称为游离碳酸酸度或游离 CO_2。

(3) 水中铵盐的测定。由于 NH_4^+ 的 $K_a(5.6\times 10^{-10})$ 较小，$cK_a<10^{-8}$，故不能用强碱直接滴定，一般常用甲醛法进行分析。甲醛与铵盐作用，生成相当量的酸，再用碱标准溶液滴定。反应为

$$4NH_4^++6HCHO=\!=\!=(CH_2)_6N_4H^++3H^++6H_2O$$

反应中所生成的三个 H^+ 和一个质子化的六次甲基四胺($K_a=7.1\times 10^{-6}$)都可以用碱直接滴定。反应为

$$(CH_2)_6N_4H^++3H^++4OH^-=\!=\!=(CH_2)_6N_4+4H_2O$$

反应产物六次甲基四胺是弱碱($K_b=1.4\times 10^{-9}$)，滴定中可选用酚酞作指示剂。这里应注意的是，市售的 40%的甲醛溶液常含有微量的酸，必须预先用碱中和至酚酞指示剂呈现淡红色(pH 值约为 8.5)，再用它与铵盐试样作用。

第三节 络合滴定法

一、概述

络合滴定法是以络合反应为基础的滴定分析方法。例如用 $AgNO_3$ 溶液滴定 CN^- 时，其反应为

$$Ag^++2CN^-=[Ag(CN)_2]^-$$

滴定到化学计量点时，多加一滴 $AgNO_3$ 溶液，Ag^+ 就与 $[Ag(CN)_2]^-$ 反应生成白色的 $Ag[Ag(CN)_2]$ 沉淀，指示滴定终点，反应为

$$Ag^++[Ag(CN)_2]^-=Ag[Ag(CN)_2]\downarrow(白色沉淀)$$

无机配位剂能用于滴定分析的不多。这是因为许多无机络合物不够稳定，不能符合滴定反应的要求；在络合物形成过程中又有分级配位现象，而且各级稳定常数相差较小，反应不能按某一反应式定量进行。

有机络合剂可与许多金属离子形成很稳定的、组分一定的络合物。引入了有机络合剂，特别是应用了氨羧络合剂之后，络合滴定法才得到了迅速的发展。许多有机络合剂，特别是

氨羧络合剂可与许多金属离子形成络合比为1∶1的很稳定的络合物，反应速度很快，又有适当的指示剂指示滴定终点，因此应用非常广泛。目前，大部分金属元素都可以用络合滴定法测定。

氨羧络合剂是以氨基二乙酸基团[$-N(CH_2COOH)_2$]为基体的有机络合剂，分子结构中含有氨氮和羧氧两种配位能力很强的配位原子，能和许多金属离子形成具有环状结构的络合物，其稳定性较高，配位比简单，而且易溶于水。氨羧络合剂的种类很多，在络合滴定中常见的氨羧络合剂有以下几种。

（1）氨基三乙酸(简称 NTA)，其分子结构式为

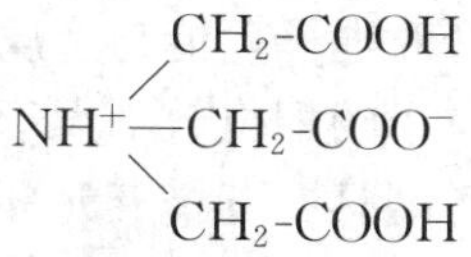

$$\begin{array}{l} \qquad\quad CH_2\text{-}COOH \\ NH^+—CH_2\text{-}COO^- \\ \qquad\quad CH_2\text{-}COOH \end{array}$$

（2）环己烷二胺四乙酸(简称 CDTA)，其分子结构式为

$$\begin{array}{l} \qquad\qquad\qquad CH_2\text{-}COO \\ \qquad\quad N^+H \\ \qquad\qquad\qquad CH_2\text{-}COOH \\ \text{(cyclohexane)} \\ \qquad\qquad\qquad CH_2\text{-}COO^- \\ \qquad\quad N^+H \\ \qquad\qquad\qquad CH_2\text{-}COOH \end{array}$$

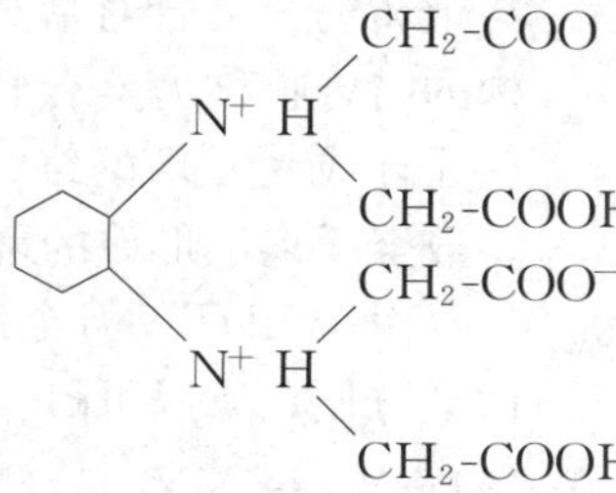

（3）乙二醇二乙醚二胺四乙酸(简称 EGTA)，其分子结构式为

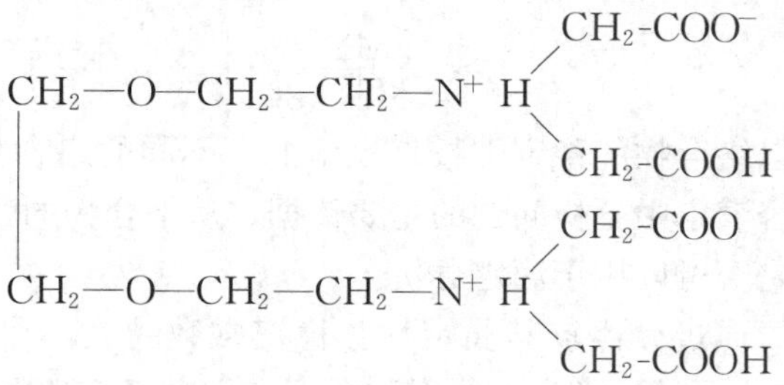

$$\begin{array}{l} \qquad\qquad\qquad\qquad\qquad\qquad\qquad CH_2\text{-}COO^- \\ CH_2—O—CH_2—CH_2—N^+H \\ \qquad\qquad\qquad\qquad\qquad\qquad\qquad CH_2\text{-}COOH \\ \qquad\qquad\qquad\qquad\qquad\qquad\qquad CH_2\text{-}COO \\ CH_2—O—CH_2—CH_2—N^+H \\ \qquad\qquad\qquad\qquad\qquad\qquad\qquad CH_2\text{-}COOH \end{array}$$

（4）乙二胺四乙酸(简称 EDTA)，其分子结构式为

$$\begin{array}{l} OOCH_2C \qquad\qquad\qquad\qquad\qquad\qquad CH_2COO^- \\ \qquad\quad N^+H—CH_2—CH_2—N^+H \\ HOOCH_2C \qquad\qquad\qquad\qquad\qquad\quad CH_2COOH \end{array}$$

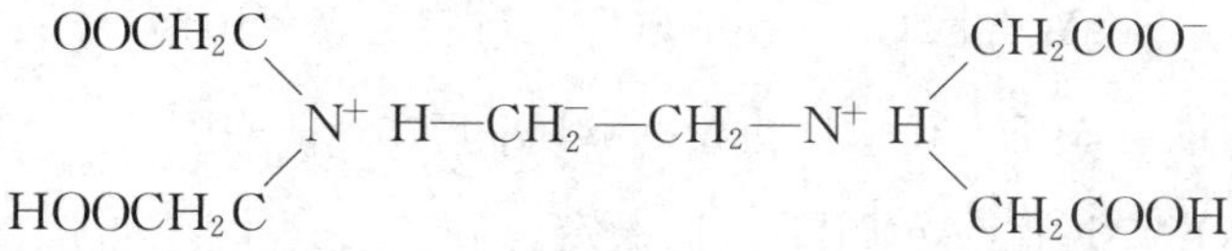

（5）乙二胺四丙酸(简称 EDTP)，其分子结构式为

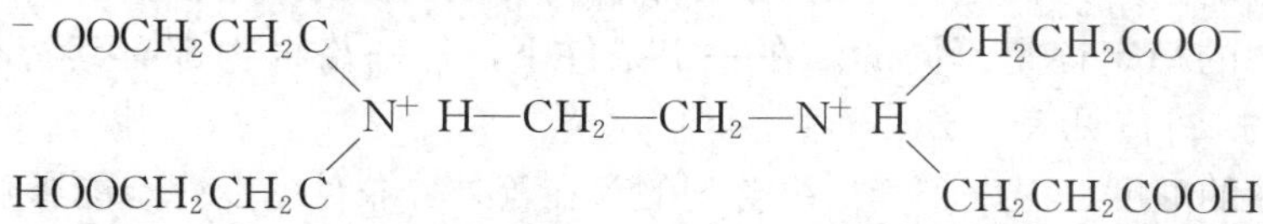

$$\begin{array}{l} ^-OOCH_2CH_2C \qquad\qquad\qquad\qquad\qquad CH_2CH_2COO^- \\ \qquad\qquad\quad N^+H—CH_2—CH_2—N^+H \\ HOOCH_2CH_2C \qquad\qquad\qquad\qquad\qquad CH_2CH_2COOH \end{array}$$

目前，氨羧络合剂已达几十种，其中乙二胺四乙酸(简称 EDTA)是目前应用最广泛的一种。EDTA 在水中的溶解度很小(22℃时每 100mL 水中仅能溶解 0.02g)，通常把它制成二钠盐，一般也简称 EDTA 或 EDTA 二钠盐，用 $NaH_2Y \cdot 2H_2O$ 表示。EDTA 二钠盐的溶解度较大，在 22℃时每 100mL 水中能溶解 11.1g，此溶液的浓度约为 0.3mol/L，pH 值约

为4.4。

二、EDTA与金属离子的络合物及其稳定性

EDTA能与许多金属离子形成稳定的络合物。一般情况下，EDTA与1～4价的金属离子都能形成1∶1，且易溶于水的络合物，例如：$M^{+}+Y^{4-}═[MY]^{3-}$；$M^{2+}+Y^{4-}═[MY]^{2-}$；$M^{3+}+Y^{4-}═[MY]^{-}$；$M^{4+}+Y^{4-}═[MY]$。

这样就不存在分步络合现象，且由于络合比简单，滴定分析结果的计算就非常方便。

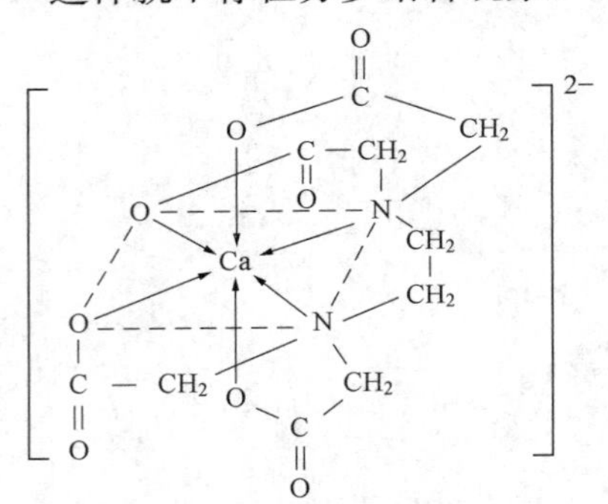

图1-6　EDTA与Ca^{2+}的络合物结构示意

EDTA分子中具有六个可与金属离子形成配位键的原子(二个氨基氮和四个羧基氧，氮、氧原子都有孤对电子，能与金属离子形成配位键)，而大多数金属离子的配位数不大于六，因此，可以与EDTA形成1∶1型具有五个五元环的螯合物，例如EDTA与Ca^{2+}的络合物结构，如图1-6所示。从图1-6可以看出，EDTA与金属离子络合时形成五个五元环，具有这种环状结构的络合物称为螯合物。从络合物的研究知道，具有五元环或六元环的络合物很稳定，因此，EDTA与大多数金属离子形成的螯合物具有较大的稳定性。

由于EDTA与金属离子形成1∶1的络合物，为讨论方便，所以可略去式中的电荷，简写为

$$M+Y═MY$$

其稳定常数β为

$$\beta=\frac{[MY]}{[M][Y]} \tag{1-13}$$

络合物的稳定性是以络合物的稳定常数来表示的，不同的络合物有其一定的稳定常数。络合物的稳定常数是络合滴定中分析问题的主要依据，从络合物的稳定常数大小可以判断络合反应完成的程度和它是否可以用于滴定分析。

同类型的络合物，可通过β比较其稳定性。稳定常数越大，形成络合物越稳定。例如Ag^{+}能与NH_3和CN^{-}形成两种同类型的络合物，但它们的稳定常数不同，即

$$Ag^{+}+2CN^{-}=[Ag(CN)_2]^{-} \qquad \beta=10^{21.1}$$

$$Ag^{+}+2NH_3=[Ag(NH_3)_2]^{+} \qquad \beta=10^{7.15}$$

显然，$[Ag(CN)_2]^{-}$远比$[Ag(NH_3)_2]^{+}$稳定。

络合物的稳定性主要取决于金属离子和络合剂的性质，同一络合剂(EDTA)与不同金属离子形成络合物的稳定性是不同的。在一定条件下，每一络合物都有其特有的稳定常数，EDTA络合物的$\lg\beta$值见表1-6。

此外，溶液的酸度、温度和其他络合剂的存在等外界条件的变化也能影响络合物的稳定性。EDTA在溶液中的状态取决于溶液酸度，因此在不同酸度下，EDTA与同一金属离子形成的络合物的稳定性不同。另外，溶液中其他络合剂的存在和溶液的酸度也影响金属离子的存在状态，从而影响金属离子与EDTA形成络合物的稳定性。上述几种外界条件中，酸度对EDTA的影响是络合滴定中首先应考虑的问题。

表 1-6 EDTA 络合物的 lgβ 值(I=0.1，20℃)

金属离子	lgβ	金属离子	lgβ	金属离子	lgβ
Na^+	1.66	Ce^{3+}	15.98	Hg^{2+}	21.8
Li^+	2.79	Al^{3+}	16.10	Cr^{3+}	23.0
Ba^{2+}	7.76	Co^{2+}	16.31	Th^{4+}	23.2
Sr^{2+}	8.63	Zn^{2+}	16.50	Fe^{3+}	25.1
Mg^{2+}	8.60	Pb^{2+}	18.04	V^{3+}	25.90
Ca^{2+}	10.69	Y^{3+}	18.09	Bi^{3+}	27.94
Mn^{2+}	14.04	Ni^{2+}	18.67		
Fe^{2+}	14.33	Cu^{2+}	18.80		

三、酸度对络合滴定的影响

在水溶液中，EDTA 酸分子可以接受两个质子形成 H_6Y^{2+}。H_6Y^{2+} 相当于一个六元酸，有六级电离平衡，有七种存在形式，它们之间的关系可表示为

$$H_6Y^{2+} \underset{+H^+}{\overset{-H^+}{\rightleftharpoons}} H_5Y^+ \underset{+H^+}{\overset{-H^+}{\rightleftharpoons}} H_4Y \underset{+H^+}{\overset{-H^+}{\rightleftharpoons}} H_3Y^- \underset{+H^+}{\overset{-H^+}{\rightleftharpoons}} H_2Y^{2-} \underset{+H^+}{\overset{-H^+}{\rightleftharpoons}} HY^{3-} \underset{+H^+}{\overset{-H^+}{\rightleftharpoons}} Y^{4-}$$

溶液的酸度升高，平衡向左移动，Y^{4-} 的浓度减小；溶液的酸度降低，平衡向右移动，Y^{4-} 的浓度增大。EDTA 的酸效应是指溶液酸度对 EDTA 酸根离子 Y^{4-} 浓度的影响。只考虑 EDTA 的酸效应时，EDTA 的总浓度为(略去离子电荷)

$$[Y]_\Sigma=[H_6Y]+[H_5Y]+[H_4Y]+[H_3Y]+[H_2Y]+[HY]+[Y]$$

$[Y]_\Sigma$ 与 $[Y]$ 的比值称为 EDTA 的酸效应系数，用 $\alpha_{Y(H)}$ 表示，它可以从 H_6Y^{2+} 的各级电离平衡常数 $K_1 \sim K_6$ 和溶液的 H^+ 浓度计算出来，即

$$\alpha_{Y(H)}=\frac{[Y]_\Sigma}{[Y]}=1+\frac{[H^+]}{K_6}+\frac{[H^+]^2}{K_6K_5}+\frac{[H^+]^3}{K_6K_5K_4}+\frac{[H^+]^4}{K_6K_5K_4K_3}+\frac{[H^+]^5}{K_6K_5K_4K_3K_2}+\frac{[H^+]^6}{K_6K_5K_4K_3K_2K_1}$$

酸效应系数总是大于 1，它随溶液 $[H^+]$ 浓度的减小或 pH 值的增大而减小，只有在 pH≥12时 $\alpha_{Y(H)}$ 才接近于 1，Y^{4-} 的浓度才接近 EDTA 的总浓度。不同 pH 值时 EDTA 的 $\lg\alpha_{Y(H)}$ 值见表 1-7。

$\lg\alpha_{Y(H)}$ 与 pH 值的数学关系很复杂，用图 1-7 的曲线表示更为直观。

表 1-7 不同 pH 值时的 $\lg\alpha_{Y(H)}$

pH 值	$\lg\alpha_{Y(H)}$	pH 值	$\lg\alpha_{Y(H)}$	pH 值	$\lg\alpha_{Y(H)}$
0.0	23.64	3.4	9.70	6.8	3.55
0.4	21.32	3.8	8.85	7.0	3.32
0.8	19.08	4.0	8.44	7.5	2.78
1.0	18.01	4.4	7.64	8.0	2.26
1.4	16.02	4.8	6.84	8.5	1.77
1.8	14.37	5.0	6.45	9.0	1.59
2.0	13.51	5.4	5.60	9.5	0.83
2.4	12.19	5.8	4.98	10.0	0.45
2.8	11.09	6.0	4.65	11.0	0.07
3.0	10.60	6.4	4.06	12.0	0.00

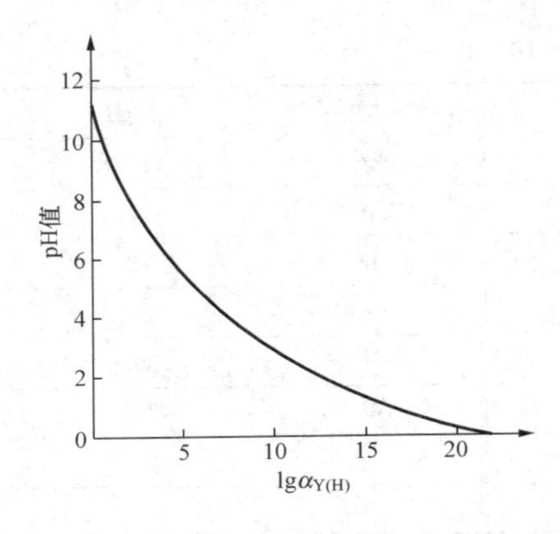

图 1-7 EDTA 的 pH-lg$\alpha_{Y(H)}$ 曲线

当只需考虑 EDTA 的酸效应，其他效应对络合物的影响可以忽略时，EDTA 与金属离子的络合物表观稳定性可用条件稳定常数 β' 表示。公式为

$$\beta' = \frac{[MY]}{[M][Y]_{\Sigma}} \tag{1-14}$$

由式(1-13)、式(1-14)可得

$$\beta' = \frac{[MY]}{[M][Y]\alpha_{Y(H)}} = \frac{\beta'}{\alpha_{Y(H)}}$$

或

$$\lg\beta' = \lg\beta - \lg\alpha_{Y(H)}$$

β' 越小，络合物的稳定性越差，滴定时络合反应进行得越不完全，滴定误差越大。若允许滴定时相对误差为 0.1%，则通常将 $\lg(c_M\beta') \geqslant 6$ 作为能够准确滴定单一离子的条件。

如果金属离子的浓度 c_M = 0.01mol/L，则要求 $\lg\beta' \geqslant 8$ 或 $\lg\alpha_{Y(H)} \leqslant \lg\beta - 8$。

由络合物的稳定常数 β 即可算出准确滴定 M 离子所允许的 $\alpha_{Y(H)}$ 最高值，并从表 1-7 或图 1-8 查得滴定时允许的最低 pH 值。

【例 1-10】 求用 EDTA 滴定 0.01mol/L Mg^{2+} 时允许的最低 pH 值。

解 滴定 Mg^{2+} 时要求 $\lg\alpha_{Y(H)} \leqslant \lg\beta - 8 = 8.69 - 8 = 0.69$，查图 1-8 得，pH≈9.7。

因此，滴定 Mg^{2+} 时允许的最低 pH 值约为 9.7。

不同金属离子的 EDTA 络合物 β 值不同，滴定时允许的最低 pH 值也不同。为方便起见，可将 pH-lg$\alpha_{Y(H)}$ 曲线的横坐标改为 lgβ，使 $\lg\beta = \lg\alpha_{Y(H)} + 8$，根据金属离子 EDTA 络合物的 lg$\beta$ 值标出各金属离子在曲线上的位置，如图 1-8 所示。这样的曲线也称为酸效应曲线或林旁（Ringbom）曲线。从酸效应曲线就可直接查出单独滴定某种金属离子时所允许的最低 pH 值。

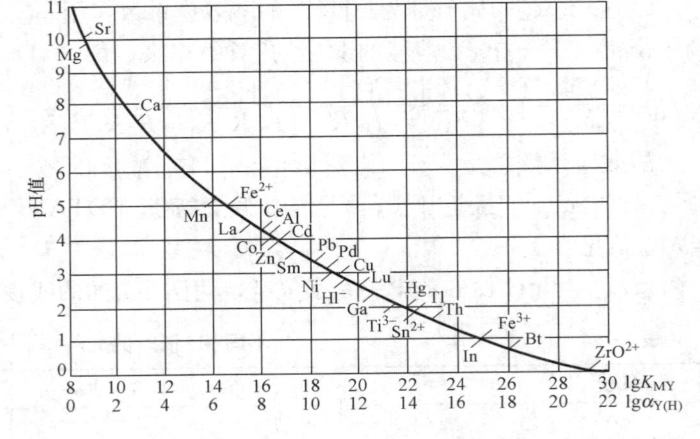

图 1-8 EDTA 的酸效应曲线(金属离子浓度为 0.1mol/L，滴定相对误差为 0.1%)

例如，从曲线可见 Fe^{3+} 的 EDTA 络合物 FeY^- 很稳定（lgβ =25），并查得相应的 pH 值约等于 1.0，即可以在 pH≥1.0 的酸性溶液中准确滴定 Fe^{3+}；CaY^{2-} 的稳定性较差(lgβ=10.7)，从查得的结果可知，只能在 pH≥7.7 的偏碱性溶液中才能滴定 Ca^{2+}。

大多数金属离子在溶液 pH 值较高时会同 OH^- 结合生成羟基络合物，甚至产生氢氧化物或碱式盐沉淀，从而影响滴定的正常进行。因此，滴定单种金属离子时 pH 值不宜太高。一般以金属离子开始水解时的 pH 值为允许的最高 pH 值。

四、络合滴定曲线

水溶液中，酸碱滴定和络合滴定的滴定反应分别可表示为

$$H^+ + OH^- \rightleftharpoons H_2O$$

$$M^{n+} + Y^{4-} \rightleftharpoons MY^{n-4}$$

这两类反应不仅形式相似，而且按照酸碱的质子理论，配位反应也是酸碱反应的一种。因此，在络合滴定过程中金属离子浓度 $[M^{n+}]$ 或它的负对数 pM 值的变化规律，与酸碱滴定中 $[H^+]$ 或 pH 值的变化规律是相似的。例如 pH＝9 时，用 0.01mol/L EDTA 滴定 0.01mol/L Ca^{2+} 溶液的滴定曲线，如图 1-9 中的实线所示。从滴定曲线可以看到，在络合滴定的化学计量点附近，随着少量滴定剂的加入会出现 pM (pCa) 值的突跃。

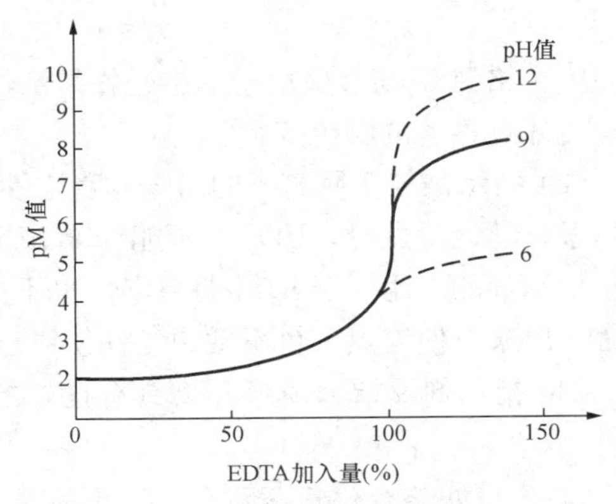

图 1-9　0.01mol/L EDTA 滴定 0.01mol/L Ca^{2+} 溶液的滴定曲线

pM 值突跃是确定络合滴定准确度的重要依据。影响 pM 值突跃的因素主要有：

(1) 浓度。金属离子和络合剂的浓度越大，pM 值突跃范围越大。

(2) 络合物的稳定常数 β。在其他条件一定时，β 越大，pM 值突跃范围越大。

(3) 酸度。酸度的改变会引起酸效应系数 $\alpha_{Y(H)}$ 和络合物条件稳定常数 β' 的变化，从而影响 pM 值突跃范围的大小。当其他效应不显著时，酸度越低，β 越大，pM 值突跃范围越大，如图 1-9 中虚线所示。

酸度对 pM 值突跃的影响往往是多方面的、比较复杂的。络合滴定通常需要加入 pH 值缓冲溶液使溶液维持一定的 pH 值，一方面是为了在滴定中获得较大的 pM 值突跃范围以提高滴定的准确度，另一方面也是为了给金属指示剂提供适宜的 pH 值条件。

五、络合滴定指示剂

络合滴定指示剂又称金属指示剂，它是一种有机络合剂，能和金属离子形成与指示剂本身颜色不同的络合物。例如，铬黑 T 在 pH 值为 8～11 时呈蓝色，它与 Ca^{2+}、Mg^{2+}、Zn^{2+} 等金属离子形成酒红色的络合物。用 EDTA 滴定这些金属离子时，加入少量铬黑 T 作指示剂，滴定前它与金属离子络合，呈酒红色。随着滴定的进行，游离的金属离子逐步形成 EDTA络合物。如果 EDTA 与金属离子的络合物表观稳定性大于铬黑 T 与金属离子的络合物，接近化学计量点时，继续滴入的 EDTA 就会夺取指示剂络合物中的金属离子，使溶液呈现游离铬黑 T 的蓝色，指示滴定终点的到达，即

$$\underset{\text{酒红色}}{\text{M-铬黑 T}} + \text{EDTA} \rightleftharpoons \text{M-EDTA} + \underset{\text{蓝色}}{\text{铬黑 T}}$$

（一）络合滴定指示剂应具备的条件

作为络合滴定的金属指示剂，必须具备以下条件：

(1) 金属指示剂络合物 MIn 与指示剂 In 的颜色应有明显差别，使滴定终点时有易于辨别的颜色变化。金属指示剂大多是有机弱酸，在不同的 pH 值范围可能呈现不同的颜色，因此，必须在适当的 pH 值范围使用。例如，铬黑 T 是三元有机弱酸，它在溶液中的平衡关系

式为

$$H_2In^- \underset{+H^+}{\overset{-H^+}{\rightleftharpoons}} HIn^{2-} \underset{+H^+}{\overset{-H^+}{\rightleftharpoons}} In^{3-}$$

红色　　　　蓝色　　　　橙色

$pH<6$　　　$pH=8\sim11$　　$pH>12$

因为铬黑 T 与金属离子的络合物是酒红色的，所以只有在 pH 值为 8～11 范围内使用，终点时才有显著的颜色变化。

(2) 指示剂与金属离子的络合物稳定性要适当。MIn 的稳定性应比 MY 的稳定性弱，否则临近化学计量点时，EDTA 不能夺取 MIn 中的金属离子，使 In 游离出来而变色，从而失去了指示剂的作用。但 MIn 的稳定性也不能太弱，以免指示剂在离化学计量点较远时就开始游离出来，使终点变色不敏锐，并使终点提前出现而产生较大的滴定误差。

(3) 指示剂及指示剂络合物具有良好的水溶性，且指示剂与金属离子的反应必须迅速进行。

（二）使用络合滴定指示剂应避免的现象

1. 指示剂的封闭

当 MIn 的稳定性超过 MY 的稳定性时，临近化学计量点处，甚至滴定过量之后 EDTA 也不能把指示剂置换出来。指示剂因此而不能指示滴定终点的现象称为指示剂的封闭。

例如，铬黑 T 能被 Fe^{3+}、Al^{3+} 等封闭，滴定 Ca^{2+}、Mg^{2+} 时，如有这些离子存在，可加入络合掩蔽剂三乙醇胺，使它们形成更稳定的络合物而消除封闭现象。

2. 指示剂的僵化

有些指示剂与金属离子形成的络合物水溶性较差，容易形成胶体或沉淀。滴定时，EDTA不能及时把指示剂置换出来而使终点拖长的现象称为指示剂的僵化。

例如，PAN 指示剂在温度较低时易产生僵化现象，这时可加入乙醇或适当加热，使指示剂变色明显。

3. 指示剂的氧化变质

金属指示剂大多是含有双键的有机化合物，易被日光、空气所破坏，有些在水溶液中更不稳定，容易变质。

例如，铬黑 T 和钙指示剂等不宜配成水溶液，常用 NaCl 作稀释剂配成固体指示剂使用。常用的金属指示剂及其主要应用列于表 1-8 中。

表 1-8　　常用的金属指示剂及其主要应用

指示剂	颜色		直接滴定离子	指示剂配制
	In	MIn		
铬黑 T	蓝	红	pH=10：Mg^{2+}、Zn^{2+}、Ca^{2+}、Pb^{2+}	1∶100NaCl（固体）
二甲酚橙	黄	红	pH<1：ZrO^{2+}	0.5%水溶液
			pH=1～3：Bi^{3+}、Th^{4+}	
			pH=5～6：Zn^{2+}、Pb^{2+}、Cd^{2+}、Hg^{2+}	
PAN	黄	红	pH=2～3：Bi^{3+}、Th^{4+}	0.1%乙醇溶液
			pH=4～5：Cu^{2+}、Ni^{3+}	

续表

指示剂	颜色		直接滴定离子	指示剂配制
	In	MIn		
酸性铬蓝 K	蓝	红	pH＝10：Mg^{2+}、Zn^{2+} pH＝13：Ca^{2+}	1∶100NaCl（固体）
钙指示剂	蓝	红	pH＝12～13：Ca^{2+}	1∶100NaCl（固体）
磺基水杨酸	无	紫红	pH＝1.5～2：Fe^{3+}	2%水溶液

六、提高络合滴定选择性的方法

由于 EDTA 能与许多金属离子形成稳定的络合物，而被滴定溶液中可能同时存在几种金属离子时，滴定很可能相互干扰。所以，如何提高络合滴定的选择性，消除干扰，选择滴定某一种或几种离子是络合滴定中的重要问题。提高络合滴定的选择性的方法主要有以下两种。

（一）控制溶液的酸度

酸度对络合物的稳定性有很大的影响。被测金属离子 M 与 EDTA 形成的络合物 MY 的稳定性远大于干扰离子 N 与 EDTA 形成的络合物 NY 的稳定性时（当 $c_M=c_N$ 时，$\Delta\lg\beta=\lg\beta_{MY}-\lg\beta_{NY}\geqslant5$），可用控制酸度的方法，使被测离子 M 与 EDTA 形成络合物，而干扰离子 N 不被络合，以避免干扰。例如，在测定垢样中 Fe_2O_3 时，Al^{3+}、Ca^{2+}、Mg^{2+}、Zn^{2+} 等为干扰离子，但在 pH＝1～2 的介质中，只有 Fe^{3+} 能与 EDTA 形成稳定的络合物，该 pH 值远小于 Al^{3+}、Ca^{2+}、Mg^{2+}、Zn^{2+} 等与 EDTA 形成的稳定络合物的最低 pH 值，因此它们不干扰测定。

（二）掩蔽作用

在络合滴定中，若被测金属离子的络合物与干扰离子的络合物的稳定性相差不大（$\Delta\lg\beta=\lg\beta_{MY}-\lg\beta_{NY}<5$）时，就不能用控制酸度的方法消除干扰。在溶液中加入某种试剂，它能与干扰离子反应，而又不与被测离子作用，这种降低干扰离子浓度从而消除其对测定干扰的方法称为掩蔽法。

掩蔽的方法按所用反应的类型不同，可分为络合掩蔽法、沉淀掩蔽法和氧化-还原掩蔽法等，其中应用最多的是络合掩蔽法。

1. 络合掩蔽法

络合掩蔽法利用干扰离子与掩蔽剂形成稳定的络合物来消除干扰。例如，用 EDTA 滴定水中的 Ca^{2+}、Mg^{2+}（测定水的硬度）时，如有 Fe^{3+}、Al^{3+} 等离子的存在会对测定产生干扰，若先加入三乙醇胺，使之与 Fe^{3+}、Al^{3+} 生成更稳定的络合物，则 Fe^{3+}、Al^{3+} 为三乙醇胺所掩蔽而不产生干扰。

作为络合掩蔽剂，必须满足下列条件：

(1) 干扰离子与掩蔽剂所形成的络合物应远比与 EDTA 形成的络合物稳定，且形成络合物应为无色或浅色，不影响终点的判断。

(2) 掩蔽剂应不与待测离子络合或形成络合物的稳定性远小于待测离子与 EDTA 所形成的络合物，在滴定时能被 EDTA 所置换。

(3) 掩蔽剂的应用有一定的 pH 值范围，且要符合测定要求的范围。

例如，测定垢样中的ZnO时，若在pH＝5～6的介质中用二甲酚橙作指示剂，可用NH_4F掩蔽Al^{3+}；测定Ca^{2+}、Mg^{2+}总量时，在pH＝10时滴定，因为F^-与被测物Ca^{2+}会生成CaF沉淀，所以不能用氟化物掩蔽Al^{3+}。

2. 氧化-还原掩蔽法

利用氧化-还原反应来消除干扰的方法称为氧化-还原掩蔽法。例如滴定Bi^{3+}时，Fe^{3+}的存在干扰测定，可利用抗坏血酸或盐酸羟胺等还原剂将Fe^{3+}还原为Fe^{2+}。因为$\lg\beta_{FeY}{}^{2-}=14.3$比$\lg\beta_{FeY}^{-}=25.1$小得多，所以可以用控制酸度的方法来滴定$Bi^{3+}$。

氧化-还原掩蔽法只适用于那些易于发生氧化-还原反应的金属离子，并且生成的还原性物质或氧化性物质不干扰测定的情况，因此目前只有少数几种离子可用这种掩蔽方法。

3. 沉淀掩蔽剂

向溶液中加入一种沉淀剂，使干扰离子浓度降低，在不分离沉淀的情况下直接进行滴定，这种消除干扰的方法称为沉淀掩蔽法。

例如在强碱性（pH＝12～12.5）溶液中用EDTA滴定Ca^{2+}时，强碱与Mg^{2+}形成Mg$(OH)_2$沉淀而不干扰Ca^{2+}的测定，此时OH^-就是Mg^{2+}的沉淀掩蔽剂；在测定垢样中的ZnO时，pH＝5～6时用EDTA滴定Zn^{2+}，Fe^{3+}对测定有干扰，可加入过量浓氨水，Fe^{3+}生成氢氧化物沉淀，Zn^{2+}存在于溶液中与Fe^{3+}分离。

沉淀掩蔽法在实际应用中有一定的局限性，因此要求用于沉淀掩蔽法的沉淀反应必须具备下列条件：

（1）沉淀的溶解度要小，否则掩蔽不完全。

（2）生成的沉淀应是无色或浅色致密的，最好是晶形沉淀，吸附作用小，否则会因为颜色深、体积大、吸附指示剂或待测离子而影响终点的观察。

七、络合滴定法在水分析、垢和腐蚀产物分析中的应用

在络合滴定中，采用不同的滴定方式可以扩大其应用范围，提高其选择性。

1. 直接滴定

凡是β'足够大，配位反应快速进行，又有适宜指示剂的金属离子都可以用EDTA直接滴定。如在酸性溶液中滴定Fe^{3+}，弱酸性溶液中滴定Cu^{2+}、Zn^{2+}、Al^{3+}，碱性溶液中滴定Ca^{2+}、Mg^{2+}等都能直接进行，且有很成熟的方法。

例如，水的总硬度通常是用EDTA直接滴定法测定的。将水样pH值调节至10，加入铬黑T指示剂，用EDTA标准溶液滴定至溶液由酒红色变成蓝色为终点。此时，水样中的Ca^{2+}、Mg^{2+}均被滴定。

若在pH≥12的溶液中加入钙指示剂，用EDTA标准溶液滴至红色变蓝色，则因Mg^{2+}生成Mg$(OH)_2$沉淀而被掩蔽，可测得Ca^{2+}的含量，Mg^{2+}的含量可由Ca^{2+}、Mg^{2+}总量及Ca^{2+}的含量计算求得。

直接滴定迅速、简便，引入误差少，在可能的情况下应尽量采用直接滴定法。

2. 返滴定

如果待测离子与EDTA反应的速度很慢，或者直接滴定缺乏合适的指示剂，可以采用返滴定法。

例如，测定垢样中的Al_2O_3时，Al^{3+}虽能与EDTA定量反应，但因反应缓慢而难以直接滴定。测定Al^{3+}时，可加入过量的EDTA标准溶液，加热煮沸，待反应完全后用Cu^{2+}标准溶液返滴定剩余的 EDTA。

3. 置换滴定

利用置换反应能将 EDTA 络合物中的金属离子置换出来，或者将 EDTA 置换出来，然后进行滴定。

例如，测定垢样中的 Al_2O_3 时，Cu^{2+}、Zn^{2+} 对测定有干扰，可以用置换滴定的方法向待测试液中加入过量的 EDTA，并加热，使 Al^{3+} 和共存的 Cu^{2+}、Zn^{2+} 等离子都与 EDTA 络合，然后在 pH=4.5 时以 PAN 为指示剂，用铜盐溶液回滴过剩的 EDTA，到达终点后再加入 NH_4F，使 AlY^- 转变为更稳定的络合物 AlF_6^{3-}，置换出的 EDTA 再用铜盐溶液滴定。

第四节 沉淀滴定法及重量分析法

一、沉淀滴定法概述

沉淀滴定法是以沉淀反应为基础的一种滴定分析方法。虽然能形成沉淀的反应很多，但并不是所有的沉淀反应都能用于滴定分析。用于沉淀滴定法的沉淀反应必须符合下列条件：

(1) 生成沉淀的溶解度必须很小。

(2) 沉淀反应必须能迅速、定量地进行。

(3) 能够用适当的指示剂或其他方法确定滴定终点。

由于上述条件的限制，能用于沉淀滴定法的反应就不多了。目前用得较广的是生成难溶银盐的反应，例如

$$Ag^+ + Cl^- = AgCl\downarrow$$

$$Ag^+ + SCN^- = AgSCN\downarrow$$

这种利用生成难溶银盐反应的测定方法称为银量法。用银量法可以测定 Cl^-、Br^-、I^-、CN^-、SCN^- 等离子。

银量法分为直接法和返滴定法。直接法是用 $AgNO_3$ 标准溶液直接滴定被沉淀的物质；返滴定法是先加入一定量的 $AgNO_3$ 标准溶液于待测溶液中，再用 NH_4SCN 标准溶液来滴定剩余量的 $AgNO_3$ 溶液。

二、银量法滴定终点的确定

沉淀滴定法中确定终点的方法有多种，现以银量法为例，介绍三种确定终点的方法。

1. 摩尔法

用铬酸钾作指示剂的银量法称为摩尔法。

在含有 Cl^- 的中性溶液中，以 K_2CrO_4 作指示剂，用 $AgNO_3$ 标准溶液来滴定。在滴定过程中，AgCl 首先沉淀出来，待滴定到化学计量点附近，由于 Ag^+ 浓度迅速增加，达到了 Ag_2CrO_4 的溶度积，此时立刻形成砖红色 Ag_2CrO_4 沉淀，指示出滴定的终点。

如果指示剂 K_2CrO_4 加入过多或过少，以及 CrO_4^{2-} 浓度过高或过低，那么 Ag_2CrO_4 沉淀的析出就会偏早或偏迟，这样滴定就会产生一定的误差。因此，Ag_2CrO_4 沉淀的产生应该恰好在化学计量点时发生，从理论上可以计算出这时所需的 CrO_4^{2-} 浓度。

化学计量点时为

$$[Ag^+] = [Cl^-] = \sqrt{K_{spAgCl}} = \sqrt{1.56\times10^{-10}} = 1.25\times10^{-5} \quad (mol/L)$$

$$[CrO_4^{2-}]=\frac{K_{spAg_2CrO_4}}{[Ag^+]^2}=\frac{2.0\times10^{-12}}{1.56\times10^{-10}}=1.28\times10^{-2}\quad(mol/L)$$

在具体滴定时，由于K_2CrO_4显黄色，当浓度较高时颜色较深，会使终点的观察发生困难，引入误差。因此，指示剂的浓度还是略低一些好，一般滴定溶液中所含的CrO_4^{2-}浓度约为5×10^{-3}（mol/L），即在终点时每100mL悬浮液中约含有2mL 5%K_2CrO_4溶液。显然，由于采用的[CrO_4^{2-}]比理论值略低，要使Ag_2CrO_4沉淀析出，必须多加一些$AgNO_3$溶液，这样滴定剂就过量了。同时，由于要观察到Ag_2CrO_4沉淀的砖红色，需要有一定的数量，这样也会使$AgNO_3$过量。基于这两个原因，还必须用蒸馏水做空白试验来减去CrO_4^{2-}消耗的这部分$AgNO_3$的量。空白试验是用蒸馏水代替水样，其他所加试剂均与测量的相同。

Ag_2CrO_4易溶于酸，在酸性溶液中CrO_4^{2-}将与H^+发生反应，因而降低了CrO_4^{2-}的浓度，影响Ag_2CrO_4沉淀的生成，反应为

$$2H^++2CrO_4^{2-}=2HCrO_4^-=Cr_2O_7^{2-}+H_2O$$

$AgNO_3$在强碱性溶液中生成Ag_2O沉淀。因此，摩尔法只能在中性或弱碱性（pH=6.5～10.5）溶液中进行。如果试液为酸性或强碱性，可用酚酞作指示剂，以稀NaOH溶液或稀H_2SO_4溶液调节至酚酞的红色刚好褪去，也可以用$NaHCO_3$或$Na_2B_4O_7$等中和，然后用$AgNO_3$标准溶液滴定。

由于生成的AgCl沉淀容易吸附溶液中的Cl^-离子，使溶液中Cl^-浓度降低，与之平衡的Ag^+浓度增加，以致未到化学计量点时，Ag_2CrO_4沉淀便过早产生而引入误差，故滴定时必须剧烈摇动，使被吸附的Cl^-释出。用摩尔法测定Br^-时，AgBr吸附Br^-比AgCl吸附Cl^-严重，滴定时更要注意剧烈摇动，否则会引入较大误差。

因为AgI和AgSCN沉淀更强烈地吸附I^-和SCN^-，所以摩尔法不适于测定I^-和SCN^-。

当溶液中含有能和Ag^+生成沉淀的阴离子，如PO_4^{3-}、AsO_3^-、CO_3^{2-}、S^{2-}、$C_2O_4^{2-}$等阴离子时，对测定都有干扰，应预先将其分离。另外，Fe^{3+}、Al^{3+}等高价金属离子在中性或弱碱性溶液中发生水解，因此也不应存在。

由于以上原因，摩尔法的应用受到一定限制。此外，它只能用来测定卤素，却不能用NaCl标准溶液直接滴定Ag^+。因为Ag^+试液中加入K_2CrO_4指示剂，会立即生成大量的Ag_2CrO_4沉淀，在用NaCl标准溶液滴定时，Ag_2CrO_4沉淀十分缓慢地转变为AgCl沉淀，使测定无法进行。

2. 佛尔哈德法

用铁铵矾[$NH_4Fe(SO_4)_2$]作指示剂的银量法称为佛尔哈德法。在含有Ag^+的溶液中，加入铁铵矾作指示剂，用NH_4SCN标准溶液来滴定，滴定过程中SCN^-与Ag^+生成AgSCN沉淀。当滴定到化学计量点附近时，由于Ag^+浓度迅速降低，SCN^-浓度迅速增加，过量的SCN^-与Fe^{3+}反应生成红色络合物，即为终点。反应式为

$$Ag^++SCN^-=AgSCN\downarrow\quad 白色$$

$$Fe^{3+}+3SCN^-=Fe(SCN)_3\quad 红色$$

由于$Fe(SCN)_3$比AgSCN沉淀更不稳定，因此从理论上来说，只有在AgSCN沉淀达到化学计量点后，有稍过量的SCN^-存在，才能指示出终点。事实上，以铁铵矾作指示剂，

用 NH_4SCN 溶液滴定 Ag^+ 溶液时，颜色的最初出现会略早于化学计量点。这是由于AgSCN沉淀要吸附溶液中的 Ag^+，使 Ag^+ 浓度降低，SCN^- 浓度增加，以致未到化学计量点指示剂就显色。因此，滴定过程中也需剧烈摇动，使被吸附的 Ag^+ 释出。

佛尔哈德法的优点在于可以直接测定 Ag^+，并可以在酸性溶液中进行滴定。

用佛尔哈德法测定卤素时，需采用返滴定法，即加入已知过量的 $AgNO_3$ 标准溶液，再以铁铵矾作指示剂，用 NH_4SCN 标准溶液回滴剩余量的 $AgNO_3$。

$$Ag^+ + Cl^- \!=\!=\!= AgCl\downarrow$$

$$Ag^+ \text{（剩余量）} + SCN^- \!=\!=\!= AgSCN\downarrow$$

用 NH_4SCN 标准溶液回滴剩余量的 $AgNO_3$ 时，根据沉淀转换的原理可知，滴定到达化学计量点后，微过量的 SCN^- 与 AgCl 作用，即

$$AgCl + SCN^- \!=\!=\!= AgSCN\downarrow + Cl^-$$

如果剧烈摇动溶液，反应便不断向右进行，直至达到平衡。这样，滴定到达终点时，实际上多消耗了一部分 NH_4SCN 标准溶液，终点与化学计量点相差较大。

为了避免上述误差，通常可采用以下两种措施。

(1) 试液中加入适当过量的 $AgNO_3$ 标准溶液沉淀之后，将溶液煮沸，使 AgCl 凝聚，以减少 AgCl 沉淀对 Ag^+ 的吸附。滤去 AgCl 沉淀，然后用 NH_4SCN 标准溶液滴定滤液中过量的 Ag^+。

(2) 在滴入 NH_4SCN 标准溶液前加入硝基苯 1～2mL，摇动后，AgCl 沉淀即进入硝基苯层中，它不再与滴定溶液接触。在这种情况下，AgCl 沉淀将不再与 SCN^- 作用，就可以得到正确的结果。用此法测定 Br^- 和 I^- 时，因为 AgBr 和 AgI 的溶度积都小于 AgSCN 的溶度积，不会引起误差。

佛尔哈德法应该在酸性溶液中而不能在中性或碱性溶液中进行测定，原因是在中性或碱性溶液中，指示剂铁铵矾中的 Fe^{3+} 将产生沉淀。

3. 法扬司法

用吸附指示剂指示滴定终点的银量法称为法扬司法。

吸附指示剂是一类有色的有机化合物。它被吸附在胶体微粒表面之后，可能由于形成某种化合物而产生分子结构的变化，从而引起颜色的变化。

例如，用 $AgNO_3$ 作标准溶液测定 Cl^- 的含量时，可用荧光黄作指示剂。荧光黄是一种有机弱酸，可用 HFI 表示。在溶液中它可电离为荧光黄阴离子 FI^-，呈黄绿色。在化学计量点之前，溶液中存在着过量的 Cl^-，AgCl 沉淀胶体微粒吸附 Cl^- 而带有负电荷，不吸附指示剂 FI^-，溶液呈黄绿色。而在化学计量点之后，过量多加一滴 $AgNO_3$，AgCl 沉淀胶体微粒吸附 Ag^+ 而带有正电荷。这时，带正电荷的胶体微粒吸附 FI^-，可能由于在其表面形成荧光黄银化合物而成淡红色，以指示终点到达。

为了使终点变色敏锐，应用吸附指示剂时需要注意以下几个问题。

(1) 由于吸附指示剂的颜色变化发生在沉淀微粒表面上，所以应尽可能使卤化银沉淀呈胶体状态，这样沉淀物具有较大的表面积。为此，在滴定前应将溶液稀释，并加入糊精、淀粉等高分子化合物保护胶体，防止 AgCl 沉淀凝聚。

(2) 常用的吸附指示剂大多是有机弱酸，而起指示作用的是它们的阴离子。例如荧光黄，其 $K_a \approx 10^{-7}$，当溶液的 pH 值低时，大部分以 HFI 形式存在，不被卤化银沉淀吸附，

无法指示终点。因此，用荧光黄作指示剂时，溶液的pH值应为7～10。K_a值大一些的指示剂，可以在pH值较低的溶液中指示终点。

(3) 卤化银沉淀对光敏感，遇光易分解析出金属银，使沉淀很快转变为灰黑色，影响对终点的观察。因此，在滴定过程中应避免强光照射。

(4) 胶体微粒对指示剂离子的吸附能力，应略小于对待测离子的吸附能力，否则指示剂将在化学计量点前变色。但吸附能力也不能太差，否则变色不敏锐。

(5) 溶液中被滴定的离子浓度不能太低，原因是浓度太低时沉淀很少，观察终点比较困难。如用荧光黄作指示剂，用$AgNO_3$溶液滴定Cl^-，浓度要求在0.005mol/L以上；但滴定Br^-、I^-、SCN^-等的灵敏度稍高，浓度低至0.001mol/L时仍可准确测定。

吸附指示剂种类很多，现将常用的列于表1-9中。

表1-9 银量法中常用的吸附指示剂

名　称	待测离子	滴定剂	颜色变化	适用pH值
荧光黄	Cl^-	Ag^+	黄绿色（有荧光）→粉红色	7～10
二氯荧光黄	Cl^-	Ag^+	黄绿色（有荧光）→红色	4～10（一般为5～8）
曙　红	Br^-、I^-、SCN^-	Ag^+	橙黄色（有荧光）→紫红色	2～10（一般为3～8）
酚藏红	Br^-、Cl^-	Ag^+	红色→蓝色	酸性

三、沉淀滴定法在电厂的应用实例——水中氯离子的测定

氯离子是火力发电厂水质监督的重要项目之一，目前循环水中氯离子的测定多用摩尔法，即在被测水样中加入铬酸钾作指示剂，用$AgNO_3$标准溶液滴定。滴定开始后，Cl^-和Ag^+先生成AgCl沉淀，待滴定到化学计量点附近，Ag^+浓度迅速增加，达到了Ag_2CrO_4的溶度积，此时立刻形成砖红色Ag_2CrO_4沉淀，指示出滴定的终点。

【例1-11】 要测定100mL水样中的Cl^-，用0.1055mol/L的$AgNO_3$标准溶液滴定，用去6.00mL（已扣除空白），问水样中的Cl^-含量为多少？

解 $c(Cl^-)=\frac{0.1055\times6.0\times10^{-3}}{0.1}=0.00633\ (mol/L)=225\ (mg/L)$

故水样中的Cl^-含量为225mg/L。

四、重量分析法

1. 重量分析法原理

重量分析法是将待测组分与试样中的其他组分分离，然后称重，根据称量数据计算出试样中待测组分含量的分析方法。根据被测组分与试样中其他组分分离的方法不同，重量分析法通常分为沉淀法、电解法和气化法。

(1) 沉淀法。利用沉淀反应使待测组分以难溶化合物的形式沉淀出来，将沉淀过滤、洗涤、烘干或灼烧后称重。根据称得的质量，求出被测组分的含量。沉淀法是重量分析中最常用的方法。

(2) 电解法。利用电解原理，使被测金属离子在电极上还原析出，电极增加的质量即为被测金属的质量。

(3) 气化法。利用物质的挥发性质，通过加热或蒸馏等方法使待测组分从试样中挥发逸出，然后根据气体逸出前后试样质量的减少来计算被测组分的含量。

重量分析法直接通过称量而求得分析结果，不需基准物质或标准溶液，因此对于常量组分的测定，其准确度较高，相对误差一般为 0.1%～0.2%。但是，重量分析法流程长，耗时多，不能满足快速分析的要求，也不适用于低含量组分的测定。

2. 沉淀重量法的分析过程和对沉淀的要求

在分析试液中加入适当的沉淀剂，利用沉淀反应，使被测组分以适当的沉淀形式沉淀出来。经过滤、洗涤、烘干或灼烧后成为称量形式，然后称量，再求出被测组分含量。沉淀形式和称量形式可以相同，也可以不相同。例如，用 $BaSO_4$ 重量法测定水样中 SO_4^{2-} 含量时，沉淀形式和称量形式都是 $BaSO_4$，此时沉淀形式和称量形式相同；用重量法测定钙含量时，在试样中加入 $Na_2C_2O_4$ 作为沉淀剂，沉淀出 CaC_2O_4，然后过滤、洗涤、灼烧后得到 CaO 的称量形式，根据 CaO 的质量求得钙含量。这里沉淀形式和称量形式不相同。沉淀重量法对沉淀形式和称量形式有一定要求。

(1) 对沉淀形式的要求：

1) 沉淀的溶解度要小，以保证被测组分沉淀完全；

2) 沉淀要易于转化为称量形式；

3) 沉淀易于过滤、洗涤，最好能得到颗粒粗大的晶形沉淀；

4) 沉淀必须纯净，尽量避免杂质的沾污。

(2) 对称量形式的要求：

1) 称量形式必须有确定的化学组成，否则无法计算分析结果；

2) 称量形式要十分稳定，不受空气中水分、CO_2 等的影响；

3) 称量形式的摩尔质量要大，这样由少量被测组分得到较大量的称量物质，可以减小称量误差，提高分析准确度。

3. 影响沉淀溶解度的因素

利用沉淀反应进行重量分析时，要求沉淀反应进行完全。沉淀是否完全，可以根据反应达到平衡后溶液中未被沉淀的被测组分的量来判断，即可以根据沉淀的溶解度大小来衡量。沉淀的溶解度越小，被测组分的残留量越小，沉淀因溶解而引起的损失越小，沉淀就越完全，反之亦然。

沉淀重量法中，一般要求沉淀因溶解而损失的量不超过 0.2mg，即分析天平可允许的称量误差，此时认为沉淀完全。实际上相当多的沉淀很难达到这一要求。为了降低沉淀的溶解损失，保证重量分析的准确度，必须了解影响沉淀平衡的因素。

影响沉淀平衡的因素很多，如同离子效应、盐效应、酸效应、配位效应等。

(1) 同离子效应。当沉淀反应达到平衡后，若向溶液中加入含某一构晶离子的试剂或溶液，则沉淀的溶解度减小，这一效应称为同离子效应。

在实际工作中，通常利用同离子效应，即增加沉淀剂的用量，使被测组分沉淀完全。但沉淀剂过量太多，往往会发生盐效应等其他副反应，反而会使沉淀的溶解度增大，沉淀溶解损失增大。一般的，沉淀剂过量 50%～100%，对不易挥发的沉淀剂过量 20%～30%为宜。

(2) 盐效应。在难溶电解质的饱和溶液中，因加入了强电解质而增大沉淀溶解度的现象称为盐效应。例如用 Na_2SO_4 作沉淀剂测定 Pb^{2+} 时，生成 $PbSO_4$。当 $PbSO_4$ 沉淀后，继续加

入 Na_2SO_4 就同时存在同离子效应和盐效应。不同浓度的 Na_2SO_4 溶液中，$PbSO_4$ 溶解度的变化情况见表 1-10。

表 1-10 $PbSO_4$ 在 Na_2SO_4 溶液中的溶解度

Na_2SO_4（mol/L）	0	0.001	0.01	0.02	0.04	0.100
$PbSO_4$（mmol/L）	0.15	0.024	0.016	0.014	0.013	0.016

从表 1-10 可见，当 Na_2SO_4 的浓度增大至 0.04mol/L 时，由于 Na_2SO_4 的同离子效应，$PbSO_4$ 沉淀的溶解度最小。继续增大 Na_2SO_4 浓度，盐效应增大，$PbSO_4$ 沉淀的溶解度反而增大。

通常，盐效应对沉淀溶解度的影响比较小，只有当沉淀的溶解度本来就较大，溶液中的离子强度很高时，才需要考虑盐效应。

(3) 酸效应。溶液的酸度对沉淀溶解度的影响称为酸效应。例如 CaC_2O_4 沉淀，溶液的酸度对它的溶解度就有显著的影响。

CaC_2O_4 在溶液中存在下列平衡，即

$$CaC_2O_4 \rightleftharpoons Ca^{2+} + C_2O_4^{2-}$$

$$C_2O_4^{2-} \underset{-H^+}{\overset{+H^+}{\rightleftharpoons}} HC_2O_4^- \underset{-H^+}{\overset{+H^+}{\rightleftharpoons}} H_2C_2O_4$$

当溶液酸度增加时，平衡向生成 $HC_2O_4^-$ 和 $H_2C_2O_4$ 的方向移动，溶液中 $C_2O_4^{2-}$ 浓度降低，CaC_2O_4 沉淀平衡被破坏，使 CaC_2O_4 溶解，即沉淀的溶解度增大。

由此可见，酸效应的发生是由于氢离子与溶液中的弱酸根离子等结合生成弱酸分子，因而使弱酸根形成的难溶化合物的溶解度增加。组成难溶化合物的酸越弱，酸效应越显著，当组成难溶化合物的阴离子是强酸时，则酸效应影响不大。为了减小酸效应，通常在较低的酸度下进行沉淀，但是当酸度降低时，组成难溶化合物的金属离子可能发生水解，阳离子的浓度会降低，同样会使沉淀的溶解度增大。因此，在沉淀时，必须严格控制溶液的酸度。

(4) 配位效应。由于溶液中存在的配位剂与金属离子形成络合物，从而增大沉淀溶解度的现象称为配位效应。有的沉淀剂本身就是配位剂，当沉淀剂过量时，既有同离子效应，又有配位效应。它们对沉淀溶解度的影响是相反的。例如，用 NaCl 作沉淀剂沉淀 Ag^+ 时，Cl^- 既能与 Ag^+ 生成 AgCl 沉淀，过量的 Cl^- 又能与 AgCl 形成 $AgCl_2^-$，$AgCl_3^{2-}$ 和 $AgCl_4^{3-}$ 等配位离子使 AgCl 沉淀的溶解度增大。

从以上讨论可知，同离子效应是降低沉淀溶解度的有利因素。在进行沉淀反应时，应尽量利用这一有利因素，而盐效应、酸效应、配位效应都要增大沉淀的溶解度，不利于沉淀进行完全。除上述因素以外，影响沉淀溶解度的因素还有：

(1) 温度。大多数沉淀的溶解度随着温度的升高而增大。对于溶解度较大的沉淀，温度对溶解度的影响较显著，如 CaC_2O_4 沉淀，必须冷却到室温后进行过滤等操作；对于溶解度较小的沉淀，温度对其的影响很小，如 $Fe(OH)_3$ 沉淀可采用趁热过滤和洗涤。

(2) 溶剂。根据相似相溶原理，对于无机物的沉淀，加入有机试剂能降低沉淀的溶解度。例如，在沉淀 $CaSO_4$ 时，加入乙醇可以降低 $CaSO_4$ 的溶解度。

(3) 沉淀颗粒的大小和结构。对于同种沉淀，颗粒越小，溶解度越大。因此在沉淀完成

以后，通常将沉淀与母液一起放置一段时间，使小晶体转化为大晶体，以降低沉淀的溶解度。

4. 影响沉淀纯度的因素

沉淀重量法不仅要求形成沉淀的物质溶解度要小，而且要求纯净。但是当沉淀从溶液中析出时总有一些杂质随之一起沉淀，使沉淀沾污。共沉淀和后沉淀是影响沉淀纯度的两个重要因素。

(1) 共沉淀。当沉淀从溶液中析出时，溶液中的某些可溶性物质同时沉淀下来的现象称为共沉淀。产生共沉淀现象的原因是由于表面吸附，生成混晶、吸留等造成的。

(2) 后沉淀。沉淀析出后，在沉淀与母液一起放置期间，溶液中某些可溶和微溶杂质可能沉淀到原沉淀上，这种现象称为后沉淀。例如，在酸性溶液中 ZnS 是可溶的，但它与 CuS 沉淀长时间共存，ZnS 会沉淀在 CuS 表面。

5. 沉淀条件的选择

沉淀的类型一般可分为晶形沉淀和无定形沉淀（又称非晶形沉淀）。例如：CaC_2O_4、$BaSO_4$等为晶形沉淀；$Al(OH)_3$、$Fe(OH)_3$等是无定形沉淀；AgCl 是乳状沉淀，性质介于两者之间。它们之间的主要差别是沉淀颗粒大小的不同。在沉淀重量法中，应尽可能获得颗粒大的晶形沉淀，它的表面积小，吸附杂质少，易于过滤和洗涤。沉淀颗粒的大小取决于物质的本质和沉淀条件的选择。对不同类型的沉淀，应选择不同的沉淀条件。

对于晶形沉淀，关键是设法降低溶液的过饱和度，减小聚集速度，以获得颗粒粗大，易于过滤和洗涤的晶形沉淀。沉淀条件为：

(1) 在适当稀的溶液中进行沉淀。以降低相对过饱和度，有利于晶形沉淀的形成。

(2) 在不断搅拌下缓慢地加入沉淀剂，以免局部过饱和度太大。

(3) 沉淀作用应在热溶液中进行。温度升高，沉淀的溶解度略有增加，溶液的相对过饱和度降低；同时加热还可以减少杂质的吸附作用。为了防止在热溶液中因溶解度较大而造成较大的溶解损失，沉淀完毕后应进行冷却，然后再进行过滤和洗涤。

(4) 陈化。在沉淀后，使沉淀与母液一起放置一段时间称为陈化。由于小晶体比大晶体的溶解度大，在同一溶液中对小晶体是未饱和的，对大晶体是过饱和的。这样，在陈化过程中，细小晶体逐渐溶解，大晶体继续长大，不仅能得到粗大的沉淀，还能使吸附杂质的量减少。

陈化可在室温下进行，但所需时间较长，加热和搅拌可以缩短陈化的时间。对于无定形沉淀，主要考虑的是如何加速沉淀微粒的凝聚，获得紧密的沉淀，减少杂质吸附和防止形成胶体溶液。由于无定形沉淀颗粒小，吸附杂质多，沉淀的结构疏松，不容易过滤和洗涤，因此尽量避免无定形沉淀。

6. 重量法在火力发电厂水分析中的应用

在火力发电厂水汽分析中，许多项目都使用重量法，如固体物质的测定、全硅的测定、铁铝氧化物的测定、水中硫酸盐的测定等。现以水中硫酸盐的测定为例加以说明。

在强酸性溶液中，氯化钡与 SO_4^{2-} 定量地产生硫酸钡沉淀，经过滤洗涤，灼烧称重后，求出硫酸根离子的含量。下面举例说明同离子效应在测定 SO_4^{2-} 时的应用。

【例 1-12】 测定水中硫酸根时，用 $BaCl_2$将水样中的 SO_4^{2-} 沉淀为 $BaSO_4$。已知 25℃ 时 $BaSO_4$的溶度积 $K_{sp}=1.1\times10^{-10}$，则加多少 $BaCl_2$溶液比较合适？

解 当$BaCl_2$溶液加至化学计量点时，SO_4^{2-}的平衡浓度为

$$[SO_4^{2-}]=[Ba^{2+}]=\sqrt{K_{sp}}=\sqrt{1.1\times10^{-10}}=1.05\times10^{-5}\ (mol/L)$$

若溶液的总体积为200mL，$BaSO_4$在溶液中溶解损失的质量为

$$1.05\times10^{-5}\times233.4\times200=0.5\ (mg)$$

显然，$BaSO_4$溶解所损失的量已超过重量分析的要求（沉淀重量法中一般要求沉淀因溶解而损失的量不超过0.2mg）。

如果加入过量$BaCl_2$溶液至$[Ba^{2+}]=0.01mol/L$，此时溶液中SO_4^{2-}的平衡浓度为

$$[SO_4^{2-}]=\frac{K_{sp}}{[Ba^{2+}]}=1.1\times10^{-8}\ (mol/L)$$

$BaSO_4$在溶液中溶解损失的质量为

$$1.1\times10^{-8}\times233.4\times200=5\times10^{-4}\ (mg)$$

由此可见，在增加了$BaCl_2$用量后，$BaSO_4$能够沉淀完全。但沉淀剂过量太多，往往会发生盐效应等其他副反应，反而会使沉淀的溶解度增大。像$BaCl_2$这种不易挥发的沉淀剂一般以过量20%～30%为宜，这在分析方法中也有所体现。

第五节 氧化-还原滴定法

一、概述

氧化-还原滴定法是以氧化-还原反应为基础的滴定分析方法，广泛应用于水质分析和其他样品的常量分析中。氧化-还原滴定法既可用来直接测定氧化性或还原性物质，也可以用来间接测定一些能与氧化剂或还原剂发生定量反应的物质。

氧化-还原反应是基于电子转移的反应，其反应机理比较复杂。在氧化-还原反应中，除了主反应外，还经常伴有各种副反应，且介质对反应也有很大的影响。因此，讨论氧化-还原反应时，除了从平衡观点判断反应的可能性外，还应该考虑各种反应条件及滴定条件对氧化-还原反应的影响，因此在氧化-还原反应中要根据不同情况选择适当的反应及滴定条件。

根据所用氧化剂或还原剂不同，可以将氧化-还原滴定法分为多种，常用的有高锰酸钾法、重铬酸钾法、碘量法及溴酸盐法等。

二、氧化-还原反应的方向、次序及进行的程度

（一）条件电极电位

在计算氧化-还原电对的电极电位时，一般用浓度代替活度。只有在稀溶液中，浓度代替活度的计算才是正确的。当浓度增大或有强电解质存在时，这样计算获得的结果与实际表现出的电位值有较大的差别。例如，$E^0_{Fe^{3+}/Fe^{2+}}=0.77V$，这一电位值是在标准状态下，溶液中$Fe^{3+}$和$Fe^{2+}$浓度均为1.00mol/L时，忽略离子强度的影响，用浓度代替活度按能斯特方程式计算出来的。但该溶液中若同时含有1.00mol/L盐酸或1.00mol/L硫酸时，实际电位分别为0.71V和0.68V。

另外，溶液中待测组分的溶剂化、电离、缔合及络合平衡的存在使电对的氧化态和还原态的存在形态发生改变，从而也使实际测得的电极电位与计算值存在差别。因此，在计算电极电位时，离子强度和氧化态及还原态的存在形态是要考虑的两个重要因素。只有在考虑了

这两个因素对溶液中氧化态和还原态有效浓度影响的基础上计算出的结果才能准确地反映氧化剂和还原剂的氧化-还原能力。

例如，计算盐酸溶液中 Fe^{3+}/Fe^{2+} 电对的电极电位时，由能斯特方程得

$$E = E^{0} + 0.0591\lg\frac{\alpha_{Fe^{3+}}}{\alpha_{Fe^{2+}}} = E^{0} + 0.059\lg\frac{\gamma_{Fe^{3+}}[Fe^{3+}]}{\gamma_{Fe^{2+}}[Fe^{2+}]} \tag{1-15}$$

但实际上，在盐酸溶液中铁离子与溶剂和氯离子发生的反应为

$$Fe^{3+} + H_2O \longrightarrow FeOH^{2+} + H^+$$

$$Fe^{3+} + Cl^- \longrightarrow FeCl^{2+}$$

因此，溶液中除 Fe^{3+}、Fe^{2+} 外，还有 $FeOH^{2+}$、$FeCl^{2+}$、$FeCl^+$、$FeCl_6^{3-}$ 等不同价态的铁，若用 $c_{Fe^{3+}}$ 和 $c_{Fe^{2+}}$ 分别表示溶液中三价铁和二价铁的总浓度，则有

$$c_{Fe^{3+}} = [Fe^{3+}] + [FeOH^{2+}] + [FeCl^{2+}] + \cdots$$

$$\frac{c_{Fe^{3+}}}{[Fe^{3+}]} = \alpha_{Fe(Ⅲ)} \tag{1-16}$$

$$\frac{c_{Fe^{2+}}}{[Fe^{2+}]} = \alpha_{Fe(Ⅱ)} \tag{1-17}$$

$\alpha_{Fe(Ⅲ)}$、$\alpha_{Fe(Ⅱ)}$ 分别为 Fe^{3+}、Fe^{2+} 的副反应系数，与络合平衡中酸效应系数相似。由于副反应的存在，使 Fe^{3+}、Fe^{2+} 在溶液中的游离浓度降低，因此式（1-15）变为

$$E = E^{0} + 0.059\lg\frac{\gamma_{Fe^{3+}}\alpha_{Fe(Ⅱ)}c_{Fe^{3+}}}{\gamma_{Fe^{2+}}\alpha_{Fe(Ⅲ)}c_{Fe^{2+}}} \tag{1-18}$$

但实际上，溶液的离子强度一般较大，活度系数不易求得；当副反应较多时，求副反应系数也很麻烦，因此按式（1-18）计算实际上是一个很复杂的过程。为了简化计算，将式（1-18）改为

$$E = E^{0} + 0.0591\lg\frac{\gamma_{Fe^{3+}}\alpha_{Fe(Ⅱ)}}{\gamma_{Fe^{2+}}\alpha_{Fe(Ⅲ)}} + 0.059\lg\frac{c_{Fe^{3+}}}{c_{Fe^{2+}}} \tag{1-19}$$

当 $\frac{c_{Fe^{3+}}}{c_{Fe^{2+}}} = 1$ 时，式（1-19）变为

$$E = E^{0} + 0.059\lg\frac{\gamma_{Fe^{3+}}\alpha_{Fe(Ⅱ)}}{\gamma_{Fe^{2+}}\alpha_{Fe(Ⅲ)}} \tag{1-20}$$

式中 γ 和 α 在一定条件下为固定值，因此式（1-20）在一定条件下为一常数，用 $E^{0'}$ 表示，即

$$E^{0} + 0.059\lg\frac{\gamma_{Fe^{3+}}\alpha_{Fe(Ⅱ)}}{\gamma_{Fe^{2+}}\alpha_{Fe(Ⅲ)}} = E^{0'} \tag{1-21}$$

$E^{0'}$ 称条件电极电位，它在一定条件下为一常数，因此式（1-19）可以写为

$$E = E^{0'} + 0.059\lg\frac{c_{Fe^{3+}}}{c_{Fe^{2+}}} \tag{1-22}$$

对一般氧化-还原电对，通式写为

$$E_{Ox/Red} = E^{0'}_{Ox/Red} + \frac{0.059}{n}\lg\frac{c_{Ox}}{c_{Red}} \tag{1-23}$$

$$E^{0'}_{Ox/Red} = E^{0}_{Ox/Red} + \frac{0.059}{n}\lg\frac{\gamma_{Ox}\alpha_{Red}}{\gamma_{Red}\alpha_{Ox}} \tag{1-24}$$

计算中引入条件电极电位（即考虑了离子强度和存在状态两个因素），所获得的电极电位能反映实际过程中氧化-还原电对的实际氧化能力，用他判断实际氧化-还原反应的方向、次序及进行程度更为准确。

（二）氧化-还原反应的方向

通过对氧化-还原电对条件电极电位的计算，可以判断氧化-还原反应进行的方向。下面就影响氧化-还原反应方向的一些因素结合实例进行介绍。

1. 浓度的影响

当两个氧化-还原电对的条件电极电位相差不大时，有可能通过改变氧化剂或还原剂的浓度来改变氧化-还原反应的方向。下面举例说明：

例如，已知，$E^0_{Sn^{2+}/Sn}=-0.14V$，$E^0_{Pb^{2+}/Pb}=-0.13V$，当$[Sn^{2+}]=[Pb^{2+}]=1mol/L$和$[Sn^{2+}]=1mol/L$、$[Pb^{2+}]=0.1mol/L$时，两电对所组成的原电池的电势分别为$E_1$和$E_2$，即

$$E_1=E_{Pb2+/Pb}-E_{Sn^{2+}/Sn}$$
$$=E^0_{Pb^{2+}/Pb}-E^0_{Sn^{2+}/Sn}=-0.13-(-0.14)>0$$

$$E_2=E_{Pb^{2+}/Pb}-E_{Sn^{2+}/Sn}=E^0_{Pb^{2+}/Pb}+\frac{0.059}{2}\times\lg 0.1-E^0_{Sn^{2+}/Sn}$$
$$=-0.13+\frac{0.059}{2}\times\lg 0.1-(-0.14)<0$$

很显然，这两种浓度条件下，氧化-还原反应进行的方向相反。

2. 溶液酸度的影响

氧化-还原反应往往有H^+或OH^-参与，因此溶液的酸度对氧化-还原电极电位有影响，如氧化剂高锰酸盐的电极反应和电极电位表达式为

$$MnO_4^-+8H^++5e=\!=\!=Mn^{2+}+4H_2O$$
$$E=E^0+\frac{0.059}{5}\lg\frac{[H^+]^8[MnO_4^-]}{[Mn^{2+}]}$$

从电极电位表达式可看出，氢离子浓度对电对MnO_4^-/Mn^{2+}有明显的影响，从而影响高锰酸根离子的氧化能力。在不同酸性介质中，MnO_4^-还原为Mn^{2+}时的电极电位可为1.2～1.5V，因此MnO_4^-的氧化能力也不同。例如，用MnO_4^-氧化卤素离子，在pH值为5～6时，碘化物被高锰酸钾氧化为碘分子，而溴化物和氯化物不起反应；在pH=3时，溴化物被氧化而氯化物不起反应，氯化物需在更高酸度下才能被高锰酸钾氧化。

例如，水分析中常用的强氧化剂$K_2Cr_2O_7$，其电极反应和电极电位的能斯特方程为

$$Cr_2O_7^{2-}+14H^++6e=\!=\!=2Cr^{3+}+7H_2O$$
$$E=E^0+\frac{0.059}{6}\lg\frac{[H^+]^{14}[Cr_2O_7^{2-}]}{[Cr^{3+}]^2}$$

从电极电位表达式可看出，氢离子浓度对电对$Cr_2O_7^{2-}/Cr^{3+}$的影响更大，在不同酸性介质中，重铬酸钾氧化能力也不同。

3. 形成络合物的影响

在氧化-还原反应中，当加入一种可与氧化态或还原态形成稳定络合物的络合剂时，就可能改变电对的电极电位，影响氧化-还原反应的方向。例如用碘量法测定水垢中的氧化铜时，先用铜离子将溶液中过量的I^-氧化成I_2，再用硫代硫酸钠滴定碘分子，根据消耗硫代

硫酸钠溶液的体积计算铜离子含量。

若溶液中有铁离子，则发生的反应为

$$2Fe^{3+}+2I^{-}=2Fe^{2+}+I_2$$

溶液中释放出的碘因 Fe^{3+} 的存在而增加，从而使滴定消耗硫代硫酸钠溶液的体积增加，使测定结果偏高。如向溶液中加入固体 NaF，Fe^{3+} 与 F^- 络合形成稳定的络合物，从而使 $[Fe^{3+}]$ 减少，$2Fe^{3+}+2I^{-}=\!=\!=2Fe^{2+}+I_2$ 反应不能正向进行，从而消除铁离子的干扰。

4. 生成沉淀的影响

在氧化-还原反应中，当加入一种可与氧化剂或还原剂形成沉淀的沉淀剂时，会因改变电极电位而改变氧化-还原反应的方向。下面以碘量法测定水垢中的氧化铜为例说明这一问题，反应式为

$$2Cu^{2+}+4I^{-}=\!=\!=2CuI\downarrow+I_2$$

反应的标准电极电位分别为 $E^0_{Cu^{2+}/Cu}=0.158V$，$E^0_{I_2/I^-}=0.535V$。在标准状态下，上述反应所组成电池的电动势 $E=0.158-0.535=-0.377(V)<0$，反应不能向右进行；但由于反应生成 CuI 沉淀（CuI 的 K_{sp} 为 5.06×10^{-12}），如不考虑离子强度的影响，则有 $[Cu^+]=\frac{K_{sp,CuI}}{[I^-]}$，代入能斯特方程得

$$E_{Cu^{2+}/Cu^+}=E^0_{Cu^{2+}/Cu^+}+0.059\lg\frac{[Cu^+][I^-]}{K_{sp,CuI}}$$

当 $[I^-]=1mol/L$、$[Cu^{2+}]=1mol/L$ 时，$E_{Cu^{2+}/Cu^+}=0.86V$，大于 $E^0_{I_2/I^-}=0.535V$，所组成的电池电动势大于 0。上述条件下，Cu^{2+} 能氧化 I^-。

（三）氧化-还原反应的次序

溶液中含有几种还原剂时，若加入氧化剂，首先与还原能力最强的还原剂作用。同样，溶液中含有几种氧化剂时，若加入还原剂，则其首先与氧化能力最强的氧化剂作用。即在适合的条件下，所有可能发生的氧化-还原反应中，电极电位相差最大的电对之间首先进行反应。

如在测定 Fe^{3+} 时，通常先用 $SnCl_2$ 还原 Fe^{3+} 为 Fe^{2+}，然后再用重铬酸钾测定溶液中的 Fe^{2+} 浓度。为保证 Fe^{3+} 完全转化为 Fe^{2+}，测定前加入的 Sn^{2+} 总是过量的。因此，用重铬酸钾滴定时，溶液中就有 Fe^{2+} 和 Sn^{2+} 两种还原剂，会消耗更多的重铬酸钾溶液而产生误差。

$$E^0_{Cr_2O_7^{2-}/Cr^{3+}}=1.33V\quad E^0_{Fe^{3+}/Fe^{2+}}=0.77V\quad E^0_{Sn^{4+}/Sn^{2+}}=0.15V$$

标准电极电位越大的电对中，氧化态的氧化能力越强；标准电极电位越小的电对中，还原态还原能力越强。因此，重铬酸根是其中最强的氧化剂，Sn^{2+} 是最强的还原剂，重铬酸根首先氧化 Sn^{2+}，只有 Sn^{2+} 被氧化完全后，才能氧化 Fe^{2+}。因此用重铬酸钾滴定 Fe^{2+} 前应先除去过量的 Sn^{2+} 离子。

（四）氧化-还原反应完成的程度

在滴定分析中，要求化学反应进行得越彻底越好，反应的完全程度可以用它的平衡常数判断。氧化-还原反应的平衡常数可根据能斯特方程式，从有关电对的标准电极电位或条件电极电位求得。若用条件电极电位，求得的是条件平衡常数 K'。

氧化-还原反应的通式为

$$n_2O_{x1}+n_1Red_2=n_2Red_1+n_1O_{x2}$$

氧化剂和还原剂两个电对的电极电位分别为

$$E_1 = E_1^{0'} + \frac{0.059}{n_1}\lg\frac{c_{O_{x1}}}{c_{Red_1}} \quad E_2 = E_2^{0'} + \frac{0.059}{n_2}\lg\frac{c_{O_{x2}}}{c_{Red_2}} \tag{1-25}$$

当反应平衡时，两电对的电位相等，即 $E_1 = E_2$。

由式(1-25)得

$$E_1^{0'} - E_2^{0'} = \frac{0.059}{n_2}\lg\frac{c_{Ox_2}}{c_{Red_2}} - \frac{0.059}{n_1}\lg\frac{c_{O_{x1}}}{c_{Red_1}} = \frac{0.059}{n_1 n_2}\lg\left[\frac{c_{Red_1}}{c_{O_{x1}}}\right]^{n_2}\left[\frac{c_{O_{x2}}}{c_{Red_2}}\right]^{n_1}$$

整理得

$$\lg K' = \lg\left[\frac{c_{Red_1}}{c_{O_{x1}}}\right]^{n_2}\left[\frac{c_{O_{x2}}}{c_{Red_2}}\right]^{n_1} = \frac{(E_1^{0'} - E_2^{0'})n_1 n_2}{0.059} \tag{1-26}$$

由式(1-26)可看出，条件平衡常数 K' 的大小是由氧化剂和还原剂两个电对的条件电极电位之差值 $\Delta E^{0'}$ 和转移电子数决定的。条件电极电位的差值 $\Delta E^{0'}$ 越大，K' 越大，反应进行得越完全。使反应完全程度达到 99.9%以上，才能满足分析过程中对误差的要求，那么，到达化学计量点时应

$$\left[\frac{c_{Red_1}}{c_{O_{x1}}}\right]^{n_2} \geqslant 10^{3n_2}, \left[\frac{c_{O_{x2}}}{c_{Red_2}}\right]^{n_1} \geqslant 10^{3n_1} \tag{1-27}$$

当 $n_1 = n_2 = 1$ 时，代入式(1-26)可得

$$\lg K' = \lg\left[\frac{c_{Red_1}}{c_{O_{x1}}}\right]\left[\frac{c_{O_{x2}}}{c_{Red_2}}\right] \geqslant \lg(10^3 \times 10^3) = \lg 10^6 \tag{1-28}$$

$$\Delta E^{0'} = \frac{0.059}{n_1 n_2}\lg K' \geqslant 0.059 \times 6 \approx 0.35(\text{V}) \tag{1-29}$$

通常两个电对的条件电极电位之差必须大于 0.4V，这样的反应才符合滴定分析的误差要求，才能用于滴定分析。

三、氧化-还原反应速度及其影响因素

不同的氧化-还原反应，其反应速度的差别是非常大的，有的反应速度较慢，有的反应虽然从理论上看是可以进行的，但实际上由于反应速度太慢，可以认为它们之间不发生反应。例如水溶液中溶解氧与氢离子的反应为

$$O_2 + 4H^+ + 4e \longrightarrow 2H_2O \qquad E^0 = 1.229\text{V}$$

标准电位较大，应该很容易氧化一些强还原剂，如

$$Sn^{4+} + 2e \longrightarrow Sn^{2+} \qquad E^0 = 0.15\text{V}$$

$$TiO^{2+} + 2H^+ + e \longrightarrow Ti^{3+} + H_2O \qquad E^0 = 0.1\text{V}$$

但实践证明，这些强还原剂在水溶液中却有一定的稳定性，说明尽管它们与水中的溶解氧或空气中的氧之间的氧化-还原反应从热力学上看反应趋势很大，但由于速度慢，以至于感觉不到反应的进行。为保证测定结果的准确性，滴定分析要求反应速度快。下面讨论影响

氧化-还原反应速度的因素。

1. 反应物的浓度

一般来说，反应物的浓度越大，反应的速度越快。例如在酸性溶液中，一定量的重铬酸根和碘化钾反应为

$$Cr_2O_7^{2-}+6I^-+14H^+\longrightarrow 2Cr^{3+}+3I_2+7H_2O$$

增大碘离子浓度或提高酸度都可以使反应速度加快。

2. 温度

通常溶液的温度每增加10℃，反应速度提高2～3倍。例如在酸性溶液中，高锰酸根和草酸根的反应为

$$2MnO_4^-+5C_2O_4^{2-}+16H^+\longrightarrow 2Mn^{2+}+10CO_2+8H_2O$$

在室温下，反应速度缓慢。如果将溶液加热，反应速度便大大加快，因此用 $KMnO_4$ 滴定 $H_2C_2O_4$ 时，通常将溶液加热到75～85℃。

应该注意，不是所有情况下都可以通过提高温度加快反应速度的。有些物质(如 I_2)挥发性较大，如将溶液加热，则会引起 I_2 挥发损失。这种情况下，如要提高反应速度，应采取其他方法。

3. 催化剂的影响

有些反应需要在催化剂存在下才能较快地进行。如上述 $KMnO_4$ 滴定 $H_2C_2O_4$ 时，Mn^{2+} 的存在能使反应速度大大加快。对于 Mn^{2+} 的催化作用有不同的解释，但总的来说，一般认为 MnO_4^- 和 $C_2O_4^{2-}$ 之间的反应是分步进行的，其反应机理为：在 $C_2O_4^{2-}$ 存在下，Mn^{2+} 被 MnO_4^- 氧化而生成Mn(Ⅲ)或Mn(Ⅳ)，它们进一步与草酸根反应生成Mn(Ⅱ)和 CO_2。在反应过程中，每一步反应速度都是不同的，有些中间过程速度慢，因而影响整个反应速度。如将高锰酸钾溶液滴入草酸溶液中，最初并不立刻褪色，这说明最初的反应速度慢，随着高锰酸钾溶液的加入，褪色才逐步加快。从这个实验现象可看出，Mn^{2+} 起着催化剂的作用。因为滴定开始时，高锰酸钾溶液中 Mn^{2+} 含量很少，所以反应速度很慢。随着反应的不断进行，Mn^{2+} 不断生成，速度逐步加快，这里的催化剂 Mn^{2+} 是反应本身生成的。因此，这种催化反应叫自动催化反应。

氧化-还原反应中借催化剂以加快反应速度，还有不少，如化学需氧量的测定中，以硫酸银作催化剂；用空气氧化 $TiCl_3$ 时，用 Cu^{2+} 作催化剂等。

四、氧化-还原指示剂

1. 自身指示剂

在氧化-还原滴定中，确定计量点的指示剂有三种。当标准溶液或被滴定物质本身有颜色时，可用以确定滴定终点。例如在高锰酸钾法中，高锰酸根本身呈紫红色，用它滴定无色或浅色的还原剂时，就不用另加指示剂。因为在滴定中 MnO_4^- 被还原为 Mn^{2+}，而 Mn^{2+} 几乎是无色的，所以滴定进行到化学计量点后，只要 MnO_4^- 稍微过量，就可以使溶液呈粉红色，说明达到滴定终点。

实验证明，100mL溶液中加入0.02 mol/L $KMnO_4$ 约0.01mL，$KMnO_4$ 浓度约为 0.2×10^{-5} mol/L，就可以使溶液呈粉红色。

2. 特效指示剂

有的物质本身不具氧化-还原性，但它能与氧化剂或还原剂作用产生特殊的颜色，因而

可以指示氧化-还原滴定的终点。例如，可溶性淀粉与碘溶液反应生成蓝色化合物，当 I_2 被还原为 I^- 离子时，蓝色消失。因此，在碘量法中，通常用淀粉溶液作指示剂。

3. 氧化-还原指示剂

氧化-还原指示剂大都是结构复杂的有机化合物，具有氧化-还原性，而且它的氧化态和还原态具有不同的颜色，因而可以指示滴定终点。例如，用 $K_2Cr_2O_7$ 溶液滴定 Fe^{2+}，常用二苯胺磺酸钠作指示剂。二苯胺磺酸钠的还原态为无色，氧化态为紫红色，当滴定至化学计量点附近时，就能使二苯胺磺酸钠由还原态转化为氧化态，溶液呈紫红色，因而可以确定滴定终点。

如果用 In_{Ox} 和 In_{Red} 分别表示指示剂的氧化态和还原态，则

$$In_{Ox}+ne \longrightarrow In_{Red}$$

$$E_{In}=E_{In}^{0}+\frac{0.059}{n}\lg\frac{[In_{Ox}]}{[In_{Red}]}$$

与酸碱滴定相似，对人眼来说，一般是 $\frac{[In_{Ox}]}{[In_{Red}]}$ 的值约为 1/10 时，只能觉察到还原态的颜色，即指示剂的变色范围为

$$E_{In}=E_{In}^{0}\pm\frac{0.059}{n}\ (V)$$

实际工作中，用条件电极电位表示为

$$E_{In}=E_{In}^{0'}\pm\frac{0.059}{n}\ (V)$$

由于变色范围的表达式中后一项较小，一般可用指示剂的条件电极电位来估计指示剂的变色范围。所选择的指示剂，其条件电极电位应在滴定的电位突跃范围内。

表 1-11 列出了一些常用的氧化-还原指示剂的条件电极电位，选择指示剂时，应使指示剂的条件电极电位尽量与化学反应计量点一致，以减少终点误差。

表 1-11　　常用的氧化-还原指示剂

指示剂名称	$E_{In}^{0'}$ $[H^+]=1$ mol/L (V)	颜色变化		配制方法
		氧化态	还原态	
次甲基蓝	0.36	蓝	无色	0.05%水溶液
二苯胺	0.76	紫	无色	
二苯胺磺酸钠	0.84	紫红	无色	0.2%水溶液
邻苯胺基苯甲酸	0.89	紫红	无色	0.2%水溶液
邻二氮杂菲-亚铁	1.06	浅蓝	红色	每 100mL 溶液中含 1.624g 邻二氮杂菲和 0.695g$FeSO_4$
硝基邻二氮杂菲-亚铁	1.25	浅蓝	红色	1.7g 硝基邻二氮杂菲和 0.025mol/L $FeSO_4$ 100mL

五、氧化-还原滴定法分类

根据所用氧化剂分类，可将氧化-还原滴定法分为不同类型，有高锰酸钾法、重铬酸钾

法、碘量法、溴酸钾法等，水质分析过程中常用的是前三种。

（一）高锰酸钾法

1. 简介

利用高锰酸钾作为氧化剂的氧化-还原滴定法叫高锰酸钾法。高锰酸钾是强氧化剂，应用范围很广。在强酸性溶液中，高锰酸根获得 5 个电子被还原为二价锰离子，反应为

$$MnO_4^- + 8H^+ + 5e \longrightarrow Mn^{2+} + 4H_2O \quad E^0 = 1.491V$$

另外，酸度不同时，MnO_4^- 还原为 Mn^{2+} 时的条件电极电位是不同的。例如在 8mol/LH_3PO_4 中，$E^{0'}_{MnO_4^-/Mn^{2+}} = 1.27V$；在 4.5～7.5 mol/L 的 H_2SO_4 中，其值为 1.49～1.50V。

在中性或弱碱性溶液中，MnO_4^- 获得了 3 个电子被还原为 MnO_2，反应为

$$MnO_4^- + 2H_2O + 3e \longrightarrow MnO_2 + 4OH^- \quad E^0 = 0.58V$$

在强碱性溶液中有

$$MnO_4^- + e \longrightarrow MnO_4^{2-} \quad E^0 = 0.564V$$

由此可见，高锰酸钾法既可以在酸性条件下使用，也可以在中性、弱碱性或中等碱性条件下使用。从上述的标准电极电位看，在强酸性溶液中，高锰酸钾有更强的氧化能力，因此一般都在强酸性条件下使用；但在碱性条件下，高锰酸钾氧化有机物的速度比在酸性条件下的速度快，因此用高锰酸钾法测定有机物时，宜用于碱性条件下。在实际测定过程中，考虑各种利弊后选择合适的酸度。

利用高锰酸钾法可直接测定许多还原性物质，例如 I^-、Br^-、Fe^{2+}、NO_2^-、$S_2O_3^{2-}$、SO_3^{2-} 等。有些氧化性物质不能用 $KMnO_4$ 溶液直接测定，则可以间接测定。如测定 Ca^{2+} 时，用 $C_2O_4^{2-}$ 与 Ca^{2+} 作用，生成沉淀。溶解沉淀后，用 $KMnO_4$ 滴定 $C_2O_4^{2-}$，从而获得 Ca^{2+} 的含量。

高锰酸钾法的优点是氧化能力强，应用广泛，不需另加指示剂；主要缺点是 $KMnO_4$ 标准溶液常含有少量杂质，溶液不稳定，不能直接配制标准溶液，并由于 $KMnO_4$ 氧化能力强，可以和许多还原性物质发生作用，所以干扰也比较严重。

2. 在火力发电厂水分析中的应用

自然界的水中存在有机物，这些有机物有些是由于动植物腐烂分解后产生的，有的则来自有机物污染源。有机物的存在促使细菌大量繁殖，直接影响水质。

水中化学需氧量（简称 COD）的大小是水质污染程度的主要指标之一，由于废水中的还原性物质常常是各种有机物，人们常将 COD 作为水质是否受到有机物污染的重要指标。COD 是指在特定条件下，用一种强氧化剂定量地氧化单位体积水中可还原性物质（有机物和无机物）时所消耗氧化剂的数量，以每升水消耗多少毫克氧表示（mg/L）。以高锰酸钾为氧化剂，测定水中还原性物质时消耗的高锰酸钾的量，以氧的 mg/L 表示，称为高锰酸盐指数（COD_{Mn}）。高锰酸盐指数可以从一定程度上说明水被有机物污染的程度。

清洁地面水中有机物的含量较低，COD 小于 3～4mg/L；轻度污染的水源 COD 可达 4～10mg/L；若水中 COD 大于 10mg/L，则认为水质受到较严重的污染。

按照测定介质不同，高锰酸盐指数的测定可分为酸性高锰酸钾法和碱性高锰酸钾法。一般情况下，高锰酸盐指数的测定原理：在酸性条件下，向被测水样中加过量的高锰酸钾溶液，并在水浴中加热，反应一定时间后，剩余的高锰酸钾用过量草酸钠（或草酸）溶液还原，过量的草酸钠（或草酸）再用高锰酸钾溶液回滴，通过计算求出高锰酸盐指数。但当水

样中的氯化物含量大时，会发生如下反应，即

$$2KMnO_4 + 16H^+ + 16Cl^- \longrightarrow 2KCl + 2MnCl_2 + 5Cl_2\uparrow + 8H_2O$$

因此，水样中的氯离子含量超过100mg/L时，应在碱性溶液中测定。

必须指出，高锰酸盐指数不能完全代表水中全部有机物的含量，因为水中有机物只有部分被氧化，并不是理论上的需氧量，但按照标准方法测定的高锰酸盐指数在一定程度上能反映水中还原性物质的相对含量。由于天然水中无机还原性物质很少，所以高锰酸盐指数能反映水中有机物的相对含量。高锰酸盐指数的测定必须严格遵守一定的操作程序，原因是反应溶液中试剂的用量、加入试剂的次序、加热时间和温度等对高锰酸钾氧化有机物的程度均有影响。不同条件下，测得的高锰酸盐指数的结果也不同。高锰酸盐指数是在一定条件下测得的，是一个相对的条件性水质指标，它只能得到水中有机物含量的相对概念，但用它比较不同地区和不同时间间隔的水源水质仍有很大的意义。

（二）重铬酸钾法

1. 简介

以重铬酸钾作为氧化剂的氧化-还原滴定法称为重铬酸钾法。$Cr_2O_7^{2-}$ 在酸性溶液中与还原剂作用发生如下反应，即

$$Cr_2O_7^{2-} + 14H^+ + 6e \longrightarrow 2Cr^{3+} + 7H_2O \qquad E^0 = 1.33V$$

可见 $K_2Cr_2O_7$ 的氧化能力比 $KMnO_4$ 弱（在1mol/L HCl溶液中，它的条件电极电位为1.00V），但它仍是一种较强的氧化剂，能氧化许多有机物和无机物。重铬酸钾法只能在酸性介质中使用，它的应用范围比 $KMnO_4$ 法窄，但具有以下优点：

（1）$K_2Cr_2O_7$ 容易提纯，在140～150℃干燥后，可以直接称量后配制标准溶液；

（2）溶液非常稳定，只要保存在密封容器中，浓度可长期保持不变。

在重铬酸钾法中，虽然 $Cr_2O_7^{2-}$ 还原后能转化为绿色的 Cr^{3+}，但 $K_2Cr_2O_7$ 的颜色不是很深，因此不能根据它本身的颜色变化来确定滴定终点，而要采用氧化-还原指示剂指示终点。

2. 在火力发电厂水分析中的应用——化学需氧量（COD_{Cr}）的测定

前已述及，用高锰酸钾测定水中有机物时，其结果受操作条件的影响很大，且只适用于较为清洁的水样，用高锰酸钾法测定生活污水和工业废水中的有机物含量时，测定结果不能令人满意，而用重铬酸钾法则优于高锰酸钾法。重铬酸钾在以硫酸银作催化剂、加热回流条件下，能将水中大部分有机物和无机物氧化，因而该法还适合于生活污水和工业废水样品中该指标的分析。

重铬酸钾法测定化学需氧量的原理：在强酸性条件下，向水样中加入一定量重铬酸钾标准溶液、催化剂硫酸银及消除氯离子干扰的硫酸汞，在加热煮沸的情况下，使 $K_2Cr_2O_7$ 与有机物及其他还原性物质作用，大部分有机物主要转化为二氧化碳和水，重铬酸根反应式为

$$Cr_2O_7^{2-} + 14H^+ + 6e \longrightarrow 2Cr^{3+} + 7H_2O$$

过量的重铬酸钾以试亚铁灵为指示剂，用硫酸亚铁铵标准溶液滴定，反应式为

$$Cr_2O_7^{2-} + 14H^+ + 6Fe^{2+} \longrightarrow 2Cr^{3+} + 7H_2O + 6Fe^{3+}$$

由所消耗的硫酸亚铁铵标准溶液及水样中加入的 $K_2Cr_2O_7$ 标准溶液的量，可计算出水样中有机物消耗的 $K_2Cr_2O_7$ 的量（换算成相当于消耗氧的量，以mg/L计）。如果需要求出水中有机物的含量，还应求出无机还原性物质的含量，然后把这部分还原性物质的量减去，

即可得到有机物的含量。

（三）碘量法

1. 简介

碘量法是利用 I_2 的氧化性和 I^- 的还原性进行滴定分析的氧化-还原滴定法，其半反应为

$$I_2 + 2e \longrightarrow 2I^-$$

由于固体 I_2 在水中的溶解度小，故实际应用时，通常将 I_2 溶解在 KI 溶液中，此时在 I_2 溶解液中以 I^{3-} 形式存在（$I_2 + I^- \rightarrow I_3^-$），半反应为

$$I_3^- + 2e \longrightarrow 3I^- \quad E^{0'}_{I_3^-/3I^-} = 0.54V$$

为了方便起见，一般仍将 I_3^- 简写为 I_2。从 I_2/I^- 电对的条件电极电位或标准电极电位看，I_2 是一个较弱的氧化剂，能与较强的还原剂作用。

碘量法分为直接碘量法和间接碘量法。

直接碘量法指用 I_2 标准溶液直接滴定还原性物质。反应后，I_2 转化为 I^-。由于 I_2 氧化能力不强，所以能被 I_2 氧化的物质有限。同时溶液中 H^+ 浓度对直接碘量法有较大的影响，例如在较强的碱性溶液中就不能用 I_2 溶液滴定，因为当 pH 值较高时，会发生歧化反应，即

$$3I_2 + 6OH^- \longrightarrow IO_3^- + 5I^- + 3H_2O$$

这样就会给测定带来误差。在酸性溶液中，只有少数还原能力强，不受 H^+ 浓度影响的物质才能被定量滴定，因此直接碘量法受到一定限制。

间接碘量法指用 I^- 的还原性测定氧化性物质，即在待测的氧化性物质的溶液中加入过量的 KI，反应后生成与待测氧化性物质的量相当的游离 I_2，可以间接计算出被测氧化性物质的含量。该方法的基本反应为

$$2I^- - 2e \longrightarrow I_2$$

$$I_2 + 2S_2O_3^{2-} \longrightarrow S_4O_6^{2-} + 2I^-$$

在使用间接碘量法时，为获得准确的结果，必须注意以下两点：

(1) 控制溶液的酸度。I_2 和 $Na_2S_2O_3$ 的反应必须在中性和弱酸性溶液中进行。因为在强碱性溶液中会同时发生下列反应，即

$$S_2O_3^{2-} + 4I_2 + 10OH^- \longrightarrow 2SO_4^{2-} + 8I^- + 5H_2O$$

在较强的碱性溶液中 I_2 发生歧化反应，即

$$3I_2 + 6OH^- \longrightarrow IO_3^- + 5I^- + 3H_2O$$

在强酸性溶液中 $S_2O_3^{2-}$ 会发生分解，即

$$S_2O_3^{2-} + 2H^+ \longrightarrow SO_2 + S + H_2O$$

同时，I^- 离子在强酸性溶液中易被空气中的氧氧化，即

$$4I^- + 4H^+ + O_2 = 2I_2 + 2H_2O$$

因此，用 $Na_2S_2O_3$ 滴定 I_2 之前，应将溶液的酸度调至中性或弱酸性。

（2）防止 I_2 挥发及 I^- 被空气中的氧氧化，以减少测定结果的误差。防止 I_2 挥发的措施有：加入过量的 KI，一般比理论量大 2～3 倍，使 I_2 生成 I_3^- 以减少挥发；反应温度不能过高；滴定时不能剧烈摇动溶液；避免阳光直接照射，防止 I^- 被空气中的氧氧化；析出 I_2 后溶液不能放置过久，且滴定速度要加快。

碘量法的终点常用淀粉指示剂来指示。在有少量 I^- 存在下，I_2 与淀粉反应形成蓝色吸附络合物，根据蓝色的出现和消失即可指示滴定终点。淀粉溶液应现用现配，若放置太久，则与碘形成的络合物不呈蓝色而呈紫色或红色。这种红紫色吸附络合物使滴定时褪色慢，终点不灵敏。

2. 在火力发电厂水分析中的应用——溶解氧及 BOD 的测定

（1）溶解氧的测定。溶解于水中的分子态氧称为溶解氧，即 DO，它是一个重要的水质指标。溶解氧的测定一般采用碘量法及其修正法和膜电极法。清洁水可直接用碘量法测定，当水样有色或含氧化性及还原性物质、藻类、悬浮物时，须采用叠氮化钠修正法或膜电极法测定。

溶解氧的测定原理：采样时，在水样中加入硫酸锰和碱性碘化钾溶液，生成氢氧化亚锰沉淀，此沉淀极不稳定，迅速和水中溶解氧反应生成锰酸，锰酸继续与氢氧化亚锰反应生成锰酸锰沉淀，从而使溶解氧固定下来。反应式为

$$MnSO_4 + 2NaOH = Mn(OH)_2 \downarrow (白色) + Na_2SO_4$$

$$Mn(OH)_2 + O_2 = 2H_2MnO_3 \downarrow (棕色)$$

$$Mn(OH)_2 + H_2MnO_3 = MnMnO_3 \downarrow (棕色) + 2H_2O$$

溶解氧越多，$MnMnO_3$ 沉淀颜色越深。加入浓硫酸酸化，使已经化合的溶解氧与溶液中加入的 KI 起反应，析出碘的量相当于水样中溶解氧的量。反应为

$$MnMnO_3 + 3H_2SO_4 + 2KI = 2MnSO_4 + K_2SO_4 + I_2 + 3H_2O$$

取一定量反应完毕（含 I_2）的水样，以淀粉为指示剂，用 $Na_2S_2O_3$ 标准溶液滴定，根据消耗的 $Na_2S_2O_3$ 标准溶液体积可计算出溶解氧的含量。

（2）生化需氧量（BOD）的测定。生化需氧量是指水中可被微生物分解的有机物在有氧的条件下被氧化代谢时所消耗溶解氧的量。微生物的活动与温度有关，目前规定在 20℃ 培养 5 天作为测定生化需氧量的标准条件，这时测得的生化需氧量称 5 日生化需氧量，用 BOD_5 表示。

生化需氧量是水质评价和水质监测中最重要的控制参数之一。根据其大小及与 COD 的比值等数据，可估计水中污染物的可生化性，对确定适当的处理方法有一定的指导意义。

生化需氧量的测定原理：取原水样或经适当稀释的水样，使其中含有足够的溶解氧。将上述水样分取两瓶，一瓶用来测定当天的溶解氧含量，另一瓶放入 20℃ 培养箱中培养 5 天后再测定其溶解氧含量，两者之差即为 5 日生化需氧量。

3. 使用碘量法测定其他有机物污染指标

在溶解氧、化学需氧量及生化需氧量的测定过程中，其他无机还原物质也可能消耗所加入的氧化剂，因此他们不能表示水样中有机物的绝对含量，仅能表示有机污染物的相对数值。在火力发电厂水处理中，有机物的含量是非常重要的指标，下面介绍两种有机物的测定方法。

（1）总有机碳（TOC）。总有机碳是以碳的含量表示水中有机物含量的综合指标。TOC

的测定采用燃烧法，因此能将有机物全部氧化，它比 BOD_5 和 COD 更能反映水中有机物的总量。

目前广泛使用的测定 TOC 的方法是燃烧氧化非色散红外吸收法。其测定原理：将一定量水样注入高温炉内的石英管中，在 900～950℃，以铂和三氧化钴或三氧化铬为催化剂，使有机物燃烧裂解转化为二氧化碳，再用红外线气体分析仪测定二氧化碳含量，从而确定水中碳的含量。由于在高温下，水中的碳酸盐也分解产生二氧化碳，故上面测得的为水样中的总碳（TC）。为获得总有机碳含量可采用两种方法：一种是将水样预先酸化，通入氮气曝气，将各种碳酸盐分解生成的二氧化碳去除后的水样注入仪器测定。另一种方法是使用同时有高温炉和低温炉的 TOC 测定仪，将同一等量两水样分别注入高温炉（900℃）和低温炉（150℃），在高温炉中，水样中的无机碳和有机碳均转化为二氧化碳，而低温炉的石英管中装有磷酸浸渍的玻璃棉，能使无机碳酸盐在 150℃分解为二氧化碳，有机物却不能被分解氧化。将高、低温炉中生成的二氧化碳依次导入非色散红外分析仪，分别测得总碳（TC）和无机碳（IC），两者之差即为总有机碳（TOC）。

(2) 总需氧量（TOD）。总需氧量是指水中能被氧化的物质，主要是有机物在燃烧中变成氧化物时所需要的氧量，结果以 O_2 的 mg/L 表示。

TOD 的测定原理：将一定量的水样注入装有铂催化剂的石英燃烧管中，通入含已知氧浓度的载气（氮气）作为燃料气，水样中的还原性物质在 900℃下被瞬间燃烧氧化。测定燃烧前后原料气中氧浓度的减少量，便可求得水样中总需氧量值。

TOD 值能够反映几乎全部有机物经燃烧后变成 CO_2、H_2O、NO、NO_2、SO_2 等所需的氧量，它比 COD 和 BOD 更接近于理论需氧量值。

用 TOD 和 TOC 的比值可粗略判断水中有机物的种类。对于含碳化合物，因为一个碳原子转化为 CO_2 时消耗两个氧原子，即 $O_2/C=2.67$，TOD＝2.67TOC。若水样中 TOD/TOC 为 2.67 左右，可认为水样中主要是含碳化合物；若 TOD/TOC＞4.0，则水样中可能有较大量的 S、P 有机物存在；若 TOD/TOC＜2.6，则水样中硝酸盐和亚硝酸盐可能含量较大，它们在高温和催化条件下分解放出氧，使 TOD 测定呈现负误差。

六、氧化-还原滴定结果的计算

氧化-还原滴定结果的计算主要依据氧化-还原反应式中的化学计量关系，现举例加以说明。

【例 1-13】 标定 $Na_2S_2O_3$ 标准溶液时，称取 $K_2Cr_2O_7$ 0.1084g，溶于水并加过量 KI 酸化后，析出的 I_2 用 $Na_2S_2O_3$ 标准溶液滴定，消耗 20.10mL，计算 $Na_2S_2O_3$ 标准溶液浓度。

解 已知 $M(K_2Cr_2O_7)=294.2g/mol$，滴定反应为

$$Cr_2O_7^{2-}+14H^++6I^-\longrightarrow 2Cr^{3+}+7H_2O+3I_2$$

$$I_2+2S_2O_3^{2-}\longrightarrow S_4O_6^{2-}+2I^-$$

反应达到化学计量点时，$n(K_2Cr_2O_7):n(Na_2S_2O_3)=1:6$，即 $6n(K_2Cr_2O_7)=n(Na_2S_2O_3)$，则

$$c(Na_2S_2O_3)=\frac{6\times G(K_2Cr_2O_7)}{M(K_2Cr_2O_7)\times V(Na_2S_2O_3)}\times 1000$$

$$=\frac{6\times 0.1084}{294.2\times 20.10}\times 1000=0.1100(mol/L)$$

【例 1-14】 标定 $KMnO_4$ 时，25.00mL $KMnO_4$ 溶液和 0.335 0g$Na_2C_2O_4$ 完全反应，计算 $KMnO_4$ 溶液的浓度。

解 已知 $M(Na_2C_2O_4)=134.0g/mol$，氧化-还原反应为

$$2MnO_4^- + 5C_2O_4^{2-} + 16H^+ = 2Mn^{2+} + 10CO_2 + 8H_2O$$

$$n(KMnO_4) : n(Na_2C_2O_4) = 2 : 5$$

则

$$c(KMnO_4)V(KMnO_4) = \frac{2 \times G(Na_2C_2O_4)}{5 \times M(Na_2C_2O_4)}$$

$$c(KMnO_4) = \frac{2}{5} \times \frac{0.335\ 0}{134.0} \times \frac{1000}{25.00} = 0.040\ 00(mol/L)$$

第二章 分光光度法

第一节 概　　述

分光光度法是基于物质对光的选择性吸收而建立的分析方法。

一、光的基本性质

光是一种电磁波。电磁辐射具有粒子的性质，也具有波动的性质，其波动性可用波长（λ）来表示。所谓波长是指波在传播路线上具有相同振动位相的相邻两点之间的距离。电磁辐射的粒子性的主要特征是每个光子具有能量ε，其与波长之间的关系为

$$\varepsilon = h\frac{c}{\lambda} \tag{2-1}$$

式中　h——普朗克常数，其值为 6.63×10^{-34}J/s；

　　c——电磁辐射在真空中的传播速度，其值为 $2.997\ 92\times10^{8}$m/s。

可见波长越长，其能量越小；波长越短，其能量越大。

电磁辐射按波长顺序排列，称为电磁波谱，见表 2-1。

表 2-1　　电磁波谱区

波谱区名称	波长范围	跃进能级类型	辐射源	分析方法
X 射线	0.1～10nm	K 和 L 层电子	X 射线管	X 射线光谱法
远紫外光	10～200nm	中层电子	氢、氘、氙灯	紫外光度法
近紫外光	200～400nm	价电子	氢、氘、氙灯	比色及可见分光光度法
可见光	400～750nm	价电子	钨灯	比色及可见分光光度法
近红外光	0.75～2.5μm	分子振动	碳化硅热棒	近红外光度法
中红外光	2.5～50μm	分子振动	碳化硅热棒	中红外光度法
远红外光	50～1000μm	分子振动和转动	碳化硅热棒	远红外光度法
微波	0.1～100cm	分子转动	电磁波发生器	微波光谱法
无线电波	1～1000m			核磁共振光谱法

二、吸收光谱

电磁辐射是物质内部运动变化的外部反应，任一波长的光子能量ε与物质内能（原子、分子或原子核）的变化 ΔE 相对应，即

$$\Delta E = \varepsilon = h\frac{c}{\lambda} \tag{2-2}$$

在一般情况下，如果没有外能的作用，无论原子、离子或分子都不会自发产生光谱。但如果预先给原子、离子或分子以能量，使其从低能态过渡到高能态（激发过程），当其返回到低能态时就会产生与能量相对应频率的光谱，如 X 射线是由于分子或原子的内层电子由高能态向低能态发生跃迁而产生的电磁辐射。

同样，当辐射通过气态、液态或透明的固体物质时，物质中的原子、离子或分子将吸收与其内能变化相对应频率的辐射而由低能态过渡到高能态，这种因物质对辐射的选择性吸收而得到的原子或分子光谱称为吸收光谱。

三、比色法和吸光光度法

人眼可看到可见光的波长范围为400～750nm，按波长从长到短排列，依次为红、橙、黄、绿、青、蓝、紫，其中红光的波长范围为650～750nm，紫光的波长范围为400～450nm。物质呈现的颜色与光有着密切的关系。物质所以呈现不同的颜色是由于该物质对光具有选择性吸收的缘故。

当一束白光（混合光）通过某溶液时，如果该溶液对可见光区各种波长的光都没有吸收，即入射光全部通过溶液，则该溶液呈无色透明状。当该溶液对可见光区各种波长的光全部吸收时，则该溶液显黑色。如某溶液对可见光区某种波长的光选择性地吸收，则该溶液即呈现出被吸收波长光的互补色光的颜色。例如当一束白光通过 $KMnO_4$ 溶液时，溶液该性地吸收了绿色波长的光，而将其他的色光两两互补成白光而通过，只剩下紫红色光，未被互补，因此 $KMnO_4$ 溶液呈现紫色。

人们发现含有有色物质的溶液浓度改变时，溶液颜色的深浅度也就随着改变。溶液越浓，颜色越深；溶液越稀，颜色越浅。因此，可以利用比较溶液颜色深浅的方法来确定溶液中有色物质的含量，这种方法称为比色分析法。用眼睛观察比较溶液颜色深浅来确定物质含量的分析方法称为目视比色法。利用光电效应测量通过有色溶液后透过光的强度，求得被测物质含量的方法称为光电比色法。分光光度法是以棱镜或光栅为分光器，并用狭缝分出很窄的一条波长的光，用同样测量透过光的强度来求得被测物质的含量。由于光的波长范围窄，其测定的灵敏度、选择性和准确度都比比色法高。

第二节 朗伯-比尔定律及其影响因素

一、朗伯-比尔定律

当一束平行的波长为 λ 的单色光通过一均匀的有色溶液时，光的一部分被比色皿的表面反射回来，一部分被溶液吸收，一部分则透过溶液。这些数值间有以下关系，即

$$I_0 = I_a + I_c + I_t \tag{2-3}$$

式中 I_0——入射光的强度；

I_a——被吸收光的强度；

I_c——反射光的强度；

I_t——透过光的强度。

在分光光度法中采用同种质料及厚度的比色皿，其反射光的强度是不变的，由于反射所引起的误差互相抵消，所以上式可以简化为

$$I_0 = I_a + I_t$$

在入射光强度恒定的情况下，I_a 越大说明对光吸收得越强，也就是透过光 I_t 强度越小，光减弱得越多。

实验发现透过光强度与单位体积有色溶液中吸光物质的分子数量 c 及透过溶液的厚度 L 有关。其数学表达式见式（2-4），即

$$A = \lg \frac{I_0}{I_t} = -\lg T = kcL \tag{2-4}$$

式中　A——吸光度；

T——透光度；

k——吸收系数；

c——溶液浓度；

L——吸收层厚度。

式（2-4）称为朗伯-比尔定律，是紫外-可见分光光度法定量分析的基础。

二、吸光系数和摩尔吸光系数

在式（2-4）中，如果有色物质溶液的浓度 c 用 g/L 表示，液层厚度 L 用 cm 表示，则比例常数 k 称为吸光系数；如果浓度 c 用 mol/L 表示，液层厚度 L 用 cm 表示，则比例常数 k 称为摩尔吸光系数。摩尔吸光系数的单位为 1/（mol・cm），它表示物质的浓度为 1mol/L、液层厚度为 1cm 时溶液的吸光度。常用符号 ε 表示，因此朗伯-比尔定律又可写为

$$A = \varepsilon cL \tag{2-5}$$

当外界条件固定时，摩尔吸光系数的大小可以用来度量物质吸光能力的大小。摩尔吸光系数一般只能通过测量较稀溶液的吸光度来换算得到。

三、吸光度可加性原理

某一波长的入射光通过几个相同液层厚度的不同溶液，其总的吸光度为各溶液吸光度之和。同样，如果溶液中含有不同的吸光物质，只要各组分间没有相互作用，则溶液的总吸光度为各组分吸光度之和。这就是吸光度可加性原理。

吸光度可加性原理是十分有用的，例如进行光度分析时，试剂或溶剂有吸收，则可从所测总吸光度中直接进行扣除，这就是以试剂或溶剂做空白的依据。

四、影响朗伯-比尔定律正确性的因素

朗伯-比尔定律一般来讲适用于低浓度的溶液以及单色光。影响其正确性的主要因素有：

（1）入射光非单色光。严格讲朗伯-比尔定律只适用于单色光，但目前各种方法所得到的入射光实际上是一定波长范围内的光，因而产生了对朗伯-比尔定律的偏离。

（2）溶液中的化学反应。溶液中的吸光物质常因电离、缔合、形成新的化合物或互变异构体等化学变化而改变浓度，因而导致对朗伯-比尔定律的偏离。

（3）漫射。在介质的微粒不太小的情况下，光将无规则地向各个方向反射，即漫射，如光穿过胶体溶液、乳胶液和悬浮物等。这些溶液透过光的强度不仅与吸收物质的吸收有关，还与溶液的漫射性质有关。

第三节　显色反应及其影响因素

分光光度法应用的显色反应按反应类型，主要有氧化-还原反应和络合反应两大类，其中络合反应是最主要的。

一、分光光度法对显色反应的要求

对于显色反应，一般应满足下列要求：

（1）选择性好、干扰少或干扰容易消除。

（2）灵敏度高。分光光度法一般用于微量组分的测定，一般选择生成有色化合物的、摩尔吸光系数高的显色反应；但灵敏度高的反应不一定选择性好，因此必须全面考虑。同时对于高含量组分的测定，不一定选用最灵敏的显色反应。

（3）有色化合物的组成恒定，符合一定的化学式。对于形成不同络合比的络合反应，必须注意控制试验条件，使其生成一定组成的络合物，以免引起误差。

（4）有色化合物的化学性质应足够稳定，至少保证在测量过程中溶液的吸光度变化很小。这就要求有色化合物不容易受外界环境条件的影响，诸如日光照射、空气中的氧和二氧化碳的作用等，同时也不应受溶液中其他化学因素的影响。

（5）有色化合物与显色剂之间的颜色差别要大。这样显色时的颜色变化鲜明，而且在这种情况下试剂空白一般较小。有色化合物与显色剂之间的颜色差别通常用“反衬度（对比度）”表示，它是有色化合物 MR 和显色剂 R 的最大吸收波长之差 $\Delta\lambda$，即

$$\Delta\lambda = \lambda_{MRmax} - \lambda_{Rmax} \tag{2-6}$$

一般要求 $\Delta\lambda$ 在 60nm 以上。

二、影响显色反应的因素

1. 显色剂的用量

显色反应一般可用下式表示，即

$$\underset{\text{被测组分}}{M} + \underset{\text{显色剂}}{R} \rightleftharpoons \underset{\text{有色化合物}}{MR}$$

为了保证显色反应尽可能地进行完全，一般需要加入过量的显色剂。但不是显色剂越多越好，对于有些显色反应，显色剂加入太多，反而会引起副反应，对测定不利。在实际工作中，通常根据试验结果来确定显色剂的用量。试验的方法是使被测组分浓度不变，加入不同量的显色剂，在其他条件相同的情况下测定吸光度。

显色剂用量对显色反应的影响是各种各样的，一般有三种可能出现的情况，如图 2-1 所示。其中图 2-1（a）的曲线是比较常见的，开始时随着显色剂浓度的增加吸光度不断增加，当显色剂浓度达到某一数值时，吸光度不再增大，出现 ab 平坦部分，这意味着显色剂浓度已足够，因此可以在 ab 之间选择合适的显色剂浓度。

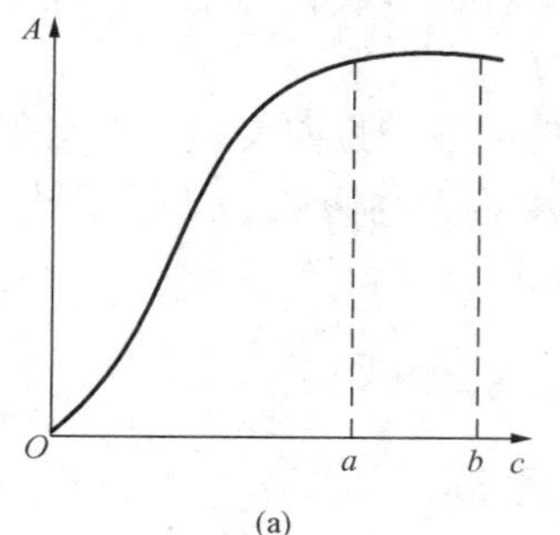

(a)

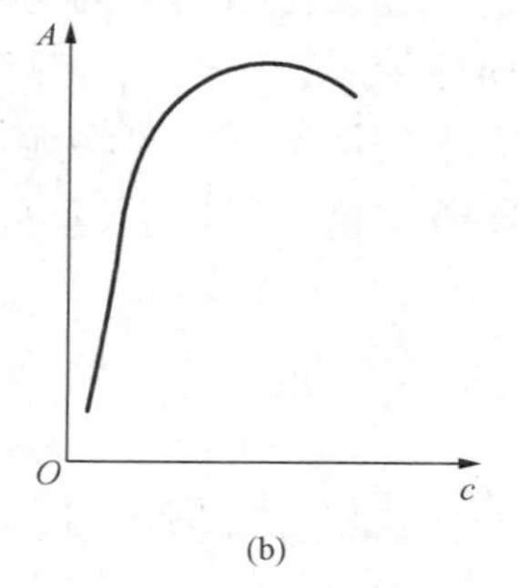

(b)

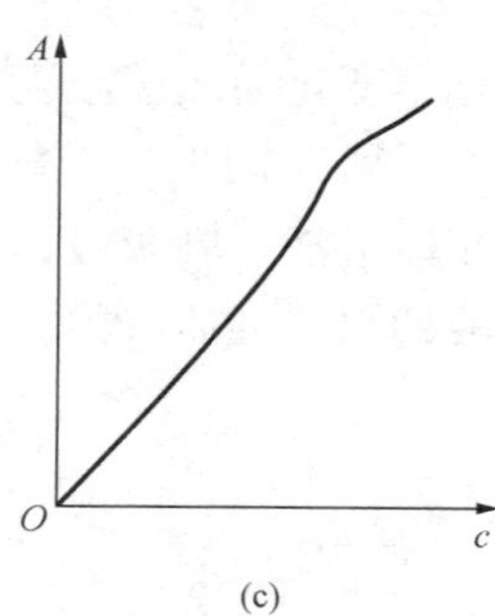

(c)

图 2-1 吸光度与显色剂浓度的关系

（a）显色剂可选浓度范围较宽；（b）显色剂可选浓度范围较窄；（c）显色剂的浓度应严格控制

图 2-1（b）与图 2-1（a）不同的地方是曲线的平坦区域较窄，当显色剂浓度继续增大时，吸光度反而下降，如硫氰酸盐测定钼就是这种情况，因为 Mo（Ⅴ）与 SCN^- 生成一系

列配位数不同的络合物，过程为

$$\underset{\text{浅红}}{Mo(SCN)_3^{2+}} \rightleftharpoons \underset{\text{橙红}}{Mo(SCN)_5} \rightleftharpoons \underset{\text{浅红}}{Mo(SCN)_6^-}$$

如果SCN^-浓度太高，由于生成浅红色的$Mo(SCN)_6^-$络合物，使吸光度降低。遇此情况，应严格控制显色剂的量，否则得不到正确的结果。

图2-1(c)与前两种情况完全不同，当显色剂的浓度不断增大时，吸光度也不断增大。如SCN^-测定Fe^{3+}时，随着SCN^-浓度的增大，生成颜色越来越深的高配位数络合物$Fe(SCN)_4^-$、$Fe(SCN)_5^{2-}$，溶液颜色由橙黄色变至血红色。对于这种情况，只有十分严格地控制显色剂的量，测定才有可能进行。

2. 溶液的酸度

酸度对显色反应的影响主要有如下几方面。

(1) 影响显色剂的浓度和颜色。显色反应所用的显色剂多数是有机弱酸，显然溶液的酸度将影响显色剂的电离，并影响显色反应的完全程度，这可从下列反应式看出，即

$$M + HR \rightleftharpoons MR + H^+$$

可见，酸度增加对显色反应是不利的。

同时，许多显色剂具有酸碱指示剂性质，即在不同的酸度下有不同的颜色。遇此情况，在选择酸度时需加以考虑。例如1-（2-吡啶偶氮）-间苯二酚（PAR），由电离平衡可以看出，当溶液的$pH<6$时，主要以黄色H_2R形式存在；当$pH=7\sim12$时，主要以橙色HR^-形式存在；当$pH>13$时，主要以红色R^{2-}形式存在。大多数金属离子和PAR生成红色和红紫色络合物，因而PAR只适宜在酸性或弱酸性溶液中进行比色测定。在碱性溶液中，显色剂本身已显红色，比色测定显然难以进行，即

$$\underset{pH<6\ \text{黄色}}{H_2R} \xrightleftharpoons{pK_{a1}} H^+ \quad \underset{pH=6.9}{+} \quad \underset{\text{橙色}}{HR^-} \xrightleftharpoons{pK_{a2}} 2H^+ \quad \underset{pH=12.4}{} \quad \underset{\text{红色}}{+R^{2-}}$$

(2) 影响被测金属离子的存在状态。大部分金属离子很容易水解，当溶液的酸度降低时，它们在水溶液中除了以简单的金属离子形式存在外，还可能形成一系列的羟基或多核羟基络离子。如Al^{3+}在$pH\approx4$时，即有下列水解反应发生，即

$$Al(H_2O)_6^{3+} \rightleftharpoons Al(H_2O)_5OH^{2+} + H^+$$

$$2Al(H_2O)_5OH^{2+} \rightleftharpoons Al_2(H_2O)_6(OH)_3^{3+} + 3H_2O + H^+$$

当酸度更低时，可能进一步水解生成碱式盐或氢氧化物沉淀。显然，这些水解反应的存在，对显色反应的进行是不利的。如生成沉淀，则使显色反应无法进行。

(3) 影响络合物的组成。对于某些生成逐级络合物的显色反应，酸度不同，络合物的络合比不同，其色调也不同。如磺基水杨酸与Fe^{3+}的显色反应，在不同的酸度条件下，可能生成1∶1、1∶2和1∶3三种颜色不同的络合物，因此测定时应控制溶液的酸度。

通常显色反应最适宜的酸度是通过实验来确定的。具体的方法是固定溶液中被测组分与显色剂的浓度，调节溶液不同的pH值，测定溶液吸光度。用pH值作横坐标，吸光度作纵

坐标，做出 pH 值与吸光度关系曲线，如图 2-2 所示，从中找出最适宜的 pH 值。

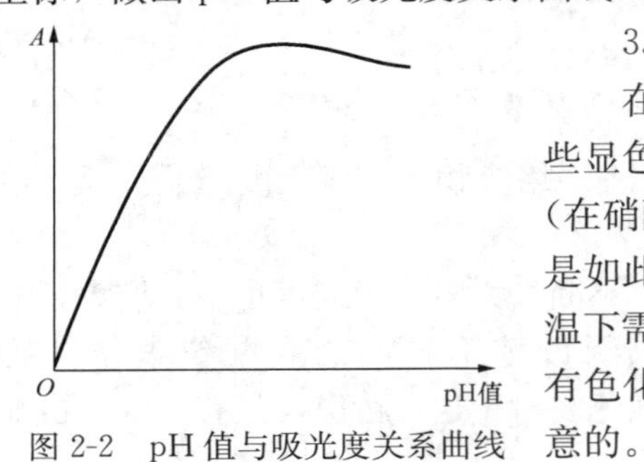

图 2-2 pH 值与吸光度关系曲线

3. 显色温度

在一般情况下，显色反应大多在室温下进行，但是有些显色反应必须加热到一定温度才能完成。如用过硫酸铵（在硝酸银的存在下）氧化 Mn^{2+} 生成 MnO_4^- 的显色反应就是如此；用硅钼蓝法测定硅时，生成硅钼黄的反应，在室温下需 10min 以上才能完成，在沸水浴中则只需 30s。某些有色化合物在温度较高时容易分解，这一情况是应该注意的。

4. 显色时间

有些有色化合物能瞬间形成，颜色很快达到稳定状态，并在较长时间保持不变；有些有色化合物虽能迅速形成，但很快就开始褪色；有些化合物形成缓慢，需经一段时间后颜色才稳定。因此，应根据实际情况，确定在最合适的时间内进行测定。

5. 溶剂

有机溶剂会降低有色化合物的电离度，从而提高了显色反应的灵敏度。同时，有机溶剂还可能提高显色反应的速度，以及影响有色络合物的溶解度和组成。如用偶氮氯膦Ⅲ测 Ca^{2+}，加入乙醇后吸光度显著增加，以及用氯代磺酚 S 测 Nb，在水溶液中显色需几小时，加入丙酮后则只需 30min。

6. 溶液中共存离子的影响

如果共存离子本身有颜色，如 Fe^{3+}、Ni^{2+}、Cr^{3+}、Cu^{2+}、Co^{2+} 等，则会造成干扰。如果共存离子和被测组分或显色剂生成无色络合物，将降低被测组分或显色剂的浓度，从而影响显色剂与被测组分的反应，引起负误差。如果共存离子与显色剂生成有色络合物，则引起正误差。上述各种干扰情况可用下列几种方法消除：

（1）控制溶液的酸度。如用二苯硫腙测定 Hg^{2+} 时，Cu^{2+}、Co^{2+}、Ni^{2+}、Sn^{2+}、Zn^{2+}、Pb^{2+}、Bi^{3+} 等均干扰。如果在稀硫酸（0.5mol/L）介质中，则上述离子都不与二苯硫腙作用。

（2）加入掩蔽剂。如用二苯硫腙测定 Hg^{2+} 时，在 0.5mol/L H_2SO_4 介质中尚不能消除 Ag^+ 和大量 Bi^{3+} 的干扰，这时可加入 KSCN 掩蔽 Ag^+，用 EDTA 掩蔽 Bi^{3+}，从而达到消除干扰的目的。

（3）利用氧化-还原反应改变干扰离子的价态，以消除干扰。例如用铬天青 S 比色测定铝时，Fe^{3+} 有干扰，加入抗坏血酸将 Fe^{3+} 还原为 Fe^{2+} 后，干扰即可消除。

（4）利用校正系数。例如用硫氰酸盐法测定钢中 W 时，V(Ⅳ)会与 SCN^- 生成蓝色 $(NH_4)_2[VO(SCN)_4]$ 络合物，干扰测定。为扣除 V(Ⅳ)的干扰，常用校正系数法，即在相同的条件下，用标准钨和钒通过实验求出 1%钒，相当于使结果偏高 0.20%(随实验条件不同略有变化)。这样，试样中钒量事先测得后，就可以从钨的测定结果中扣除钒的影响，从而求得钨的含量。

（5）利用参比溶液消除显色剂和某些有色共存离子的干扰。例如用铬天青 S 比色测定钢中铝时，Ni^{2+}、Cr^{3+} 等干扰。为此取一定量的试液，加入少量 NH_4F，使 Al^{3+} 与 F^- 生成 AlF_6^{3-} 络合物而被掩蔽。然后加入显色剂及其他试剂，以此作为参比溶液，这样便消除了

Ni^{2+}、Cr^{3+}的干扰，也消除了显色剂本身颜色的影响。

（6）选择适当的波长。例如用丁二酮肟比色法测定钢中镍时，Ni(Ⅳ)与丁二酮肟的络合物λ_{max}在460～470nm处。由于用酒石酸钾钠或柠檬酸钠掩蔽Fe^{3+}，考虑到酒石酸铁络合物在460～470nm处也有一定的吸收，会干扰镍的测定，因此选用520～530nm波长处做镍的测定，这样灵敏度虽稍低些，但却消除了Fe^{3+}的干扰。

（7）采用适当的分离方法。

第四节 显 色 剂

显色剂主要分为无机显色剂和有机显色剂。

一、无机显色剂

无机显色剂在比色分析中已经应用不多，主要因为生成的络合物不够稳定，灵敏度和选择性也不高。目前主要应用较多的有硫氰酸盐、钼酸铵和过氧化氢等。

二、有机显色剂

大多数有机显色剂与金属离子生成极稳定的螯合物，而且具有特征的颜色，因此选择性和灵敏度都较高。不少螯合物宜溶于有机溶剂，可以进行萃取比色，这对进一步提高灵敏度和选择性很有利。

有机显色剂大都是含有生色团和助色团的化合物。在有机化合物分子中，一些含有不饱和键的基团，它们能吸收大于200nm波长的光，这种基团称为广义的生色团。

有机显色剂的种类繁多，如OO型螯合显色剂、NN型螯合显色剂、含S的显色剂、偶氮类螯合显色剂、三苯甲烷类螯合显色剂等。

第五节 测量误差和测量条件的选择

一、测量误差

许多误差来自吸光度的定量测定。吸光度测定过程包括两个阶段：第一阶段是化学过程，即利用各种化学反应将含有待测组分的溶液用适当的试剂处理，使待测组分转变为一定组成的化合物，包括有色化合物及各种络合物；第二阶段是物理过程，即将经第一阶段处理的样品置于仪器中测定吸光度或绘制吸收光谱。因此，测定过程中的误差可以分成化学误差、仪器的误差和人为的误差三种原因。

（一）化学误差

1. 平衡效应

化学分析中大多数是基于被测定成分与试剂之间的反应，从而得到一定的反应产物。其测定方法可分为两类：一类是测量所得到的化合物的量；另一类是测量所消耗的试剂量，从而间接测定待测组分的量。它们都广泛地牵涉到各种化学平衡，即在体系中待测物质与其他化学成分处于平衡之中。为了确切求得吸收定律中待测成分的浓度值（c），尽管不是真实的，但c必须等于或正比于总的或分析的浓度。因此，了解各种平衡的影响是重要的。

（1）二聚平衡。重铬酸钾在可见光区450nm处有吸收。假定0.1000mol/L的$K_2Cr_2O_7$

溶液用水稀释 2、3、4 倍，显然将分别得到 0.0500、0.0333、0.0250mol/L 的溶液。假如将这些溶液于 450nm 处测量其吸光度，并制作标准曲线，结果将大大偏离吸收定律。这种偏离被认为是来源于下述平衡，即

$$Cr_2O_7^{2-}(橙色)+H_2O \rightleftharpoons 2HCrO_4^- \rightleftharpoons 2H^+ + 2CrO_4^{2-}(黄色)$$

对大多数波长来说，重铬酸根离子的摩尔吸光系数相差很大，因此反应式中平衡的任何移动都将影响所测定的吸光度。当 0.1000mol/L $Cr_2O_7^{2-}$ 被严格地稀释 2 倍时，$Cr_2O_7^{2-}$ 的浓度不是 0.0500mol/L，而是明显地变小了，原因是反应式的平衡因稀释而移向右边。控制反应式平衡的最好方法是将它配制在 KOH 溶液中，使 Cr（Ⅵ）实际上全部转变为 CrO_4^{2-}。这时吸收定律将得到遵从，而且溶液是稳定、可靠的，这种溶液常作为用来校正对吸收定律可能产生偏差的标准物质。

（2）酸-碱平衡。假如一种吸收成分包括在一个酸-碱平衡之中，吸收定律将失效，除非 pH 值和离子强度保持不变，或者在等吸收点进行测量。两个成分相互平衡，在某一波长处呈现相同的吸光系数，该波长称为等吸收点。pH 效应在光度测定中广泛存在，因为许多化合物的吸收光谱随 H^+ 活度的不同而显著改变，小到 pH 值有 0.1 的改变都足以引起 5%的误差。

溶液中酸碱度的影响表现在许多方面：

1）由于 pH 值的不同，形成具有不同配位数、不同颜色的络合物。这种情况在金属离子与弱酸阴离子形成较稳定的络合物时经常遇到。随着 pH 值的增大，溶液颜色可能发生变化，这是由于在酸性溶液中所生成的通常是简单的络合物，但并没有达到阳离子的最大配位数。当 pH 值增大时，游离的阴离子浓度也相应增大，这就可能生成具有较高配位数的化合物。例如：铁离子与水杨酸在不同 pH 值时生成的络合物为

$pH<4$	$Fe(C_7H_4O_3)^+$ 紫色
$4<pH<9$	$Fe(C_7H_4O_3)_2^-$ 红色
$pH>9$	$Fe(C_7H_4O_3)_3^{3-}$ 黄色

应用这一类反应进行测定时，准确保持溶液的 pH 值是很重要的。

2）氧化-还原反应的方向与溶液的酸度有很大关系。例如，当铬酸盐量很小时，则溶液不呈明显的黄色，但可应用二苯卡巴肼，它在酸性溶液中被铬酸盐氧化为蓝紫色的化合物而进行光度测定。由于铬酸盐的氧化电位与氢离子浓度有很大关系，因此在中性或碱性溶液中，由于氧化势的降低，即使溶液中铬酸盐的浓度达 0.1mol/L 时，也不能将二苯卡巴肼氧化成蓝紫色化合物。

3）由于 pH 值的升高而引起金属离子的水解。当有色络合物的稳定度不是很大和被测定金属离子的氢氧化物溶解度很小时，增大溶液的 pH 值，由于生成金属的氢氧化物而破坏了有色络合物，使溶液的颜色减弱或完全褪色，如

$$Fe(CNS)^{2+} + OH^- \rightleftharpoons Fe(OH)^{2+} + CNS^-$$

4）提高酸度而使有色络合物分解。pH 值太高会引起金属离子水解，pH 值太低又会使

有色络合物分解，特别是对于金属离子与弱酸阴离子形成的络合物。这类络合物被酸分解的反应为

$$MR+H^{+}\rightleftharpoons M^{+}+HR$$

$$K=\frac{[M^{+}][HR]}{[MR][H^{+}]}=\beta/K_{a}$$

$$[H^{+}]=[HR]\frac{[M^{+}]}{[MR]}\frac{K_{a}}{\beta} \tag{2-7}$$

由式（2-7）可知，弱酸的酸性越强（即 K_a 越大）或所生成的络合物越稳定（即 β 越小），所加入的过量试剂浓度越大，则溶液中可允许的酸度越大。

总之，pH 值效应是多方面的，因此控制溶液的 pH 值是必要的，一般的方法是采用合适的缓冲溶液。

（3）络合平衡。光度分析中广泛应用络合反应，尤其在无机元素的测定中更为普遍。因此，要求所形成的络合物具有高稳定性，才能使待测离子更容易完全转变为络合物。这不仅在准确度方面是重要的，而且在测定灵敏度方面也是重要的，同样溶液中存在的其他离子对测定的影响也就越小。这说明了络合物的稳定性对分光光度分析具有重要意义。络合物的稳定度是由络合物的中心离子与配位体间的化学亲和力来决定的。当然，它与各离子的特性，如离子半径、离子电荷及外层电子结构有密切的关系。人们虽然不能改变这些待测离子的内部性质，但是从某些重要因素着手，如选择适宜的试剂，控制反应条件（pH 值、溶剂等），还是可以使反应平衡向有利的方向移动而建立起良好的分析方法的。

2. 溶剂效应

在紫外-可见光分光光度分析中广泛使用各种溶剂，溶剂效应对于发色团吸收峰的强度和波长位置的影响是个很重要的问题。众所周知，将碘溶于四氯化碳（介电常数等于2.24）中就得到深紫色溶液，而溶于乙醇（介电常数等于 25.8）中就得到红棕色溶液，它的吸收峰位置及强度都有很大变化。改变溶剂对一个给定溶质吸收的影响在一般方法中是无法准确预料的，但是溶剂的光谱效应仍取决于发色团的电子跃迁类型和溶剂-溶质体系的性质。

溶剂效应不仅在于溶剂的光谱效应是一个复杂而又特殊的问题，而且它的影响涉及吸收峰的位置、强度、谱带宽度以及精细结构等方面，对定性和定量分析工作都是极端重要的。它也直接关系到标准谱图的比较和方法的灵敏度、选择性以及准确度。因此，在选择溶剂时，首先必须考虑到它的透明度（即在测定的波长范围内无吸收），而且对溶剂可能影响光谱的一些性质，如介电常数、极性、偶极矩、折射指数、酸碱性等也必须有所了解。为了定性的目的而对光谱进行比较时，需要使用标准光谱规定的同一种溶剂，这是很重要的。在一般情况下，$n\rightarrow\pi^*$ 跃迁的谱带如果溶剂由己烷改为乙醇，向红外线方向移动 10～20nm；相反，丙酮的 $n\rightarrow\pi^*$ 谱带由己烷改为乙醇大约蓝移 7nm，当改用水为溶剂时，则蓝移 8nm。因此，人们将尽可能采用非极性溶剂记录溶液的吸收光谱。表 2-2 为某些溶剂的近似截止波长（假设光程为 1cm），低于此波长时它们则不能使用。实际中这些波长的最低值在很大程度上取决于溶剂的纯度。

表 2-2 某些溶剂的近似截止波长

溶 剂	极限波长(nm)	溶 剂	极限波长(nm)
水	200	氯仿	245
乙醇(95%或100%)	195	四氯化碳	262
甲醇	195	苯	280
乙醚	205	二甲苯	290
异丙醇	210	吡啶	305
环己烷	212	丙酮	328
异辛烷	215	二硫化碳	375

3. 试剂和溶剂中的杂质

分光光度法是很灵敏的方法，溶剂（包括蒸馏水）和试剂中的吸光杂质都会引起不同程度的误差（甚至试剂级化学药品有时也是不适用的，即使通过扣除空白值也不能解决问题），其原因是有些杂质不仅能吸光，而且还能影响反应速度和发色团的产率（增色或减色），甚至参与反应。在许多带羟基的溶剂或试剂中含有杂质醛是一个主要的问题。如在用3-甲基-2-苯并噻唑灵酮腙的分光光度法中，使用受醛污染的2-甲氧基乙醇为溶剂时空白值比较高。在用苯肼和硫酸测定17-羟基皮质甾（类）时，使用受醛污染的丁醇为溶剂，将导致一个负反应。其他影响如在用间苯二酚为试剂的果糖测定中，当使用纯的乙醇或乙酸为溶剂时，λ_{max}在480nm；当使用的乙酸被痕量的乙醛污染时，λ_{max}改变到550nm。

4. 试样中的干扰物质

所谓干扰物质是指对于显色反应有影响的物质，这些物质在一定程度上与试剂发生反应，它在待测成分所选定的波长区间内有不可忽视的吸收作用，因而使摩尔吸光系数或吸光度产生变化。通常有如下几种类型：干扰物质与待测成分争夺试剂；干扰物质与待测成分起化学反应或产生有色的生成物；干扰物质间作用。为消除干扰或减少误差到最小，通常采用下列方法：

（1）分离、除去干扰物。这种方法因为花时间、费力气，有时还可能增加误差，故一般不予采用。如能应用液-液萃取或色谱法以除去干扰物，还是可行的。

（2）转化干扰物质成为非干扰物质。这种方法是常用的，它快速、简便。例如，以MnO_4^-形式测定Mn时，Fe^{3+}因在同一波长也有吸收而产生干扰。这种干扰可以用加入H_3PO_4的方法予以消除，原因是Fe^{3+}与磷酸形成了非吸收的磷酸盐络合物。

（二）仪器的误差

这里所指的误差主要是指光度读数误差和杂散光引起的误差，其他的如仪器误差、波长精度误差、非单色光和光程的不一致性等所引起的误差，这里不再赘述。

1. 光度读数误差

在光度分析中，噪声是定量分析准确度的主要限制，因此随机误差的主要来源在于吸光度的测量。这种随机误差在读出T或A的刻度中、在用仪器进行测量时都可能遇到，因此相应地引起了浓度值（c）的相对误差。

对多数分光光度计，根据噪声类型可分为两类情况。一类是带热检测器，属于热噪声或电子噪声；另一类是带光电发射检测器，属于散粒效应噪声仪器。

2. 杂散光引起的误差

杂散光以两种形式出现，第一种是杂散光的波长与测量波长相同，它可能不通过样品就射到光检测器上。这种杂散光是由于各种光学、机械零件的反射和散射引起的。第二种杂散光是指从单色器出口狭缝发出的包含少量的与仪器所标示的波长不相符的光，即单色器带宽以外的光。它是由光学系统中的缺陷引起的，如不必要的反射面、伤痕和漏光、象差和不均匀色散以及灰尘的散射等疵病。此外，也可能是由于光栅仪器中其他的衍射波所引起的。不同仪器的杂散光量都是不相等的。高性能仪器的杂散光大约为千分之几，通常情况下影响不大，但是在单色器的光谱透射率、光源的光谱强度和检测器的灵敏度相当低的时候，即在一台仪器的光谱感应的极端（如紫外-可见光分光光度计的200～220、350～400nm及近红外区）时，杂散光可能引起明显的误差。

在给定波长下杂散光的量通常以测量有效强度的百分率表示。在杂散光存在下所测定的透光度 T_1 为

$$T_1 = \frac{I + I_s}{I_o + I_s} = \left(\frac{I}{I_o} + \rho\right)/(1+\rho) = \frac{T+\rho}{1+\rho} \tag{2-8}$$

式中 T_1——在杂散光存在下的透光率；

T——无杂散光存在下的透光率；

I_s——杂散光强度；

I_o——在测定波长下透过参比液的辐射强度；

ρ——杂散光的分数，即 I_s/I_o。

假设试样对杂散光是透明的，而且 $I_o \gg I_s$（大于1%的杂散光是少见的），则

$$T_1 = \frac{I + \rho I_o}{I_o} \tag{2-9}$$

总而言之，杂散光在某些情况下可能扰乱吸收带，使测量结果偏离吸收定律。当杂散光也被样品吸收时，偏离是正的，即观测到的吸光度大于真正值。如果杂散光不被吸收，则偏离是负的，观测值小于真正吸光度。其 ΔA 可由式（2-10）计算，即

$$\Delta A = \log(1 - \rho + 10^A \rho) \tag{2-10}$$

在高吸收时，由杂散光引起的吸收相对误差是相当大的。样品的透射率应大于20%，简单的稀释常常是有利的。

（三）人为的误差

这里不想去列举和分类一个操作者能引起的所有操作误差和方法误差。讨论只限制在测定过程中的三个重要方面，即吸收池的维护和使用、温度的控制、反应或测量时间的控制。除此之外，操作者也必须严格遵照操作规程所列的条件，以保证获得准确的结果。

1. 吸收池（比色皿）的维护和使用

在一般测定中是使用两个吸收池，一个作为参比池，另一个作为样品池。参比池装溶剂，样品池装试液，这样安排可以补偿由于溶剂的吸收所造成的误差和减少由于反射、散射所引起的误差。吸收池必须保持清洁和无伤痕。玻璃和石英吸收池通常可用冷酸或酒精、乙醚等有机溶剂清洗，避免使用重铬酸盐洗涤液，因为它会被吸附在吸收池壁上而出现一层铬化物的薄膜，这种膜很难除去。黏合的玻璃吸收池不能用酸或碱清洗，更要避免用热浓酸清洗，通常用蒸馏水漂洗，然后用少量溶液润洗，吸收池内壁不用干燥，吸收池外壁要用擦镜

纸或软绸布小心擦干。测定前后要检查溶液是否有气泡、尘埃和不溶性颗粒，这些现象或物质的存在都会引起光散射。使用后必须立即清洗洁净以作备用。在任何时候用手拿时，只能拿吸收池的两毛玻璃面，不要捏在透光的两玻璃平面上，以免手上油迹沾污。吸收池内壁如果用毛织品或布料去擦，就有擦伤表面的危险，而且也很难达到清洗的目的，因此这种做法是不允许的。

2. 温度控制

多数溶液体系的光吸收随温度的变化并不显著，因此通常温度对吸收测定是个次要问题，大多数的分析工作可不必进行温度的精密控制。然而，当某些方法需要加热才能显色时，温度的控制就显得重要了，假如操作者不留心，就会因显色不完全而导致误差；还必须注意到试样溶液颜色的深度是否会随温度而改变的情况。某些化合物，如硫堇的吸收光谱随温度的改变有显著的差异。再如，温度对硫代氰酸铁络合物的稳定性也有显著影响。在15～25℃范围内，1h内络合物是稳定的，而在30℃时，即使1min也不稳定。有些实验希望获得高精密度的结果，例如平衡常数或动力学方面的测定，为了消除温度的影响，须在恒温的吸收池室中进行。在一般情况下，紫外-可见光区内吸收带随温度的增加移向较长波长，这是因为吸收成分的振动能层将按波茨曼分布定律提高，因此只需要较少的能量就可以将吸收成分提高到较高电子态；在红外区，吸收带通常随温度的增加稍微移向较短波长，这是因为在较高的振动能层各振动态之间的能量稍有增加。假如吸收测定是在一个固定波长和超过一定的温度范围进行的，不论温度是上升或下降，所测得的吸光度将减少，因为谱带已移动，这时的测定已不在最大吸收处，而是在谱带的一侧。假如要获得准确的摩尔吸光系数值（譬如在0.5%之内），温度必须控制在±2℃之内。有机化合物的吸收光谱在低温下呈尖锐峰，而在常温下曲线较为平滑。

3. 测量时间的控制

反应过程往往是较复杂的，不仅类型各异，而且受各种环境因素的影响，如反应产物显色时间的不同、络合物随时间而分解等，这些都是常遇到的现象。例如在弱酸介质中 Al^{3+} 与铝试剂的反应，必须在反应15min以后才进行测定。Ag^{+} 离子与3，3-二甲基联胺所生成的蓝色化合物，其吸光度开始时逐渐增加，15～20min后达到最大，随后15～20min内保持恒定，之后便开始下降，因此需在显色后20～30min进行测定。V^{5+} 与铜铁试剂生成的红褐色化合物，其吸光度一开始就达到最大，30min后逐渐消退。上述例子说明，在分析过程中恰当掌握最合适的测定时间是很重要的。

二、测量条件的选择

分光光度法的灵敏度和准确度与实验技术和条件有密切关系。在探索建立一个新的分光光度分析法或改进原有分光光度分析方法时，也需反复实验选择最佳实验技术和条件。在实验选择分析条件时，由于影响因素较多，可采用多因素优选法，如正交法或单纯形法。

（一）pH值的选择

在分光光度法的定量分析中，为了确定最适宜的酸度，考虑到酸度值往往是最主要的影响因素，可用单因素实验法。常用的方法是：将具有不同pH值，但含有同一量的被测物质的一系列溶液于分光光度计上测量其相应的吸光度值，然后以吸光度对溶液的pH值或酸度作图，得一酸度曲线。该曲线中吸光度值最大且保持不变的区间所对应的pH值范围，即为待测物质分光光度测定的最适宜的酸度范围。

（二）溶剂的选择

如果待测物质是显色测定，应尽量采用水作为溶剂以求简便，并防止分析人员长期使用某些有机溶剂而中毒。如果水相介质测定达不到分析目的时（例如灵敏度差、干扰无法消除等），则考虑使用有机溶剂或用萃取-分光光度法。

（三）温度的选择

因为温度变化不大时，对分光光度法的影响甚微，所以在定量分析中通常不必恒温。但若利用显色反应将待测物质转化为有色化合物进行测定，则温度对于显色反应的速度可能有较大影响，需控制适宜温度使反应进行完全，而且也必须考虑在该温度下待测物质、显色剂及有色络合物的稳定性。一般说来，显色反应多在室温下完成。对于速度较慢的显色反应宜选择较高温度以缩短显色时间。对于不同的显色反应应选择各自的适宜显色温度。

（四）测定时间的选择

有色化合物稳定的时间范围按下述方法确定：在加入显色剂后，连续测量和记录该溶液的吸光度值。并以吸光度值对时间作图绘出“时间曲线”。该曲线的平台区（即吸光度恒定不变的区间）所对应的时间区间即为该有色化合物稳定的时间范围。吸光度的测定应在此时间范围内尽快完成。

（五）入射光波长的选择

根据朗伯-比耳定律可知，在一定波长下，如果液层厚度保持不变，则溶液的吸光度与溶液的浓度成正比，即

$$A = \log \frac{1}{T} = \varepsilon c L \tag{2-11}$$

式中　A——吸光度；

T——透光率；

ε——摩尔吸光系数，

c——物质的量浓度；

L——液层厚度。

式（2-11）表明，溶液的透光率并不与浓度成正比，只是 $\log \frac{1}{T}$ 与 c 成正比。说明了在一定波长及液层厚度保持不变的条件下，浓度与吸光率或透光度之间的关系。吸光率与浓度之间为一线性关系，而透光率却不是这种关系。因此在定量分析的实际工作中，采用吸光度 A，这样就避免了将 T 换算成 $\log \frac{1}{T}$ 的麻烦。

在实际应用中，通常借助吸收曲线来选择测定的适宜波长。所谓吸收曲线，就是使不同波长的光透过某一固定浓度的溶液，测量其吸光度。然后，以波长为横坐标、吸光度为纵坐标作图，所得曲线称为吸收曲线。吸光度值最大时的波长以 λ_{max} 表示，此波长即为测定时所选用的入射光波长，此时的摩尔吸光系数最大，测定灵敏度最高。但有时为避免干扰，不选择最大吸收波长，而选择其次的吸收峰为工作波长，这样虽然灵敏度不是最高，但能避免干扰，提高了方法的选择性。

（六）测量相对误差与吸光度的关系以及吸光度范围的控制

分光光度计都有一定的测量误差，实践证明，吸光度在 0.2～0.8 内测量的相对误差最小。

平时测量时应尽量使被测溶液的吸光度在0.2～0.8内，可以用下面两种方法来调整。第一是控制被测溶液的浓度，如改变取样量，改变溶液的浓缩倍数或稀释倍数。第二是选择不同的比色皿，比色皿的光程长度为0.5～10cm，吸光度小的要用长的比色皿，吸光度大的溶液要用光程短的比色皿。例如某溶液用1cm比色皿测定时吸光度为0.05，改用5cm比色皿测定时，吸光度就变为0.25了。反过来对吸光度大的样品也可以进行同样调整。

（七）参比溶液的选择

参比溶液又称为空白溶液或比较溶液。其作用在于调节分光光度计的吸光度为0（透过率100%），即标准溶液和待测溶液的吸光度相对于参比溶液而测得。

测量时选用何种参比溶液需视具体情况而定。

（1）如被测液中仅显色剂与待测组分生成有色化合物，而显色剂与其他试剂无色，溶液中也无其他有色离子时，可用蒸馏水或去离子水作为参比溶液。

（2）除显色剂与待测组分所生成的化合物有色外，溶液中也存在其他有色离子，而且显色剂无色，此时可用不加显色剂的被测液作为参比溶液。

（3）当显色剂本身具有颜色时，则用显色剂溶液作为参比溶液。如果显色剂和被测溶液都有色时，可将一份试液加入适当掩蔽剂，把被测组分掩蔽起来，使之不再与显色剂反应，再加入与被测溶液相等的显色剂和其他试剂，这样的参比溶液能消除共存组分的干扰。

上述原则仅适用于可见分光光度法。紫外分光光度法中可按类似原则选择，但多用有机溶剂作为参比溶液。

第六节 示差分光光度法

一、示差法的原理

吸光光度法一般仅适用于微量组分的测定，当待测定组分浓度过高或过低，即吸光度测量值过大或过小时，从上节测量误差的介绍得知，在这种情况下即使没有偏离朗伯-比耳定律的现象，也会有很大的测量误差，导致准确度大为降低。采用示差法可克服这一缺点。目前主要有高浓度示差法、稀溶液示差法和使用两个参比溶液的精密示差法。其中以高浓度示差法应用最多，本节将着重介绍。示差光度法和一般光度法的不同之处主要在于：示差法不是以空白溶液（不含待测组分的溶液）作为参比溶液，而是采用比待测溶液浓度稍低的标准溶液作参比溶液，然后测量待测溶液的吸光度，再从测得的吸光度求出它的浓度。这样便大大提高了测定结果的准确度。

设用作参比的标准溶液浓度为c_s，待测溶液浓度为c_x，且$c_x>c_s$，根据朗伯-比耳定律得

$$A_x=\varepsilon c_x L$$
$$A_s=\varepsilon c_s L$$

两式相减得

$$\Delta A=A_x-A_s=\varepsilon L(c_x-c_s)=\varepsilon L\Delta c \tag{2-12}$$

实际操作是：用已知浓度的标准溶液作参比，调节其吸光度为零（透光率100%），然后测量待测溶液的吸光度。这时测得的吸光度实际是这两种溶液吸光度的差值（相对吸光度）。从式（2-12）可知，所测得的吸光度差值与这两种溶液的浓度差成正比。这样便可将以空白溶

液为参比的稀溶液标准曲线作为 ΔA 对应于 Δc 的工作曲线，根据测得的 ΔA 找出相应的 Δc 值，从 $c_x = c_s + \Delta c$ 便可求出待测溶液的浓度，这就是示差法定量测定的基本原理。

二、示差法的误差

图 2-3（a）中，设按一般分光光度法用试剂空白作参比溶液，测得溶液的透光率 $T_x = 7\%$，显然，这时的测量读数误差是很大的。采用示差法时，如果将按一般分光光度法测得的 $T_s = 10\%$ 的标准溶液作参比溶液，使其透光率从标尺上 $T_{s1} = 10\%$ 处调至 $T_{s2} = 100\%$ 处，相当于把检流计上的标尺扩展到原来的 10 倍（$T_{s2}/T_{s1} = 100/10 = 10$），这样待测试液的透光率原来为 7%，读数落在光度计标尺刻度很密，测量误差很大的区域，改用示差法测定时，透光率则是 70%，读数落在测量误差很小的区域，从而提高了测定的准确度，计算出来的 c_x 就比较准确了。示差光度法测定的 Δc 即使很小，如果测量误差为 dc，虽然 $dc/\Delta c$ 可能会很大，但最后测定结果的相对误差是 $dc/(c_x + \Delta c)$，而 c_x 相对于 Δc 而言是个相当大的值，且十分准确，因此相对误差就大为降低，导致最后测定结果的准确度必然提高。因此示差分光光度法可以准确测定高浓度的试液，同样示差分光光度法也可以用来测定低浓度的试液。水汽分析中用来测定微量硅的仪器——小硅表就是利用示差法设计的。

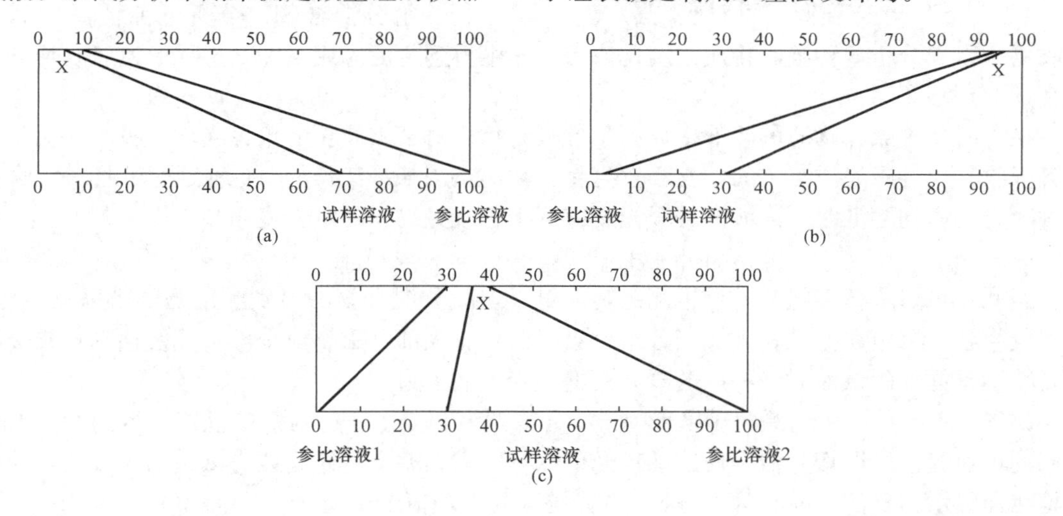

图 2-3 示差法标尺原理

（a）高吸光度法；（b）低吸光度法；（c）最精确法

第七节 分光光度计

任何类型的分光光度计都配备下列组成部分：光源、单色器、吸收池、检测器和显示仪表等。国内比较常用的紫外－可见分光光度计有单光束和双光束两种类型。这些仪器的装置原理如图 2-4 和图 2-5 所示。

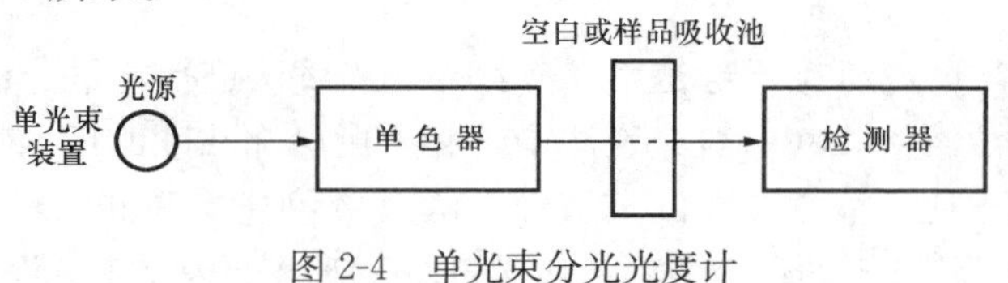

图 2-4 单光束分光光度计

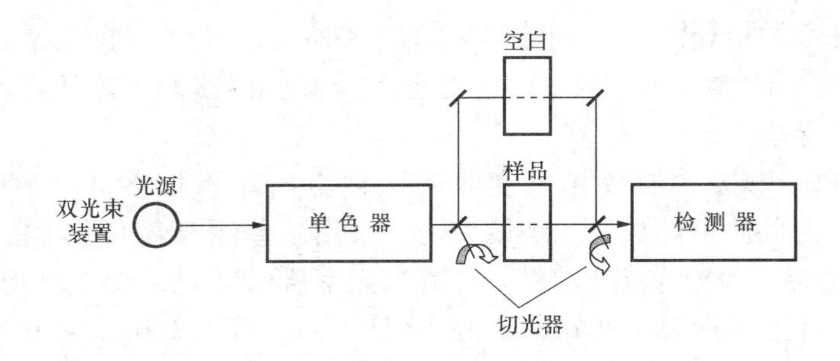

图 2-5 双光束分光光度计

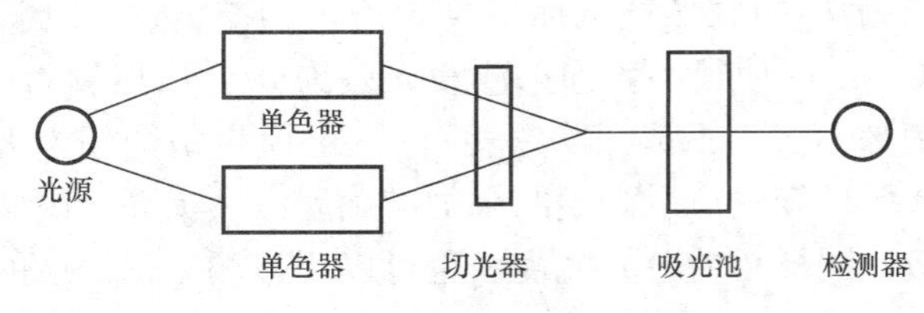

图 2-6 双波长分光光度计原理示意图

试验室常用的 721 型分光光度计就是单光束的分光光度计，岛津的 UV-2100 型分光光度计是双光束的分光光度计。

此外，双波长分光光度计在同时分析二组分混合物、分析混浊体系中微量吸收物质以及分析两种吸收物质浓度比值等工作中得到广泛应用。图 2-6 所示为双波长分光光度计原理示意图。

在含有多种吸光物质的溶液中，由于各吸光物质对某一波长的单色光均有吸收作用，如果各吸收物质的吸光质点之间相互不发生化学反应，当某一波长的单色光通过这样一种含有多种吸光物质的溶液时，溶液的总吸光度应等于各吸光物质的吸光度之和，即

$$A_{\Sigma} = A_1 + A_2 + A_3 + \cdots + A_n$$

据此，可以进行多组分的分析测定，但对于多组分混合物的分别测定则须解联立方程，这不仅繁杂，测定误差也较大。当各组分吸收曲线有大部分重叠或全部重叠及遇到背景吸收大，特别是浑浊的试液时，一般的分光光度法则无能为力。

如图 2-6 所示，从光源发射出来的光线分成两束，分别经过两个单色器，得到两束波长不同的单色光。借助切光器，使这两道光束以一定的频率交替照到装有试液的吸收池，最后由检测器显示出试液对波长为 λ_1 和 λ_2 的光的吸光度差值 ΔA。

设波长为 λ_1 和 λ_2 的两束单色光的强度相等，均为 I_0，则分别得到下列关系式，即

$$-\lg \frac{I_1}{I_0} = A_{\lambda 1} = \varepsilon_{\lambda 1} Lc \tag{2-13}$$

$$-\lg \frac{I_2}{I_0} = A_{\lambda 2} = \varepsilon_{\lambda 2} Lc \tag{2-14}$$

通过测定两光束经过吸收池后的光强度 I_1 及 I_2，即可得到溶液对两波长的光的吸光度差 ΔA，即

$$-\lg \frac{I_2}{I_1} = A_{\lambda 2} - A_{\lambda 1} = \Delta A = (\varepsilon_{\lambda 2} - \varepsilon_{\lambda 1}) Lc \tag{2-15}$$

可见 ΔA 与吸光物质浓度成正比。这是用双波长分光光度法进行定量分析的理论根据。

如果测定的是浑浊溶液，在一般光度法中就必须用已知浊度的标准物质作参比，而实际上往往找不到合适的参比溶液。在双波长法中，两束单色光受到同一试液悬浮粒子的散射，所以对于浑浊试液实际测定的吸光度 λ_1 和 λ_2 应分别加上因散射而产生的吸光度 $D_{\lambda 1}$ 和

$D_{\lambda2}$，即

$$A_{\lambda1} = \varepsilon_{\lambda1} Lc + D_{\lambda1} = A'_{\lambda1} + D_{\lambda1} \tag{2-16}$$

$$A_{\lambda2} = \varepsilon_{\lambda2} Lc + D_{\lambda2} = A'_{\lambda2} + D_{\lambda2} \tag{2-17}$$

可认为，测得的吸光度差 ΔA 就是待测组分的吸光度差，它与浑浊背景无关。应当注意：浑浊背景的吸光度差 $D_{\lambda2} - D_{\lambda1}$ 的大小与波长和 λ_2、λ_1 的差值大小有关。

第八节　原子吸收分光光度法的原理及应用

原子吸收分光光度分析又称原子吸收光谱分析，是基于从光源发出的被测元素特征辐射通过元素的原子蒸汽时被其基态原子吸收，由辐射的减弱程度测定元素含量的一种现代仪器分析方法。优点是：

(1) 检出限低。火焰原子吸收光谱法（FAAS）的检出限可达“mg/L”级，石墨炉原子吸收光谱法（GFAAS）的检出限可达 $10^{-14} \sim 10^{-10}$g。

(2) 选择性好。原子吸收光谱是元素的固有特征。

(3) 精密度高。FAAS 相对标准偏差一般为 0.x%～3%，GFAAS 相对标准偏差一般可控制在 5%之内。

(4) 抗干扰能力强。一般不存在共存元素的光谱干扰，干扰主要来自化学干扰。

(5) 分析速度快。使用自动进样器，每小时可测定几十个样品。

(6) 应用范围广。可分析周期表中绝大多数的金属与非金属元素，利用联用技术可以进行元素的形态分析，用间接原子吸收光谱法可以分析有机化合物，还可以进行同位素分析。

(7) 用样量小。FAAS 进样量一般为 3～6mL/min，GFAAS 液体的进样量为 10～50μL，固体进样量为“mg”级。

(8) 仪器设备相对比较简单，操作简便。

不足之处是：主要用于单元素的定量分析；标准曲线的线性范围通常小于两个数量级。

一、原子吸收光谱分析基本原理

众所周知，任何元素的原子都是由原子核和绕核运动的电子组成的，原子核外电子按其能量的高低分层分布而形成不同的能级，因此一个原子可以具有多种能级状态。能量最低的能级状态称为基态能级（$E_0 = 0$），其余能级称为激发态能级，而能级最低的激发态则称为第一激发态。正常情况下，原子处于基态，核外电子在各自能量最低的轨道上运动。如果将一定的外界能量，如光能提供给该基态原子，当外界光能量 E 恰好等于该基态原子中基态和某一较高能级之间的能级差 ΔE 时，该原子将吸收这一特征波长的光，外层电子由基态跃迁到相应的激发态，而产生原子吸收光谱。

原子吸收光谱的波长和频率由产生跃迁的两能级的能量差 ΔE 决定，即

$$\Delta E = h\nu = \frac{hc}{\lambda} \tag{2-18}$$

式中　ΔE——两能级的能量差，eV（1eV=1.602 192×10^{-19}J）；

ν——频率，s^{-1}；

λ——波长，nm；

c——光速，m/s；

h——普朗克常数。

原子吸收光谱分析的波长区域在近紫外区。其分析原理是将光源辐射出的待测元素的特征光谱通过样品蒸汽被待测元素的基态原子所吸收，由发射光谱被减弱的程度进而求得样品中待测元素的含量，它符合比尔定律，即

$$A = -\lg \frac{I}{I_0} = -\lg T = KN_0L \tag{2-19}$$

式中 I——透射光强度；

I_0——发射光强度；

T——透射比；

L——光通过原子化器的光程；

N_0——待测元素基态原子的数目。

由于L是不变值，在试样原子化阶段，火焰温度低于3000K时，对大多数元素来说，原子蒸汽中基态原子的数目实际上接近原子总数。在固定的实验条件下，待测元素的原子总数是与该元素在样品中的浓度c成正比的。因此，式（2-19）可以表示为

$$A = K'c \tag{2-20}$$

式（2-20）中K'在一定实验条件下是一个常数，实际上是标准曲线的斜率。只要通过测定标准系列溶液的吸光度，绘制工作曲线，根据同时测得的样品溶液中待测元素的吸光度，在工作曲线上即可查得待测元素的浓度。这就是原子吸收光谱法定量分析的基础。

二、原子吸收光谱分析的定量方法

原子吸收光谱分析是一种动态分析方法，用校正曲线进行定量。常用的定量方法有标准曲线法、标准加入法。标准曲线法是最基本的定量方法。

1. 标准曲线法

用标准物质配制一组合适的标准溶液，由低浓度到高浓度依次测定各标准溶液的吸光度值A_i，以吸光度值A_i(i=1，2，3，4，5，…)为纵坐标，待测元素的浓度c_i(i=1，2，3，4，5，…)为横坐标，绘制A-c标准曲线。在同样的测试条件下，测定待测试样溶液的吸光度值A_x，由标准曲线求得待测试样溶液中被测元素的浓度c_x。

从测光误差的角度考虑，吸光度在0.1～0.5范围内测光误差较小，因此应该这样来选择标准曲线的浓度范围，使之产生的吸光度位于0.1～0.5范围内。为了保证测定结果的准确度，标准溶液的组成应尽可能接近样品溶液的组成。

喷雾效率和火焰状态发生稍许变动、石墨炉原子化条件发生变动、波长发生漂移，标准曲线的斜率也会随之有些变动，因此每次分析测定时都应重新绘制标准曲线。

2. 标准加入法

在实际分析过程中，样品的基体、组成和浓度千变万化，要找到完全与样品组成相匹配的标准物质是很困难的，特别是对于复杂基体样品就更困难。试样物理、化学性质的变化，引起喷雾效率、气溶胶粒子粒径分布、原子化效率、基体效应、背景和干扰情况的改变，导致测定误差的增加。标准加入法可以自动进行基体匹配，补偿样品的物理和化学干扰，提高测定的准确度。

标准加入法的操作如下：分取几份等量的被测试样，在其中分别加入0、c_1、c_2、c_3、c_4和c_5等不同量的被测元素标准溶液，依次在同样条件下测定它们的吸光度A_i（i=1，2，3，

4，5），制作吸光度值对加入量的校正曲线，如图2-7所示，校正曲线不通过原点。加入量的大小，要求 c_1 接近于试样中被测定元素含量 c_x，c_2 是 c_x 的两倍，c_3 是 c_x 的3～4倍，c_5 必须仍在校正曲线的线性范围内。从理论上讲，在不存在或校正了背景吸收的情况下，如果试样中不含有被测定元素，校正曲线应通过原点。现在校正曲线不通过原点，说明试样中含有被测定元素。校正曲线在纵坐标轴上的截距所相应的吸光度正是试样中被测定元素所引起的效应。将校正曲线外延与横坐标轴相交，由原点至交点的距离相当的浓度 c_x 即为试样中被测定元素的含量。

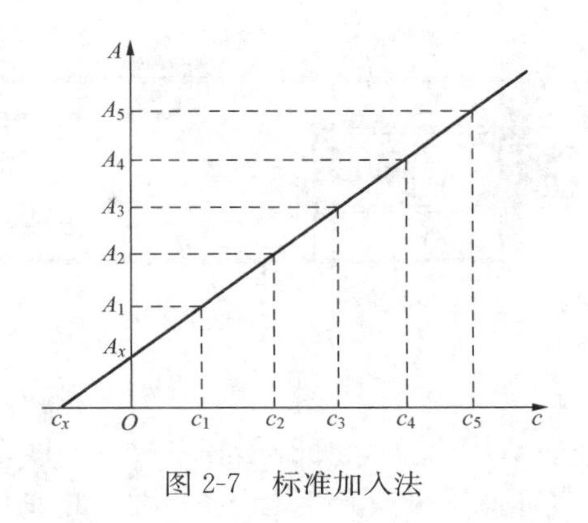

图2-7　标准加入法

三、原子吸收光谱仪

1. 原子吸收光谱仪结构

原子吸收光谱仪由光源、原子化器、光学系统、检测系统和数据工作站组成。光源提供待测元素的特征辐射光谱；原子化器将样品中的待测元素转化为自由原子；光学系统将待测元素的共振线分出；检测系统将光信号转换成电信号进而读出吸光度；数据工作站通过应用软件对光谱仪各系统进行控制并处理数据结果。图2-8所示为原子吸收光谱仪结构示意图。

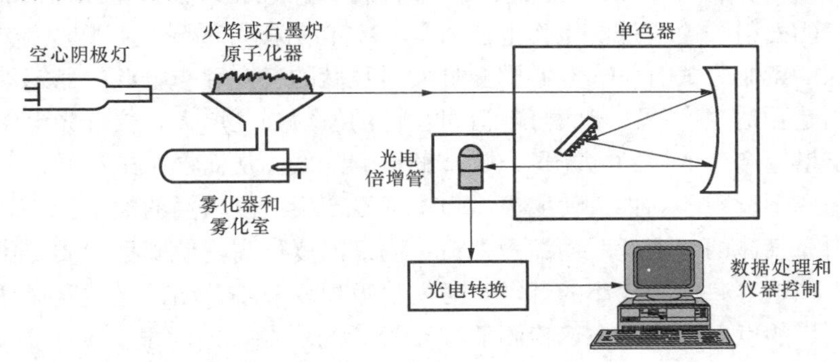

图2-8　原子吸收光谱仪结构示意图

2. 光源

光源的作用是辐射待测元素的特征谱线（实际辐射的是共振线和其他非吸收谱线），供测量使用。对光源的基本要求是：

（1）能辐射锐线，即发射线的半宽度比吸收线半宽度窄得多，这样有利于提高分析的灵敏度和改善校正曲线的线性关系。

（2）能辐射待测元素的共振线，并且具有足够的强度，以保证有足够的信噪比，改善仪器的检出限。

（3）辐射的光强度稳定，以保证测定具有足够的精度。

空心阴极灯、无极放电灯和蒸气放电灯都能符合上述要求，这里着重介绍应用最广泛的空心阴极灯（hollow cathode lamp，HCl）。

空心阴极灯是一种产生原子锐线发射光谱的低压气体放电管，其阴极形状一般为空心圆柱，由被测元素的纯金属或合金制成，空心阴极灯由此得名，并以其空心阴极材料的元素命

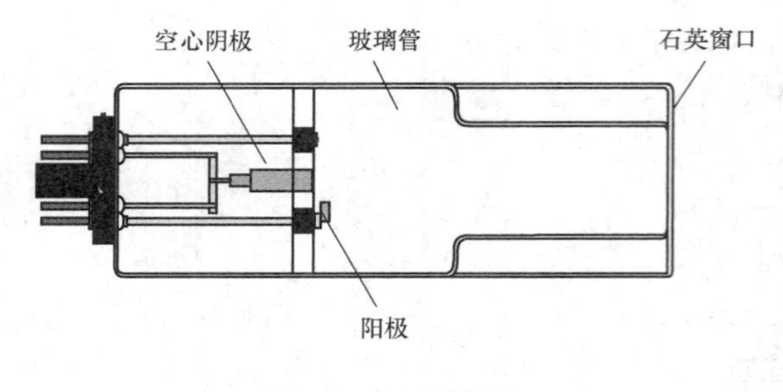

图 2-9 空心阴极灯

名，如铜空心阴极灯就是以铜作为空心阴极材料制成的。空心阴极灯的阳极是一个金属环，通常由钛制成兼作吸气剂用，以保持灯内气体的纯净。外壳为玻璃管，窗口由石英或透紫外线玻璃制成，管内抽成真空，充入低压惰性气体，通常是氖气或氩气，其结构如图 2-9 所示。

当正负电极间施加适当电压（通常是 300～500V）时，便开始辉光放电，这时电子从空心阴极内壁射向阳极，在电子通路上与惰性气体原子碰撞而使之电离，带正电荷的惰性气体离子在电场作用下，就向阴极内壁猛烈轰击，使阴极表面的金属原子溅射出来。溅射出来的金属原子再与电子、惰性气体原子及离子发生碰撞而被激发，于是阴极内的辉光中便出现了阴极物质和内充惰性气体的光谱。空心阴极灯发射的光谱主要是阴极元素的光谱（其中也杂有内充气体及阴极中杂质的光谱），因此用不同的待测元素作阴极材料，可制成各相应待测元素的空心阴极灯。若阴极物质只含一种元素，可制成单元素灯；阴极物质含多种元素，则可制成多元素灯。为了避免发生光谱干扰，在制灯时，必须用纯度较高的阴极材料和选择适当的内充气体（也称载气，常用高纯惰性气体氖或氩），以使阴极元素的共振线附近没有内充气体或杂质元素的强谱线。

空心阴极灯的发射强度与灯的工作电流有关。空心阴极灯的最大工作电流与元素种类、灯的结构及光源的调制方式有关。空心阴极灯发射强度的稳定性与电源的稳定性和灯的质量有关，也与使用是否适当有关。增大灯电流时，灯的发射强度增大，仪器光电倍增管的负高压降低，光电倍增管产生的散粒（光子）噪声的影响降低，从而提高了信噪比。但工作电流过大，会导致一些不良现象，如：使阴极溅射增强，产生密度较大的电子云，灯本身发生自蚀现象；加快内充气体的“消耗”而缩短寿命；阴极温度过高，使阴极物质熔化；放电不正常，使灯强度不稳定等。使用较小的灯电流时，自吸现象减小，测试灵敏度提高；但使用较低的灯电流，则灯的发射强度减小，检测器需要较高的增益，同时电流太小放电也不正常，发射强度不稳定，信噪比降低。合适的灯电流应经实验确定，由计算机控制的仪器大部分具有专家数据库，提供灯电流的选择参考，在信噪比允许的情况下选用较小的灯电流对提高检出限及测量动态范围是有好处的，同时也能延长灯的使用寿命。

注：自吸与自蚀的区别

原子发射光谱的激发光源都有一定的体积，在光源中，粒子密度与温度在各部位分布并不均匀，中心部位的温度高，边缘部位温度低。元素的原子或离子从光源中心部位辐射被光源边缘处于较低温度状态的同类原子吸收，使发射光谱强度减弱，这种现象称为谱线的自吸。谱线的自吸不仅影响谱线强度，而且影响谱线形状。一般当元素含量高，原子密度增大时，产生自吸。当原子密度增大到一定程度时，自吸现象严重，谱线的峰值强度完全被吸收，这种现象称为谱线的自蚀。在元素光谱表中，用 r 表示自吸线，用 R 表示自蚀线。

空心阴极灯在使用前应经过一段预热时间，使灯的发射强度达到稳定，预热时间的长短视灯的类型和元素的不同而不同，一般在 5～20min 范围内。

3. 光学系统

光学系统是光谱仪的心脏，一般由外光路系统与单色器组成。外光路系统使光源发出的共振线能正确地通过被测试样的原子蒸汽，并投射到单色器的狭缝上。

商品原子吸收仪的外光路各不相同，可简单地分为单光束和双光束两种类型，图 2-10 所示为两种类型的光学系统原理图。图 2-10（a）所示为单光束仪器的光路图。这种光学系统以其结构简单、光能损失少而被广泛采用。元素灯（L）与氘灯（D_2）的光通过半透镜或旋转发射镜重合在一起通过原子化器，实现氘灯背景校正功能。单光束系统的缺点是不能消除光源波动引起的基线漂移。图 2-10（b）所示为双光束仪器的光路图：用旋转切光器作把光源输出分为两路光束，其中一束通过原子化器作为样品光束，另一束绕过原子化器作为参比光束，然后用切光器把两路光束合并，交替地进入单色器。检测器根据同步信号分别检出样品信号及参比信号。由于两路光束来自同一光源，光源的波动可以通过参比信号补偿，因此光源无须预热，点灯后即可工作。

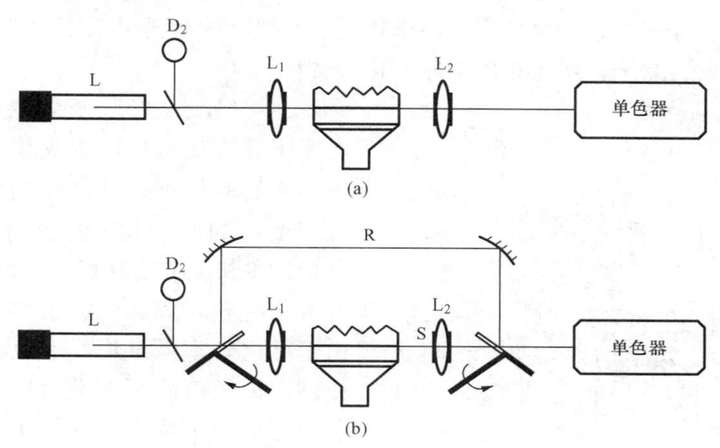

图 2-10 原子吸收光学系统简图

（a）单光束光学系统；（b）双光束光学系统

单色器的作用是从激发光源的复合光中分离出被测元素的共振线。早期的单色器采用棱镜，现代光谱仪大多采用平面或凹面光栅单色器，20 世纪末，已有采用中阶梯光栅单色器的仪器推向市场，这种仪器分辨能力强、结构小巧，具有很强的发展潜力。原子吸收所用的吸收线是锐线光源发出的共振线，它的谱线比较简单，因此对仪器并不要求很高的色散能力，同时为了便于测定，又要有一定的出射光强度。因此若光源强度一定，就需要选用适当的光栅色散率与狭缝宽度配合，构成适于测定的通带来满足上述要求。通带是由色散元件的色散率和入射与出射狭缝宽度（两者通常是相等的）决定的，其表示式为

$$W = D \times S \times 10^{-3} \tag{2-21}$$

式中 W——单色器的通带宽度，nm；

D——光栅倒数线色散率，nm/mm；

S——狭缝宽度，μm。

由式（2-21）可见，若单色器采用了一定色散率的光栅，则单色器的分辨率和集光本领取决于狭缝。因此，使用单色器就应根据要求的出射光强度和单色器的分辨率来调节适宜的狭缝宽度，以构成适于测定的通带。一般来讲，调宽狭缝，出射光强度增加，但同时出射光包含的波长范围也相应加宽，使单色器的分辨率降低，这样未被分开的靠近共振线的其他非

共振线或在火焰中不被吸收的光源发射背景辐射也经出射狭缝而被检测器接收，从而导致测得的吸光度偏低，使工作曲线弯曲，产生误差。反之，调窄狭缝，可以改善实际分辨率，但出射光强度降低，相应地要求提高光源的工作电流或增加检测器增益，这样又伴随着谱线变宽和噪声增加。因此，应根据测定的需要调节合适的狭缝宽度。例如：如果待测元素的共振线没有邻近的干扰（如碱金属、碱土金属）及连续背景很小，那么狭缝宽度宜较大，这样能使集光本领增强，有效地提高信噪比，并可提高待测元素的检测极限。相反，若待测元素具有复杂光谱（如过渡金属、稀土元素等）或有连续背景，那么狭缝宽度宜小，这样可减少非吸收谱线的干扰，得到线性好的工作曲线。

4. 原子化器

原子化器的功能在于将试样转化为所需的基态原子。被测元素由试样中转入气相，并解离为基态原子的过程称为原子化过程。原子化过程直接影响分析灵敏度和结果的重现性。原子化器主要分为火焰原子化器与石墨炉原子化器两种。

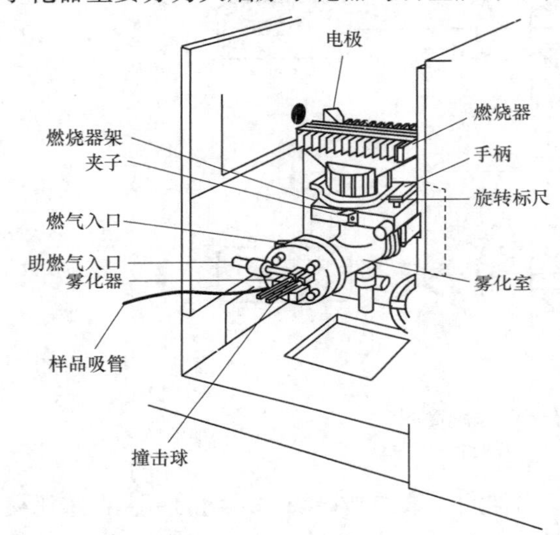

图 2-11 火焰原子化器

（1）火焰原子化器如图 2-11 所示。在原子吸收光谱法中，火焰原子化器经过几十年的研究发展，已经相当成熟，也是目前应用最广的原子化器。其优点是操作简便、分析速度快、分析精度好、测定元素范围广、背景干扰较小等。但它也存在一些缺点，如由于雾化效率低及燃气和助燃气的稀释，致使测定灵敏度降低；采用中温、低温火焰原子化时化学干扰大；在使用中应考虑安全问题等。

使试样雾化成气溶胶，再通过燃烧产生的热量使进入火焰的试样蒸发、熔融、分解成基态原子。与此同时尽量减少自由原子的激发和电离，减少背景吸收及发射。在原子吸收光谱测定中，对火焰的基本要求是：火焰有足够高的温度，能有效地蒸发和分解试样，并使被测元素原子化；火焰稳定性良好，噪声低，以保证有良好的测定精密度；较低的光吸收，提高仪器的能量水平，降低测量噪声，以获得低的检出限；燃烧安全。

（2）石墨炉原子化器。石墨炉原子化器是应用最广泛的无焰加热原子化器。其基本原理是将试样注入在石墨管中，用通电的办法加热石墨管，使石墨管内腔产生很高的温度，从而使石墨管内的试样在极短的时间内热解、气化，形成基态原子蒸汽。

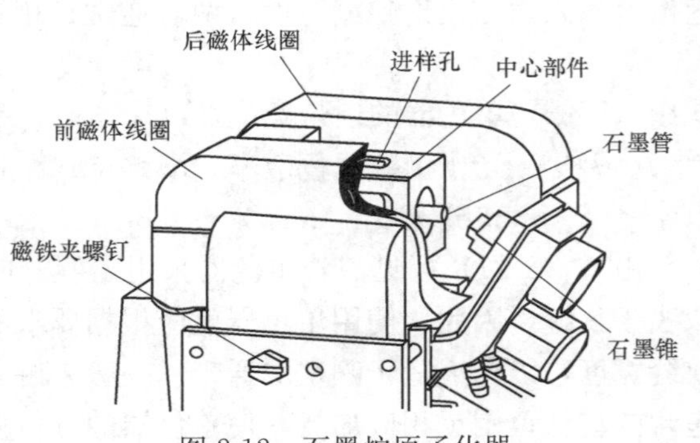

图 2-12 石墨炉原子化器

石墨炉原子化器一般由石墨炉电源、石墨炉炉体及石墨管组成。炉体又包括石墨锥、冷却座、石英窗和电极架，如图 2-12

所示。石墨管固定在两个电极之间，管的两端开口，安装时其长轴与原子吸收分析光束的通路重合；石墨管的中心有一进样口，试样由此注入；为了防止试样及石墨管氧化，需要在不断通入惰性气体（氩气）的情况下用大电流（300A）通过石墨管；此时石墨管被加热至高温（2000～3000℃）而使试样原子化。测定时分干燥、灰化、原子化、净化四步程序升温。干燥的目的是在低温（通常为105℃）下蒸发去除试样的溶剂，以免溶剂存在导致灰化和原子化过程飞溅；灰化的作用是在较高温度下（通常为350～1400℃）下进一步去除有机物或低沸点无机物，以减少基体组分对待测元素的干扰；原子化阶段待测元素被蒸发形成气态原子，原子化温度随待测元素而异（通常为2000～3000℃）；净化的作用是将温度升至最大允许值，以去除残余物，消除由此产生的记忆效应。石墨管原子化器的升温程序由微机控制自动进行。

石墨炉原子化方法的最大优点是注入的试样几乎可以完全原子化，特别对于易形成耐熔氧化物的元素，由于没有大量氧的存在，并由石墨管提供了大量碳，所以能够得到较好的原子化效率。当试样含量很低，或只能提供很少量的试样时，使用石墨炉原子化法是很适合的。其缺点是：首先，共存物的干扰要比火焰法大。当共存分子产生的背景吸收较大时，需要调节灰化温度及时间，使背景分子吸收不与原子吸收重叠，并使用背景校正方法来校正之。其次，由于进样量小，相对灵敏度不高，试样组成的不均匀性影响较大，测试精度不如火焰原子化法好。

（3）其他原子化器。对于砷、硒、汞以及其他一些特殊元素，可以利用某些化学反应来使它们原子化。

1）氢化物原子化器。氢化物原子化法是低温原子化法的一种，主要用来测定As、Sb、Bi、Sn、Ge、Se、Pb和Te等元素。这些元素在酸性介质中与强还原剂硼氢化钠反应生成气态氢化物。例如对于砷，其反应为

$$AsCl_3 + 4NaBH_4 + HCl + 8H_2O = AsH_3 + 4KCl + 4HBO_2 + 13H_2$$

然后将此氢化物送入原子化系统进行测定。因此，其装置分为氢化物发生器和原子化装置两部分。氢化物原子化法由于还原转化为氢化物时的效率高，生成的氢化物可在较低的温度（一般为700～900℃）原子化，且氢化物生成的过程本身是个分离过程，因此此法具有高灵敏度（分析砷、硒时灵敏度可达10^{-9}g）、较少的基体干扰和化学干扰等优点。

2）冷原子化器。将试液中汞离子用$SnCl_2$或盐酸羟胺还原为金属汞，然后用空气流将汞蒸汽带入具有石英窗的气体吸收管中进行原子吸收测量。本方法的灵敏度和准确度都较高（可检出0.01μg的汞），是测定痕量汞的好方法。

5. 背景校正装置

在原子吸收光谱分析中，为消除样品测定时的背景干扰，背景校正装置几乎是现代原子吸收光谱仪必不可少的部件。特别是石墨炉原子化器的应用，对痕量元素分析与超痕量元素分析的背景干扰尤为严重，因此各种背景校正技术发展了起来。目前原子吸收所采用的背景校正方法主要有氘灯背景校正、塞曼效应背景校正和自吸收背景校正。

（1）氘灯背景校正。氘灯背景校正是火焰法和石墨炉法用得最普遍的一种。它主要解决由于分子吸收而产生的背景。氘灯用作背景校正的光源适用于紫外线波段（180～400nm），由于它是真空放电光源，调制方式既可采用机械方式，也可采用时间差脉冲点灯的电调制方式，且原子吸收测量的元素共振辐射大多数处于紫外线波段，所以氘灯校正背景是连续光源

校正背景最常用的技术，已成为连续光源校正背景技术的代名词。

分子吸收是宽带（带光谱）吸收，而原子吸收是窄带（线光谱）吸收，因此当被测元素的发射线进入石墨炉原子化器时，石墨管中的基态分子和被测元素的基态原子都将对它进行吸收。这样，通过石墨炉原子化器以后输出的是原子吸收和分子吸收（即背景吸收）的总和。当氘灯信号进入石墨炉原子化器后，宽带的背景吸收要比窄带的原子吸收大许多倍，原子吸收可忽略不计，因此可认为输出的只有背景吸收，最后两种输出结果相减，就得到了扣除背景吸收以后的分析结果，如图 2-13 所示。

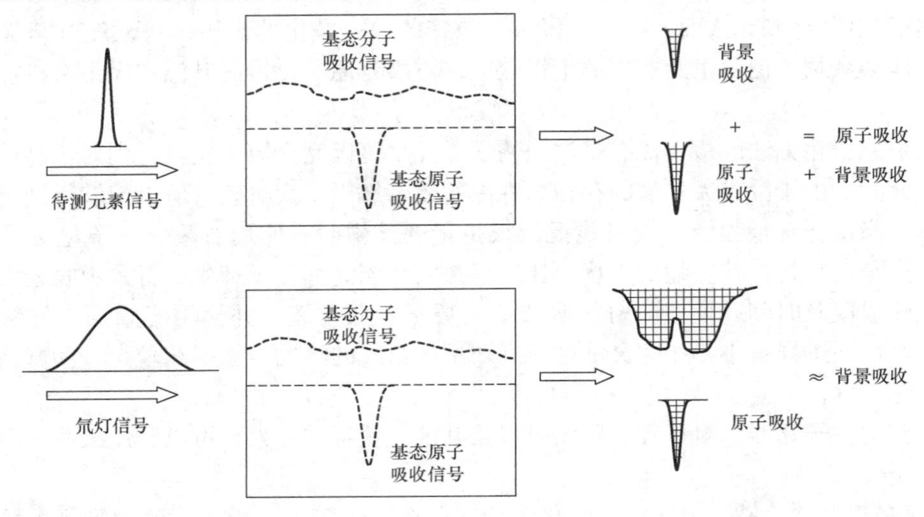

图 2-13 氘灯背景校正系统的工作原理

氘灯的优点：氘灯扣背景对灵敏度的影响很小，扣背景能力强，特别是在远紫外区域，如测定 As193.7nm，灵敏度高，并可有效地扣除 2A 以上的背景，而且分析的动态线性范围较宽，可以适用于 90%的应用。

氘灯的局限性：①由于氘灯扣除的是仪器光谱通带内的平均背景吸收值，不是分析波长处的背景值，因此不能用于校正通带内共存元素的光谱线干扰及结构化背景。例如，于 196.0nm 波长处测定铁基中的硒时，在 196.0nm±1nm 的波长范围内有若干条铁的吸收线，大量的铁基体将对连续光源辐射产生吸收而使背景过校。②氘灯的辐射波长范围在 400nm 以下，而最佳的工作范围在 350nm 以下。

（2）塞曼效应背景校正。塞曼效应背景校正是利用空心阴极灯的发射线或样品中被测元素的吸收线在强磁场的作用下发生塞曼裂变来进行背景校正的，前者为直接塞曼效应，而后者为反向塞曼效应，实际应用最多。反向塞曼又有直流与交流之分。图 2-14 所示为反向交流塞曼效应系统示意图。

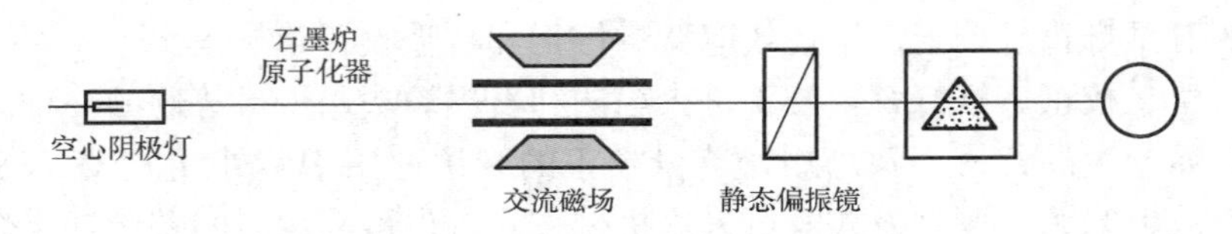

图 2-14 反向交流塞曼效应系统示意图

交流塞曼效应扣背景，电流在磁场内部调制，促使磁场交替地开和关。当磁场关闭时，没有塞曼效应，原子吸收线不分裂，测量的是原子吸收信号加背景吸收信号。当磁场开启时，高能量强磁场使原子吸收线裂变为 π 和 σ^+、σ^- 组分，平行于磁场的 π 组分在中心波长 λ_0 处的原子吸收被偏振器挡住，在垂直于磁场的 σ^+ 和 σ^- 组分（$\lambda_0 \pm \Delta\lambda$ 处）不产生或产生微弱的原子吸收，而无论磁场开与关，背景吸收始终不分裂，在中心波长 λ_0 处仍产生背景吸收。两者相减即得到校正后的原子吸收信号，如图 2-15 所示。

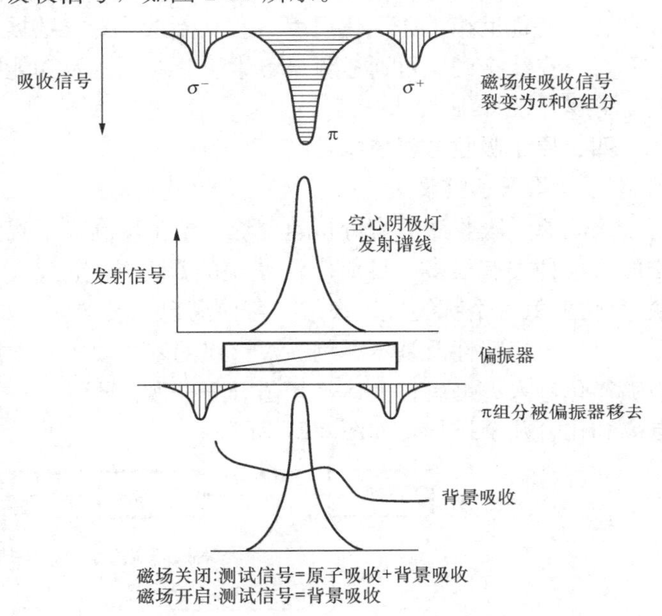

图 2-15 反向交流塞曼效应背景校正原理

塞曼效应的优点：在分析波长处扣除背景，因此可扣除共存元素的光谱干扰及结构化背景，并适用于波长 400nm 以上分析线的背景校正。

塞曼效应的缺点：①降低分析灵敏度，灵敏度较氘灯扣背景低；②分析的动态线性范围窄。

6. 检测器与数据处理系统

检测器用来完成光电信号的转换，即将光信号转为电信号，为以后的信号处理做准备。光电倍增管是原子吸收光谱仪的主要检测器，是目前灵敏度最高、响应速度最快的一种光电检测器。光电倍增管是一种多极的真空光电管，由光阴极和若干个二次发射极（又称打拿极）组成。其示意如图 2-16 所示。

在光照射下，阴极发射出光电子，在高真空中被电场加速，并向第一打拿极运动，每一个光电子平均使打拿极表面发射几个电子，这就是第二次发射。二次发射的电子又被加速向第二打拿极运动，此过程多次重复，最后电子被阳极收集。从光阴极上产生的每一个光电子，最后可使阳极上收集到 $10^6 \sim 10^7$ 个电子。光电倍增管的放大倍数主要取决于电极间的电压和打拿极的数目。由检测器输出的信号用交流放大器放大，再经过对数转换，测定值最终由指示仪表显示出来。随着计算机技术的发展，现代原子吸收光谱仪大多采用微机控制，软件操作系统也已从 DOS 发展到了 Windows，使得仪器的操作智能化，数据处理功能非常丰富。有些仪器已完全实现自动控制功能，包括波长自动控制、自动寻波长定位；自动设置光谱带宽；燃气流量及助燃比的自动控制；自动调整负高压、灯电流；自动能量平衡；自动点火和自动熄火保护；自动设定最佳火焰高度位置，选择最佳分析条件；自动选择元素灯；自动切换火焰和石墨炉原子

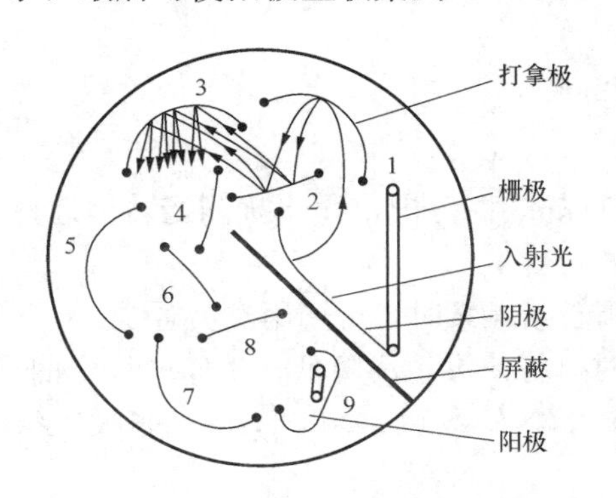

图 2-16 光电倍增管示意图
（1～9 为打拿极）

化器；可实现对仪器多种部件的细微调整等。软件方面也最大限度地实现了自动功能，包括：

（1）向导功能。提供样品设置向导、打印报表向导等。

（2）自动测量。连接自动进样器后，设置完自动操作程序，仪器可由软件控制自动进行空白校正、标准样品测试、样品测试，处理并输出结果。

（3）专家数据库功能。元素的选择可用鼠标在元素周期表上点选，便可获得该元素的测量方法、特征谱线、原子化温度、燃气流量等专家数据。

（4）在线帮助。可通过目录、索引、对话框及功能键提供仪器硬件安装、操作、维修及安全等操作的详细说明。

四、原子吸收分析技术

1. 火焰原子吸收法

火焰原子吸收法具有分析速度快、精密度高、干扰少、操作简单等优点。火焰原子吸收法的火焰种类有很多，目前广泛使用的是乙炔-空气火焰，可分析 30 多种元素，其次是乙炔-氧化亚氮（俗称笑气）火焰，可使测定元素增加到 60 多种。

（1）火焰特性及基本过程。对火焰的基本要求是温度高、稳定性好与安全。样品溶液被吸喷雾化进入火焰后，大体经历雾化⟶脱水干燥⟶熔融蒸发⟶热解和还原⟶激发、电离和化合几个过程，如图 2-17 所示。

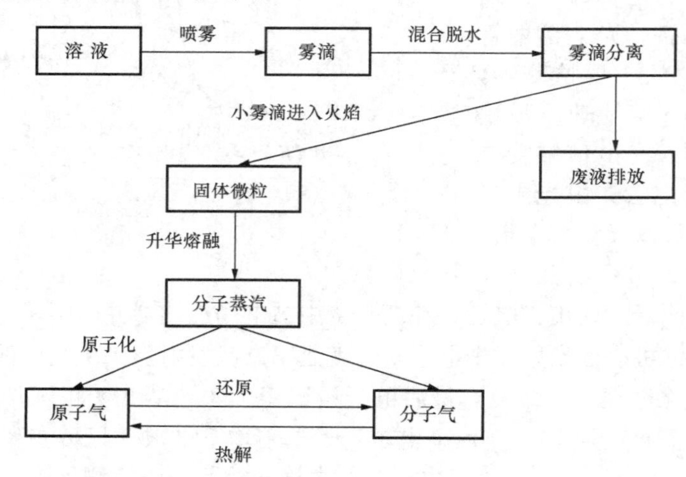

图 2-17 火焰原子化过程示意

（2）火焰原子吸收分析最佳条件的选择。

1）吸收线选择。为获得较高的灵敏度、稳定性和宽的线性范围及无干扰测定，须选择合适的吸收线。选择谱线的一般原则：

a. 灵敏度。一般选择最灵敏的共振吸收线；测定高含量元素时，可选用次灵敏线。

b. 谱线干扰。当分析线附近有其他非吸收线存在时，将使灵敏度降低、工作曲线弯曲，应当尽量避免干扰。例如 Ni230.0nm 附近有 Ni231.98、Ni232.14、Ni231.6nm 非吸收线干扰。

c. 线性范围。不同分析线有不同的线性范围，例如 Ni305.1nm 优于 Ni230.0nm。

2）电流的选择。选择合适的空心阴极灯电流，可得到较高的灵敏度与稳定性。从灵敏度考虑，灯电流宜用小，因为谱线变宽及自吸效应小，发射线窄，灵敏度增高，但灯电流太小，灯放电不稳定。从稳定性考虑，灯电流大，谱线强度高，负高压低，读数稳定。吸收灵敏度和吸收稳定性这两个指标对灯电流的要求是互相矛盾的，在选择灯电流时应兼顾这一矛盾的两个方面。对于微量元素进行分析，应在保证读数稳定的前提下，尽量选用小一些的灯电流以获得足够高的灵敏度。对于常量与高含量元素的分析，应在保证足够高的灵敏度的前提下，尽量选用大一点的灯电流，以获得足够高的精密度。

从维护灯和使用寿命角度考虑，对于高熔点、低溅射的金属元素（如铁、钴、镍、铬等）灯，灯电流允许用得大些；对于低熔点、高溅射的金属元素（如锌、铅等）灯，灯电流宜用小些；对于低熔点、低溅射的金属元素（如锡）灯，若需增加光强度，可允许灯电流稍大些。

3）光谱通带的选择。光谱通带的宽窄直接影响测定的灵敏度与标准曲线的线性范围。在保证只有分析线通过出口狭缝的前提下，尽可能选择较宽的通带。对于碱金属、碱土金属，可用较宽的通带，而对于如铁族、稀有元素和连续背景较强的情况下，要用小的通带。对于分析 Ni、Fe 等元素，其斜率及线性范围随着光谱通带的变窄而改善，如图 2-18 所示。

4）燃气-助燃气比的选择。不同的燃气-助燃气比，其火焰温度和氧化-还原性质也不同。根据火焰温度和气氛，可分为贫燃火焰、化学计量火焰、发亮火焰和富燃火焰四种类型。

燃助比（乙炔/空气）在 1∶6 以上，火焰处于贫燃状态，燃烧充分，温度较高，除了碱金属可以用贫燃火焰外，一些高熔点和惰性金属，如 Ag、Au、Pd、Pt、Rb 等也可用，但燃烧不稳定，测定的重现性较差。

燃助比为 1∶4 时，火焰稳定，层次清晰分明，称为化学计量性火焰，适合于大多数元素的测定。

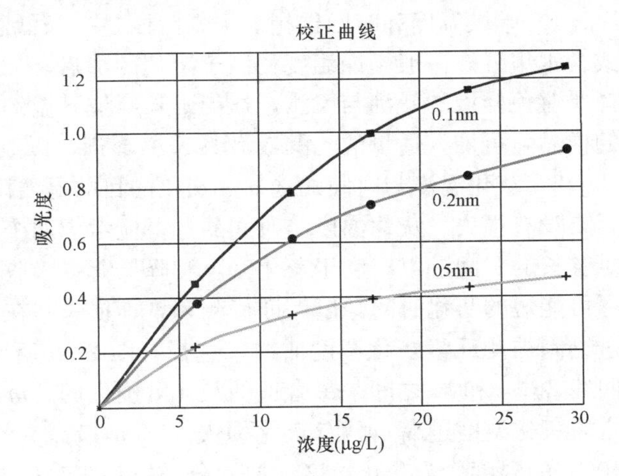

图 2-18　通带宽度对镍灵敏度及线性范围的影响

燃助比小于 1∶4 时，火焰呈发亮状态，层次开始模糊，为发亮性火焰。此时温度较低，燃烧不充分，但具有还原性，测定 Cr 时就用此火焰。

燃助比小于 1∶3 为富燃火焰，这种火焰有强还原性，即火焰中含有大量的 CH、C、CO、CN、NH 等成分，适合于 Al、Ba、Cr 等元素的测定。

铬、铁、钙等元素对燃助比反应敏感，因此在拟定分析条件时，要特别注意燃气和助燃气的流量和压力。

5）燃烧器高度的选择。燃烧器高度可大致分三个部位：

光束通过氧化焰区，这一高度大约是离燃烧器缝口 6～12mm 处，此处火焰稳定、干扰较少，对紫外线吸收较弱，但灵敏度稍低，吸收线在紫外区的元素适于这种高度。

光束通过氧化焰和还原焰，这一高度大约是离燃烧器缝口 4～6mm 处，此高度火焰的稳定性比前一种差、温度稍低、干扰较多，但灵敏度高，适于铍、铅、硒、锡、铬等元素分析。

光束通过还原焰，这一高度大约是离燃烧器缝口 4mm 以下，此高度火焰的稳定性最差、干扰多，对紫外线吸收最强，但吸收灵敏度较高，适于长波段元素的分析。

2. 石墨炉原子吸收法

（1）石墨炉原子吸收法的特点。与火焰原子化不同，石墨炉原子化采用直接进样和程序升温方式，原子化曲线是一条具有峰值的曲线。它的主要优点：升温速度快，最高温度可达 3000℃，适用于高温及稀土元素的分析；绝对灵敏度高，石墨炉原子化效率高，原子的平均停留时间通常比火焰中相应的时间长约 100 倍，一般元素的绝对灵敏度可达 10^{-12}～10^{-9}g；可分析的元素比较多；所用的样品少，对分析某些取样困难、价格昂贵、标本难得的样品非常有利。石墨炉原子化法存在分析速度慢，分析成本高，背景吸收、光辐射和基体干扰比较大的缺点。

（2）石墨炉原子吸收法分析最佳条件的选择。石墨炉分析有关灯电流、光谱通带及吸收线的选择原则和方法与火焰法相同。所不同的是光路的调整要比燃烧器高度的调节难度大，石墨炉自动进样器的调整及在石墨管中的深度对分析的灵敏度与精密度影响很大。另外，选择合适的干燥、灰化、原子化温度及时间和惰性气体流量对石墨炉分析至关重要。

1）干燥温度和时间选择。干燥阶段是一个低温加热的过程，其目的是蒸发样品的溶剂或含水组分。一般干燥温度稍高于溶剂的沸点，如水溶液选择在 90～120℃。干燥温度的选择要避免样液的暴沸与飞溅，适当延长斜坡升温的时间或分两步进行。对于黏度大、含盐高的样品，可加入适量的乙醇或 MIBK 稀释剂，以改善干燥过程。

2）灰化温度与时间的选择。灰化的目的是要降低基体及背景吸收的干扰，并保证待测元素没有损失。灰化温度与时间的选择应考虑两个方面：一方面是使用足够高的灰化温度和足够长的时间，以有利于灰化完全和降低背景吸收；另一方面是使用尽可能低的灰化温度和尽可能短的灰化时间，以保证待测元素不损失。在实际应用中，最佳灰化温度与时间可以通过绘制被测元素灰化温度曲线来选择，图 2-19 所示为典型的灰化温度曲线 1 和原子化温度曲线 2。m 和 M 之间是最合适的灰化温度区间，m 之前灰化温度过低，基体灰化不完全；M 之后灰化温度过高，已有灰化损失。M 是最高允许的灰化温度，一般选用低于 M 点 50～100℃的温度作为灰化温度。加入合适的基体改进剂，能够更有效地克服复杂基体的背景吸收干扰。

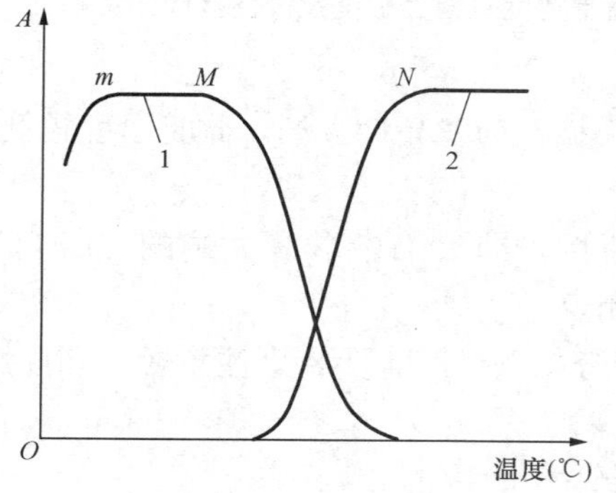

图 2-19 灰化与原子化温度曲线
1—灰化温度曲线，M 为最高允许灰化温度；2—原子化温度曲线，N 为合适的起始原子化温度

3）原子化温度和时间的选择。原子化温度是由元素及其化合物的性质决定的。原子化温度选择的原则是在保证获得最大原子吸收信号的条件下尽量使用较低的温度。通常借助绘制原子化温度曲线来选择最佳原子化温度。如图 2-19 所示，曲线 2 是在固定灰化温度的条件下得到的。曲线中的 N 点是合适的起始原子化温度，只有温度高于 N 点的温度才能保证被测元素被充分原子化。一般可选用高于 N 点 50～100℃的温度作为原子化温度。过高的原子化温度反而会降低测定灵敏度，并缩短石墨管的使用寿命。

原子化时间选择的原则是必须使吸收信号能在原子化阶段回到基线，以此作为原子化时间。从石墨管使用寿命考虑，应选择尽可能短的原子化时间，一般为3～4s，高温原子化元素为4～6s。过短的原子化时间会使一些被测元素残留于石墨管内，会延长石墨管的净化时间，否则会引起记忆效应。

4）净化温度和时间的选择。净化温度一般选择高于原子化温度100～200℃，时间为2～3s，将前一个测定的残余物彻底清除干净，保证不影响下一个测定。

5）惰性气体流量的选择。石墨炉常采用氩气作为保护气体，且内外分别单独供气方式，干燥、灰化和除残阶段通气，在原子化阶段，可选择石墨管内停气或给适当小流量的内气流。

（3）石墨炉基体改进技术。所谓基体改进技术，就是往石墨炉中或试液中加入一种化学物质，使基体形成易挥发化合物在原子化前去除，从而避免待测元素的损失；或降低待测元素的挥发性以防止灰化过程中的损失。基体改进剂已广泛应用于石墨炉原子吸收测定生物和环境样品的痕量金属元素及其化学形态，目前约有无机试剂、有机试剂和活性气体三大类，共50余种。

基体改进主要通过以下七个途径来降低基体干扰。

1）使基体形成易挥发的化合物，降低背景吸收。氯化物的背景吸收可借助硝酸铵来消除，原因在于石墨炉内发生如下化学反应，即

$$NH_4NO_3 + NaCl \longrightarrow NH_4Cl + NaNO_3$$

NaCl的熔点近800℃，加入基体改进剂NH_4NO_3反应后，产生的NH_4Cl、$NaNO_3$及过剩的NH_4NO_3在400℃时都挥发了，在原子化阶段减少了NaCl的背景吸收。

在生物样品中铅、铜、金和天然水中铅、锰和锌等元素的测定中，加入硝酸铵同样可获得很好的效果；硝酸可降低碱金属氯化物对铅的干扰；磷酸和硫酸这些高沸点酸可消除氯化铜等金属氯化物对铅和镍等元素的干扰。

2）使基体形成难解离的化合物，避免分析元素形成易挥发、难解离的一卤化物，降低灰化损失和气相干扰。如0.1% NaCl介质中铊的测定，加入$LiNO_3$基体改进剂，使其生成解离能大的LiCl，对铊起了释放作用。

3）分析元素形成较易解离的化合物，避免形成热稳定碳化物，降低凝相干扰。石墨管碳是主要元素，因此对于易生成稳定碳化物的元素，原子吸收峰低而宽。石墨炉测定水中的微量硅时加入CaO，使其在灰化过程中生成CaSi，降低了原子化温度。钙可以用来提高Ba、Be、Si、Sn的灵敏度。

4）使分析元素形成热稳定的化合物，降低分析元素的挥发性，防止灰化损失。镉是易挥发的元素，硫酸铵对牛肝中的镉测定有稳定作用，使其灰化温度提高到650℃。镍可稳定多种易挥发的元素，特别是测定As、Se，$Ni(NO_3)_2$可把硒的允许灰化温度从300℃提高到1200℃，其原因是生成了稳定的硒化物。

5）形成热稳定的合金，降低分析元素的挥发性，防止灰化损失。加入某种熔点较高的金属元素，与易挥发的待测金属元素在石墨炉内生成热稳定的合金，提高了灰化温度。贵金属如铂、钯、金对As、Sb、Bi、Pb和Se、Te有很好的改进效果。

6）形成强还原性环境，改善原子化过程。许多金属氧化物在石墨炉中生成金属原子是基于碳还原反应的机理，即

$$MO(s) + C(s) \longrightarrow M(g) + CO(g)$$

结果导致原子浓度的迅速增加。抗坏血酸、EDTA、硫脲、柠檬酸和草酸可降低 Pb、Zn、Cd、Bi 及 Cu 的原子化温度。

7）改善基体的物理特性，防止分析元素被基体包藏，降低凝相干扰和气相干扰。例如，过氧化钠作为基体改进剂，使海水中的铜在石墨管中生成黑色的氧化铜，而不易进入氯化物的结晶中。海水在干燥后留下清晰可见的晶体，加入抗坏血酸和草酸等有机试剂，可起到助熔作用，使液滴的表面张力下降，不再观测到盐类残渣。

（4）石墨管的种类及应用。石墨管的质量将直接影响石墨炉分析的灵敏度与稳定性，目前石墨管有许多种，但主要有普通石墨管、热解涂层石墨管及 L′vov 平台石墨管。

普通石墨管比较适合于原子化温度低，易形成挥发性氧化物的元素测定，比如 Li、Na、K、Rb、Cs、Ag、Au、Be、Mg、Zn、Cd、Hg、Al、Ga、In、Tl、Si、Ge、Sn、Pb、As、Sb、Bi、Se、Te 等，普通石墨管的灵敏度较好，特别是 Ge、Si、Sn、Al、Ga 等这些元素，在普通石墨管较强的还原气氛中，不易生成挥发性氧化物，因此灵敏度比热解涂层石墨管高，但要注意稳定碳化物的形成。

对 Cu、Ca、Sr、Ba、Ti、V、Cr、Mo、Mn、Co、Ni、Pt、Rh、Pd、Ir、Pt 等元素，热解涂层石墨管灵敏度较普通石墨管高，但也需加入基体改进剂，在热解涂层石墨管中创造强还原气氛，以降低基体的干扰。

对 B、Zr、Os、U、Sc、Y、La、Ce、Pr、Nd、Sm、Eu、Gd、Tb、Dy、Ho、Tm、Yb、Lu 等元素，使用热解涂层石墨管可提高灵敏度 10～26 倍，而用普通石墨管这些元素易生成稳定的碳化物，记忆效应大。

L′vov 平台石墨管是在普通或热解涂层石墨管中衬入一块热解石墨小平台。一方面平台可以防止试液在干燥时渗入石墨管；另一方面，它并非像石墨管壁是靠热传导加热的，而是靠石墨管的热辐射加热，这样扩展了原子化等温区，提高了分析灵敏度和稳定性。

五、灵敏度、特征浓度及检出限

1. 灵敏度及特征浓度

在原子吸收分光光度分析中，灵敏度 S 定义为吸光度随浓度的变化率，即校正曲线的斜率，其表达式为

$$S=\frac{\mathrm{d}A}{\mathrm{d}c}\text{或}S=\frac{\mathrm{d}A}{\mathrm{d}m} \tag{2-22}$$

即当待测元素的浓度 c 或质量 m 改变一个单位时，吸光度 A 的变化量。在火焰原子化法中常用特征浓度来表征灵敏度。所谓特征浓度，是指能产生 1%吸收（吸光度为 0.0044）时，溶液中待测元素的质量浓度（mg/L）或质量分数（μg/g）。例如 1mg/g 镁溶液，测得其吸光度为 0.55，则镁的特征浓度为$\frac{1}{0.55}\times0.0044=8(\mu g/g)$。

对于石墨炉原子化法，由于测定的灵敏度取决于加到原子化器中试样的质量，此时采用特征质量（以 g/1%表示）更为合适。显然，特征浓度或特征质量越小，测定的灵敏度越高。

灵敏度或特征浓度与一系列因素有关，首先取决于待测元素本身的性质，例如难熔元素的灵敏度比普通元素的灵敏度要低得多。其次还和测定仪器的性能，如单色器的分辨率、光源的特性、检测器的灵敏度等有关。此外还受到实验因素的影响，例如：光源工作条件不合

适，引起自吸收或光强减弱；供气速度不当，导致雾化效率降低；燃烧器调节不合适，共振辐射不是从原子浓度最高的火焰区通过；燃气与助燃气流量比例不恰当，引起原子化效率低等，多会降低测定灵敏度。反之，若正确选择实验条件，并采取了有效措施，则可进一步提高灵敏度。

2. 检出限

检出限是指产生一个能够确定在试样中存在某元素的分析信号所需要的该元素的最小含量，即待测元素所产生的信号强度等于其噪声强度标准偏差 3 倍时所对应的质量浓度或质量分数，用 D_c(mg/L 或 μg/g)表示，绝对检出限则用 D_m（μg）表示，即

$$D_c = \frac{c}{A} \cdot 3\sigma \quad 或 \quad D_m = \frac{m}{A} \cdot 3\sigma \tag{2-23}$$

式中 c、m——试样中待测元素的浓度、质量；

A——试样多次测定吸光度的平均值；

σ——噪声的标准偏差，是对空白溶液或接近空白的标准溶液进行十次以上连续测定所得的吸光度值计算的标准偏差。

检出限比灵敏度具有更明确的意义，它考虑到了噪声的影响，并明确地指出了测定的可靠程度。由此可见，降低噪声，提高测定精密度是改善检测限的有效途径。

六、原子吸收光谱仪的日常维护及常见故障排除

原子吸收光谱仪是精密的实验室光学仪器，合理的维护与保养，使仪器保持良好的工作状态，有利于获得可靠的测量数据和延长仪器的使用寿命。

(1) 仪器安装对环境的要求。用于安装仪器的实验室应具备良好的外部环境。实验室应设置在无强电磁场和热辐射的地方，不宜建在会产生剧烈振动的设备和车间附近。实验室内应保持清洁，温度应保持在 10～30℃，空气相对湿度应小于 80%。仪器应避免日光直射、烟尘、污浊气流及水蒸气的影响，防止腐蚀性气体及强电磁场干扰。

实验台应坚固稳定（最好是水泥台），台面平整。为便于操作与维修，实验台四周应留出足够的空间。仪器上方应安装排风设备，排风量的大小应能调节，风量过大会影响火焰的稳定性，风量过小则有害气体不能完全排出。抽风口位于仪器燃烧器的正上方，临近抽风口的下方应设有一尺寸大于仪器排气口的挡板，以防止通风管道内的尘埃落入原子化器，而有害气体又能沿着挡板与排风管道之间的空挡排出。

实验室应配有交流 380V 三相四线制电源，电源应良好接地，接地电阻小于 0.1Ω。仪器光度计主机的电源应与空气压缩机、石墨炉的电源分相使用。

乙炔燃气钢瓶最好不放在仪器房间，要放在离主机近、安全禁烟火、通风良好的房间，但主机房间内必须设有气路开关阀，万一发生事故可迅速切断燃气。乙炔气的出口压力应为 0.05～0.08MPa，纯度为 99.9%，乙炔钢瓶必须配有气压调节阀。

石墨炉用的冷却水最好配备冷却水循环设备，用去离子水作冷却水，用水质较硬的自来水容易在石墨炉腔体内结水垢。

(2) 仪器使用中的常见故障及其排除。由于各厂家仪器结构不同，故障及排除方法也不尽相同，出现无法解决的疑难问题时应尽快与厂家和销售商联系，尤其是涉及安全问题时不应自行解决。

1) 灯不亮。仪器使用一段时间后出现元素灯点不亮。首先更换一支灯试一下，如能点

亮，说明灯已坏，需更换新灯。如更换一支灯后仍不亮，可更换一个灯的插座，如果亮了，说明灯插座有接触不良或断线的可能；如更换灯插座仍不亮，需检查空心阴极灯的供电电源，与厂家联系。

2）灯能量低（光强信号弱）。仪器出现能量低，首先应检查仪器的原子化器是否挡光。如果是，将原子化器位置调整好。检查使用灯的波长设置是否正确或调整正确，如波长设置错误或调节波长不正确，应改正，手动调节波长的仪器显示的波长值与实际的波长偏差较大，应校准波长显示值。检查元素灯是否严重老化，严重老化的灯应更换。长时间搁置不用的元素灯也容易漏气老化，应利用空心阴极灯激活器激活，大部分情况可恢复灯的性能。检查吸收室两侧的石英窗是否严重污染，可用脱脂棉蘸乙醇乙醚混合液轻轻擦拭。如以上均正常，可能是放大电路或负高压电路故障造成的，通知厂家维修。

3）火焰测试灵敏度低、信号不稳。在用原子吸收光谱仪做火焰测试时出现灵敏度低，应检查火焰原子化器是否被污染。吸喷去离子水火焰应是淡蓝色的，如出现其他颜色则应清洗火焰原子化器，最好使用超声波振荡器清洗。灵敏度低、信号不稳一般是火焰雾化器雾化没调好，应参考厂家提供的雾化器维修手册（应用手册或说明书），必要时检查雾化器的提升量，一般是3～6mL/min，太大信号不稳，太小灵敏度低。

4）石墨炉升温程序不工作。在进行石墨炉分析时需给石墨炉通冷却水，自动化程度高的仪器都有水压监测装置，如使用的冷却水压力不够或流量不够，石墨炉升温程序将不工作。长时间使用硬度大的自来水，会堵塞石墨炉的冷却水循环管道，即使自来水有足够的压力，也无足够的流量打开水压监测装置，致使仪器工作不正常。检查冷却水回水的流量应大于1L/min，否则应检查、维修相关部件。作石墨炉分析时，为保护石墨管，需给仪器提供氩气，自动化程度高的仪器都设有气压监测装置，如果气体压力不够，石墨炉升温程序也不能正常工作，应确认气压。

5）气路不通。自动化程度较高的仪器使用电磁阀及质量流量计控制燃气及空气的流量，使用一段时间后出现燃气或空气不通的情况，主要原因是使用的燃气或空气不纯，如压缩空气中有水或油、没使用高纯乙炔致使电磁阀堵塞或失灵。如仪器使用的是可拆卸电磁阀，可拆开清洗；如仪器使用的是全密封电磁阀，则要更换新的电磁阀。使用浮子流量计的仪器，流量计中若进了油，会使流量计中的浮子难以浮起而堵塞气路，应拆下流量计，清除流量计中的油。

（3）仪器的日常维护及保养。原子吸收光谱仪是一种高精密度的光学仪器，合理的维护与保养能延长仪器的使用寿命。设计良好的仪器其单色器部分是全密封的，在干燥、洁净的实验室中可以使用多年，一般不需要维护；但在潮湿、有腐蚀性气体污染的实验室中其寿命会大大缩短，甚至会出现光栅发霉等现象。仪器光学部分的外光路不是密封的，一般3～5年应保养一次，主要是清除光学镜片上的灰尘，可用吸耳球吹除表面的灰尘。具有二氧化硅保护膜的镜片，可用脱脂棉蘸乙醇、乙醚混合液轻轻擦拭，切不可用力反复擦拭。原子化器两端的石英窗应经常擦拭。仪器的原子化器是暴露在外面的，需经常清洁。进行火焰分析时，每天测试完毕，要吸200mL以上的去离子水，以清洗火焰原子化器，尤其是含有有机溶剂及高盐溶液样品，每1～2周要拆开雾化器用超声波振荡器清洗，以保证其良好的性能。石墨炉原子化器如每天使用，20～30天要清洁一次石墨锥和石英窗。经常检查石墨管，尤其是内壁及平台，有破损或麻点的不能使用。长时间不用的仪器应1～2个月开机一次，以驱除仪器内部的湿气，让电子元器件保持良好的工作状态，尤其是电解电容，经常通电可防止电解液干枯。长时间不用的元素灯也应每半年点灯工作1/2h，或用元素灯激活器处理。

第九节 二阶微分火焰光谱法

一、火焰光谱法概述

平时可能都观察到这样的现象：钠盐在火焰中会发射出特征性的黄光，钾发射出紫光，铜发射绿光等。火焰光谱分析法就是利用每个元素所发射的特征辐射及其浓度与发射的特征波长光线强度之间的关系来进行分析的。火焰原子发射光谱法最主要的优点是火焰就是光源，且测定方便、快速，因此该方法已广泛地用于元素分析。

二、二阶微分火焰光谱法的基本原理

用火焰进行激发，并以光电系统来测量被激发元素辐射强度的分析方法称为火焰原子发射光谱法（简称火焰光谱法，也称火焰分光光度法）。用火焰原子发射光谱法测量原子的特征谱线强度时，特征谱线周围有连续背景干扰。二阶微分火焰光谱法对叠加谱线进行二阶微分，消除了谱线周围的背景干扰，因此使检测灵敏度成倍增高。现以钠的测定为例具体说明该方法的原理。

钠原子或离子受火焰激发后发射出589.0nm的特征谱线，谱线的强度与试样中钠离子的浓度成正比，钠离子含量和特征谱线的“谱线强度”应符合JJG 630—2007《火焰光度计检定规程》的规定，其罗马金（ЛОМАКИН）公式的数学表达式为

$$I = ac^b \tag{2-24}$$

式中 a——与元素的激发电位、激发温度及试样组分有关的参数；

I——谱线强度；

c——溶液中钠离子的含量；

b——自吸收系数。

当溶液中钠离子含量很低时，自吸收现象可忽略，即$b=1$，罗马金（ЛОМАКИН）公式简化为

$$I = ac \tag{2-25}$$

即钠离子含量与钠离子的特征谱线强度成正比。

三、火焰光谱法的干扰

火焰光谱法所遇到的干扰与原子吸收法干扰的来源相同，但其给定干扰的严重程度则往往不同。

（1）光谱线的干扰。当欲分析的元素以外的物质所发出的谱线波长与被分析的元素谱线波长相接近时，会发生光谱线的干扰。火焰光谱法的选择性取决于单色仪，因此由于谱线重叠所引起的光谱干扰的概率较大。

带干扰，背景校正。发射线往往叠加在由样品、燃料或氧化剂带来的氧化物和其他分子组分所发射的带状光谱上，因此必须进行背景校正。

（2）化学干扰。火焰光谱法化学干扰来自原子化期间各种可改变待测物吸收特性的化学过程。

（3）自吸收。由于火焰中心要比其外围热，所以火焰中心发射辐射的原子被含有较高浓

度未激发原子的较冷区域所包围，从而发生共振波长被较冷层中的原子自吸收的现象。

（4）阴离子的影响所产生的干扰。当大量的酸与它的盐类被引入火焰时，元素的发光强度将会减少。一般干扰物质的浓度不超过 0.1mol/L 时不会有干扰产生，但当浓度高于 0.1mol/L 的硫酸、硝酸或磷酸存在时，会降低金属原子的发光强度。二阶微分火焰光谱法对叠加谱线进行二阶微分，消除了谱线周围的背景干扰，因此使检测灵敏度成倍增高。

四、二阶微分火焰光谱仪的组成

火焰光谱仪主要可分为六部分：用于燃气的压力控制器及气体流量计、喷雾器 、燃烧器 、光学系统、光电管检测器和记录仪。

（1）燃气的压力控制器及气体流量计。仪器操作时必须使用适当的仪表，以便指示燃烧气体的压力和其流量，在使用光谱仪时应对其进行适当的调节。

（2）喷雾器。又称原子化作用溶液喷雾器，它必须稳定且具有再现性。

（3）燃烧器。在一定的压力下，供给的燃料气体或空气能通过其产生稳定的火焰。

（4）光学系统。光学系统的主要作用是自火焰光度最稳定的部分收集光，将其分离成单波长的光，并将单色光照射到检测器上。

（5）光电管检测器。包括光电管及放大器，负责将光信号转换成电信号输至记录仪。

（6）记录仪。记录光电倍增管输出的电信号。

五、使用二阶微分火焰光谱仪应注意的事项

在了解仪器操作的一般原理和操作步骤后，在操作仪器时还应注意以下几点：

（1）点燃及熄灭火焰时应注意的事项。点火焰时先打开助燃气（空气或者氧气）压力阀，再打开燃料气体（乙炔或氢气）压力阀，点燃火焰；实验过程或实验结束后要熄灭火焰时，必须先关燃料气体开关，再关掉助燃气（空气或者氧气）开关。

（2）选择适当的助燃气压力及燃料气体压力。在吸喷试样时，应调节助燃气压力及燃料气体压力，使样品读数强度达到最大值。

（3）波长的调节。当室温有较大变化或仪器长期停用重新启动时，必须先将某浓度的试样喷入火焰，调节波峰位置。例如在测定水中的钠时，可先将含 10μg/L Na^+ 的水样喷入火焰，待读数稳定后调节波长旋钮，使仪器读数达到最大值（589.0nm 的波峰位置）。

（4）负高压的选择。测量中应选择合适的负高压，使所有被测样品显示的读数强度在有效量程范围内；若测定时，样品强度超出有效量程范围，会增大测量误差，此时应重新选择负高压再进行标定。

二阶微分火焰光谱法目前在电厂中应用于测定水汽中痕量钠离子，可按 DL/T 908—2004《火力发电厂水汽试验方法　钠的测定　二阶微分火焰光谱法》进行。

第三章 电位分析法

第一节 概 述

电位分析法是一种利用电极电位和溶液中某种离子的活度（或浓度）之间的关系来测定被测物质活度（或浓度）的电化学分析方法。该方法以测量电池的电动势为基础，其中化学电池的组成是以被测试液作为电解质溶液，并于其中插入两支电极，一支是电位与被测试液的活度（或浓度）有定量函数关系的指示电极，另一支是电位稳定不变的参比电极，通过测量该电池的电动势来确定被测物质的含量。

根据测定原理的不同，电位分析法可分为直接电位法和电位滴定法两大类。直接电位法通过测量电池电动势来确定指示电极的电位，然后根据能斯特（Nernst）方程，由所测得的电极电位值计算出被测物质的含量。电位滴定法根据在滴定过程中指示电极电位的变化来确定滴定终点，再按滴定中消耗的标准溶液的浓度和体积来计算待测物质的含量，它本质上也是一种容量分析法。

由于膜电极技术的出现，导致多种具有良好选择性的指示电极，即离子选择性电极（ISE）的诞生。离子选择性电极的出现和应用促进了电位分析法的发展，并使其应用有了新的突破。

电位分析法有以下特点：

（1）选择性好，在多数情况下，共存离子干扰很小，对组成复杂的试样往往不需经过分离处理就可直接测定。

（2）灵敏度高，直接电位法的相对检出限量为 10^{-8}～10^{-5} mol/L，特别适用于微量组分的测定。

（3）电位分析只需用少量试液，可做无损分析和原位测量。

（4）电位滴定法仪器设备简单，操作方便，分析速度快，便于实现分析的自动化。

电位分析法应用范围很广，尤其是离子选择性电极，目前已广泛地应用于轻工、化工、石油、地质、冶金、医药卫生、环境保护、海洋探测等各个领域中，并已成为重要的测试手段。

第二节 金属基电极

以金属为基体的电极，其特征是电极上有电子交换，存在氧化-还原反应。它可分成以下四种。

一、第一类电极（金属/金属离子电极）

这类电极是由金属与该金属离子溶液组成，即 M/M^{n+}。如将洁净光亮的银丝插入含有银离子的溶液（如 $AgNO_3$）中，其电极反应为

$$Ag^{+} + e \longrightarrow Ag$$

在 25℃时，电极电位如式（3-1）所示，即

$$E = E^0_{Ag^+,Ag} + 0.059\lg a_{Ag^+} \quad (3\text{-}1)$$

这类电极的形成要求金属的标准电极电位为正值，在溶液中，金属离子以一种化合价形式存在。Cu、Ag、Hg 等能满足以上要求，形成这类电极。有些金属的标准电位虽较负，但由于动力学因素，氢在其上有较大的超电位，也可用作电极，如 Zn、Cd、In、Ti、Sn 和 Pb 等。

二、第二类电极（金属/难溶盐电极）

这类电极由金属、该金属的难溶盐和该难溶盐的阴离子溶液组成。如银-氯化银电极（Ag/AgCl，Cl^-），它的电极反应为

$$AgCl + e \longrightarrow Ag + Cl^-$$

在 25℃时，Ag/Ag^+电极的电位如式（3-1）所示。当存在 AgCl 时，a_{Ag^+}将由溶液中氯离子的活度 a_{Cl^-} 和氯化银的溶度积 $K_{sp,AgCl}$来决定，即

$$a_{Ag^+} = K_{sp,AgCl}/a_{Cl^-} \quad (3\text{-}2)$$

代入式（3-1），得

$$E = E^0_{Ag^+,Ag} + 0.059\lg K_{sp,AgCl} - 0.059\lg a_{Cl^-}$$
$$E = E^0_{AgCl,Ag} - 0.059\lg a_{Cl^-} \quad (3\text{-}3)$$

当 a_{Cl^-} 一定时，电极电位是稳定的，电极反应是可逆的。在测量电极的相对电位时，常用它代替标准氢电极（SHE）作参比电极用。它克服了氢电极使用氢气的不便，且比较容易制备。电化学分析中将它作为二级标准电极。

类似的电极还有甘汞电极（Hg/Hg_2Cl_2、Cl^-）、硫酸亚汞电极（Hg/Hg_2SO_4、SO_4^{2-}），其电位值见表 3-1。

表 3-1　　二级标准电极电位表（25℃）

电极	介质	电极电位（vs. SHE①）（V）
甘汞 Hg/Hg_2Cl_2，Cl^-	0.10mol/L KC	0.334
	1.0mol/L KC	0.282
	饱和 KCl	0.242
银-氯化银 Ag/AgCl，Cl^-	0.10mol/L KCl	0.288
	1.0mol/L KCl	0.228
	饱和 KCl	0.199
硫酸亚汞 Hg/Hg_2SO_4，SO_4^{2-}	0.5mol/L K_2SO_4	0.682
	饱和 K_2SO_4	0.650

① vs. SHE——相对于标准氢电极电位。

三、第三类电极（金属/两种难溶盐-难溶盐阳离子）

这类电极由金属、两种具有相同阴离子的难溶盐（或难离解的配合物）、含有第二种难溶盐（或难离解的配合物）的阳离子组成。例如：草酸根离子能与银和钙离子生成草酸银和草酸钙难溶盐，在以草酸银和草酸钙饱和且含有钙离子的溶液中，用银电极可以指示钙离子的活度，即 Ag/$Ag_2C_2O_4$，CaC_2O_4，Ca^{2+}。

在25℃时，银电极电位用式（3-1）计算。由难溶盐的溶度积可得

$$a_{Ag^+} = \left[\frac{K_{sp,Ag_2C_2O_4}}{a_{C_2O_4^{2-}}}\right]^{\frac{1}{2}} \tag{3-4}$$

$$a_{C_2O_4^{2-}} = \frac{K_{sp,CaC_2O_4}}{a_{Ca^{2+}}} \tag{3-5}$$

$$E = E^0_{Ag^+,Ag} + \frac{0.059}{2}\lg\frac{K_{sp,Ag_2C_2O_4}}{K_{sp,CaC_2O_4}} + \frac{0.059}{2}\lg a_{Ca^{2+}}$$

$$E = E^0 + \frac{0.059}{2}\lg a_{Ca^{2+}} \tag{3-6}$$

$$E^0 = E^0_{Ag^+,Ag} + \frac{0.059}{2}\lg\frac{K_{sp,Ag_2C_2O_4}}{K_{sp,CaC_2O_4}} \tag{3-7}$$

如果形成难离解的配合物，也可组成第三类电极，汞与EDTA形成的配合物组成的电极是一个很好的例子。电极体系为$Hg/HgY^{2-},CaY^{2-},Ca^{2+}$，则

$$E = E^0_{Hg^{2+},Hg} + \frac{0.059}{2}\lg\frac{\beta_{CaY^{2-}}}{\beta_{HgY^{2-}}} + \frac{0.059}{2}\lg\frac{a_{HgY^{2-}}}{a_{CaY^{2-}}} + \frac{0.059}{2}\lg a_{Ca^{2+}} \tag{3-8}$$

式中 β——配合物的形成常数。

这种电极可在电位滴定中用作pM的指示电极。在滴定终点附近，由于M离子绝大部分形成MY^{2-}，故$[HgY^{2-}]/[MY^{2-}]$的值可视为基本不变，则

$$E = E^0 + \frac{0.059}{2}\lg a_{Ca^{2+}} \tag{3-9}$$

四、零类电极（惰性金属电极）

这类电极由一种惰性金属（铂或金）与含有可溶性金属离子的氧化态和还原态物质的溶液组成。如电极Pt/Fe^{3+}，Fe^{2+}，其电极电位为

$$E = E^0_{Fe^{3+},Fe^{2+}} + 0.059\lg\frac{a_{Fe^{3+}}}{a_{Fe^{2+}}} \tag{3-10}$$

惰性金属不参与电极反应，仅仅提供交换电子的场所。

第三节 离子选择性电极

一、离子选择性电极的分类

离子选择性电极的基本构造包括三部分：

（1）敏感膜。

（2）内参液。它含有与膜及内参比电极相应的离子。

（3）内参比电极。通常用Ag/AgCl电极。

有的离子选择性电极不用内参液和内参比电极，它们在晶体膜上压一层银粉，把导线直接焊在银粉层上，或把第三层膜涂在金属丝或片上制成涂层电极。

根据敏感膜的类型，离子选择性电极的命名和分类见表3-2。

近些年来，还出现了一些新类型的选择性电极，如离子敏感场效应管电极、修饰电极、细菌电极、分子选择性电极等，它们未被列入以上分类之中。

表 3-2 离子选择性电极的命名和分类

<table>
<tr><td rowspan="8">离子选择性电极</td><td rowspan="6">原电极</td><td rowspan="2">晶体电极</td><td colspan="2">均相膜电极</td></tr>
<tr><td colspan="2">异相膜电极</td></tr>
<tr><td rowspan="4">非晶体电极</td><td colspan="2">刚性基质电极（各种玻璃电极）</td></tr>
<tr><td rowspan="3">流动载体电极</td><td>带正电荷载体电极</td></tr>
<tr><td>带负电荷载体电极</td></tr>
<tr><td>中性载体电极</td></tr>
<tr><td rowspan="2">敏化电极</td><td colspan="3">气敏电极</td></tr>
<tr><td colspan="3">酶电极</td></tr>
</table>

二、各类离子选择性电极的结构和响应

（一）晶体膜电极

晶体膜电极的敏感膜由难溶盐的单晶切片或多晶沉淀压片制成。这类电极对构成难溶盐晶体的金属离子有能斯特响应。晶体膜电极又分为均相膜和非均相膜电极两类。均相膜电极和非均相膜电极在原理上是相同的，只是在电极的检测下限和响应时间等性能上有所差异。

晶体膜电极的内导体系有两种：①内导体系由内参比电极和内参比溶液组成。内参比电极一般用 Ag/AgCl 电极，内参比溶液则随电极的种类而异。②内导体系为固体块连接。在膜薄片压制前加少量银粉或一小段银丝于沉淀粉末上，一起加压制取，制成膜后焊接一根银丝或铜丝，也可用环氧导电胶将银丝或铜丝与薄膜粘接在一起。银盐体系的商品电极多是采用这种结构形式。

1. 均相晶体膜电极

均相晶体膜电极可分为单晶膜电极、多晶膜电极和混晶膜电极。

将制成微溶盐的大块单晶切成厚约 2mm 的薄片，抛光，即制成单晶膜电极的敏感膜。单晶电极中最典型和应用最广泛的是用 LaF_3 单晶制成的氟离子选择性电极。敏感膜是纯 LaF_3 单晶或掺杂有各种 2 价离子（如 Eu^{2+}）的 LaF_3 单晶切片，将其封在塑料管的一端。封固操作有严格要求，任何晶体本身或封固处的部分裂缝会导致响应速度的降低。管内装 0.1mol/L NaF 和 0.1mol/L NaCl 混合溶液（内部溶液），并以 Ag/AgCl 电极为内参比电极，即构成氟电极。LaF_3 是一个阴离子导电体，单晶的导电系由 F^- 的迁移所致。膜的直流电阻为 100kΩ～1MΩ。电极膜电位与试液中 F^- 活度的关系为

$$E_M = K - \frac{RT}{F}\ln a_{F^-} \tag{3-11}$$

式中 E_M——电极膜电位；

K——常数，与膜的厚度、成分有关。

一般来说，在 10^{-6}～1mol/L 范围内，其电极电位符合能斯特方程。其检测下限则由单晶的溶度积决定，LaF_3 饱和溶液中 F^- 活度约为 10^{-7}mol/L，因此氟电极在纯水体系中其检测下限最低亦在 10^{-7}mol/L 左右。

测试过程中，要以 F^- 的标准溶液来校正电极。电极在低活度范围内的响应时间需 1～3min，而在高活度范围时响应迅速。氟电极选择性较好。PO_4^{3-}、CH_3COO^-、X^-、NO_3^-、SO_4^{2-}、HCO_3^- 等离子不干扰，主要的干扰离子是 OH^-，产生干扰的原因是由于在膜表面发

生下列反应，即

$$LaF_3 + 3OH^- \longrightarrow La(OH)_3 + 3F^-$$

反应产生的 F^- 离子对测定造成正干扰，而在电极表面形成的 La（$OH)_3$ 层也将干扰正常测定。在酸度较高时，形成 HF、HF_3^{2-} 或 $H_2F_3^-$，又会使溶液中的 F^- 降低，因此测定时要控制溶液的 pH 值在 5～6 范围内。

多晶膜或混晶膜电极是分别将一种微溶金属盐或两种微溶金属盐的细晶体，在高压力（约 4.9×10^8 Pa）下压制成厚度为 1～2mm 的致密薄膜，再经抛光处理后制成的。Ag_2S 膜电极或 Ag_2S 和 AgX（卤化银）等混晶膜电极属于此类。

Ag_2S 的溶解度极小(溶解度系数 $K_{sp}=2\times10^{-49}$)，具有良好的抗氧化、抗还原能力，导电性也好，是一种低阻离子导体，又容易加工成型，因此是一种很好的电极材料。

单独用 Ag_2S 制成的 Ag_2S 膜电极，可作为 Ag^+ 和 S^{2-} 的选择电极。Ag_2S 在 449K 以下以单斜晶体 β-Ag_2S 形式存在。将 Ag_2S 晶体粉末置于模具中，约在 1×10^8 Pa 压力下使之成型，制成的薄片具有离子传导及电子传导的导电性能，再装成电极。晶体中可移动的离子是 Ag^+，膜电位对 Ag^+ 敏感，是一种 Ag^+ 选择性电极。

Ag_2S 膜电极有两种结构形式，一种是一般离子选择性电极结构，即离子接触型，由内参比电极、内参比溶液、Ag_2S 敏感膜等部分组成；另一种是全固态型的结构，以金属 Ag 丝与 Ag_2S 膜片直接接触。全固态电极制作简便，电极可以在任意方向倒置使用，同时消除了压力、温度对含有内部溶液的电极所加的限制，对监测有特别意义。当使用该电极时，与 Ag_2S 接触的试液中存在的 Ag^+ 和 S^{2-} 的活度由 Ag_2S 溶度积的平衡关系所决定。公式为

$$Ag_2S \longrightarrow 2Ag^+ + S^{2-}$$

$$K_{sp} = a_{Ag^+}^2 a_{S^{2-}} \tag{3-12}$$

对 Ag^+ 响应的 Ag_2S 膜电极，其膜电位可表示为

$$E_M = K + \frac{RT}{F}\ln a_{Ag^+} \tag{3-13}$$

代入溶度积的关系，有

$$E_M = K' + \frac{RT}{2F}\ln a_{S^{2-}} \tag{3-14}$$

$$K' = K + \frac{RT}{F}\ln\sqrt{K_{sp,Ag_2S}} \tag{3-15}$$

可见硫化银膜电极同时能用来作为 S^{2-} 的选择性电极。

将卤化银细晶粉末分散在 Ag_2S 的骨架中，则制成卤化银-硫化银混晶膜电极，作为对应于卤素离子的选择性电极。如将硫化银与另一金属的硫化物（如 CuS、CdS、PbS 等）混合加工成膜，可制成测定相应金属离子的晶体膜电极。有关这些典型晶体膜电极的组成和性能列于表 3-3 中。

表 3-3　均相晶体膜电极及其性能

电极类型	电极名称	膜材料	膜材料溶度积 $-\lg K_{tp}(pK_{tp})$	内阻 (MΩ)	pH 值
单晶膜型	氟离子电极	LaF_3(掺 Eu^{2+})	—	<1	5～6
多晶型	硫离子电极	$AgCl+Ag_2S$	48.7	<1	0～14
	银离子电极	$AgBr+Ag_2S$	48.7	<1	0～14

续表

电极类型	电极名称	膜材料	膜材料溶度积 $-\lg K_{tp}(pK_{tp})$	内 阻 (MΩ)	pH 值
混合晶体型	氯离子电极	$AgCl+Ag_2S$	AgCl：9.75	<30	0～14
	溴离子电极	$AgBr+Ag_2S$	AgBr：12.30	<10	0～14
	碘离子电极	$AgI+Ag_2S$	AgI：16.03	1～5	0～14
	氰离子电极	$AgCN+Ag_2S$	AgCN：15.92	1～5	>10
	铜离子电极	$CuS+Ag_2S$	CuS：35.2	<1	0～14
	镉离子电极	CdS+Ag	CdS：27.15	<1	1～14
	铅离子电极	$PbS+Ag_2S$	PbS：27.1	<1	1～10

电极类型	电极名称	测量范围(mol/L)	主要干扰离子	空白电位 (mV)
单晶膜型	氟离子电极	10^{-6}～1	OH^-、Ac^-、柠檬酸根、Fe^{3+}、Al^{3+}	<230
多晶型	硫离子电极	10^{-7}～1	—	～150
	银离子电极	10^{-7}～1	Hg^{2+}	<150
混合晶体型	氯离子电极	5×10^{-4}～1	S^{2-}、CN^-、Br^-、I^-、NH_3	<260
	溴离子电极	5×10^{-6}～1	S^{2-}、CN^-、I^-、NH_3	<200
	碘离子电极	5×10^{-3}～1	S^{2-}、CN^-、NH_3	～100
	氰离子电极	10^{-6}～10^{-2}	S^{2-}、I^-、NH_3	～100
	铜离子电极	10^{-7}～1	Ag^+、Hg^{2+}、Fe^{3+}	～70
	镉离子电极	10^{-7}～1	Ag^+、Hg^{2+}、Cn^{2+}、Fe^{3+}	～−270
	铅离子电极	10^{-7}～1	Ag^+、Hg^{2+}、Cn^{2+}、Cd^{2+}、Fe^{3+}	～−260

2. 非均相晶体膜电极

非均相晶体膜电极的敏感膜是将微溶金属盐粉末均匀地铺在两片惰性基质物质薄片之间再加热压制而成，微溶金属盐起着离子交换作用，同时提供导电路径。

使用内参比溶液和内参比电极的非均相晶体膜电极，其结构和外形与固态或玻璃电极很相似，但是在高阻的玻璃管下端不吹成泡，工作端封上一层硅橡胶膜。此种硅橡胶膜作为憎水结构材料，其中混合有某种具有离子交换作用的不溶性粉末。电极内充液是与薄膜混入物质相同的离子的溶液，再插入一支内参比电极。可用作结构材料的还有其他物质，最好是硅橡胶，因为它柔软，具有抗破碎和抗膨胀性能。

非均相晶体膜电极在第一次使用时，必须预先浸泡，以防止电位漂移。其响应机理和计算公式均与晶体膜电极相同。市售的这类电极称为庞格（Pungor）电极，其组成和性质列于表 3-4 中。

表 3-4　　庞格电极的组成和性质

电极名称	在薄膜中的难溶盐	测量范围（mol）	干扰
氯离子电极	AgCl	10^{-4}～10^{-1}	S^{2-}、CN^-、Br^-、I^-、NH_3
溴离子电极	AgBr	10^{-5}～10^{-1}	S^{2-}、CN^-、I^-、NH_3
碘离子电极	AgI	10^{-7}～10^{-1}	Cl^-：35 000∶1 SO_4^{2-}：100 000∶1

续表

电极名称	在薄膜中的难溶盐	测量范围（mol）	干扰
硫离子电极	Ag_2S	$10^{-7}\sim10^{-1}$	—
磷酸根电极	Mn 的磷酸盐	$10^{-5}\sim10^{-1}$	Cl^-：40∶1 SO_4^{2-}：100∶1
硫酸根电极	$BaSO_4$	$10^{-5}\sim10^{-1}$	Cl^-：40∶1 PO_4^{3-}：100∶1
镍离子电极	丁二酮肟镍	$10^{-5}\sim10^{-1}$	Co^{2+}：200∶1
铝离子电极	8-羟基喹啉铝	—	—
氟离子电极	ThF_2、CaF_2、LaF_2	$10^{-4}\sim10^{-2}$	OH^-、Fe^{3+}、柠檬酸盐

（二）非晶体膜电极

非晶体膜电极是出现最早，应用最广泛的一类离子选择性电极。根据膜基质的性质可分为两类：一类是刚性基质电极（玻璃电极）；另一类是流动载体电极（液膜电极）。

1. 刚性基质电极（玻璃电极）

pH 玻璃膜电极是最早问世的离子选择性电极，也是研究最多的离子选择性电极。其后随着研究和实践的深入，还出现了对金属离子响应的玻璃膜电极。

（1）pH 玻璃电极。

1）电极结构。典型的 pH 玻璃电极的核心部分是电极下端的球形玻璃泡（也有平板式玻璃膜）。它是由特殊成分玻璃制成，膜厚为 30～100μm。球泡内充有 pH 值为一定值的内参比溶液（0.1mol/L 的 HCl），其中还插有一支 Ag-AgCl 电极作为内参比电极，内参比电极的电位是恒定的，与待测溶液的 pH 值无关。pH 玻璃电极所以能测定溶液的 pH 值，主要是由于它的玻璃膜（敏感膜）产生的膜电位与待测溶液的 pH 值有特定的关系。

2）电位（E_M）产生机理。有关玻璃电极膜电位的产生和响应机理，现在一般倾向于离子交换理论和晶格氧离子缔合理论。

离子交换理论是由尼克尔斯基（Nicolsky）提出的。玻璃电极在使用之前必须在水中浸泡一定的时间，浸泡时玻璃内外表面形成了一层水合硅胶层，这种水合硅胶层是逐渐形成的。只有在水中浸泡足够长的时间后，水合硅胶层才能完全形成并趋向稳定。在水合硅胶层中 Na^+ 的扩散系数约为其在干玻璃层中扩散系数的 1000 倍，水合硅胶层的形成是产生膜电位的必要条件。

浸泡后，玻璃电极水合硅胶层表面的 Na^+ 与水溶液中的质子发生交换反应，即

$$H^+ + NaGl \rightleftharpoons Na^+ + HGl$$

达到平衡后，从膜的表面到胶层内部，H^+ 数目逐渐减小，而 Na^+ 数目逐渐增多，如图 3-1 所示。

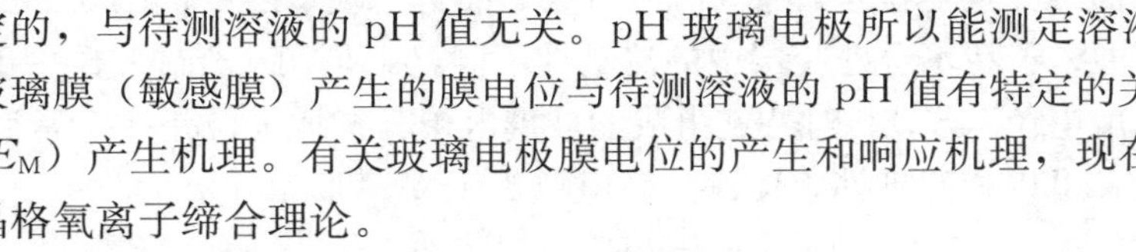

E_D^1 ← E_M → E_D^2

外部试液 $a_{H^+}=x$	水化层 10^{-6} a_{Na^+}上升→ ←a_{H^+}上升	干玻璃层 0.1 抗衡离子 Na^+	水化层 10^{-6} ←a_{Na^+}上升 a_{H^+}上升→	内部试液 a_{H^+}=定值

图 3-1　水化敏感玻璃球膜的分层模式

把浸泡好的玻璃电极浸入待测试液时，水合硅胶层与外部试液接触，由于胶层表面和溶液的 H^+ 活度不同，两者之间存在着浓度差，H^+ 从活度大的一方向小的一方扩散，建立如下平衡，即

$$H^+(\text{硅胶层}) \rightleftharpoons H^+(\text{溶液})$$

这样就改变了胶层-溶液相界面的电荷分布，在内外两个胶层-溶液间产生了一定的相界电位 E_D^1、E_D^2，即玻璃膜两侧相界电位的产生不是由于电子的得失，而是 H^+ 在溶液和胶层界面间进行扩散的结果。

热力学可以证明，膜外侧水合硅胶层-试液的相界电位 E_D^1 和膜内侧水合硅胶层-内部缓冲液的相界电位 E_D^2 与每个相界面的 H^+ 活度有关，且遵守能斯特方程（298K 时），即

$$E_D^1 = K_1 + 0.059\lg\frac{a_1}{a_1'} \tag{3-16}$$

$$E_D^2 = K_2 + 0.059\lg\frac{a_2}{a_2'} \tag{3-17}$$

式中 a_1、a_2——外部试液和内部缓冲液的 H^+ 活度；

a_1'、a_2'——玻璃膜外部和内部水合硅胶层表面的 H^+ 活度；

K_1、K_2——玻璃外、内膜表面性质决定的电位常数。

若两侧水合硅胶层表面具有相同数目的交换点位，则 $K_1=K_2$；而内外水合硅胶层表面的 Na^+ 完全被 H^+ 所取代，则内外水合硅胶层表面的 H^+ 活度应该相等，即 $a_1'=a_2'$。同时，在每一个水合硅胶层中仍存在着一个扩散电位（E_D^1、E_D^2），这是由于在水合硅胶层中，靠近溶液一侧的膜表面的交换点位全部被 H^+ 所占据，靠近干玻璃层一侧的表面交换点位全部被 Na^+ 所占据，两种离子在水合硅胶层中的流动性不同，于是在水合硅胶层中就产生了电荷的分离，形成了扩散电位（E_D）。对特定组成的玻璃电极其扩散电位是一个常数。E_D^1 和 E_D^2 大小相等符号相反，可以相互抵消，使净扩散电位等于零，即

$$E_0 = E_D^1 + E_D^2 = 0 \tag{3-18}$$

由以上讨论可知，pH 玻璃电极的膜电位包含着两个部分，即 E_D^1、E_D^2。膜电位可表示为

$$E_M = E_D^1 - E_D^2 = 0.059\lg\frac{a_1}{a_2} \tag{3-19}$$

所用的内部缓冲液的 H^+ 活度（a_2）为一定值，则有

$$E_M = K + 0.059\lg a_1 \tag{3-20}$$

或

$$E_M = K - 0.059\text{pH} \tag{3-21}$$

玻璃电极的电位则为

$$E_G = E_{AgCl/Ag} + E_M \tag{3-22}$$

E_G 是玻璃电极电位，$E_{AgCl/Ag}$ 是内参比电极电位。式（3-21）或式（3-22）给出了在一定温度下玻璃电极的膜电位 E_M 和玻璃电极电位 E_G 与试液 pH 值的线性关系。

实验证明，H^+虽能越过溶液和水合硅胶层界面进行离子交换，可是它不能透过干玻璃层。在干玻璃层内，金属阳离子（如Na^+、K^+等）是电荷的传递者。它通过交换迁移来传递电荷，只需移动几个原子直径的距离，将电荷从一个载体转移给另一载体，使得电荷由膜的一边传递到另一边，从而完成干玻璃的导电任务。

离子交换理论虽然能够解释玻璃电极的响应机理和某些性能，可是它不能说明玻璃电极具有选择性的原因，艾森曼（Eisenman）提出的晶格氧离子缔合理论则对这个问题给予了很好的解释。他在交换理论的基础上，着重解释了玻璃电极的组成、结构和电极的选择性之间的关系。他认为玻璃晶格主要是由硅原子和与其配位的氧原子所组成的稳定结构。纯净的石英玻璃的结构是：硅原子处于正四面体的中心，以共价键与处于正四面体顶角的氧原子键合。Si-O键在空间不断重复，形成大分子的石英晶体，但是这种稳定结构不能形成敏感膜，原因是它没有可提供离子交换的电荷点位，也就没有电极功能。如果把碱金属的氧化物引进玻璃中，则可使部分Si-O键断裂，形成“晶格氧离子”，生成电负性硅氧交换质点。在这种结构中，晶格氧离子与H^+的键合力比与Na^+的键合力强约10^4倍，即这种质点对H^+有较强烈的选择性，所以其中的Na^+可能和溶液中的H^+发生交换扩散，显示出了玻璃膜对溶液中H^+的响应作用。

玻璃膜的组成一般为Na_2O、CaO、SiO_2，它们的摩尔百分比约为22%∶6%∶72%。SiO_2是玻璃的形成剂，在玻璃化后，形成硅氧正四面体，它构成一个无限的三维网络骨架，并作为电荷的载体，如图3-2所示。

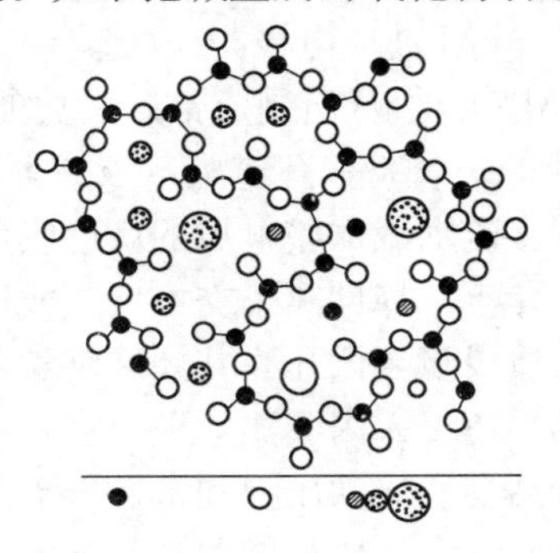

图3-2 玻璃电极的骨架结构

在晶格网格中存在体积很小而活动能力较强的Na^+。玻璃膜与水溶液接触时，Na^+被H^+交换，玻璃泡表面形成一层水合硅胶层，这个水合硅胶层就是H^+进行交换的场所。这种交换作用只是发生在水合硅胶层外表面与溶液接触的部分，H^+只能穿越水合硅胶层-溶液的界面，不能透过内部干玻璃层。

以上所讨论的是一种理想的pH玻璃电极的情况，如果溶液中H^+活度降低或Na^+活度升高，在两个相界面间E_D^1和E_D^2上的交换反应均为

$$HCl + Na^+ \rightleftharpoons NaCl + H^+$$

根据质量作用定律，这个交换反应的平衡常数为

$$K_{i,j} = \frac{[NaCl][H^+]}{[HCl][Ha^+]} \tag{3-23}$$

如果用a_{H^+}和a_{Na^+}分别表示溶液中H^+和Na^+的活度，而用a'_{H^+}和a'_{Na^+}分别表示水合硅胶层表面的H^+和Na^+的活度，则

$$K_{i,j} = \frac{a'_{Na^+} a_{H^+}}{a'_{H^+} a_{Na^+}} \tag{3-24}$$

假设膜两边的点位数目相同，则交换的总数a_0应为常数，即两种离子活度之和为

$$a_0 = a'_H + a'_{Na^+} \tag{3-25}$$

将式（3-25）代入式（3-24）中，有

$$a'_{H^+}=\frac{a_{H^+}a_0}{a_{H^+}+K_{i,j}a_{Na^+}} \tag{3-26}$$

将式（3-26）代入式（3-16）和式（3-17）中，整理得

$$E_M=K+0.059\lg(a_{H^+}+K_{i,j}a_{Na^+}) \tag{3-27}$$

式（3-27）为式（3-19）修正后的膜电位计算公式。

由式（3-27）可看出，在酸性溶液中，a_{Na^+}可视为零，或可认为$K_{i,j}a_{Na^+}\ll a_{H^+}$，这时电极显示出典型的pH玻璃电极功能。当$Na^+$活度较大时，式（3-27）中的$K_{i,j}a_{Na^+}$（其大小是由玻璃电极性质决定的）一项起主要作用，此时玻璃电极对Na^+的响应功能增加。

（2）pM玻璃电极。对金属离子响应的膜电极称为pM玻璃电极。20世纪50年代末陆续制得了对碱金属等一价阳离子敏感的玻璃电极，如Na^+、K^+、Li^+、Ti^+、Rb^+、Cs^+、NH_4^+等玻璃电极，其中获得较多应用的是Na^+和K^+的玻璃电极。

pM玻璃电极与pH玻璃电极的主要结构区别在于玻璃组分中又加入了铝的氧化物（Al_2O_3），从而制成铝硅酸盐玻璃膜，它可使电位选择系数$K_{i,j}$的值增大。

2. 流动载体电极（液膜电极）

流动载体膜电极的敏感膜由溶解在有机溶剂中的电活性物质组成。电活性物质与被测离子发生选择性离子交换反应或形成络合物。初期发展的液态膜电极的敏感膜是由液态电活性物质浸渍于微孔膜（如纤维素、醋酸纤维素等）的孔隙内制成的。膜内侧与内参比液接触，其中还浸入内参比电极。多孔液态膜电极使用寿命短，一般为一个月左右，其电极电位易受样品溶液流动压力和机械振动的影响。后来开发出来的聚氯乙烯膜电极将液态离子交换剂或中性络合载体与增塑剂、聚氯乙烯粉末一起溶于四氢呋喃或环己酮中，混合均匀后，再倾倒在平板玻璃上，待溶剂挥发后就得到敏感膜。用四氢呋喃溶剂将膜粘在聚氯乙烯管一端，管内放置内参比液和内参比电极，即构成聚氯乙烯膜电极。

流动载体膜电极分为荷电的离子交换剂流动载体膜电极与中性络合流动载体膜电极。

荷电载体膜电极的敏感膜是由荷电的配位体溶解于有机溶剂中形成的。配位体可与被测离子生成缔合物或络合物。被测离子与有机膜中的离子交换剂发生交换作用，并自由地迁移通过膜界面，形成相间电位。常用的荷正电的配位体是大体积的有机阳离子，如长碳链的季胺化合物、碱性染料阳离子基以及过渡金属离子与邻菲罗啉或吡啶等形成的络阳离子等。这些有机阳离子对阴离子有很好的缔合作用能力，可用来制作测定Cl^-、Br^-、I^-、NO_3^-、ClO_4^-、RbO_4^-、TiF_6^-和苦味酸根等阴离子的选择电极。常用的荷负电的配位体主要有弱酸型螯合剂及大体积的阴离子，如二葵基磷酸钙、烷基硫代乙酸阴离子、四对氯苯硼酸阴离子等，可用来制作测定Ca^{2+}、Cu^{2+}和Pb^{2+}、K^+的选择电极。这类电极的响应机理类似于玻璃膜电极，区别是其离子交换定域体可在膜内自由移动。

在中性络合载体膜电极中，作为中性络合载体的一般是环状或链状的化合物，其电荷呈中性，但分子中含有多个含氧原子的极性配位基，由于氧原子有两对孤对电子提供了偶极矩——离子结合力，因此这类化合物能与金属离子形成1∶1的络合物。常用的中性载体有大环抗菌素、大环醚类化合物、开链酰胺、非离子型表面活性剂，可分别用来制作K^+、NH_4^+、Na^+、Li^+、Ba^{2+}和Sr^{2+}的选择性电极。中性载体分子的空间结构是由多锯齿状的配位体形成的腔体，非极性基团位于腔体的外壁部分，形成亲脂性的外壳，极性基团在腔体内部形成亲水性内壁。

（三）离子选择性电极的性能参数

1. 线性范围和检测下限

离子选择性电极与参比电极组成的电池，其电动势为

$$E = E^0 \pm \frac{2.303RT}{nF}\lg a \tag{3-28}$$

式中　E——电池电动势，V；

　　a——离子活度，mol/L。

以 E 对 $\lg a$ 作图，得到一条斜率为 $2.303RT/(nF)$ 的直线。符合线性的响应称为能斯特响应，符合能斯特公式的响应区域，称为线性范围。一般来说，离子选择性电极的线性范围为4～7个数量级。对于性能良好的电极，其斜率接近理论值（±1～±2mV）。

一般将校正曲线的斜率偏离理论斜率30％（即在25℃时为 $18/n$mV）的点所对应的活度或浓度约定为检测下限。F^-、Cl^-、I^- 选择性电极的检测下限分别可以达到 1×10^{-7}、1×10^{-6}mol/L 和 1×10^{-7}mol/L。但是，膜的表面状况、测量前的预处理、溶液的组成等都会影响检测下限，因此注明检测下限时应指出获得它的条件。

2. 选择系数和选择比

电极的选择性主要是由电极膜的活性材料性质决定的。所有的离子选择性电极都不是专属的，在不同程度上都受到其他离子的干扰。例如，用普通pH玻璃电极测量pH＞9的溶液时，玻璃电极对碱金属离子也会有响应，产生碱误差，这时测得的溶液pH值偏低。离子选择性电极的选择性可用选择系数和选择比来表示。选择系数 $K_{i,j}$ 表示电极对要检测离子i的响应是电极对干扰离子j的响应的倍数。$K_{i,j}$ 的倒数 $K_{j,i}$ 即选择比，它表示在溶液中干扰离子j的活度 a_j 与要检测离子i的活度 a_i 的比值为多大时，离子选择性电极对i和j这两种离子的响应电位相等。

可用修正的能斯特方程来表示存在离子干扰影响时电极电位，即

$$E = E^0 - \frac{2.2303RT}{n_i F}\lg\left[a_i + \sum_j K_{i,j} a_j^{n_i/n_j}\right] \tag{3-29}$$

式中，$K_{i,j}$ 可用实验方法测定，$K_{i,j} \ll 1$，意味着电极对要检测离子的选择性好。如某个pH玻璃电极对 Na^+ 的选择系数 $K_{H^+,Na^+}=10^{-11}$，即该玻璃电极对 H^+ 的响应比对 Na^+ 的响应灵敏 10^{11} 倍。

离子电极的选择性受很多因素的影响。玻璃的组成以及各组分之间的相对含量等都会影响玻璃膜电极的选择性；离子在水相和膜溶剂之间的分配系数以及其在膜内的迁移速度，则会影响荷电流动载体膜电极的选择性；中性流动载体膜电极的选择性还会受溶剂性质的影响。

测定选择系数有许多种方法，通常采用的是固定干扰离子j的活度图解法。固定干扰离子j的活度，然后改变被测离子i的活度，测量相应的电极电位 E，作 E-$\lg a_i$ 图。随着 a_i 的下降，干扰也会逐渐变得明显，最后达到完全干扰时曲线将变为水平线。在校正曲线的线性部分和水平线部分，电极电位分别为

$$E_1 = E^0 + s\lg a \tag{3-30}$$

$$E_2 = E^0 + s\lg K_{i,j} a_j^{n_i/n_j} \tag{3-31}$$

式中　s——能斯特响应曲线的斜率。

当 $E_1=E_2$ 时，有

$$K_{i,j}=\frac{a_i}{a_j^{n_i/n_j}} \tag{3-32}$$

利用 $K_{i,j}$ 可估算不同离子的相对响应值以及干扰离子的最大允许量。

3. 响应时间

响应时间是指从离子选择性电极与参比电极接触试液或试液中离子的活度改变开始时到电极电位值达到稳定（±1mV 以内）所需的时间，也可用达到平衡电位值 95%或 99%所需的时间 $t_{0.95}$ 或 $t_{0.99}$ 表示。响应时间的波动范围很大，性能良好的电极的响应是很快的，响应时间可小于 1min。随着离子活度下降，响应时间将会延长。溶液组成、膜的结构、温度和搅拌强度等都会影响响应时间。

4. 稳定性和寿命

稳定性包括重现性和漂移。漂移是指在组分和温度固定的溶液中，离子选择性电极和参比电极组成的测量电池的电动势随时间而缓慢改变的程度。性能良好的电极在 10^{-3}mol/L 溶液中，24h 电位漂移将小于 2mV。

电极电位的重现性指将电极从 10^{-3}mol/L 溶液转移至 10^{-2}mol/L 溶液中，反复转移三次所测得电位的平均偏差。测量温度为 25℃±2℃，两溶液温度差不得超过 0.5℃，从电极浸入溶液 3min 后开始读数。

电极稳定性的好坏将直接影响电极的寿命。

5. 电极内阻

晶体膜电极的内电阻较低，约为千至兆欧。非晶体膜电极电阻最高，可达几十兆欧以上，流动载体膜电极电阻约几兆欧。内阻高则要求良好的屏蔽和绝缘，以减少旁路漏电而产生的误差。电极的电阻越高，要求电位计的输入阻抗也越高，同时越容易受外界交流电场的影响，造成测量误差。

6. 不对称电位

不对称电位约为几毫伏，它会随时间而缓慢变化，开始时较大，然后趋向一个稳定值。用已知 pH 值的标准缓冲溶液校正或通过仪表“定位”，可以消除不对称电位的影响。

第四节　直接电位法

一、标准曲线法

标准曲线法是离子选择性电极最常用的一种分析方法，它用几个标准溶液（标准系列）在与被测试液相同的条件下测量其电位值，再通过作图的方法求得分析结果。标准曲线法精确度较高，适合于批量试样的分析。其具体做法如下：

用待测离子的纯物质（>99.9%）配制一定浓度的标准溶液，然后以递增的规律配制标准系列，在同样的测定条件下用同一电极分别测定其电位值。在半对数坐标纸上，以电位 E（mV）为纵坐标，以浓度的对数 $\lg c_s$ 为横坐标绘制工作曲线，或根据浓度和电位值求得回归方程。在相同的条件下测定待测试液的电位值，通过工作曲线查得或由回归方程计算出待测离子浓度。

二、标准加入法

如果试样的组成比较复杂，不宜用标准曲线法，此时可采用标准加入法。标准加入法又称增量法，它先对被测试液进行电位测定，再向试液中添加待测离子的标准溶液进行电位测定，将所测数据经过数学处理即可求得分析结果。

标准加入法分两步进行：设待测离子的浓度为 c_x，体积为 V_x，活度系数为 γ_x，游离（即未络合）离子的分数为 α。首先离子选择电极和参比电极组成工作电池，测得的电池电动势为 E_1，E_1 与待测离子的浓度符合能斯特方程，即

$$E_1 = K'_1 \pm s\lg(c_x\alpha\gamma_x) \tag{3-33}$$

然后，向待测的样品试液中加体积为 V_s(mL)的标准溶液，设其浓度为 c_s（所加标准溶液的体积 $V_s \ll V_x$，浓度 $c_s \gg c_x$）。加入标准溶液后，待测离子的活度系数为 γ'_x，游离离子的分数为 α'。在相同条件下测得电池电动势为 E_2，E_2 与待测离子的浓度也符合能斯特方程，即

$$E_2 = K'_2 \pm s\lg\left(\frac{c_xV_x + c_sV_s}{V_x + V_s}\gamma'_x\alpha'\right) \tag{3-34}$$

由于所加标准溶液体积 $V_s \ll V_x$，所以可近似认为 $V_x \approx V'_x$，$\alpha = \alpha'$，$\gamma_x \approx \gamma'_x$，又由于测定时是使用同一支电极，故 $K'_1 = K'_2$。将式（3-33）、式（3-34）相减后有

$$\Delta E = E_2 - E_1 = \pm s\lg\frac{c_xV_x + c_sV_s}{c_x(V_x + V_s)}$$

$$\pm\Delta E/s = \lg\frac{c_xV_x + c_sV_s}{c_x(V_x + V_s)} \tag{3-35}$$

因为 $V_s \ll V_x$，所以 $V_x + V_s \approx V_x$，则式（3-35）又可表示为

$$\pm\Delta E/s = \lg\frac{c_xV_x + V_sc_s}{c_xV_x}$$

取反对数，则

$$10^{\pm\Delta E/s} = \frac{c_xV_x + c_sV_s}{c_xV_x} = \frac{c_sV_s}{c_xV_x} + 1$$

得

$$c_x = \frac{c_sV_s}{V_x}(10^{\pm\Delta E/s} - 1)^{-1} \tag{3-36}$$

式（3-36）中，$\frac{c_sV_s}{V_x}$ 为浓度的增量，可用 Δc 表示，即 $\Delta c = \frac{c_sV_s}{V_x}$，则式（3-36）可改写为

$$c_x = \Delta c(10^{\pm\Delta E/s} - 1)^{-1} \tag{3-37}$$

式中　s——电极的斜率[理论斜率为 $s = 2.303RT/(nF)$]，对阳离子电极取（+）号，对阴离子电极取（−）号。

电极的实际斜率应由实验测得。其测定方法为：取两份标准溶液，浓度分别为 c_1 和 c_2，且使 $c_1 > c_2$，在上述测定条件下，用同一支电极分别测定其电位值 E_1 和 E_2，则可求得电极的实际斜率，即

$$s = \frac{E_1 - E_2}{\lg c_1 - \lg c_2} \tag{3-38}$$

由式（3-37）可知，只要知道 ΔE 和 s，并根据 V_x、c_x、V_s 算出 Δc，就可计算出 c_x。

标准加入法的特点是适用于组成比较复杂的溶液，且精确度较高。在有大量络合物存在

的体系中，标准加入法是使用离子选择性电极测定待测离子总浓度的有效方法。它不用加入离子强度调节剂（ISA）或总离子强度调节缓冲剂（TISAB）溶液，只需一种标准溶液，操作很简便。

由式（3-37）可看到，浓度的增量 Δc 对分析结果的影响较大，Δc 过大或过小均会引起较大的误差。实验证明，Δc 最佳选择应在 $c_x \sim 4c_x$ 范围内，此时 ΔE 处在 15～40mV 范围内误差是最小的。在采用标准加入法时，所取待测试液的体积和所加入标准溶液的体积均要十分准确，并要保证 $c_s \gg c_x$，$V_s \ll V_x$。一般是取待测试液的体积为 100mL，而加入标准溶液的体积为 1mL，最多不超过 10mL。

三、标准比较法

1. 单标准比较法

选择一个与待测试液中被测离子浓度相近的标准溶液，在相同的测定条件下，用同一支离子选择性电极分别测量两溶液的电极电位，表示如下

$$E_x = K' \pm s\lg c_x \tag{3-39}$$

$$E_s = K' \pm s\lg c_s \tag{3-40}$$

两式相减得

$$E_x - E_s = \pm s(\lg c_x - \lg c_s)$$

$$\Delta E = \pm s\lg(c_x / c_s) \tag{3-41}$$

对式（3-41）取反对数，得

$$c_x = 10^{\pm \Delta E/s} c_s \tag{3-42}$$

式中 E_x、E_s——待测试液和标准溶液的电极电位；

s——电极斜率，由实验测得；

ΔE——测得的试液电位值和标准溶液的电位值之差。

式（3-42）是单标准比较法的计算公式，对阳离子取（+）号，对阴离子取（−）号。测定时，标准溶液和试液的温度应一致，否则会造成测量误差。

2. 双标准比较法

这种方法是测量两个标准溶液 c_{s1} 和 c_{s2} 与试样溶液 c_x 的相应电位值 E_{s1}、E_{s2} 和 E_x 来计算。由两个标准溶液可得电极的斜率为

$$s = \frac{E_{s2} - E_{s1}}{\lg(c_{s2}/c_{s1})} = \frac{\Delta E_{s1}}{\lg(c_{s2}/c_{s1})} \tag{3-43}$$

将式（3-43）代入式（3-42）中，并取对数，得

$$\lg c_x = \frac{\Delta E}{\Delta E_s} \lg \frac{c_{s2}}{c_{s1}} + \lg c_{s1}$$

溶液 pH 值的测定是典型的单标准比较法。

溶液 pH 值的测定常用 pH 玻璃电极作指示电极，饱和甘汞电极作参比电极，与待测试液组成工作电池。电池可表示为

$$\text{Ag, AgCl} \mid \text{HCl(0.1mol/L)} \mid \text{玻璃膜} \mid \text{试液} \mid \text{KCl 饱和} \mid Hg_2Cl_2\text{, Hg}$$

$$|\longleftarrow \text{玻璃电极} \xrightarrow{E_M} | \quad | \xleftarrow{E_L} \text{甘汞电极} |$$

电池电动势为

$$E_{Cell} = E_{SCE} - E_G + E_L + E_N \tag{3-44}$$

式中 E_{Cell}——电池电动势；

E_G——玻璃电极电位；

E_L——液体接界电位；

E_N——不对称电位；

E_{SCE}——饱和甘汞电极电位。

又知

$$E_G = E_{AgCl/Ag} + E_M$$

则式（3-44）可表示为

$$E_{Cell} = E_{SCE} - E_{AgCl/Ag} - K + 0.059pH + E_L + E_N$$

式中 E_{SCE}、$E_{AgCl/Ag}$、E_L、E_N 和 K 在一定条件下均为常数，可合并得常数 K'，于是上式简化为

$$E_{Cell} = K' + 0.059pH \tag{3-45}$$

由式（3-45）可知，被测电池的电动势与待测试液的 pH 值呈线性关系。求出 E_{Cell} 和 K' 的值就可以得到试液的 pH 值。E_{Cell} 可由测量得到，但是 K' 除了包括内外参比电极的电位外，还包含了难以测量和计算的 E_L 和 E_N，故实际上不采用计算的方法来求得，而是用一个 pH 值已经确定的标准缓冲溶液为基准，比较待测试液和标准缓冲溶液的两个工作电池的电动势来确定待测试液的 pH 值。

假设待测试液工作电池的电动势为 E_x；标准缓冲溶液工作电池的电动势为 E_s，根据式（3-41）得

$$pH_x = \frac{\Delta E}{s} + pH_s \tag{3-46}$$

式中，$\Delta E = E_x - E_s$ 由测量求出；pH_s 为已确定的数值；$s = 2.303RT/F$ 为 $pH_x \sim \Delta E$ 的线性斜率，在 298K 时为 0.059V，即溶液的 pH 值变化一个单位时，电动势将改变 59mV。

这种以标准缓冲溶液的 pH_s 值为基准，通过比较电动势 E_x 和 E_s 的值来求出待测试液的 pH_x 值的方法又称为 pH 值标度法。测定 pH 值用的仪器——pH 计（酸度计）就是根据这一原理设计的。

在实际测量中，为了尽量减小测定误差，要选用 pH 值与待测试液 pH 值相近的标准溶液为基准，在测量过程中要尽可能使被测溶液温度与标准缓冲液温度保持一致。同时，因为所选用的标准 pH 值缓冲溶液是测量的基准，所以标准缓冲溶液的配制是非常重要的。

四、微分电位分析法

微分电位分析法是取两支对待测离子具有等同选择性的电极 ISE_1 和 ISE_2 组成下列电池，即

$$ISE_1 \mid a_1 \parallel a_2 \parallel ISE_2$$

若液体接界电位 E_j 忽略不计，则电池电动势表示为

$$E_{Cell} = \frac{2.303RT}{nF}\lg(a_1/a_2) \tag{3-47}$$

$$E_{Cell} = \frac{2.303RT}{nF}\lg(\gamma_1 c_1/\gamma_2 c_2) \tag{3-48}$$

设盐桥两侧分别为浓度为 c_1 的标准溶液及浓度为 c_2 的待测试液，若所测得的电位值 $E_{Cell} = 0$，则此时两者浓度将相等，即 $c_1 = c_2$。

依此，先可用空白溶液与待测试液组成下列形式电池，即

$$ISE_1 \mid c_1 \parallel c_2 \parallel ISE_2$$

然后向空白溶液中加入待测离子的标准溶液，直到电池的电动势 $E_{Cell}=0$。这时，盐桥两侧的离子活度（或浓度）应相等，由所加入标准溶液的量可计算待测离子的活度（或浓度）。在空白溶液和待测溶液中均要求加入适当的 TISAB 缓冲溶液，使其离子强度和成分尽可能接近，同时使液接电位 E_j 尽可能小，甚至相互抵消。

电池电动势等于零的这一点的浓度也可用图解法求出。向空白溶液中加入标准溶液，直到电位值的符号发生改变，然后以 E_i-$\lg c_i$ 作图，求出 $E_i=0$ 时的浓度。当分析试液的体积很小时，可采用微电极。

用微分电位分析法进行测定时，选用的两支离子选择性电极的性能必须完全一样。曾有人研究用离子电极与参比电极按常规法组成一般测量电池进行零点电位法测定，称之为改进的零点电位法，这种方法实际上是消去了标准加入法计算公式里的电极斜率 s。

设取未知试液的体积为 V_x(mL)，试液浓度为 c_x(mol/L)。测得的电极电位为 E_1(mV)[式中对阳离子取(+)号，对阴离子取(−)号，以下同]，则

$$E_1 = K \pm s\lg c_x \tag{3-49}$$

向未知液中加入浓度为 c_s 的标准溶液 V_s(mL)后，再测得电池电动势为 E_2，即

$$E_2 = K \pm s\lg \frac{V_x c_x + c_s V_s}{V_x + V_s} \tag{3-50}$$

继续向待测试液中加空白溶液 V_b(mL)，测得电池电动势为 E_3，即

$$E_3 = K \pm s\lg \frac{c_x V_x + c_s V_s}{V_x + V_s + V_b} \tag{3-51}$$

适当调整加入空白液的体积 V_b，使 $E_1=E_3$，设此时的空白溶液体积为 V_b^0，由式（3-50）和式（3-51），则有

$$c_x = \frac{c_x V_x + c_s V_s}{V_x + V_s + V_b}$$

或

$$c_x V_s + c_x V_b^0 = c_s V_s$$

则

$$c_x = \frac{c_s V_s}{V_s + V_b^0} \tag{3-52}$$

当 $E_3=E_1$ 时，根据所加入空白溶液的体积 V_b^0，可求出未知溶液的浓度 c_x。

测定时，每改变一次所加入空白溶液的体积 V_b，就要求再测定一次电池电动势 E_3，这样将得到一系列的 V_b 所对应的 E_3，以 $E_3-\lg(V_x+V_s+V_b)$ 作图，根据式（3-51）可得一直线，可求出当 $E_3=E_1$ 时所作图 x 轴上所对应的 p 点，再由 p 点对应的 x 值（x_p）计算 V_b^0 的值，计算公式为

$$x_p = \lg(V_x + V_s + V_b^0) \tag{3-53}$$

即

$$V_b^0 = 10^{x_p} - V_x - V_s$$

将 V_b^0 代入式（3-52）计算分析结果。

还可以只测定上述 E_1、E_2、E_3 三个电位值，用计算法来求出 c_x。设测定 E_2 时（即标

准溶液加入点）x 值为 x_2，则

$$x_2 = \lg(V_x + V_s) \tag{3-54}$$

与 E_3 值对应的 x 值为 x_3，则

$$x_3 = \lg(V_x + V_s + V_b) \tag{3-55}$$

要求的等电位时的 x 值设为 x_p，则

$$x_p = \lg(V_x + V_s + V_b^0) \tag{3-56}$$

联立可得

$$x_p = \frac{E_1(x_3 - x_2) - E_2 x_3 + E_3 x_2}{E_3 - E_2} \tag{3-57}$$

由 x_p 值按式（3-56）求出 V_b^0，再根据式（3-52）计算 c_x。

五、格兰（Gran）作图法

格兰作图法的原理和测定步骤都与标准加入法相似，它是多次连续标准加入法的一种图解求算的方法。其基本原理和操作为：准确吸取 V_x(mL)的待测试液，选用适当的电极测定其电位值为 E_x(mV)。向待测试液中准确加入 V_{s1}(mL)的标准溶液，再测定电位值为 E_1(mV)。继续向待测的试液中加入体积为 V_{s2}(mL)的标准溶液，测得其电位值为 E_2(mV)。依此类推，多次继续下去，最后由实验测得的数据列出几个方程，解这些方程，便可求得测定结果。

设 3 次加入标准溶液，可得到以下 4 个方程式：

（1）未加标准溶液时，有

$$E_0 = K' \pm s\lg c_x \tag{3-58}$$

（2）第一次加入后，有

$$E_1 = K' \pm s\lg \frac{c_x V_x + c_s V_{s1}}{V_x + V_{s1}} \tag{3-59}$$

（3）第二次加入后，有

$$E_2 = K' \pm s\lg \frac{c_x V_x + c_s(V_{s1} + V_{s2})}{V_x + V_{s1} + V_{s2}} \tag{3-60}$$

（4）第三次加入后，有

$$E_3 = K' \pm s\lg \frac{c_x V_x + c_s(V_{s1} + V_{s2} + V_{s3})}{V_x + V_{s1} + V_{s2} + V_{s3}} \tag{3-61}$$

同理，当进行 n 次加入后，可得到 $n+1$ 个方程式。解这些方程，便可求得试样中待测离子的浓度 c_x，但是求解这种复杂的联立方程是十分困难的。

为了解决计算的困难，格兰提出了用特制的坐标纸来作图，将能斯特方程以另一种形式来表示，再以作图的方式求得待测离子的浓度，这就是后来所称的格兰作图法。

格兰作图法的原理是：设被测试液的体积为 V_x(mL)，向其中加入体积为 V_s(mL)，浓度为 c_s 的标准溶液，测得的电位值 E 与被测试液的浓度 c_x 和 c_s 应有下列关系，即

$$E = K' \pm s\lg\left(\frac{c_x V_x + c_s V_s}{V_x + V_s}\right)$$

设活度系数不变，将上式整理得

$$E + s\lg(V_x + V_s) = K' + s\lg(c_x V_x + V_s c_s)$$

则

$$E/s + \lg(V_x + V_s) = K'/s + \lg(c_x V_x + V_s c_s)$$

$$10^{E/s}(V_x + V_s) = 10^{K'/s}(c_x V_x + c_s V_s)$$

令

$$10^{K'/s} = K$$

有

$$10^{E/s}(V_x + V_s) = K(c_x V_x + c_s V_s) \tag{3-62}$$

式（3-62）就是格兰作图法的基本公式，当标准溶液的加入体积 V_s 变化时，$10^{E/s}(V_x + V_s)$与 V_s 呈线性关系。根据式（3-62）可计算出与 V_s 对应的 $10^{E/s}(V_x+V_s)$的值，再以 $10^{E/s}(V_x+V_s)$为纵坐标，以 V_s 为横坐标作图，得一直线，将直线延长与横轴相交，得到 V_s 为负值。在此点 $10^{E/s}(V_x+V_s)=0$。由式（3-62）得

$$K(c_x V_x + c_s V_s) = 0$$

因此

$$c_x = -\frac{c_s V_s}{V_x} \tag{3-63}$$

在实际工作中，要求出$10^{E/s}(V_x + V_s)$的值是很困难的。如果规定被测溶液的体积为 100.0mL，加入标准溶液的体积 V_s 为 0～10.00mL，在有 10%的体积校正的半反对数（纵坐标）纸上作图，这样就可以把式（3-62）所表示的 $10^{E/s}(V_x + V_s)$ 与 V_s 之间的线性关系转化为 E 与 V_s 的线性关系，应用起来就很方便。这就是所说的格兰（Gran）作图法，其横坐标为加入标准溶液的体积 V，纵坐标为测得的电位值 E。对一价离子每大格为 5mV，对二价离子每大格为 2.5mV。

1. 格兰作图法的一般操作：

（1）空白试验：准确吸取去离子水 100mL（若加 ISA 或 TISAB，则其总体积为 100mL），依次加入标准溶液 0、1.0、1.5、2.0、2.5、3.0mL，在给定条件下，用选定的离子选择性电极测定上述各溶液的电位值 E。

（2）准确吸取一定体积的待测试液，加 ISA 或 TISAB，使其总体积为 100mL，在相同条件下测定电位值。

（3）依次测量加入标准溶液体积为（0～10.00mL）后的电位值，令其为 E_1，E_2，E_3，…。

（4）以电位值 E 为纵坐标，标度的方法则要视具体情况（待测离子的种类及其在试液中的浓度）而定，可以任意设定，但是需要保持相对比例不变。再以空白试液中第一个溶液的电位值为起始点，自下往上标度；或以溶液的最大电位值为起点，从上往下标度。

（5）根据空白试验的试验数据在格兰坐标纸上绘图，得到空白曲线，其延长线与横坐标相交，交点读数为 V_0。

（6）将测得的试液和加标准溶液后各溶液的电位值按相同的方法作图，得到测定曲线，将其延长与横坐标相交，交点读数为 V_x。

（7）设 V_x 和 V_0 的差值为 V_e，将 V_e 代入式（3-56）中，按式（3-64）计算试液中待测离子的浓度，即

$$c_x = \frac{c_s(V - V_0)}{V_x} = \frac{c_s}{V_s} \tag{3-64}$$

2. 格兰作图法的注意事项

(1) 所规定的试液体积应准确地为10mL（包括ISA或TISAB的体积）。

(2) 格兰作图纸的设计基于以电极斜率为理论斜率（即298K时一价离子为59mV，二价离子为29.5mV）。如果电极的实际斜率偏离理论斜率，就会产生误差，应校正斜率。现已有斜率校正的格兰作图纸。

(3) 作图时，如果测得的各点偏离直线，这时应该以增量较多的几点为准。

(4) 由稀至浓对各溶液进行测定。

第五节　电位滴定方法

一、直接滴定法

直接滴定法由指示电极和参比电极组成电池直接进行滴定，由指示电极的电位确定终点。直接滴定法终点的确定可分为三种类型：第一种是指示电极对试液中的被测离子敏感。例如以F^-电极为指示电极，用$La(NO_3)_3$标准溶液滴定F^-，由F^-电极检出化学计量点的电位突跃。第二种是指示电极对滴定剂敏感。例如用Pb^{2+}标准溶液滴定SO_4^{2-}，过了化学计量点后Pb^{2+}稍一过量，Pb^{2+}电极的电位就发生突跃。第三种是电极对指示剂敏感。例如用四亚乙基五胺（TEPA）滴定Ni^{2+}，加入Cu^{2+}为指示剂，以Cu^{2+}电极为指示电极。过了化学计量点后只要TEPA稍有过量，马上与Cu^{2+}结合，使Cu^{2+}急剧减少，Cu^{2+}电极的电位出现突跃，表明终点已到。

二、示差滴定法

示差滴定法基于浓差电池的原理。将两支相同的离子选择性电极，一支浸于被测溶液中，另一支浸入标准溶液中，再用盐桥连接两溶液构成浓差电池。若两个溶液的组成基本相同或都加入等量离子强度调节剂，则活度系数和液体接界电位相等，电池电动势与离子浓度的关系为

$$E=\frac{2.303RT}{nF}\lg\frac{c_x}{c_s} \tag{3-65}$$

示差滴定法直接读出$\Delta E/\Delta V$值，它最大时即为滴定终点。

示差滴定法的一个特殊应用就是零电位法，它的原理也是浓差电池，根据式（3-65），当$c_x=c_s$时，$E=0$。这种方法是在标准溶液中滴加浓度更大的标准溶液或者滴加水来使$E=0$，还可以用几种不同浓度的标准溶液。测量浓差电池的电动势E，画E-$\lg c_s$曲线，将其外推至$E=0$的点，由这点求出相应的$\lg c_x$值。这种方法适宜于测定微量样品。

三、恒电流滴定法

恒电流滴定法又被称为双电位滴定法。在两个相同的指示电极上施加电压，使微小但是稳定的电流流过两个电极，以滴定过程中两个电极间的电位差确定终点。例如用I_2滴定$S_2O_3^{2-}$，如果可逆电对$S_2O_3^{2-} \mid S_4O_6^{2-}$占主导地位，则两电极间的电位差较大。但是，过化学计量点之后，占主导地位的是可逆电对$I_2 \mid I^-$，这时两电极间的电位差为零，因此化学计量点处的电位有突跃。

恒电流滴定法的优点是，只要求被测物质或滴定剂之中有一个是电活性的。

四、电位滴定法的准确度

一般来说，电位滴定法的准确度要优于直接电位法。影响电位滴定法准确度的主要因素有滴定反应的平衡常数、干扰离子的浓度，样品溶液中离子的起始浓度等。各种因素的影响集中表现在准确确定化学计量点上。

设化学计量点之后的第一个滴定点加入的滴定剂所得的离子浓度为 c_1，那么根据滴定反应有

$$c_1 = c_t(V_1 - V_e)/(V_x + V_1) \tag{3-66}$$

式中 c_t——滴定剂浓度；

V_e——化学计量点对应的体积；

V_x——样品溶液体积；

V_1——化学计量点之后第一滴定点所用滴定剂体积。

将式（3-66）微分，得

$$(V_x + V_1)\mathrm{d}c_1 = c_t\mathrm{d}V_e \tag{3-67}$$

化学计量点的误差直接取决于 c_1 的误差，结合式（3-66）、式（3-67），可得等计量点相对误差公式为

$$\frac{\mathrm{d}V_e}{V_e} = \left(\frac{V_1}{V_e} - 1\right)\frac{\mathrm{d}c_1}{c_1} \tag{3-68}$$

由式（3-68）可知，化学计量点之后的第一个滴定点越接近于化学计量点，滴定误差就越小；当 $V_1/V_e=1$ 时，误差为 0，即 $\mathrm{d}c_1/c_1$ 越小，则滴定误差越小。求出 c_1，再用各个定量方法所对应的误差公式来计算 $\mathrm{d}c_1/c_1$。

五、电位分析法的应用

电位滴定可以完成以中和、沉淀、氧化-还原以及络合等化学反应为基础的容量滴定，还可用在有色或混浊的溶液和非水溶剂体系的分析上。但是，电位滴定法用于水溶液中的酸碱滴定时，只能用于那些电离常数大于 10^{-8} 的酸碱，太弱的酸或碱在滴定时终点不明显，这种情况下如果选择合适的非水溶剂，就能使滴定时电位突跃明显增大。例如，苯酚苯胺的电离常数约为 10^{-10}，它们在水溶液中无法进行滴定，但是在非水溶剂中却能很好地进行滴定。

pH 值测量不仅应用于实验室的日常分析，现在也广泛地应用于现代工业生产过程的控制中，用于高温、低温、高压下的 pH 值测量仪器也已经得到了开发。

生活饮用水、工业用水以及工业废水中各种离子的检测和监测都用到了离子选择性电极。在医学上，离子选择性电极用于测定人血和生物体液中的各种离子，或者作为电化学传感器，各种微型离子电极可用来探测活体组织中体液内某些离子的活度，对药理和病理研究有着重要的意义。

在物理化学研究中也广泛地用到了电位分析法，比如用电位分析法来测定溶度积、离子活度系数、酸碱电离常数、络合物稳定常数等。

第六节 电位测量仪

一、电位测量仪工作原理

电位分析法以测量原电池的电动势为基础。原电池由指示电极、参比电极和被测溶液组

成。指示电极是离子选择性电极，它响应电池内部的某一种离子活度，参比电极为甘汞电极。原电池将溶液中的被测离子活度（或浓度）转换成电池电动势，转换规律遵守能斯特（Nernst）方程，即

$$E = E^0 \pm \frac{2.303RT}{nF}\log a_x \tag{3-69}$$

或写成

$$E = E^0 \pm \frac{2.303RT}{nF}\text{pH} \quad (\text{pH 计}) \tag{3-70}$$

$$E = E^0 \pm \frac{2.303RT}{nF}\text{pX} \quad (\text{pX 计}) \tag{3-71}$$

式中 E^0——标准电极电位，其值随温度变化，一定温度下视为常数；

R——气体常数，8.314J/(K·mol)；

F——法拉第常数，9.65×10^4C/mol；

n——离子价数；

T——溶液的热力学温度，K；

a_x——离子活度，mol/L。

能斯特方程表明测量的是离子活度 a_x，转换成的是电参量电动势 E，显示的量是 pH 和 pX。能斯特方程是酸度计与离子计设计的依据。

由于电池电动势 E 信号微弱，干扰因素多，对电位分析仪的电路有以下五点基本要求：

（1）输入阻抗应达到 $3\times10^{11}\sim2\times10^{13}\,\Omega$（或输入电流为 $2\times10^{-13}\sim3\times10^{-11}$ A）。这是由原电池输出阻抗大而要求的。

（2）在测量电路中，设置 E^0 补偿电路消除 E^0。

（3）调整指示电极斜率。在能斯特方程中，$2.303RT/(nF)$ 被称为指示电极的理论斜率，调节实际电极斜率，使之等效于理论斜率。

（4）在测量电路中设置温度补偿。理论斜率里含有温度参数 T，当温度变化时，一定的离子活度在不同温度条件下转换的 mV 数也不同，这就需设置温度调节电路，调节输出使不同温度条件下转换的 mV 数相同。

（5）等电位调节。对某一指示电极，不同的温度条件下测量 mV-pH 和 mV-pX 曲线如图3-3所示，这些斜率不同的曲线相交于一点。这个交点对应的 mV 数称为该电极的等电位点电位，交点对应的 pX_0 称为等电位点的 pX 值。从图3-3可看出，将仪器输入电位零点迁移到等电位点处对测量最有利。当仪器输入处于电位零点时，在仪器内预置一个电压，显示 pX_0，这个调节就是等电位调节。

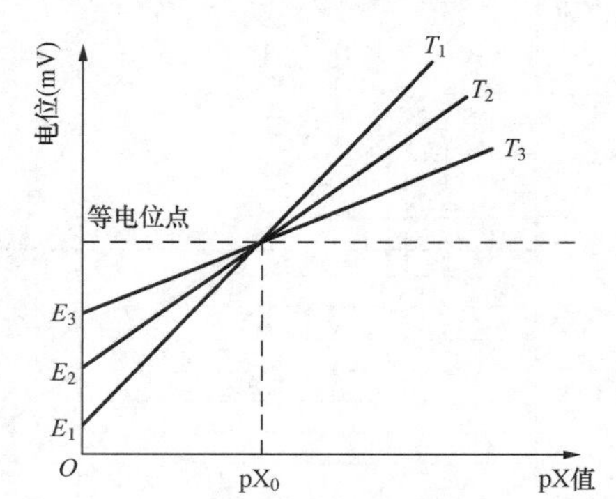

图 3-3 Nernst 方程曲线示意图

上述的（2）～（5）为测量标准化调节。通过标准化调节仪器将测得的 mV 数转换成 pX 或 pH 值显示。下面通过电位测量仪的组成电路加以说明。

二、电位测量仪电路组成

1. 高输入阻抗电位跟随器电路

电位测量仪的电路组成如图 3-4 所示，其中 A_1

为输入阻抗电位跟随器电路，由 CA3140 集成电路及其附属电路组成。输入阻抗不小于 $1.5\times10^{13}\Omega$。输入阻抗高，则要求良好的电磁屏蔽。R_1C_1 滤波参数是由输入响应时间来确定的。

A_1 与数字板组成 mV 计测量电路，设置 pH、pX 的位置就可组成 pX 计或 pH 计。

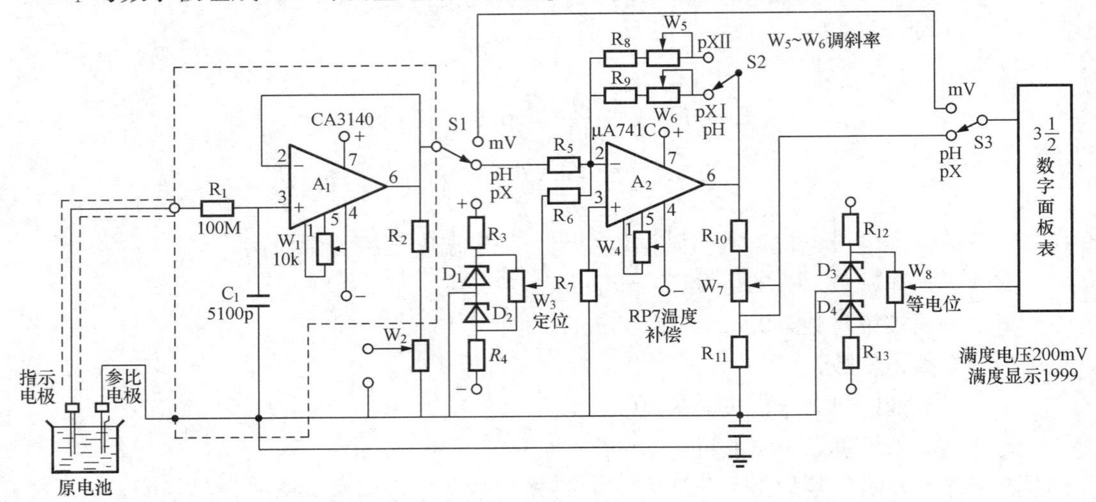

图 3-4 离子选择性电极测量仪器原理图

2. 加法器电路

A_2 为加法器电路，由集成电路 741C 及其附属电路组成。这个电路中设置有 4 个标准化调节：

（1）定位调节。W_3 输出定位调节电位，调节范围是±1000mV，用极性相反的电位来抵消 E^0。

（2）斜率调整。通过调节放大倍数来调节电极斜率。对应于某一 pX 值的溶液电极所转换的 mV 数，一价离子的是二价离子的两倍，因此放大器对二价离子的放大倍数应是其对一价离子的两倍。

若 $R_5=R_6$，则放大倍数的计算为

$$A_1=\frac{R_9+W_6}{R_5}(\text{一价})\quad A_2=\frac{R_8+W_5}{R_5}(\text{二价}) \tag{3-72}$$

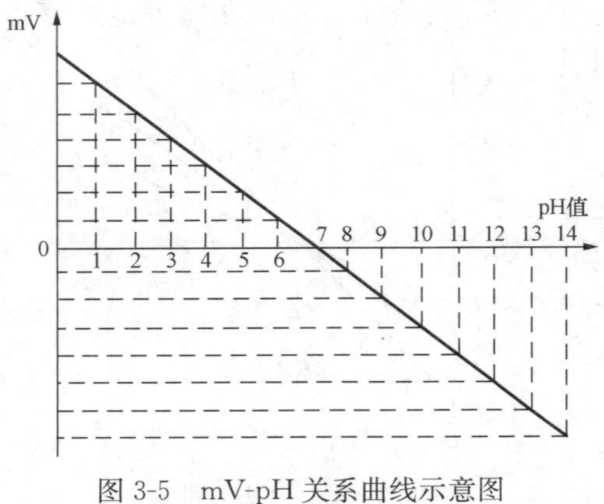

图 3-5 mV-pH 关系曲线示意图

在图 3-4 的电路中电极斜率的调节是用两个电位器 W_5 与 W_6 来完成。

（3）温度补偿。温度补偿电路由 R_{10}、W_7、R_{11} 组成，用 W_7 调节。

（4）等电位调节。由 W_8 完成，调节范围是±1400mV。以 pH 值测量为例。图 3-5 所示为 mV-pH 关系曲线。由图知，等电位点为（0mV，7pH）。从曲线图看，0～7pH 转换的 mV 数为正，而 7～14pH 转换的 mV 数为负。在测量时，使仪器输入为零，调节等电位使数

字表显示为7pH。若已知被测溶液的pH值是3pH，在W_7上输出对应于4pH的mV数，且设置其极性为负，和预置等电位7pH正极性的mV相抵消的结果，使数字表显示3pH。

同理，若已知被测溶液为10pH，W_7输出相当于3pH的mV数，此时设置极性为正和预置等电位7pH正极性mV相加的结果，数字表将显示10pH。上述原理电路的测量也可采用其他电路实现。

三、酸度计的使用

酸度计是最常用的电位测量仪，通常具有pH值和mV值测量功能。

1. 仪器使用前的准备

（1）把仪器平放于桌面，支撑好底部支架。

（2）检查供电电压是否与仪器的工作电压要求相符。若电源电压波动较大，应进行稳压，否则，测量结果显示不稳定，影响测量精度。

（3）仪器应接地良好，消除外界的干扰，其方法是：从仪器后面板的接地端“GND”加接地连线（使用搅拌器时，要使搅拌器外壳与仪器接地端相接），并接入“大地”。

（4）接通电源，看是否有数字显示。

（5）将参比电极、已活化24h的指示电极、电极架、标准溶液和被测溶液等准备就绪。

2. mV值测量

（1）将功能选择开关拨至“mV”挡，此时仪器工作在“mV”待测状态下，其他如定位、斜率、温度补偿等均不起作用。

（2）退出电极插头，调节“调零”电位器，使仪器显示为“000”。

（3）将指示电极和参比电极放入待测溶液。

（4）将电极插头插入电极的插座，并锁紧，将参比电极引线接入参比电极的插座（若使用复合电极，则无须接入参比电极）。待仪器稳定后，仪器的显示值即为所测mV数。

3. pH值测量

（1）先在“mV”挡上“调零”，再将功能选择开关拨至pH挡，此时仪器会有一显示数，再将温度补偿器拨至被测溶液的温度值。

（2）定位：将参比电极接入接线柱，把活化后的pH玻璃电极插头插入插座，并锁紧，将两种电极放入第一种标准pH（pH_1）值缓冲溶液中。待仪器响应稳定后，此时仪器有一显示值。调节定位调节旋钮，使仪器显示为pH_1。

（3）用去离子水冲洗电极，然后用滤纸吸干电极表面的水分，再将电极放入第二种标准pH（pH_2）值缓冲液中，待仪器响应稳定后调节斜率调节旋钮，使仪器显示值为pH_2，再将斜率调节旋钮固定在此位置。

（4）将电极冲洗干净后再放入pH_1值缓冲溶液中，重新调整定位旋钮，使仪器显示值为第一种标准缓冲液的pH值pH_1；若偏差较大，重复上述操作。

（5）至此，仪器已校正结束，将定位、斜率旋钮固定，以保证测量精度。

（6）将电极清洗干净，并用滤纸吸干后移入被测溶液中，仪器响应稳定后的显示值即为所测的pH值。

（7）待测溶液温度应与标准溶液温度一致，否则因斜率变化导致测定结果不准确。

（8）若因环境温度变化等原因导致仪器使用时被测溶液的温度与定位时标准缓冲溶液的温度不一致，则仪器应重新用标准溶液定位。

（9）若测量精度要求不是很高时，可用一点定位法校正仪器。其方法是：采用一种较接近样品 pH 值的标准溶液标定，此时将斜率补偿调节旋钮逆时针旋到头（转换系数为 100%），调整温度补偿器使温度为被测溶液温度值，再调节定位旋钮，使该标准溶液的 pH 值显示出来，然后测量样品。

（10）在 pH 值测量精度要求很高时，应在仪器采用两点定位后测量待测溶液，并标注测定温度；必要时还需要对测定结果进行温度校正，将测定值换算为 25℃下的 pH 值。

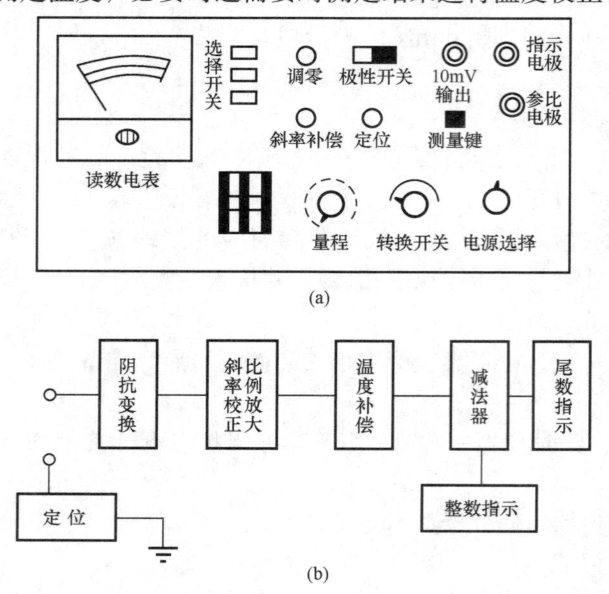

图 3-6　PXD-2 型通用离子计的外形及面板、电极信号流程图
（a）面板及外形；（b）电极信号流程图

四、离子计的结构与电路组成

1. 通用离子计基本结构

PXD-2 型通用离子计的外形及面板示意如图 3-6（a）所示，其电路大致分为阻抗变换、斜率校正、比例放大、温度补偿、量程扩展（减法器）和显示电路几个部分。

图 3-6（b）给出了电极信号流程图。工作原理如下：首先离子选择性电极（指示电极）和参比电极与被测溶液组成原电池，再将原电池产生的信号接入直接放大式离子计的输入端，经过场效应管组成恒流源差动放大器进行阻抗变换，然后进入由集成运放组成的比例放大器进行放大，把单位 pX 的电极信号转变成 200T/273，最后进入温度补偿网络，在此将这个电极信号精确地转变为 200mV 后再送入量程扩展电路，这个电路再将整数部分（满 200mV）抵消掉，而把尾数部分（不满 200mV）送入电表显示。仪器中设置了斜率校正电路，使电极的实际斜率达到理论值，斜率的校正通过改变比例放大器的放大倍数来完成。

2. 阻抗变换电路

结合图 3-6（b）对 PXD-2 型通用离子计整机电路（如图 3-7 所示）作电路分析。这个电路由 V_1、V_2、V_3、R_4、R_5、R_6、R_7、R_8、W_2 等元件组成，是一个具有恒流源的绝缘栅场效应管源极输出器。阻抗变换电路要求有很高的输入电阻，场效应管的输入电阻 $R_i>10^{12}\Omega$。对输入电路来说仅取决于和其并联的电阻的大小，但由图 3-7 可知，信号的输入端没有并联电阻，因此该仪器的输入电阻可达 $10^{12}\Omega$ 以上，输出电阻很小，起到了阻抗变换的作用。电路采用平衡式，流经两管的源极电流是相等的，即 $I_{s1}=I_{s2}=\frac{1}{2}I_K$（静态时），$I_K$ 表示晶体管恒流源的输出电流。差分输出器要求 I_K 的输出恒定，主要是 R_7、R_8 和 U_D 的分压影响它的大小，可通过改变 R_8 来改变 I_K。将三极管接成二极管的形式即实现温度补偿。这个差动放大器是双端输入双端输出的，指示电极的信号通过电阻 R_3 输入 V_1 的栅极，V_2 的栅极则是负反馈电压的输入端，它还和下级共同构成了同相比例运算放大器。

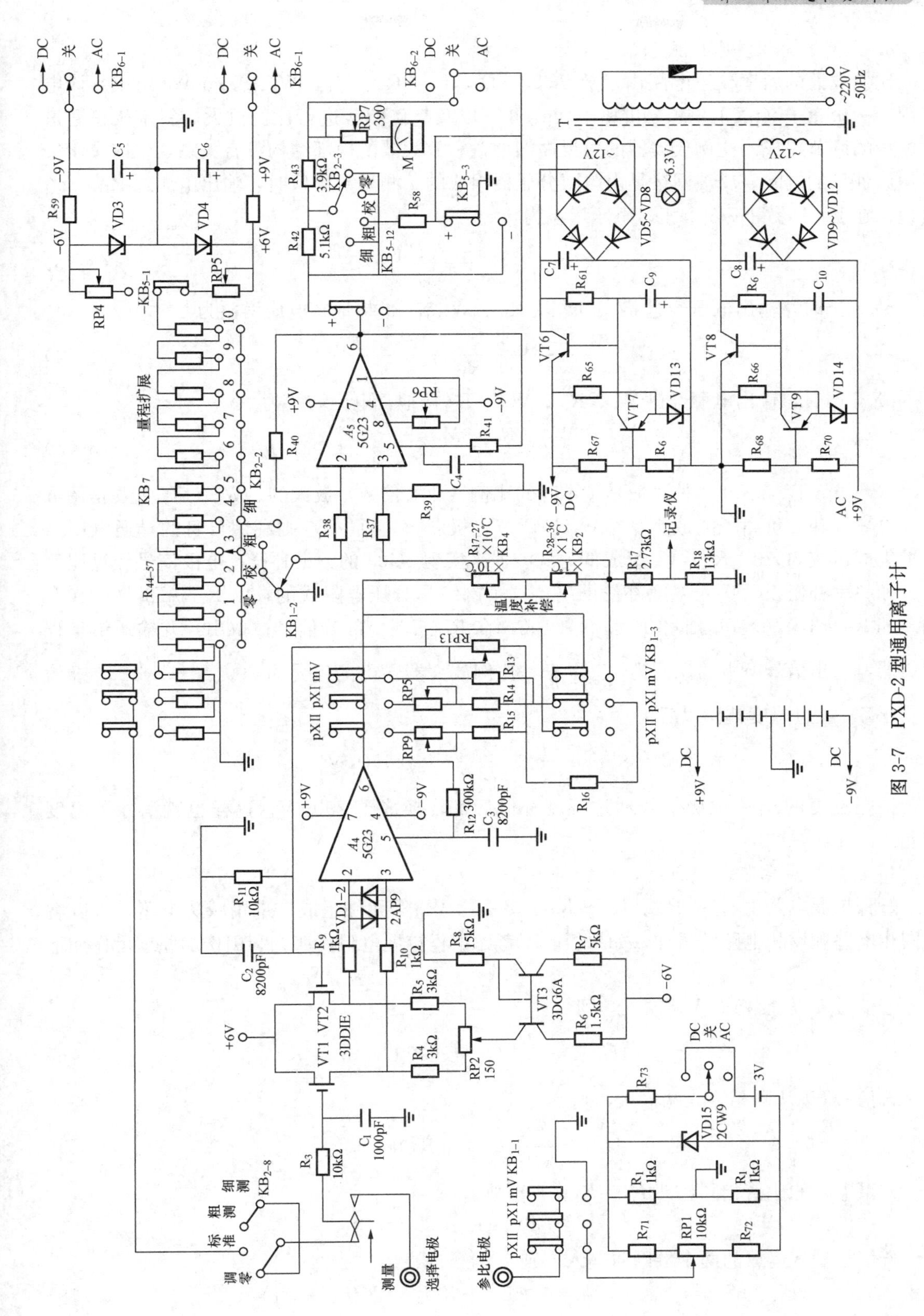

图 3-7 PXD-2 型通用离子计

3. 比例放大的斜率校正电路

比例放大的斜率校正电路由运放 5G23、D_1、D_2、R_9～R_{16}、W_3、W_5、W_9 组成。该电路用于一价离子（pXⅠ）和二价离子（pXⅡ）以及毫伏信号进行比例放大，斜率校正通过反馈量的调节完成。比例放大器的负反馈的增益和放大器的内部结构没有关系，仅取决于集成运放外部的电阻。反馈网络是由电阻分压器组成的，测量 mV 值时，输出电压经 R_{11}、R_{13} 接地，在 R_{11} 上获得反馈电压，电压增益为

$$G=\frac{1}{K}=\frac{R_{13}+R_{11}}{R_{11}} \tag{3-73}$$

pXⅠ挡时，输出电压经过 W_5、R_{14} 及 R_{16}、W_{13} 和 R_{11} 接地，电压增益为

$$G=\frac{W_8+R_{14}+R_{16}+W_{13}+R_{11}}{R_{11}} \tag{3-74}$$

pXⅡ挡时，输出电压经过 W_9、R_{15}、W_{13}、R_{11} 接地，电压增益为

$$G=\frac{W_9+R_{15}+W_{13}+R_{11}}{R_{11}} \tag{3-75}$$

mV、pXⅠ、pXⅡ三种测量是按不同的比例（放大倍数）放大的。W_8、W_9 主要是调节对一价离子和二价离子的放大率，W_{13} 是调节电极斜率，D_1、D_2 则利用自身的导通电压来保护集成运放 5G23，R_{12}、C_3 组成低通滤波器来实现 5G23 的频率补偿。电极信号经过比例放大和斜率补偿以后送入温度补偿网络，这个网络是分压电阻式的，由 R_{17}～R_{27}（×10℃挡）和 R_{28}～R_{36}（×1℃挡）、R_{17}、R_{18} 组成，在 R_{17} 上端一部分信号被取出，并输送给量程扩展器，取出信号所占的比例为 $\frac{273}{(273+t)}$，比例放大器输出的信号为 $200\times\frac{273+t}{273}$。电极信号（1pX）经过温度补偿以后为

$$200\times\frac{273+t}{273}\times\frac{273}{273+t}=200(\text{mV})$$

不同温度的 1pX 电极信号通过温度补偿后都转换成了 200mV，这样也就消除了温度误差。

4. 量程扩展电路

量程扩展电路由 R_{37}～R_{41}、R_{44}～R_{57}、5G23、W_6 等元件组成，采用减法电路，可以看作同相电路和反相电路的叠加，如果暂时不考虑量程扩展电阻，那么利用迭加原理可作如下分析：

若信号 u_1 从反相输入端输入，则

$$U_{01}=-\frac{R_{40}}{R_{38}}U_1=-K_1U_1 \tag{3-76}$$

若信号 U_2 从同相输入端输入，则

$$U_{02}=\frac{K_2}{1+K_2}(1+K_1)U_2$$

如果电阻的比值相同，即 $K_1=K_2=K$，则

$$U_{02}=KU_2 \tag{3-77}$$

若信号是从运放的两个端同时输入，则

$$U_0=U_{01}+U_{02}=-KU_1+KU_2=K(U_0+U_1) \tag{3-78}$$

输出电压为

$$U_0=\frac{R_{40}}{R_{38}}(U_2-U_1)=\frac{R_{39}}{R_{37}}(U_2-U_1) \tag{3-79}$$

U_2 是比例放大器输出的电压，即为被测信号；U_1 是从量程扩展电路输出的与 U_2 来进行比较的电压；输出电压值是 200mV 的整数倍。将其与电极信号作差，整数部分（满 200mV 的倍数）被减去，尾数部分由表头指示。量程扩展器一般是在细测时使用，读数为量程扩展器整数显示加上表头尾数显示值。

5. 显示电路

显示电路由电能表 M，电位器 W_7，电阻 R_{42}、R_{43}、R_{58}，转换开关 $KB_{2\text{-}3}$，极性开关 $KB_{5\text{-}2}$、$KB_{5\text{-}3}$，电源开关 $KB_{6\text{-}3}$ 组成。当转换开关位于粗测时，电流先流经 R_{42}，再流经 R_{58} 与 R_{43}、W_7、M 组成的并联回路，最后接入地。交流或者直流电源的选择由电源开关 $KB_{6\text{-}3}$ 完成。改变极性开关的位置就可以改变电流方向，W_7 调节电表满度。

6. 定位电路

定位电路中 R_1、R'_1、R_{71}、R_{72}、W_1 组成电桥，3V 的干电池经 R_7 后限流，D_{15} 稳压作桥路电源。由于 $R_1=R_1'$、$R_{71}=R_{72}$，桥路的一个输出端又是接地的，因而移动 W_1 中心抽头能够获得一个正或负电压。

配合功能键对仪器的工作状态说明如下：

（1）mV 值测量：按下 mV 键，$KB_{1\text{-}1}$～$KB_{1\text{-}4}$ 都与开关下端接通。$KB_{1\text{-}1}$ 将参比电极接地；$KB_{1\text{-}2}$ 接通 R_{11}、R_{13} 至地；$KB_{1\text{-}3}$ 把比例放大器的输出信号接到减法器的同相输入端；$KB_{1\text{-}4}$ 接入校准信号。

（2）转换开关 $KB_{2\text{-}1}$：开关位于调零时，空挡；位于校准时，输入校准电位信号；位于粗测细测时，空挡。

（3）$KB_{2\text{-}2}$：置于调零、粗测、细测时，接地。

（4）$KB_{2\text{-}3}$：置于调零、粗测、细测时，将 R_{42} 短路。

（5）$KB_{2\text{-}1}$～$KB_{2\text{-}3}$：置于调零时，无信号输入仪器，用 W_2 调节 V_1，V_2 的静态平衡，使输出为零；置于校准时，仪器加入校准信号，电表指示满度；置于粗测时，输入原电池信号（按下测量键后）；置于细测时，量程扩展作用，电表指示精确读数。

（6）测量 pXⅠ、pXⅡ时（$KB_{1\text{-}1}$～$KB_{1\text{-}4}$ 接至开关下端），定位调整被接入电路，斜率补偿和温度补偿都开始起作用。转换开关 $KB_{2\text{-}1}$～$KB_{2\text{-}3}$ 的工作情况与 mV 挡一样。

五、离子计使用与维护

1. 离子计使用注意事项

（1）使用本仪器时，必须严格遵循使用说明书的规定进行调零、校准、粗测、量程选择、细测。更换电极或被测溶液前，要把转换开关拨至“粗测”，并复原“测量”键，千万不要在细测时将测量键复原，否则表针反打或者超满度，容易损坏。

（2）离子电极在使用之前先要浸泡，按要求将其浸泡在蒸馏水或标准溶液中，切记不要用手触摸电极表面。

（3）PXD-2 型通用离子计的输入阻抗很高，这就要求与其配用的交流仪器应有良好的地线，否则感应信号可能损坏仪器。

（4）如果在测量中误差较大，则有可能是离子电极或参比电极内阻改变造成的，所以应定期检查电极的内阻。

（5）如果使用干电池，应定期检查电池是否正常以保证仪器精度。

2. 离子计的维护保养

（1）开机后如果电表指针乱跳，应仔细检查电池极性是否接反，电压是否正常，仪器内部的插接件接触是否良好，甘汞电极是否堵塞等。

（2）离子电极引线的屏蔽应良好接地。

（3）电极的插头以及插座都应保持清洁和干燥，如果发现由于受潮或沾污而引起输入阻抗降低，可用高纯度的乙醇或乙醚来清洗，再用电吹风吹干。

（4）如果采用从稀到浓的标准溶液来补偿电极斜率，应该注意极性开关的位置，要恰好与测量溶液的 pX 值相反，即正离子置“阴”，而负离子置“阳”，斜率调好后，用定位将仪器指示调为浓的标准溶液的 pX 值，在以后的测量中，正离子置“阳”，而负离子置“阴”。

（5）仪器应在干燥、清洁、无腐蚀的环境中使用。如果仪器长期不用应定期通电，以防电气元件受潮而损坏。

第四章 电导率测量

第一节 电导率测量原理

一、原理

测量溶液的电导率（电阻率的倒数）必须有两片金属插入水中，如图 4-1 所示。在两金属间施加一定的电压，在电场的作用下，溶液中的阴阳离子便向与本身极性相反的金属板方向移动并传递电子，像金属导体一样，离子的移动速度与所施加的电压有线性关系，因此电解质溶液也遵守欧姆定律。电解质电阻的大小除了和电解质的浓度有关外，还和电解质的种类与性质——电解质的电离度、离子的迁移率、粒子半径和离子的电荷数以及溶剂的介电常数和黏度等有直接关系。

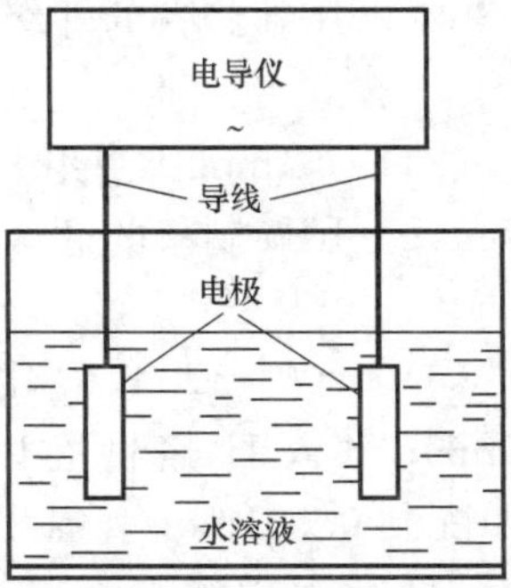

比电阻和比电导（电导率）：设有截面积为 $a\text{cm}^2$、相距 1cm 的两片平行金属电极置于电解质溶液中。根据欧姆定律，在温度一定时，两平行电极之间溶液的电阻 R 与距离 l 成正比、与电极的截面积 a 成反比，即

$$R=\rho\frac{l}{a} \tag{4-1}$$

图 4-1 电导测量示意图

式中 R——电阻，Ω；

ρ——比电阻（电导率的倒数），Ω·cm。

二、电导电极和电极常数

电导电极的构造：电导电极或称电导池，是测量电导的传感元件。常规用的电极一般是两个金属片（或圆筒）用绝缘体固定在支架上。

电导电极的常数和温度系数：当电极制成后，对每支电极而言，两个金属片（或圆筒）的面积 a 和距离 l 是不变的。l/a 可以看成是一个常数，这就是电极常数，见表 4-1，用 A 表示，即

$$A=\frac{l}{a} \tag{4-2}$$

$$A=\frac{\kappa}{L}=\kappa R \tag{4-3}$$

式中 A——电极常数；

L——溶液的电导；

κ——溶液的电导率（比电导）。

如果要直接准确测量电极的面积 a 和距离 l 是很困难的，因此电极常数利用已知浓度的标准氯化钾溶液间接地测量。在一定温度下，一定浓度的氯化钾溶液的电导率是固定的，见表 4-2。只要将待测电极浸在已知浓度的氯化钾溶液中，测出电阻 R 或电导 L，代入式（4-3）便可求出电极常数 A。

表 4-1 推荐选择的电极常数

测量范围（μS/cm）	推荐选用电极的电极常数（cm^{-1}）
$\kappa<20$	0.01
$1<\kappa<200$	0.1
$10<\kappa<2000$	1
$100<\kappa<20\ 000$	10
$1000<\kappa<200\ 000$	50

表 4-2 氯化钾标准溶液浓度与电导率的关系

氯化钾标准溶液浓度（mol/L）	标准溶液的电导率（25℃）（μS/cm）
0.001	147
0.01	1410
0.1	12 856

标准溶液的配制：

（1）0.1mol/L 氯化钾标准溶液：称取在 105℃干燥 2h 的优级纯氯化钾（或基准试剂）7.4365g，用新制备的Ⅱ级试剂水（20℃±2℃）溶解后移入 1L 容量瓶中，并稀释至刻度，混匀。

（2）0.01mol/L 氯化钾标准溶液：称取在 105℃干燥 2h 的优级纯氯化钾（或基准试剂）0.7440g，用新制备的Ⅱ级试剂水（20℃±2℃）溶解后移入 1L 容量瓶中，并稀释至刻度，混匀。

（3）0.001mol/L 氯化钾标准溶液：于使用前准确吸取 0.01mol/L 氯化钾标准溶液 100mL，移入 1L 容量瓶中，用新制备的Ⅰ级试剂水（20℃±2℃）稀释至刻度，混匀。

配制 0.001mol/L 氯化钾标准溶液所用的Ⅰ级试剂水应先煮沸排除二氧化碳，配制过程中减少与空气接触。该标准溶液应现配现用。

以上氯化钾标准溶液应保存在硬质玻璃瓶中，密封保存。

一定浓度的氯化钾溶液，其电导率随温度升高而增大，温度系数大约为 0.02/℃，在作精密测量时必须保持恒温，也可在任意温度下测量，其方法是将测量的电导率换算成某一标准温度下的电导率，换算公式为

$$\kappa_{(25℃)}=\kappa_t/[1+\beta(t-25)] \tag{4-4}$$

式中 $\kappa_{(25℃)}$——换算成 25℃时水样的电导率，μS/cm；

κ_t——t℃时测得水样的电导率值，μS/cm；

t——测定时水样温度，℃；

β——温度校正系数，近似等于 0.02。

三、电导电极的电容

当向电极施加直流电压时，电极表面会发生电化学反应，产生极化电阻，从而使溶液电阻（电导的倒数）的测量产生误差；为了消除极化电阻的影响，一般向电极施加交流电压。电导电极浸入溶液后，电极表面会形成双电层，因而电极表面有电容存在；电极的导线也存在分布电容。在交流电的作用下，测量的不仅是纯电阻，而是电阻和容抗组成的阻抗。其等效电路如图 4-2 所示。

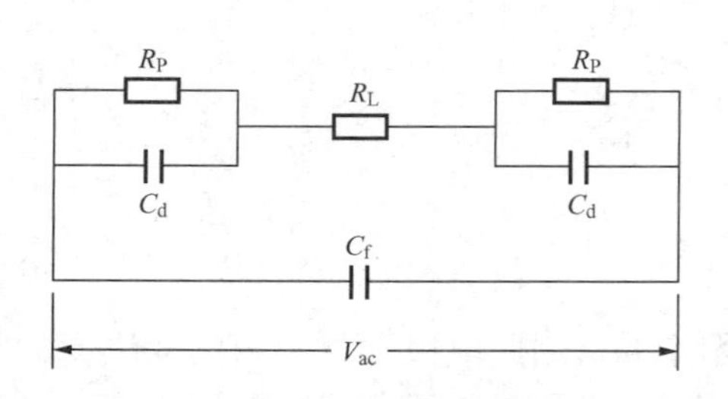

图 4-2 电导电极测量等效电路

R_L—溶液电阻；R_P—极化电阻；C_d—微分电容；C_f—分布电容

在测量普通水时，由于分布电容 C_f 很小，其容

抗 $1/(2\pi fC_f)$ 很大，可忽略其影响，主要是消除表面极化电阻的影响，因此采用较高的测量频率，微分电容 C_d 产生的容抗 $1/(2\pi fC_d)$ 很小，造成极化电阻短路，测量的阻抗等于溶液电阻 R_L。

在测量高纯度水的时候，由于溶液电阻 R_L 很大，接近分布电容产生的容抗 $1/(2\pi fC_f)$，测量的阻抗等于溶液电阻 R_L 和分布电容产生的容抗 $1/(2\pi fC_f)$ 的并联总阻抗，从而造成测量结果偏离真正需要测量的溶液电阻 R_L。为了消除分布电容的影响，一般测量高纯度水的时候采用较低的测量频率，使分布电容产生的容抗 $1/(2\pi fC_f)$ 大大增加，从而减少对测量溶液电阻 R_L 的影响。另外，选择电极常数小的电导电极，降低电极之间溶液的电阻，也可减少纯水测量时分布电容的影响。

四、电导仪的测量原理和电路

直读式电导仪的电路原理如图 4-3 所示。图中 R_x 是电导池或电导电极（还表示电解质溶液的电阻）。由运算放大器 A 和反馈电阻 R_f 及 R_x 组成一个比例放大器，若由音频振荡器输出至放大器的电压为 V_i，则放大器输出电压 V_0 为

$$V_0 = V_i \frac{R_f}{R_x} = \frac{V_i R_f}{K} L \tag{4-5}$$

式中 V_0——放大器输出电压；
V_i——放大器输入电压；
R_f——反馈电阻；
R_x——电导电极电阻；
K——电极常数；
L——欲测溶液的电导。

当 V_i、K 恒定时，输出电压仅与电导 L 成正比。这种电路由于运算放大器具有很高的放大倍数，并采用深度负反馈，所以放大器的频率响应和线性度都比较好。

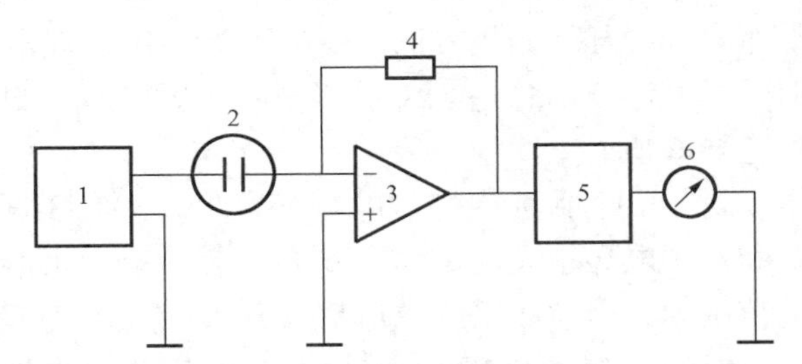

图 4-3　直读式电导仪的电路原理图
1—音频振荡器；2—电导池或电导电极电阻（R_x）；3—运算放大器；4—反馈电阻（R_f）；5—整流器；6—指示器

第二节　氢电导率测量的意义

氢电导率测量是被测水样经过氢型阳离子交换树脂，将阳离子去除，水样中仅留下阴离子（如 Cl^-、SO_4^{2-}、PO_4^{3-}、NO_3^-、HCO_3^- 和 F^- 等）和相应的氢离子，而水中的氢氧根离子则与氢离子中和消耗掉，不在电导中反映，因此测量氢电导率可直接反映水中杂质阴离子的总量。假设某种离子占主导，则可以从氢电导率估算这种离子的最大浓度。例如，设水样中其他阴离子浓度为零，可根据氢电导率估算出水中 HCO_3^-（以 CO_2 计）的最大浓度（见表 4-3）；或者设水样中其他阴离子浓度为零，可根据氢电导率估算出水中 Cl^- 的最大浓度（见表 4-4）。

从表 4-4 可以看出，如果控制给水的氢电导率小于 0.07μS/cm（25℃），其水中 Cl^- 浓度不超过 2μg/L。这样，通过简单的氢电导率，可以估算出某个有害阴离子的最大浓度，以及整个有害阴离子的控制水平。

表 4-3 二氧化碳浓度与氢电导率的关系（25℃，无其他阴离子时）

CO_2 (mg/L)	0.00	0.01	0.02	0.05	0.10
氢电导率 (μS/cm)	0.055	0.09	0.12	0.21	0.32

表 4-4 氯离子与氢电导率的关系（25℃，无其他阴离子时）

Cl^- (μg/L)	0.00	2.0	4.0	6.0	10.0
氢电导率 (μS/cm)	0.055	0.066	0.080	0.098	0.138

第三节 影响氢电导率测量准确度的因素及解决方法

一、温度补偿系数的影响

1. 存在的问题

由于温度的变化而影响水的电导率，同一个水样的电导率随着温度的升高而增大，为了用电导率比较水的纯度，需要用同一温度下的电导率进行比较，按 GB/T 6908—2008《锅炉用水和冷却水分析方法 电导率的测定》规定，用 25℃时的电导率进行比较。由于测量时水样的温度不总是 25℃，需要将不同温度下测量的电导率进行温度补偿，补偿到 25℃时的电导率值。

对于 pH 值为 5～9，电导率为 30～300μS/cm 的天然水，β 的近似值为 0.02。

对于电导率大于 10μS/cm 的中性或碱性水溶液，其温度校正系数一般在 0.017～0.024 的范围内，因此取温度校正系数为 0.02，一般可满足应用需要。

对于大型火力发电机组的水汽系统，其给水、蒸汽和凝结水的氢电导率一般小于 0.2μS/cm，接近纯水的电导率，此时温度校正系数是随温度和水的纯度（电导率）而变化的一个变量。

表 4-5 表示理论纯水电导率、温度系数与温度的关系，可见温度系数是随着温度的变化而发生变化的。

表 4-5 理论纯水电导率、温度系数与温度的关系

t (℃)	10	15	20	25	30	35
κ_t ($\times 10^{-3}$μS/cm)	22.9	31.3	41.8	55.0	71.4	91.1
温度系数 β	0.039	0.043	0.048	0	0.058	0.066

例如 35℃时测得水样的电导率为 0.0911μS/cm，从表 4-5 查出温度系数为 0.066，根据式（4-4）进行温度补偿，$\kappa_{(25℃)}=0.0911/[(1+0.066\times10)]=0.055$(μS/cm)；如果按一般的温度系数 0.02 进行温度补偿，$\kappa_{(25℃)}=0.0911/[(1+0.02\times10)]=0.076$(μS/cm)，由此产生的误差为(0.076－0.055)/0.055＝38％。

由此可见，如果将电导率表的温度补偿系数设定为 0.02，对于给水、凝结水和蒸汽氢

电导率的测量会产生较大的误差。

2. 解决办法

(1) 将测量炉水电导率和给水电导率的电导率表的温度补偿系数设为0.02。建议将测量给水、凝结水和蒸汽氢电导率的电导率表的温度补偿系数根据所测水样的电导率范围和温度范围设为0.03～0.06。

(2) 尽可能调整控制水样的温度在25℃±1℃范围内。

(3) 选用具有非线性自动温度补偿功能的电导率仪表监测给水、凝结水和蒸汽的氢电导率。目前，某些在线电导率监测仪表具有自动非线性温度补偿功能。其原理是：仪表中已储存了各温度、各电导率下的温度系数；仪表电导池内带有自动温度测量传感器，仪表根据所测量的电导率和温度，自动选取相应的温度补偿系数，并将温度补偿后得到的电导率值显示在屏幕上。采用这种非线性自动温度补偿的电导率仪表监测电导率很低的水，可以大大减少温度变化产生的误差。

二、部分电导电极的电导池常数不正确

1. 存在的问题

实际使用发现，某些国产的电导率在线监测仪表部分电导电极的出水孔开孔位置太低，低于测量电极导流孔，如图4-4所示。这样一方面使测量电极不能全部浸入水中，从而使电导池常数发生变化，与电极上标明的电导池常数不同，从而造成较大的测量误差（测量的电导率明显偏低）；另外，由于外电极导流孔的位置在出水孔上方，测量电极内的水不流动，造成测量响应速率大大降低，当水样的电导率发生变化时，测量电极内的水样是“死水”，电导率仪显示的仍然是以前水样的电导率，从而造成较大的测量误差。

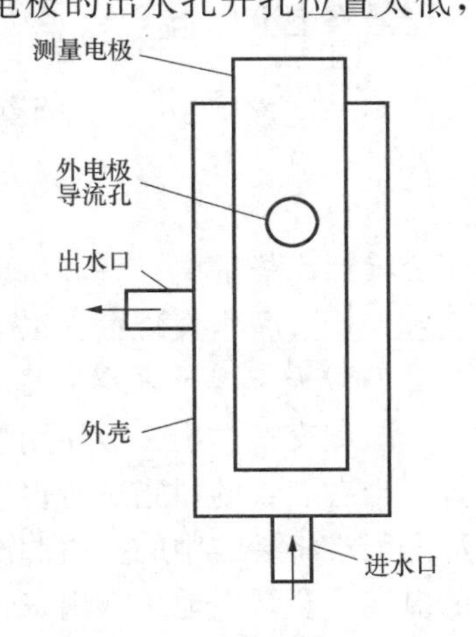

图4-4 电导电极示意图

2. 解决办法

首先应检查电导电极是否存在出水孔开孔位置太低，是否低于测量电极导流孔（见图4-4）。如果存在上述情况，应对电极进行更换或改造。改造措施是将电极外壳出水孔向上移，使之高于电极导流孔。

另外，应对电极的电导池常数进行检验、校正。如果采用“标准溶液法”进行电极常数的标定，将电极从在线装置上取下浸入已知标准溶液中进行校正可能产生误差。电极实际使用时浸入水样的高度不同，导致实际使用时的电极常数与“标准溶液法”标定的电极常数不同。

建议采用“替代法”对电极的电导池常数进行检验校正。检验前，先将被检电极传感器彻底清洗干净，并将电极浸入被检仪表量程范围内且已稳定的水样之中，将电导率仪的电极常数设定为1，读取电导率仪表的示值（κ_b）。

断开电导率仪表传感器的接线，用一台准确度优于0.1级的交流电阻箱代替传感器与二次仪表进行线路连接。调整电阻箱的输出值，使电导率仪表的示值与κ_b值相一致，读取电阻箱的示值R_x。采用替代法检验的电导极常数计算方法为

$$J_x = \kappa_b R_x \times 10^{-6} \tag{4-6}$$

式中 J_x——被检电极常数值，cm^{-1}；

κ_b——被测水样电导率示值，$\mu S/cm$；

R_x——水样的等效电阻值，Ω。

将电导率仪的电极常数设定为 J_x。

三、氢型交换柱设计不合理

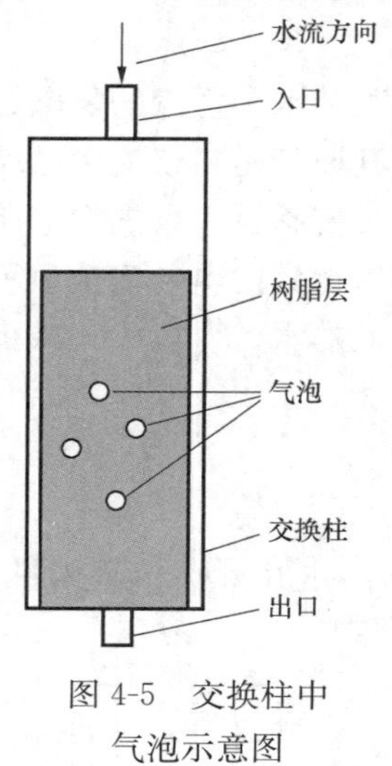

图 4-5 交换柱中气泡示意图

某些化学监测仪表配套厂家设计安装的氢型交换柱设计不合理，更换树脂时只能将不带水的树脂装入交换柱。投入运行后，水样从上部流进交换柱的树脂层中，树脂之间的空气由于浮力的作用向上升，水流的作用力将气泡向下压，造成大量气泡滞留在树脂层中，如图 4-5 所示。空气泡使水发生偏流和短路，使部分树脂得不到冲洗，这些树脂再生时残留的酸会缓慢扩散、释放，空气中的二氧化碳也会缓慢溶解到水样中，使测量结果偏高，影响氢电导率测量的准确性。

解决办法是对氢型交换柱系统进行改造，使更换树脂时能够保存水，树脂与水同时装进交换柱中，避免运行时树脂层中存在空气泡；也可以采用从交换柱底部进水，顶部出水的运行方式减少气泡的数量。

四、氢型离子交换树脂

由于氢电导率测量首先使水样通过氢型交换柱，测量经过阳离子交换后水样的电导率，所以氢型交换柱阳离子交换树脂的状态对测量结果有显著的影响。实际使用过程中发现存在以下两方面的问题。

1. 交换树脂释放氯离子

氢型交换柱中一般使用强酸性阳离子交换树脂，这种树脂若处理不当将有产生裂纹的趋势。当有裂纹的树脂进行再生处理时，再生液（一般为盐酸）会扩散到裂纹中，再生后的水冲洗很难将裂纹中的盐酸冲洗干净。当这种树脂装入交换柱中投入运行时，树脂裂纹中残存的氯离子会缓慢地扩散出来，造成氢电导率测量结果偏高。由于水样中离子浓度非常低，这种树脂裂纹中残存的氯离子对测量结果的影响很大。

解决该问题的方法是：

（1）新树脂初次使用时一定要先浸入 10%NaCl 盐水中，以防止树脂开裂。

（2）对树脂进行检查，在 10～100 倍的实体显微镜下观察树脂裂纹的情况，一般要求有裂纹的树脂颗粒小于树脂总数的 1%。

（3）树脂在盐酸中再生后，应使用二级除盐水连续冲洗 8h 以上，再装入交换中投入使用。

2. 氢型离子交换树脂失效后产生的影响

在氢型交换树脂失效之前，通过交换柱的水样中的阳离子只有氢离子。当氢型树脂失效后，部分其他阳离子穿透交换柱进入测量电极中。由于水汽系统一般采用加氨处理，先穿透交换柱的阳离子主要是铵离子（NH_4^+），会对氢电导率测量结果产生影响，造成测量误差。

在阳离子漏出初期，交换柱出水水样中只有少量铵离子，氢离子数量相应减少，阳离子总量基本不变，水样的 pH 值升高，电导率降低。这是因为同样数量的铵离子的电导率比相同数量的氢离子的电导率小得多，因此在交换柱失效初期，氢电导率测量结果偏低。此时水质超标不容易被发现。

在阳离子漏出一段时间以后，由于大量铵离子漏出，水中铵离子总量远大于阴离子（除氢氧根以外）的总量，导致水样呈碱性，电导率大大增加，使氢电导率测量结果偏高。此时容易造成水质超标的假象。

为了解决上述问题，国外采用变色阳离子交换树脂进行电导率的测量。由于变色阳离子交换树脂失效前后的颜色明显不同，可以在铵离子漏出前进行再生处理，从而排除了氢型交换树脂失效引起的错误信息，提高了电导率测量结果的可靠性。西安热工研究院有限公司于1993年研制成功CJ-1型变色阳离子交换树脂，目前已经在全国几十个发电厂得到应用，取得良好的使用效果。

使用氢型变色阳离子交换树脂是解决氢型交换树脂失效引起错误信息的有效措施。

第四节　电导率表的检验

一、整机基本误差检验方法

1. 检验原则

对于测量水样电导率小于0.2μS/cm的电导率表，必须采用水样流动法进行检验；对于测量电导率大于0.2μS/cm的电导率表，可以采用标准溶液法进行检验。

2. 水样流动检验法

将标准仪表的电导池就近串联连接在被检仪表传感器的流通管路之中，对于测量电导率的仪表，应使用混床出水，水样电导率小于0.1μS/cm；对于测量氢电导率的仪表，应使用阳床出水，水样电导率小于0.1μS/cm。调整水样的流速至符合仪表说明书的要求，并保持相对稳定。被检仪表通电预热，并冲洗管路15min以上，将被检仪表的温度补偿设定为自动温度补偿。精确读取被检仪表示值（κ_J）与标准仪表示值（κ_b），并准确测量水样的温度值。

3. 标准溶液检验法

首先设定被检表的电极常数和仪表配套电极的电极常数一致，选择电导率大于100μS/cm，并且在被检仪表量程范围内的标准溶液。用标准温度计将被检仪表的温度测量校准。将标准溶液恒温至25℃±0.5℃，将被检仪表的电导电极置入标准溶液之中，待温度稳定后记录标准溶液的电导率值（κ_b），精确读取被检仪表的示值（κ_J）及溶液的温度值。

4. 整机基本误差的计算

标准溶液在基准温度（25℃）时的电导率值可根据所配制的氯化钾标准溶液由表4-6查出，再加上试剂水电导率之和作为标准溶液的实际电导率值（κ_b）。

整机基本误差计算方法为

$$\delta_J = \frac{\kappa_J - \kappa_b}{M} \times 100\% \tag{4-7}$$

式中　δ_J——整机基本误差，±%FS；

κ_J——电导率测量示值，μS/cm；

κ_b——电导率标准值，μS/cm；

M——量程范围内的最大值，μS/cm。

表 4-6 标准溶液的制备方法及电导率

标准溶液	制备方法	温度（℃）	电导率（μS/cm）
A	精确称取在 105℃条件下干燥处理 2h 后的优级纯 KCl 0.7440g，用Ⅰ级试剂水稀释至 1L	25	1408.8
B	量取 100mL 标准溶液 A，用Ⅰ级试剂水稀释至 1L	25	146.93

注 1. 标准溶液的制备必须在 20℃±2℃温度条件下进行。
2. 配制好的标准溶液用聚乙烯或煮过的硬质玻璃容器隔绝空气低温保存。
3. 标准溶液应在 25℃±0.5℃恒温条件下使用，溶液电导率值＝本表中的值＋Ⅰ级试剂水的电导率值。
4. 标准溶液最好是现用现配，不要重复使用，以免交叉污染。

二、二次仪表检验

1. 引用误差检验

用精度优于 0.1 级的一个直流标准电阻箱和一个交流标准电阻箱分别模拟温度电阻 R_t 和溶液等效电阻 R_x 作为检验的模拟信号，调节模拟温度电阻 R_t，使仪表显示的温度为 25℃。将被检仪表的电极常数设为 0.01（或 0.1）。被检仪表和标准交流电阻之间的连接如图 4-6 所示。

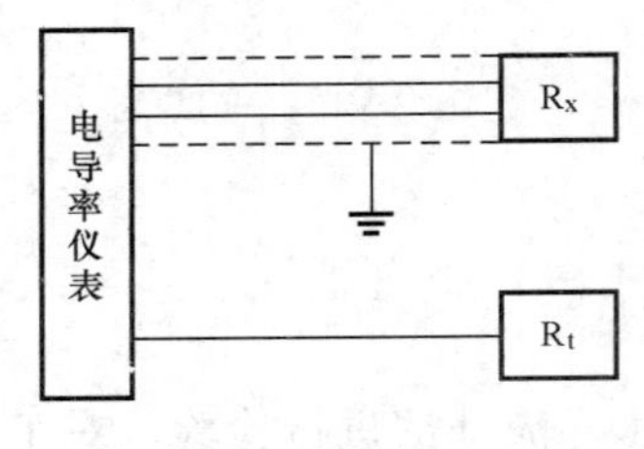

图 4-6 被检仪表与标准电阻箱之间的连接

被检仪表通电预热 15min 后，再根据式（4-8）计算结果向二次仪表输入模拟溶液等效电导率 1.0、10μS/cm 和 100μS/cm 信号。基准温度条件下溶液电导率等效电阻值的计算方法为

$$R_x = \frac{J \times 10^6}{\kappa} \tag{4-8}$$

式中 R_x——等效电阻值，Ω；
J——电导池常数，cm^{-1}；
κ——电导率值，μS/cm。

记录被检仪表示值，二次仪表引用误差的计算方法为

$$\delta_{Y,max} = \frac{|\kappa_S - \kappa_L|_{max}}{M} \times 100\% \tag{4-9}$$

式中 $\delta_{Y,max}$——二次仪表引用最大误差，%FS；
κ_S——仪表示值，μS/cm；
κ_L——理论电导率值，μS/cm；
M——量程范围内最大值，μS/cm。

2. 示值稳定性检验

按照前面所述方法向被检仪表输入一个等效电阻值，并记录操作的时间和仪表的示值 κ_{S1}，被检仪表继续通电 12、24h，再分别重复上述工作，记录仪表示值 κ_{S2}、κ_{S3}。仪表示值稳定性检验的计算方法为

$$\delta_{D1} = \frac{\kappa_{S1} - \kappa_{S2}}{M} \times 100\%$$

$$\delta_{D2}=\frac{\kappa_{S1}-\kappa_{S3}}{M}\times 100\% \tag{4-10}$$

式中　δ_{D1}——12h 的稳定性；

　　δ_{D2}——24h 的稳定性。

δ_{D1}和δ_{D2}的最大差值作为该仪表的稳定性。

3. 示值重复性检验

将被检仪表的电极常数设为 0.01（或 0.1）。按照前面所述方法向被检仪表输入一个 10kΩ 的等效电阻值，记录被检仪表的示值（κ_S），按照停止、再输入上述电阻值的操作方法，重复测量 6 次，以单次测量的标准偏差表示重复性。计算方法为

$$\delta_C=\sqrt{\frac{\sum_{1}^{6}(\kappa_{Si}-\bar{\kappa}_S)^2}{5}} \tag{4-11}$$

式中　δ_C——单次测量的标准偏差；

　　κ_{Si}——第 i 次测量的仪表示值，μS/cm；

　　$\bar{\kappa}_S$——6 次测量的平均值，μS/cm。

4. 二次仪表温度补偿附加误差

检验条件：本方法仅适用于测量电导率大于 0.3μS/cm 的电导率表。

用精度优于 0.1 级的直流标准电阻箱和交流标准电阻箱各一个，分别模拟温度电阻 R_t 和溶液等效电阻 R_x 作为检验的模拟信号，按图 4-6 连接。

将被检仪表的温度系数设定为 0.02，将被检仪表的电极常数设为 1（或 0.1、0.01）。

调节模拟温度电阻 R_t，使仪表显示的温度为 25℃，然后按式（4-12）调节溶液等效电阻 R_x，使仪表显示电导率为 10μS/cm。记录仪表示值与模拟量输入值。计算方法为

$$R_x=\frac{J}{\kappa}\times 10^6 \tag{4-12}$$

式中　J——设定的仪表电极常数；

　　κ——给定的仪表电导率，μS/cm（可取 10μS/cm）。

调节模拟温度电阻 R_t，使仪表显示的温度为 35℃，按式（4-8）调节溶液等效电阻为 R_x，记录仪表示值与模拟量输入值。二次仪表的温度补偿附加误差的计算方法为

$$R_x=\frac{J\times 10^6}{\kappa[1+\beta(t-25)]}=\frac{J\times 10^5}{1.2} \tag{4-13}$$

式中　J、β——仪表设定的电极常数和温度系数；

　　κ——25℃时给定的仪表电导率，μS/cm；

　　t——仪表显示的温度（可取 35℃）。

三、电极常数检验

1. 标准溶液法

在检验不同电极常数的电导电极时，所选用的标准溶液应当根据待检电极的电极常数进行选择。若电极常数为 1 或 0.1，选电导率为 1408.3μS/cm 的标准溶液；电极常数为 0.01，选电导率为 146.93μS/cm 的标准溶液。

将被检电极置入已知标准电导率值的标准溶液中，将溶液的温度恒定在 25℃±0.5℃。

用标准电导仪或交流电桥测量其电导率值或电阻值（如果用标准电导率仪表进行测量时，可将仪表的电极常数调节至 $J=1$ 的位置）。

电极常数的计算方法为

$$J_X=\frac{\kappa_b}{\kappa}=\kappa_b R \tag{4-14}$$

式中 J_X——电极常数，cm^{-1}；

κ_b——标准溶液的电导率值，$\mu S/cm$；

κ——电导率仪表测量值，$\mu S/cm$；

R——交流电桥测量的阻值，Ω。

2. 标准电极法

将已知电极常数为 J_1 的电极置入某一电导率稳定的水样溶液中（水样的电导率在10min内不变），用标准电导率仪测量其电导率值为 κ_1。再把被检电极（设电极常数为 J_X）置入上述水样溶液之中，用标准电导率仪测量其电导率值为 κ_2。电极常数的计算方法为

$$J_X=\frac{J_1\kappa_1}{\kappa_2} \tag{4-15}$$

3. 电极常数误差计算方法

电极常数误差计算方法为

$$\delta_W=\frac{J_X-J_g}{J_g}\times 100\% \tag{4-16}$$

式中 δ_W——电极常数误差；

J_X——被检电极常数，cm^{-1}；

J_g——厂家给定的电极常数，cm^{-1}。

四、注意事项

测量氢电导率的方法可灵敏地反映水、汽中阴离子杂质的总量，是监测凝结水、给水、蒸汽中有害阴离子的主要手段。测量时应注意以下事项。

（1）测量凝结水、给水和蒸汽的氢电导率，其温度系数随温度和电导率发生变化。严格控制水样温度或选用具有非线性自动温度补偿功能的电导率仪表可有效减少温度变化引起的测量误差。

（2）采用“替代法”对氢电导率测量电极的电导池常数进行检验校正，可以减少电极常数不准确引起的误差。

（3）在氢型交换柱装树脂和使用过程中应尽量避免树脂层中存在气泡。

（4）应注意避免氢型交换柱所使用的阳离子交换树脂有裂纹。

（5）使用氢型变色阳离子交换树脂是解决氢型交换树脂失效引起错误信息的有效措施。

第五节 电导率的测量

一、取样

取样使用聚乙烯瓶，水样应注满取样瓶，并旋紧瓶盖；取样后应尽快测量，以避免水样与空气物质发生交换（如水中的氨和空气中的二氧化碳）或生物繁殖。为了减少生物繁殖，

如果所取水样不能立即测量，应避光保存在4℃条件下，测量前再加热至25℃。

二、操作程序

按仪器使用说明书操作仪器。根据水样电导率范围选择合适电极常数的电极（参考表4-1），并将仪器电极常数调整到与电极的电极常数一致。如果仪器没有电极常数调整功能，则必须以测量值（电导）乘以电极常数的积为电导率［见式（4-2）］。

将电极和温度计用Ⅱ级试剂水冲洗干净，再用Ⅰ级试剂水冲洗2～3次，浸泡在Ⅰ级试剂水中备用。

取50～100mL水样放入塑料杯或硬质玻璃杯中，恒温在25℃±1℃的水浴中，将电极用被测水样冲洗2～3次后，浸入水样中进行电导率测定，重复取样测定2～3次，测定结果读数相对误差在±3%以内，即为所测的电导率值（采用电导仪时读数为电导值）。同时记录水样温度。

如果水样未恒温在25℃±1℃的水浴中，则将温度补偿旋钮定到与实际测量温度相符的位置。

报告应包括水样温度、校正到25℃±1℃的电导率（或该温度下测量的电导率）、校正方法（仪器自动校正、仪器手动校正或计算校正）。

三、温度补偿

由于温度的变化影响水的电导率，同一个水样的电导率随着温度的升高而增大，为了用电导率比较水的纯度，需要用同一温度下的电导率进行比较，按GB/T 6908—2008规定，用25℃时的电导率进行比较。由于测量时水样的温度不总是25℃，需要将不同温度下测量的电导率，按式（4-4）进行温度补偿，补偿到25℃时的电导率值。

对于pH值为5～9，电导率为30～300μS/cm的天然水，β的近似值为0.02。

对于电导率大于10μS/cm的中性或碱性水溶液，其温度校正系数一般在0.017～0.024范围内，因此取温度校正系数为0.02，一般可满足应用需要。

也可以采用换算系数直接将测量的电导率值κ_t乘以换算系数f得到换算成25℃时水样的电导率$\kappa_{(25℃)}$（见表4-7），即

$$\kappa_{(25℃)} = f\kappa_t \tag{4-17}$$

对于大型火力发电机组的水汽系统，给水、蒸汽和凝结水的氢电导率一般小于0.2μS/cm，接近纯水的电导率，此时温度校正系数是随温度和水的纯度（电导率）而变化的一个变量。

四、测量干扰因素

（1）水样中的悬浮物、结垢物质、生物附着、油脂等会污染电极，导致电极常数发生变化，应定期用标准氯化钾溶液检查电极常数是否发生变化。使用适当的清洗剂可以减少上述影响。

（2）当将水样加热时，电极表面会产生气泡，影响测量结果。

（3）当测量电导率小于10μS/cm的水样时，大气中的二氧化碳和氨会影响电导率的测量结果。二氧化碳可以使纯水的电导率增加1μS/cm。这种情况下，应采用流动法测量。

（4）为了避免电极表面污染影响测量结果，测量电导率小于10μS/cm的水样时，不能使用镀铂黑电极，而应使用光亮铂电极；测量电导率大于10μS/cm的水样时，应使用镀铂黑电极。

表 4-7 测量的电导率换算成25℃时的电导率换算系数

温度（℃）	f									
	0.0	0.1	0.2	0.3	0.4	0.5	0.6	0.7	0.8	0.9
10	1.428	1.424	1.420	1.416	1.413	1.409	1.405	1.401	1.398	1.394
11	1.390	1.387	1.383	1.379	1.376	1.372	1.369	1.365	1.362	1.358
12	1.354	1.351	1.347	1.344	1.341	1.337	1.334	1.330	1.327	1.323
13	1.320	1.317	1.313	1.310	1.307	1.303	1.300	1.297	1.294	1.290
14	1.287	1.284	1.281	1.278	1.274	1.271	1.268	1.265	1.262	1.259
15	1.256	1.253	1.249	1.246	1.243	1.240	1.237	1.234	1.231	1.228
16	1.225	1.222	1.219	1.216	1.214	1.211	1.208	1.205	1.202	1.199
17	1.196	1.193	1.191	1.188	1.185	1.182	1.179	1.177	1.174	1.171
18	1.168	1.166	1.163	1.160	1.157	1.155	1.152	1.149	1.147	1.144
19	1.141	1.139	1.136	1.134	1.131	1.128	1.126	1.123	1.121	1.118
20	1.116	1.113	1.111	1.108	1.105	1.103	1.101	1.098	1.096	1.093
21	1.091	1.088	1.086	1.083	1.081	1.079	1.076	1.074	1.071	1.069
22	1.067	1.064	1.062	1.060	1.057	1.055	1.053	1.051	1.048	1.046
23	1.044	1.041	1.039	1.037	1.035	1.032	1.030	1.028	1.026	1.024
24	1.021	1.019	1.017	1.015	1.013	1.011	1.008	1.006	1.004	1.002
25	1.000	0.998	0.996	0.994	0.992	0.990	0.987	0.985	0.983	0.981
26	0.979	0.977	0.975	0.973	0.971	0.969	0.967	0.965	0.963	0.961
27	0.959	0.957	0.955	0.953	0.952	0.950	0.948	0.946	0.944	0.942
28	0.940	0.938	0.936	0.934	0.933	0.931	0.929	0.927	0.925	0.923
29	0.921	0.920	0.918	0.916	0.914	0.912	0.911	0.909	0.907	0.905
30	0.903	0.902	0.900	0.898	0.896	0.895	0.893	0.891	0.889	0.888
31	0.886	0.884	0.883	0.881	0.879	0.877	0.876	0.874	0.872	0.871
32	0.869	0.867	0.866	0.864	0.863	0.861	0.859	0.858	0.856	0.854
33	0.853	0.851	0.850	0.848	0.846	0.845	0.843	0.842	0.840	0.839
34	0.837	0.835	0.834	0.832	0.831	0.829	0.828	0.826	0.825	0.823
35	0.822	0.820	0.819	0.817	0.816	0.814	0.813	0.811	0.810	0.808

注 表中的换算系数是天然水的平均值，电导率范围为60～1000μS/cm。该换算系数不适用于标准氯化钾溶液。

第五章 离子色谱分析

第一节 概 述

一、离子色谱的定义和发展

高效液相色谱法是 20 世纪 70 年代迅速发展起来的一项高效、快速的分离分析技术。液相色谱法是指流动相为液体的色谱技术。在经典的液体柱色谱法基础上，引入了气相色谱法的理论，在技术上采用了高压泵、高效固定相和高灵敏度检测器，实现了分析速度快、分离效率高和操作自动化。这种柱色谱技术称作高效液相色谱法。它可用来做液固吸附、液液分配、离子交换和空间排阻色谱分析，应用广泛。离子色谱（以下简称为 IC）是高效液相色谱（简称 HPLC）的一种，是分析离子的一种液相色谱方法。现代 IC 的开始源于 H. Small 及其合作者的工作，他们于 1975 年发表了第一篇 IC 论文，同年商品仪器问世。IC 发展初期，主要用于阴离子的分析，如一次进样，10min 内完成 μg/L 至数百 mg/L 数量级的 F^-、Cl^-、NO_2^-、Br^-、NO_3^-、PO_4^{3-}、SO_4^{2-} 等多种阴离子的测定，因此 IC 问世之后很快就成为分析阴离子的首选方法。IC 法分析无机阳离子的方法发展较慢，其主要原因是已广泛使用的原子吸收法具有快速、灵敏和选择性好等突出优点。然而近几年来，无机阳离子的 IC 分析法已在分析化学中广泛应用，如一次进样，10min 内可完成碱金属、碱土金属及铵的测定。IC 在有机和生化分析方面的研究也很活跃，可分析常见的水溶性和极性化合物、有机酸、糖类、氨基酸和抗生素等。

以最常见的离子交换色谱仪为例，离子色谱系统可以进行抑制型或非抑制型电导检测，它由淋洗液、高压泵、进样阀、保护柱/分离柱、抑制器、电导检测器和数据处理系统组成，如图 5-1 所示。首先测定已知组成和浓度的标准样品溶液，由数据处理系统生成校正曲线，分析经过必要前处理的样品溶液，数据处理系统将其结果与先前生成的校正曲线进行比较，完成定性/定量的计算，得到样品的分析结果。

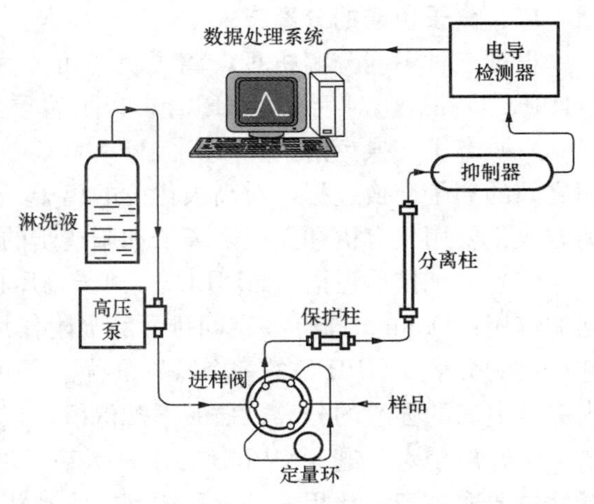

图 5-1 离子色谱仪分析流程图

IC 的关键部件之一是分离柱。分离柱是根据待测离子的保留特性，在检测前将被检测离子分离的交换柱。保护柱置于分离柱之前，用于保护分离柱免受颗粒物或不可逆保留物等杂质的污染。分析柱指在保护柱后连接一支或多支分离柱组成一系列用以分离待测离子的分析系统，系列中所有柱子对分析柱的总柱容量均有贡献。随着新型离子交换柱填料的发展，IC 技术已成功地扩展到多种基体中有机和无机离子的测定。新型高交联度离子交换树脂填充的阴离子交换分离柱除了在 pH＝0～14 稳定外，还可兼容反相有机溶剂（如甲醇、乙腈），可在淋洗液中加入有机溶剂调节和改善分离的选择性，缩短疏水性化合物的保留时间，以及用有机溶剂清洗有机物对色谱柱的污染以延长柱子的使用寿命。具有离子交换、离子对和反相分离机理的多维分离柱可同时用多种分离机理来改善分离度和选择性，一次进样可同时分离离子型和非离子型化合物。IC 固定相发展的第二个方向是高容量柱的研制，这种固定相的树脂基核为表面磺化的超大孔树脂，外层为附聚的胶乳小球，胶乳小球的粒径非常小，以至可进入树脂的内孔，因此增加了树脂的容量而未增加树脂的粒径。新型高容量阴离子交换柱的离子交换容量（290μmol/mg）较常用柱（20μmol/mg）高 15 倍，可用于高离子强度基体中痕量阴离子的直接进样分析和大体积进样分析高纯水中痕量杂质，改进弱保留离子的分离，增加 F^- 的保留，使其远离水负峰。对羟基（OH）选择性好的固定相，可用氢氧化钠（或氢氧化钾）作流动相，由于 OH^- 经抑制反应之后生成水，因而降低流动相的背景电导，不仅作梯度淋洗时基线稳定，水负峰小，可用大体积进样，还可提高检测灵敏度。小孔径 2mmIC 柱直接进样，较相同条件下直径为 4mm 柱的灵敏度高 4 倍；需用的样品量和化学试剂量少，而且由于淋洗液的流量降低，相当于抑制器抑制容量的扩大，因此可用较高浓度的淋洗液分离高电荷的阴离子。

抑制器技术的最新发展是自身再生抑制器（SRS）。该抑制器简化了抑制器的操作，摒弃了外加再生液，由电解水产生抑制反应所需的 H^+ 和 OH^-。

离子色谱的另一项突破是淋洗液在线发生器的商品化。其突出的优点是通过精确在线地控制淋洗液发生器的电解电流，而能精确地在线控制淋洗液的浓度，连续产生无污染的淋洗液。另一优点是做梯度淋洗更加方便，不用通常使用的比例阀或两个独立的高压泵，仅由改变电流来完成梯度淋洗。

二、离子色谱的分离方式

根据三种不同分离机理，离子色谱可分为高效离子交换色谱（HPIC）、离子排斥色谱（HPIEC）和离子对色谱（MPIC）。以下着重介绍 HPIC。

（1）离子交换色谱（HPIC）。分离是基于发生在流动相和键合在固定相上的离子交换基团之间的离子交换过程，对高极化度的离子，分离机理中还包括非离子的吸附过程。这种分离方式主要用于有机和无机阴离子和阳离子的分离。

（2）离子排斥色谱（HPIEC）。离子排斥色谱分离是基于固定相和被分析物之间三种不同的作用：Donnan 排斥、空间排斥和吸附作用。这种分离方式主要用于有机酸、无机弱酸和醇类的分离。HPIEC 的一个特别的优点是可用于弱的无机酸和有机酸与在高的酸性介质中完全电离的强酸的分离，强酸不被保留，在死体积被洗脱。

（3）离子对色谱（MPIC）。分离是基于被分析物在分析柱上的吸附作用。分析柱的选择性主要取决于流动相的组成和浓度。流动相除了加入有机改进剂之外，还需加入离子对试剂。这种分离方式可用于表面活性阴离子和阳离子以及过渡金属络合物的分离。

三、离子色谱的优点

离子色谱对阴离子的分析是分析化学中的一项新突破，是同时测定多种阴离子的快速、灵敏而准确的分析方法。

（1）快速、方便。一般 10min 即可分别完成七种常见阴离子（F^-、Cl^-、NO_2^-、Br^-、

NO_3^-、PO_4^{3-}、SO_4^{2-}）和六种常见阳离子（Li^+、Na^+、NH_4^+、K^+、Mg^{2+}、Ca^{2+}）的分析。

（2）灵敏度高。离子色谱分析的浓度范围为 $10^{-6}\sim10^{-3}$ g/L，直接进样 50μL，对常见阴离子的检出限小于 10μg/L。对电厂、核电站以及半导体工业所用高纯水，通过增加进样量，采用 2mm 分析柱或用浓缩柱等方法，检出限可达 10^{-12} g/L 或更低。

（3）选择性好。IC 法分析无机和有机阴、阳离子的选择性主要由选择适当的分离柱和检测系统来达到，目前已有多种成熟的固定相以及选择性的检测器。

（4）多组分同时测定，但对样品成分之间的浓度差太大的样品（如半导体级化学试剂中杂质的测定）有一定的限制。

第二节　柱色谱理论

色谱柱及其操作条件的选择是离子色谱法的核心，柱色谱理论和离子交换原理是研究色谱柱及选择最佳分离条件的理论依据。

一、分离度

任何分离的目标都是使两个相邻的峰完全分开。分离度 R 定义为两个相邻色谱峰保留值之差与两个组分色谱峰平均峰宽的比值（如图 5-2 所示），即

$$R=\frac{T_2-T_1}{(W_2+W_1)/2} \tag{5-1}$$

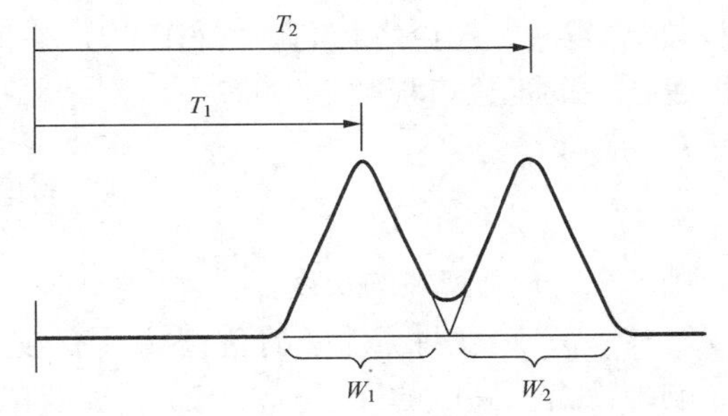

图 5-2　液相色谱的分离度

式（5-1）给出了一个衡量分离好坏的尺度，但它并没有告知如何获得一个较好的分离。现将分离度表示为含有三个色谱分离参数的函数，这三个参数分别为柱效、选择性系数和保留特性，这些参数与固定相和流动相性质有关，与分离度 R 的关系为

$$R=\frac{1}{4}\sqrt{N}\left(\frac{\alpha-1}{\alpha}\right)\frac{k}{k+1} \tag{5-2}$$

式中　N——理论塔板数；

α——选择性系数；

k——容量因子。

分离初始，在零时间，样品位于色谱柱的顶端。被分析的样品随流动相进入固定相，样品组分基于对两相亲和力的不同而被分离。一般来讲，固定相与流动相之间化学性质的差别只有足够大，被分析物才能与其中一相发生较强作用。正是由于保留时间的不同，使得分离得已实现。

二、柱效

柱效是指色谱柱保留某一化合物而不使其扩散的能力，柱效能是一支色谱柱得到窄谱带和改善分离的相对能力。可以通过一根柱子的理论塔板数来衡量色谱柱的柱效。在色谱柱中，理论塔板数 N 定义的数学表达式为

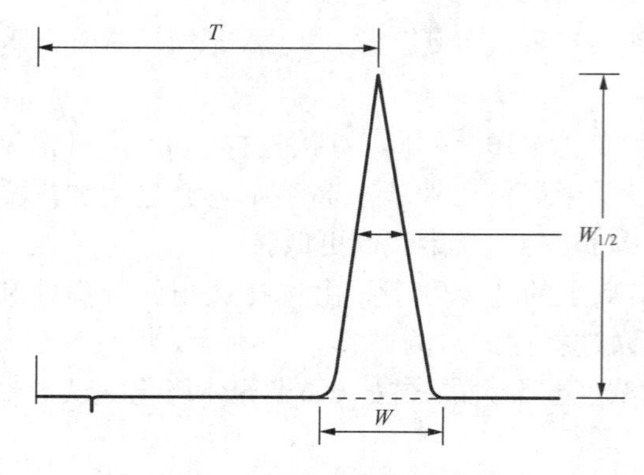

图 5-3　理论塔板数示意图

$$N = 5.54\left(\frac{T}{W_{1/2}}\right)^2 \tag{5-3}$$

式中　T——色谱峰中心与进样起始点间的距离；

$W_{1/2}$——一半峰高处峰的宽度（如图 5-3 所示）。

理论塔板是指固定相和流动相之间平衡的理论状态。在一个塔板的平衡完成之后，分析物进入下一个平衡塔板，这种传送过程重复不断，直到分离完全。分子根据自身的性质（分子大小和电荷）进行转移或迁移，基于它们对固定相和流动相的亲和力的不同进行分离。分子移动并形成一条带状，以正态分布（高斯）的色谱峰流出。

理论塔板数可以用于衡量整个色谱系统谱带的扩散程度。谱带扩散程度越小（即色谱峰越窄），理论塔板数 N 越大。理论塔板数 N 与色谱柱长度成比例，即色谱柱越长，理论塔板数 N 越大。理论塔板高度（HETP）是单位长度色谱柱效能的量度，可用于比较不同长度色谱柱的理论塔板数 N，即

$$\text{HETP} = \frac{L}{N} \tag{5-4}$$

式中　L——色谱柱的长度。

式（5-4）表明高效率的色谱柱具有较大的理论塔板数，即具有较小的理论塔板高度。影响理论塔板高度的因素有多流路、纵向扩散、传质影响。

三、选择性系数

选择性系数 α 是交换过程的一个热力学函数。色谱柱的选择性是两个化合物的调整保留时间的比值，也等于两个化合物在固定相和流动相之间平衡常数的比值（如图 5-4 所示），即

$$\alpha = \frac{T_2 - T_0}{T_1 - T_0} \tag{5-5}$$

式中　T_2、T_1——两峰峰中心与进样点的时间差值；

T_0——死体积保留时间。

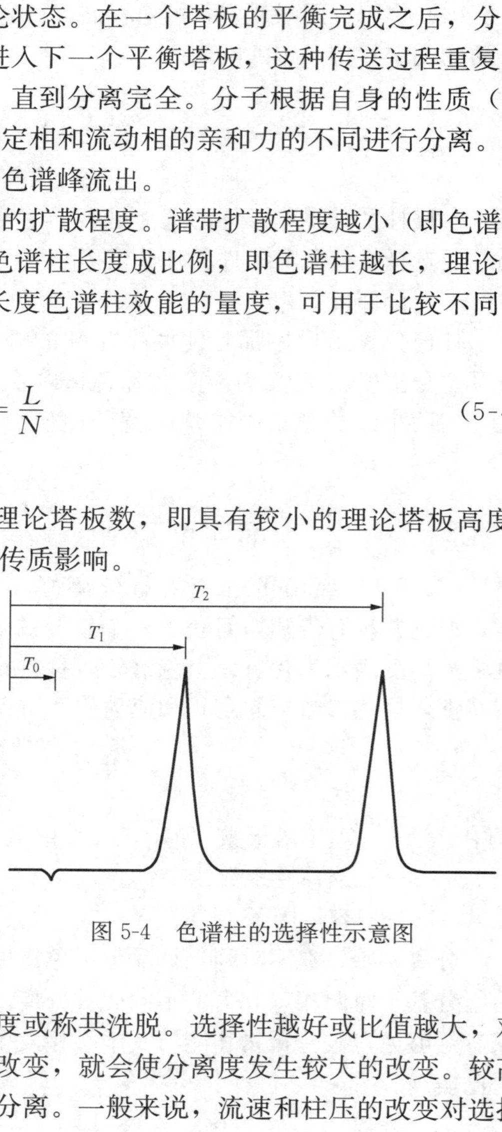

图 5-4　色谱柱的选择性示意图

当保留时间的比值等于 1 时，没有任何分离度或称共洗脱。选择性越好或比值越大，对于两个化合物的分离越容易。公式中相对较小的改变，就会使分离度发生较大的改变。较高选择性可以在柱效相对较低的柱子上得到较好的分离。一般来说，流速和柱压的改变对选择性没有影响。

四、保留特性

用容量因子 k 描述化合物保留特性，其定义为

$$k=\frac{T-T_0}{T_0} \tag{5-6}$$

式中 T——色谱峰中央到进样起始时间点的差值。

本质上，容量因子 k 给出了分析物在固定相中的时间超过在流动相中时间的数量。k 值小说明化合物被柱子保留弱，化合物洗脱体积与死体积相近。k 值大说明被分析物与固定相作用较强而具有好的分离，但是较大的 k 值导致较长的分析时间和色谱峰的展宽。一般来说，k 值的最佳范围为 2～10；可以通过改变流动相来获得最佳的 k 值。

五、传质影响

传质影响是描述由于柱子装填不均，造成流路分叉而引起的扩散。分析物在色谱柱中的流路受到柱子装填和树脂等许多因素的影响。填料颗粒的直径直接影响柱效。一般来说，粒径越小，分离效率越高。同时，颗粒大小和装填的均匀度越好，柱效也越高。如果一根柱子由大小不均匀的颗粒填充，溶质分子将由于相遇颗粒粒径大小的不同而以不同速度移动，这样造成溶质分子的流出谱带变宽。在一些装填不均匀的柱子中，溶质分子经过一些未填满的空隙、溶质分子或与树脂颗粒的相互作用将导致谱带扩散。因此，提高颗粒的均匀度和减小粒径可以减小谱带的扩散。

六、纵向扩散

纵向扩散用于描述任何气体和液体扩散或分散的内在趋势。这种情况可以发生在整个色谱系统中的任何地方。最初，在窄谱带中的溶质分子向周围的溶剂扩散，使谱带变宽。理论上讲，纵向扩散也可以在流动相和固定相中发生。结果表明，扩散问题在离子色谱填充柱中并不像在气相色谱中那样普遍。

七、溶质传递动力学

溶质传递动力学是描述溶质分子在固定相和流动相之间运动的速率。理想状态下，与填充柱作用的溶质分子不断出入固定相中。当分子在固定相中时，分子被保留而位于谱带中央的后面。当分子在流动相中时，由于液体流动速率总是大于谱带的速率，则它的速率总是大于谱带中心的速率。这种在两相之间的随意出入引起谱带扩散。如果不发生流动，溶质分子就会在两相之间达成平衡。正因为存在流动，在流动相中真实的溶质浓度无法与相邻固定相中的浓度达到平衡。色谱峰的扩散可以通过减小不平衡程度和增加交换速率来降低。溶质传递的动力经常是谱带扩散的主要原因，因此对柱效的影响也是最大的。

八、小结

式（5-2）显示出分离度是一个与柱效、选择性、保留特性有关的函数。利用这些参数可以获得一个较好的分离度，其中每一项都可以用于改善分离效果。

当建立一个方法时，柱子的选择性系数是十分重要的，因为它对分离的影响是最大的。增加分离系数 α，使 $(\alpha-1)/\alpha$ 增大，从而提高分离度。提高柱效，N 将增大，分离得到改善。柱效与柱性能有关，还与流速有关；流速越慢，柱效越高。这是由于流动相中的被分析物可以有更多的时间与固定相作用，但这样会导致峰形的扩散。

作为容量因子的一个函数，保留特性是确定柱子状态的最有用的参数，因此需要适当清洗柱子以恢复其保留特性。增加容量因子 k，使 $k/(k+1)$ 增大，R 随之增大。

第三节 离子交换色谱

一、离子交换分离

1. 离子交换选择性和离子交换平衡

离子交换是用于分离阴离子和阳离子常见的典型分离方式。在色谱分离过程中，样品中的离子与固定相中对应的离子进行交换，在一个短的时间内，样品离子会附着在固定相中的固定电荷上。由于样品离子对固定相亲和力的不同，使得样品中多种组分的分离成为可能。

图 5-5 和图 5-6 所示为阴、阳离子交换示意图。如图 5-5 所示，Cl^- 和 SO_4^{2-} 对固定相具有不同的亲和力，SO_4^{2-} 被较强的保留，并且在 Cl^- 之后洗脱。与前述相似，图 5-6 中 Na^+ 和 Ca^{2+} 对固定相具有不同的亲和力。Ca^{2+} 比 Na^+ 较强地被保留，在较长时间时被洗脱，易于与 Na^+ 分离。最佳的应用是在不同基质中对常见阴离子（F^-、Cl^-、NO_3^-、Br^-、SO_4^{2-}、PO_4^{3-} 等）和常见阳离子（Li^+、Na^+、NH_4^+、K^+、Ca^{2+}、Mg^{2+} 等）的分离测定。一些低分子有机酸也可以用离子交换法进行分离分析。

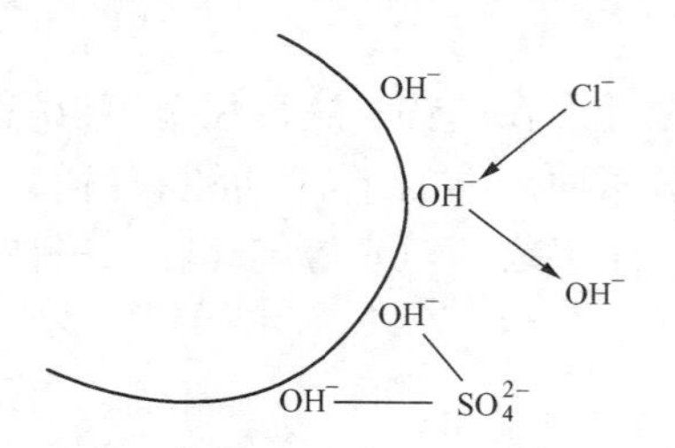

$$RESIN{-}NR_3^+\,OH^- + Cl^- \overset{K_1}{\rightleftharpoons} RESIN{-}NR_3^+\,Cl^- + OH^-$$

$$2RESIN{-}NR_3^+\,OH^- + SO_4^{2-} \overset{K_2}{\rightleftharpoons} 2RESIN{-}NR_3^+\,SO^{2-} + 2OH^-$$

图 5-5 阴离子交换示意图

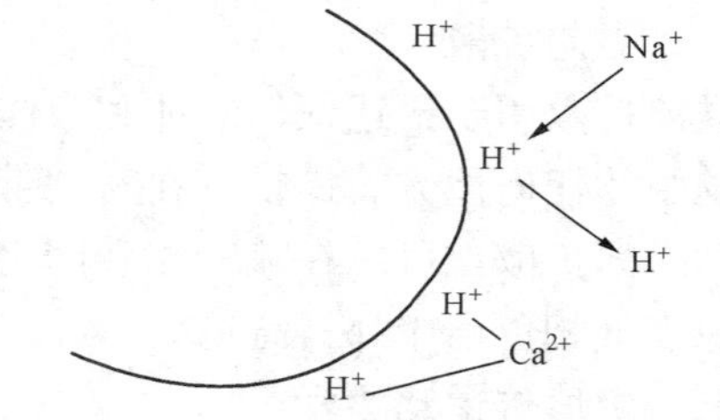

$$RESIN{-}SO_3^-\,H^+ + Na^+ \overset{K_1}{\rightleftharpoons} RESIN{-}SO_3^-\,Na^+ + H^+$$

$$2RESIN{-}SO_3^-\,H^+ + Ca^{2+} \overset{K_2}{\rightleftharpoons} 2RESIN{-}SO_3^-\,Ca^{2+} + 2H^+$$

图 5-6 阳离子交换示意图

2. 决定保留的参数

与高效液相色谱不同，离子色谱的选择性主要由固定相性质决定。本节主要介绍固定相选定之后的一些主要参数。对于待测离子而言，决定保留的主要参数是待测离子的价数、大小、极化度和酸碱性强度。

（1）价数。一般规律是，待测离子的价数越高，保留时间越长，如二价 SO_4^{2-} 的保留时间大于一价的 NO_3^-。对于多价离子，其保留时间与 pH 值和存在形态有关，如磷酸盐的保留时间与淋洗液的 pH 值有关，在不同的 pH 值时，磷酸盐的存在形态不同，随着 pH 值的增高，磷酸由一价阴离子（$H_2PO_4^-$）到二价（HPO_4^{2-}）和三价（PO_4^{3-}），三价阴离子 PO_4^{3-} 的保留时间大于一价的 $H_2PO_4^-$。

（2）大小。待测离子的离子半径越大，保留时间越长。下列一价离子的保留时间按下列顺序增加：$F^- < Cl^- < Br^- < I^-$。

（3）极化度。待测离子的极化度越大，保留时间越长，例如二价 SO_4^{2-} 的保留时间小于极化度大的一价离子 SCN^-，原因是 SCN^- 在固定相上的保留除了离子交换外，还加上了吸附作用。

二、抑制器的工作原理及发展

1. 抑制器的工作原理

在化学抑制型电导检测法中，抑制反应是构成离子色谱的高灵敏度和选择性的重要因素，也是选择分离柱和淋洗液时必须考虑的主要因素。

抑制器主要起两个作用：一是降低淋洗液的背景电导；二是增加被测离子的电导值，改善信噪比。图 5-7 说明了离子色谱中化学抑制器的作用。图中的样品为阴离子 F^-、Cl^-、SO_4^{2-} 的混合液，淋洗液为 NaOH。若样品经分离柱后的洗脱液直接进入电导池，则得到图中右上部的色谱图。图中非常高的背景电导来自淋洗液 NaOH，被测离子的峰很小，即信噪比不好，一个大的系统峰（与样品中阴离子相对应的阳离子）在 F^- 峰的前面。当洗脱液通过化学抑制器之后再进入电导池，则得到图中右下部的色谱图。在抑制器中，淋洗液中的 OH^- 与 H^+ 结合生成水，样品离子在低电导背景的水溶液中进入电导池，而不是高背景的 NaOH 溶液；被测离子的反离子（阳离子）与淋洗液中的 Na^+ 一同进入废液，因而消除了大的系统峰。溶液中与样品阴离子对应的阳离子转变成了 H^+，由于电导检测器是检测溶液中阴离子和阳离子的电导总和，而在阳离子中 H^+ 的摩尔电导最高，因此样品阴离子 A^- 与 H^+ 之摩尔电导总和也被大大提高。

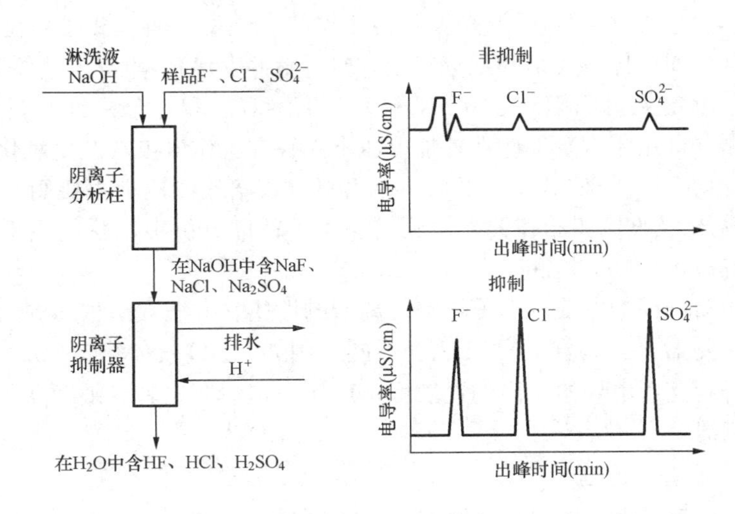

图 5-7　化学抑制器的作用

2. 抑制器的发展

第一代化学抑制器是树脂填充抑制装置，但是为了重复使用需要经常离线再生。1981 年出现了纤维薄膜抑制器，其明显的优点是连续再生，缺点是较低的抑制容量和机械脆性。1985 年微膜的引入使化学抑制器的发展又进入了另一个发展阶段。使用一种非常薄而耐用的膜，这种抑制器不仅可以连续抑制，而且具有很高的抑制容量，能够满足梯度洗脱和等度洗脱的要求。

第四代化学抑制器是自动再生抑制器（SRS）。SRS 是利用水的电化学反应产生 H^+ 和 OH^-，因此不再需要再生液。在自动再生抑制器中，阴极和阳极之间施加一个直流电流，在施加电场下，在阳极水被氧化产生 H^+ 和氧气，同时在阴极被还原为 OH^- 和氢气。抑制

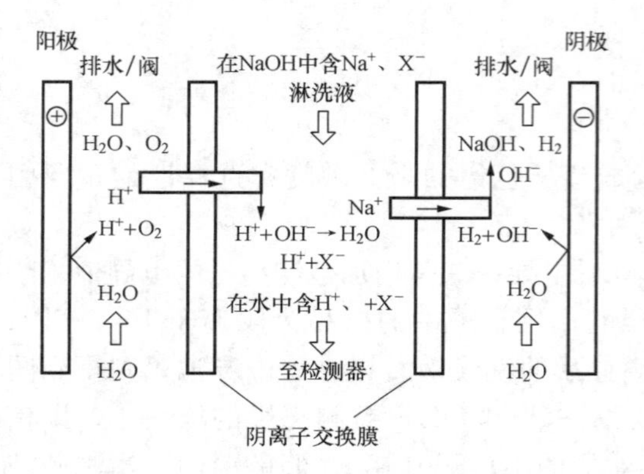

图 5-8　阴离子自动连续再生抑制器的结构和工作原理

器产生的 H^+ 和 OH^- 用于抑制背景电导。反应为

阳极(+)　$3H_2O \longrightarrow 2H_3O^+ + 1/2O_2$(气) $+ 2e^-$

阴极(−)　$2H_2O + 2e^- \longrightarrow 2OH^- + H_2$(气)

图 5-8 所示为阴离子自动连续再生抑制器的结构和工作原理。NaOH 淋洗液从上到下方向通过抑制器中两片阳离子交换膜之间的通道，在阳极电解水产生的 H^+ 通过阳离子交换膜进入淋洗液流，与淋洗液中的 OH^- 结合生成水。在电场的作用下，Na^+ 通过阳离子交换膜到废液。

第四节　离子色谱常用检测器

离子色谱常用的检测方法可以归纳为两类，即电化学法和光学法。电化学法包括电导和安培检测器；光学法主要是紫外-可见光吸收检测器和荧光检测器。离子色谱中最常用的电化学检测器有三种，即电导、安培和积分安培（包括脉冲安培）。电导检测器是 IC 的通用型检测器，主要用于测定无机阴阳离子（$pK_a<7$，$pK_b<7$）和部分极性有机物如一些羧酸等；直流安培检测器可用于测量那些在外加电压下能够在工作电极上产生氧化或还原反应的物质，如酚类化合物、I^-、SCN^- 等；积分安培和脉冲安培检测器则主要用于测定糖类有机化合物。紫外-可见光吸收检测器和荧光检测器在离子色谱分析中广泛应用于过渡金属、稀土元素和环境中有机污染物的检测。

离子色谱检测器选择的主要依据是被测定离子的性质、淋洗液的种类等因素。同一物质有时可以用多种检测器进行检测，但灵敏度不同。例如，NO_2^-、NO_3^-、Br^- 等离子在紫外区域测量时可以得到比用电导检测高的灵敏度；I^- 用安培法测定其灵敏度高于电导法。

一、电导检测器

1. 电导检测器的基本原理

将电解液置于施加了电场的电极之间时，溶液将导电，此时溶液中的阴离子移向阳极，阳离子移向阴极，并遵从式（5-7）的关系，即

$$k = \frac{1}{1000}\frac{A}{L}\sum_i c_i\lambda_i \tag{5-7}$$

式中　k——电导率，电阻的倒数（$k=1/R$），S；

A——电极截面积，cm^2；

L——两电极间的距离，cm；

c_i——离子浓度，mol/L；

λ_i——离子的极限摩尔电导率，（μS/cm）/mmol；

式（5-7）也被称作 Kohlraush 定律。

在电导率测量中，对一给定电导池电极截面积 A 和两电极间的距离 L 是固定的，L/A

称为电导池常数K，则电导率k为

$$k=\frac{1}{1000}\frac{1}{K}\sum_{i}c_i\lambda_i \tag{5-8}$$

在一个足够稀的溶液中，离子的摩尔电导率达到最大值，此最大值称为离子的极限摩尔电导率（λ_i^{∞}）。表5-1列出常见离子的极限摩尔电导率值。

表5-1　常见离子在水溶液中的极限摩尔电导率 λ_i^{∞}（25℃）

阳离子	$\lambda_i^{\infty}\times10^4$ [Sm^2/mol或（$\mu S/cm$）$/mmol$]	阴离子	$\lambda_i^{\infty}\times10^4$ [Sm^2/mol或（$\mu S/cm$）$/mmol$]
H^+	349.81	OH^-	198.3
Li^+	38.68	F^-	55.4
Na^+	50.10	Cl^-	76.36
K^+	73.50	Br^-	78.14
NH_4^+	73.55	NO_3^-	71.84
$\frac{1}{2}Mg^{2+}$	53.05	$\frac{1}{3}PO_4^{3-}$	69.0
$\frac{1}{2}Ca^{2+}$	59.50	$\frac{1}{2}SO_4^{2-}$	80.02
$\frac{1}{2}Sr^{2+}$	59.45	HCO_3^-	44.5
$\frac{1}{2}Cu^{2+}$	53.96	$\frac{1}{2}CO_3^{2-}$	69.3
—	—	CH_3COO^-	40.9

例如，在常见阴离子分析中，以$Na_2CO_3/NaHCO_3$为淋洗液，Cl^-以盐的形式存在。0.1mmol/L NaCl溶液的总电导率是0.1×（50.10+76.36)μS/cm。在抑制器中，盐经离子交换后，待测离子Cl^-变为强酸，其电导率值为0.1×（349.81+76.36）μS/cm。CO_3^{2-}/HCO_3^-转化为弱电解的碳酸，因而背景电导降低。

以上介绍了稀溶液中浓度与电导的关系，当溶液浓度增加后，电导与浓度之间直接的正比关系便不存在了。在离子色谱法中，当被测组分浓度低于1mmol/L时，电导仍正比于浓度。例如，25℃时一个无限稀的KCl溶液的摩尔电导值为149.9，浓度为1mmol/L时为146.9，仅减少了2%。如果电解质为弱电解质，如部分电离的酸或碱，则Cl^-必须以离子解离部分的浓度代替，因为只有这部分离子才对电导值有影响。对酸或碱，可利用pK值和溶液的pH值计算电离的程度。

2. 化学抑制型电导检测器的应用范围

使用抑制器后，一般可使强酸或强碱的信噪比提高一个数量级以上，对于某些弱酸、弱碱，由于检测器是在抑制后的中性pH值条件下进行，灵敏度不如强电解质高，但与非抑制的电导检测相比，信噪比的改善还是明显的。化学抑制型电导检测器是电厂水分析中最常用的检测器。

化学抑制型电导检测器对水溶液中以离子形态存在的组分是一种具有较高灵敏度的通用检测器。不论待测组分是无机物还是有机物，只要其进入检测池时是以离子状态存在，首选的检测器便应考虑电导检测器。各种强酸、强碱的阴阳离子，如氯离子、硫酸根、三氟乙酸、钠离子和钾离子等在电导检测器上均有很好的检测灵敏度。一些弱酸离子由于其不完全电离，测定的灵敏度稍低，通常可以通过改变流动相的pH值使待测组分达到最大限度的解离来提高灵敏度。对于阴离子交换色谱，$pK_a>6$的阴离子灵敏度较低，$pK_a>7$时则不被检测。一些有机酸无论是带有羧基、磺酸基，还是膦酸基官能基，其pK_a均在4.75以下，因此大都可以用电导检测器检测。绝大部分的有机阳离子是铵离子。脂肪胺的pK_b在10左右，易于检测，而芳香胺和杂环胺的pK_b在2～7之间，在电导检测器上的检测灵敏度很低，但可以用紫外吸收或直流安培进行检测。

3. 影响电导测定的因素

(1) 浓度。根据式(5-7)，溶液的电导与溶液中溶质的浓度呈线性关系，同时这种线性关系也受溶液中离子的电离度、离子的迁移率和溶液中离子对的形成等因素的影响。

(2) 温度对电导的影响。温度是严重影响电导的另一个因素。一般来说，温度和电导率在一定范围内存在线性关系，因此必须消除和减弱温度对电导测定的影响。这些可以通过保持电导池温度的恒定或通过电导率乘以一个与温度有关的校正因子，将测定值修正到温度为25℃时的电导率。

二、安培检测器

安培检测器是一种用于测量电活性分子在工作电极表面发生氧化或还原反应时所产生电流变化的检测器，它由恒电位器和三种电极组成。在外加电压的作用下，被测物质在电极表面发生氧化或还原反应，在检测池内产生电解反应。当氧化反应时，电子由电活性被测物质向安培池的工作电极方向移动；当还原反应时，电子由工作电极向被测物质方向移动。

安培检测器根据所施加电压方式的不同分为以下几种：在工作电极上施加单电位时，称为直流安培法；采用多重顺序电位的为脉冲安培法和积分安培法。

在直流安培法中，一个固定电位连续施加到安培池上，被测物质在工作电极表面的氧化或还原作用产生电流，所产生的电流大小与进行电化学反应的被测物质浓度成正比。

单电位时，由于一些反应产物使电极表面“中毒”，导致测定重现性差和检测的灵敏度迅速降低。用多电位时，选择第二电位、第三电位，甚至第四电位（在特定的时间内）形成电化学清洗电极表面的依次重复的电位，这样就可以得到好的重现性，测定那些无法用单电位安培法测定的组分。当采用脉冲安培法时，施加电位、脉冲时间和工作电极的材料都可以根据被测物进行选择、优化，以达到高的灵敏度和选择性。

安培检测器主要使用四种不同材料的工作电极：银电极、金电极、铂电极和玻碳电极。表5-2列出了四种电极的应用范围。

表5-2　安培检测器中工作电极的应用范围及其测试条件

待测物	检测方法	工作电极	条件
醇、乙二醇	脉冲安培	Pt	流动相pH<2
碘离子	直流安培	Pt	0.8V
亚硫酸根离子	直流安培	Pt	酸性流动相，阴离子分离，0.7V
伯胺、仲胺、叔胺	脉冲安培	Au	流动相pH>11
伯胺、仲胺、叔胺	积分安培	Au	流动相pH>11
糖	脉冲安培	Au	流动相pH>11
硫化物、硫醇、氨基酸	积分安培	Au	0.28V，阴离子分离
氰化物、硫化物	直流安培	Ag	阴离子交换，流动相pH>10，0.05V
儿茶酚胺、酚	直流安培	玻碳	0.6～1.2V

三、光学检测器

紫外-可见光检测器在离子色谱中的应用越来越广泛，原因是它具有独特的优点：①选择性好，通过波长的改变，便可选择性地进行检测；②应用面广，除可用于离子型的过渡金属、镧系元素的分析外，其紫外检测器还广泛用于有机酸及其他有机化合物的测定；③灵敏度高，很容易进行“$\mu g/L$”级的测定。

1. 紫外-可见光检测器的基本原理与结构

紫外-可见光检测器的基本原理是以朗伯-比尔定律为基础的。根据定律，光强度减弱的关系为

$$A = \lg \frac{I_0}{I} = \varepsilon c L \qquad (5\text{-}9)$$

式中 A——吸光度；

I_0——入射光强度；

I——透射光强度；

ε——摩尔吸收系数；

c——待测物的浓度；

L——溶液层厚度。

在一定条件下，εL 趋向于常数 K，则

$$A = Kc \qquad (5\text{-}10)$$

被测溶液的吸光度与其浓度呈正比。

紫外-可见光检测器由光源、分光系统、流动池检测系统三大部分组成。

2. 紫外检测器

与 HPLC 相比较，UV 检测在 IC 的检测方法中并不占据重要的地位，因为许多无机阴离子在紫外区域无吸收，但对电导检测是一个重要的补充。UV 检测器特别适合于在高浓度 Cl^- 存在条件下测定样品中痕量的 Br^-、I^-、NO_2^- 和 NO_3^-，因为 Cl^- 对 UV 检测不灵敏。

3. 可见光检测器与柱后衍生技术

紫外-可见光检测法在离子色谱中最重要的应用是通过柱后衍生技术测量过渡金属和镧系元素。用吡啶 2,6-二羧酸或草酸为淋洗液（简称 PDCA）分离过渡金属，最常用的显色剂是 4-(2-吡啶偶氮）间苯二酚（PAR），它能与 34 种金属起反应。

第五节 离子色谱仪

离子色谱仪分为两大类：一类是以抑制电导检测为基础的双柱流程离子色谱仪，另一类是以直接电导检测为基础的单柱流程离子色谱仪。两者的主要区别在于前者带有化学抑制系统，在电厂水分析中使用的是前者。图 5-9 所示为离子色谱仪结构示意图。离子色谱仪一般都具备淋洗液贮罐、淋洗液泵、进样阀、分离柱、抑制器、检测器、数据处理系统等主要部件。从图 5-9 可见，淋洗液贮罐中贮存的淋洗液（常需脱气）经过滤后由淋洗液泵输送到分析柱，试样由进样阀注入载液系统，而后送到分析柱进行分离，分离后的各组分经过抑制器后，由检测器检测响应信号，数据处理系统记录并显示离子色谱图。

离子色谱仪的结构形式有两大类：一类为整体结构；另一类为组合积木式结构。前者较

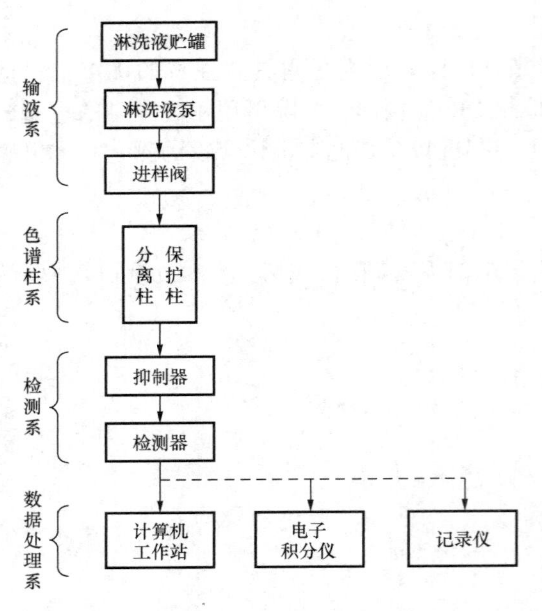

图 5-9 离子色谱仪结构示意图

紧凑，适合常规控制分析；后者方便、灵活，便于更换各部件，组合新分析流程和连接新的部件。

离子色谱仪的流动相要求有耐酸碱腐蚀的流路系统，凡是流动相通过的管道、阀、泵、柱子及接头等不仅要求耐高压，而且要耐酸碱腐蚀。采用 PEEK 材料的全塑 IC 系统能满足以上要求。现将离子色谱仪的主要部件简述如下。

一、输液系统

输液系统主要包括淋洗液贮罐、淋洗液泵、进样阀等。一般商品仪器均配有聚丙烯或高密度聚乙烯材质的耐压淋洗液贮罐及再生液贮罐。在配制各种淋洗液和再生液时应使用电导率小于 0.06μS/cm 的去离子水，水中不应有直径大于 0.2μm 的颗粒物和微生物，以免污染和堵塞色谱柱、泵、阀门及流路系统中的其他部件。

淋洗液泵是离子色谱仪的重要部件。由于色谱柱很细（2～5mm），填料粒度很小（常用颗粒直径为 5～10μm），因此阻力很大，为达到快速、高效的分离，必须使用高压输液泵。对高压输液泵来说，一般要求压力为 150×10^5～350×10^5Pa，关键是要流量稳定，因为它不仅影响柱效能，而且直接影响峰面积的重现性和定量分析的精密度，还会引起保留值和分辨能力的变化；另外，要求压力平稳、无脉动，这是因为压力的不稳和脉动的变化对很多检测器来说是很敏感的，它会使检测器的噪声加大，仪器的最小检测量变差；对于流速也要有一定的可调范围，因为淋洗液的流速是分离条件之一。现代离子色谱仪多采用用微机控制的高精度、无脉冲双往复泵。

在离子色谱中，进样方式及试样体积对柱效能有很大影响。为了保证测定的精密度，几乎所有离子色谱仪均采用进样阀进样。通过进样阀（常用六通阀）直接向压力系统内进样而不必停止流动相的流动。六通进样阀的原理如图 5-10 所示。操作分两步进行。当阀处于装样位置（准备）时，1 和 6、2 和 3 连通，试样用注射器由 4 注入一定容积的定量环中。根据进样量的大小，接在阀上的定量环按需要选用。注入试样溶液的量要比定量环的容积大，多余的试样溶液通过连接 6 的管道溢出。进样时，将阀芯沿顺时针方向迅速旋转 60°，使阀处于进样位置（工作），这时 1 和 2、3 和 4、5 和 6 连通，将贮存于定量环中固定体积的试样送入分离柱中。

如上所述，进样体积是由定量环的体积严格控制的，因此进样准确，重现性好，适于做定量分析。更换不同体积的定量环，可调整进样量，以适合不同的测试要求。

二、色谱柱系统

离子色谱分析柱是离子色谱仪最重要的部件之一。柱管材料应是惰性的，一般均在室温下使用。高效柱和特殊性能分离柱的研制成功是离子色谱迅速发展的关键。随着新型离子交换柱填料的发展，IC 技术已成功地扩展到多种基体中有机和无机离子的测定。制备性能优

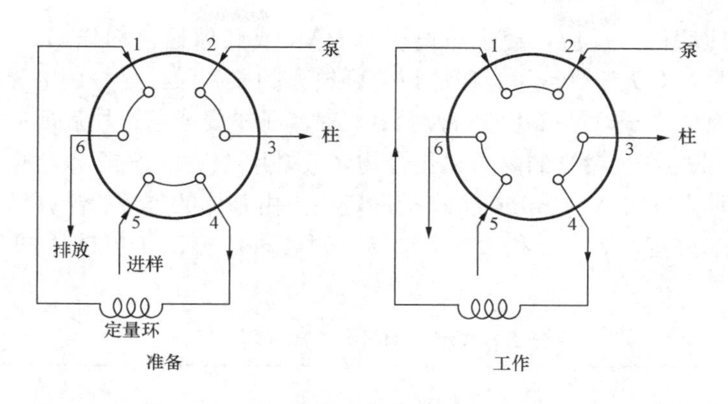

图 5-10　六通进样阀的原理

良的色谱柱，不仅要考虑柱填料的性能，而且柱管材料、柱头结构、连接工艺等条件和装柱工艺也十分重要。柱管材料的强度和内壁的光洁度对柱效有显著的影响。目前常用的离子色谱柱是内径为 2～5mm，长度为 15～30cm 的直形 PEEK 或不锈钢柱；填料颗粒度为 5～10μm。色谱柱发展的一个重要趋势是减小填料颗粒度以提高柱效，这样可以使用更短的柱，提高分析速度。

在离子色谱中，柱温度对分离有很大影响，当柱温低于 20℃时，柱分离效率下降。离子色谱仪可配备恒温柱箱。

三、检测系统

检测系统包括抑制器和检测器。抑制器是抑制型电导检测器的关键部件，高的抑制容量，低的死体积，能自动连续工作，不用复杂和有害的化学试剂是现代抑制器的主要特点。电导检测器是离子色谱法中使用最广泛的检测器。关于检测器已在第四节中做了介绍，本节不再赘述。

四、数据处理系统

现代离子色谱仪均配备有计算机控制的色谱工作站，色谱工作站除做数据处理之外，还可以控制仪器，半智能地帮助使用者选择和优化色谱条件。使用色谱工作站，可以轻松、准确地完成测试，获得校正曲线、测试结果以及精密度数据等。

第六节　离子色谱分析方法的开发步骤

一、分离方式和检测方式的选择

分析者对待测离子应有一些一般信息，首先应了解待测化合物的分子结构和性质，以及样品的基体情况，如无机还是有机离子、离子的电荷数、是酸还是碱、亲水还是疏水、是否为表面活性化合物等。待测离子的疏水性和水合能是决定选用何种分离方式的主要因素。水合能高和疏水性弱的离子，如 Cl^- 或 K^+，最好用 HPIC 分离；水合能低和疏水性强的离子，如高氯酸（ClO_4^-）或四丁基铵，最好用亲水性强的离子交换分离柱或 MPIC 分离；有一定疏水性，也有明显水合能的，且 pK_a 值为 1～7 的离子，如乙酸盐或丙酸盐，最好用 HPICE 分离；有些离子，既可用阴离子交换分离，也可用阳离子交换分离，如氨基酸、生物碱和过渡金属等。

很多离子可用多种检测方式。例如测定过渡金属时，可用单柱法直接用电导或脉冲安培检测器，也可用柱后衍生反应，使金属离子与PAR或其他显色剂作用，再用UV/VIS检测。一般的规律是：对无紫外或可见吸收以及强电离的酸和碱，最好用电导检测器；具有电化学活性和弱电离的离子，最好用安培检测器；对离子本身或通过柱后反应生成的络合物在紫外-可见有吸收或能产生荧光的离子和化合物，最好用UV/VIS或荧光检测器。若对所要解决的问题有几种方案可选择，分析方案的确定主要由基体的类型、选择性、过程的复杂程度以及是否经济来决定。表5-3和表5-4总结了对各种类型离子可选用的分离方式和检测方式。

表5-3　　分离方式和检测器的选择（阴离子）

分析离子				分离方式	检测器类型
无机阴离子	亲水性	强酸	F^-、Cl^-、NO_2^-、Br^-、SO_3^{2-}、NO_3^-、PO_4^{3-}、SO_4^{2-}、ClO^-、ClO_2^-、ClO_3^-、BrO_4^-、低分子量有机酸	阴离子交换	电导率、UV率
			SO_3^{2-}	离子排斥	安培率
			砷酸盐、硒酸盐、亚硒酸盐	阴离子交换	电导率
			亚砷酸盐	离子排斥	安培率
		弱酸	BO_3^{2-}、CO_3^{2-}	离子排斥	电导率
			SiO_3^{2-}	离子交换、离子排斥	柱后衍生、VIS
	疏水性		CN^-、HS^-（高离子强度基体）	离子排斥	安培率
			BF_4^-、$S_2O_3^{2-}$、SCN^-、ClO_4^-、I^-	阴离子交换、离子对	电导率
	缩合磷酸剂 多价螯合剂		未络合	阴离子交换	柱后衍生、VIS
			已络合	阴离子交换	电导率
	金属络合物		$Au(CN)_2^-$、$Au(CN)_4^-$、$Fe(CN)_6^{4-}$、$Fe(CN)_6^{3-}$、EDTA-Cu	离子对	电导率
				阴离子交换	电导率
有机阴离子	羧酸	一价	脂肪酸，$C<5$（酸消解样品、盐水、高离子强度基体）	离子排斥	电导率
			脂肪酸，$C>5$ 和芳香酸	离子对/阴离子交换	电导率、UV
		一至三价	一元、二元、三元羧酸＋无机阴离子	阴离子交换	电导率
			羟基羧酸、二元和三元羧酸＋醇	离子排斥	电导率
	磺酸		烷基磺酸盐、芳香磺酸盐	离子对，阴离子交换	电导率、UV
	醇类		$C<6$	离子排斥	安培率

表5-4　　分离方式和检测器的选择（阳离子）

分析离子			分离方式	检测器类型
无机阳离子		Li^+、Na^+、K^+、Rb^+、Cs^+、Mg^{2+}、Ca^{2+}、Sr^{2+}、Ba^{2+}、NH_4^+	阳离子交换	电导率
	过渡金属	Cu^{2+}、Ni^{2+}、Zn^{2+}、Co^{2+}、Cd^{2+}、Pb^{2+}、Mn^{2+}、Fe^{2+}、Fe^{3+}、Sn^{2+}、Sn^{4+}、Cr^{3+}、V^{4+}、V^{5+}、UO_2^+、Hg^{2+}	阴离子交换/阳离子交换	柱后衍生 VIS 电导率
		Al^{3+}	阳离子交换	柱后衍生 VIS
		Cr^{6+}（CrO_4^{2-}）	阴离子交换	柱后衍生 VIS
	镧系金属	La^{3+}、Ce^{3+}、Pr^{3+}、Nd^{3+}、Sm^{3+}、Eu^{3+}、Gd^{3+}、Tb^{3+}、Dy^{3+}、Ho^{3+}、Er^{3+}、Tm^{3+}、Yb^{3+}、Lu^{3+}	阴离子交换、阳离子交换	柱后衍生 VIS

续表

分析离子		分离方式	检测器类型
有机阳离子	低分子量烷基胺、醇胺、碱金属和碱土金属	阳离子交换	电导率、安培率
	高分子量烷基胺、芳香胺、环己胺、季胺、多胺	阳离子交换，离子对	电导率、紫外、安培率

离子色谱柱填料的发展推动了离子色谱应用的快速发展，对多种离子分析方法的开发提供了多种可能性。特别应提出的是在 pH＝0～14 的水溶液和 100％有机溶剂（反相高效液相色谱用有机溶剂）中已具有稳定的亲水性。目前，高效、高容量商品化的柱填料使得离子交换分离的应用范围更加广泛。常见的在水溶液中存在的离子包括无机和有机离子，以弱酸的盐或碱（Na_2CO_3/$NaHCO_3$、KOH、NaOH）、强酸（H_2SO_4、甲基磺酸、HNO_3、HCl）为流动相，阴离子交换或阳离子交换分离，电导检测已是成熟的方法，有成熟的色谱条件可参照。对近中性的水可溶的有机“大”分子（相对常见的小分子而言），若待测化合物为弱酸，则由于弱酸在强碱性溶液中会以阴离子形态存在，所以选用较强的碱为流动相，阴离子交换分离；若待测化合物为弱碱，则由于在强酸性溶液中会以阳离子形态存在，选用较强的酸作流动相，阳离子交换分离；若待测离子的疏水性较强，由于与固定相之间的吸附作用而使保留时间较长或峰拖尾，则可在流动相中加入适量有机溶剂，减弱吸附，缩短保留时间，改善峰形和选择性。对该类化合物的分离也可选用离子对色谱分离，但流动相中一般含有较复杂的离子对试剂。此外，对弱保留离子可选用高容量柱和弱淋洗液以增强保留；对强保留离子则反之。表 5-3 和表 5-4 列出了离子色谱中常用的两种主要检测器：电化学检测器（包括电导和安培）、光学检测器。在水溶液中以离子形态存在的离子，即较强的酸或碱，应选用电导检测器。具有对紫外或可见光有吸收的基团，经柱后衍生反应后（IC 中较少用柱前衍生）生成有吸光基团的化合物，选用光学检测器。具有在外加电压下可发生氧化或还原反应的基团的化合物，可选用直流安培或脉冲安培检测。对一些复杂样品，为了一次进样得到较多的信息，可将两种或三种检测器串联使用。

二、色谱条件的优化

1．改善分离度

（1）稀释样品。对组成复杂的样品，若待测离子对树脂亲和力相差颇大，则要做几次进样，并用不同浓度或强度的淋洗液或梯度淋洗。若待测离子之间的浓度相差较大，而且对固定相亲合力差异较大，增加分离度的最简单方法是稀释样品或做样品前处理。例如盐水中 SO_4^{2-} 和 Cl^- 的分离，若直接进样，在常用的分析阴离子的色谱条件下，其色谱峰很宽而且拖尾，30min 之后 Cl^- 的洗脱仍在继续，表明进样量已超过分离柱容量。在这种情况下，在未恢复稳定基线之前不能再进样。若将样品稀释 10 倍之后再进样，就可得到 Cl^- 与痕量 SO_4^{2-} 之间的较好分离。对阴离子分析推荐的最大进样量一般为静态柱容量的 30％，超过这个范围就会出现大的平头峰或肩峰。

（2）改变分离和检测方式。若待测离子对固定相亲合力相近或相同，样品稀释的效果常不令人满意。对这种情况，除了选择适当的流动相之外，还应考虑选择适当的分离方式和检测方式。例如 NO_3^- 和 ClO_3^-，由于它们的电荷数和离子半径相似，在阴离子交换分离柱上共淋洗，但 ClO_3^- 的疏水性大于 NO_3^-，在离子对色谱柱上就很容易分开了。又如 NO_2^- 与

Cl^-在阴离子交换分离柱上的保留时间相近，常见样品中Cl^-的浓度又远大于NO_2^-，使分离更加困难，但NO_2^-有强的UV吸收，而Cl^-则很弱，因此应改用紫外作检测器测定NO_2^-，用电导检测Cl^-，或将两种检测器串联，于一次进样同时检测Cl^-与NO_2^-。对高浓度强酸中有机酸的分析，若采用离子排斥，由于强酸不被保留，在死体积排除将不干扰有机酸的分离。

（3）样品前处理。对高浓度基体中痕量离子的测定，例如海水中阴离子的测定，最好的方法是对样品做适当的前处理。除去过量Cl^-的前处理方法有：使样品通过Ag^+型前处理柱除去Cl^-，或进样前加$AgNO_3$到样品中沉淀Cl^-；也可用阀切换技术，其方法是使样品中弱保留的组分和90%以上的Cl^-进入废液，只让10%左右的Cl^-和保留时间大于Cl^-的组分进入分离柱进行分离。

（4）选择适当的淋洗液。离子色谱分离是基于淋洗离子和样品离子之间对树脂有效交换容量的竞争，为了得到有效的竞争，样品离子和淋洗离子应有相近的亲和力。下面举例说明选择淋洗液的一般原则。用CO_3^{2-}/HCO_3^-作淋洗液时，在Cl^-之前洗脱的离子是弱保留离子，包括一价无机阴离子、短碳链一元羧酸和一些弱电离的组分，如F^-、$HCOO^-$、CH_3COO^-、AsO_2^-、CN^-和S^{2-}等。对$HCOO^-$、CH_3COO^-、与F^-、Cl^-等的分离应选用较弱的淋洗离子，常用的弱淋洗离子有HCO_3^-、OH^-和$B_4O_7^{2-}$。由于HCO_3^-和OH^-易吸收空气中CO_2，CO_2在碱性溶液中会转变成CO_3^{2-}，CO_3^{2-}的淋洗强度较HCO_3^-和OH^-大，因而不利于上述弱保留离子的分离。$B_4O_7^{2-}$也为弱淋洗离子，但溶液稳定，是分离弱保留离子的推荐淋洗液。中等强度的碳酸盐淋洗液对高亲和力组分的洗脱效率低。对离子交换树脂亲和力强的离子有两种情况，一种是离子的电荷数大，如PO_4^{3-}、AsO_4^{3-}和多聚磷酸盐等；另一种是离子半径较大，疏水性强，如I^-、SCN^-、$S_2O_3^{2-}$、苯甲酸和柠檬酸等。对前者以增加淋洗液的浓度或选择强的淋洗离子为主。对后一种情况，推荐的方法是在淋洗液中加入有机改进剂（如甲醇、乙腈和对氰酚等）或选用亲水性的柱子，有机改进剂的作用主要是减少样品离子与离子交换树脂之间的非离子交换作用，占据树脂的疏水性位置，减少疏水性离子在树脂上的吸附，从而缩短保留时间，减少峰的拖尾，并增加测定灵敏度。

在离子色谱中，可通过加入不同的淋洗液添加剂来改善选择性，这种淋洗液添加剂只影响树脂和所测离子之间的相互作用，而不影响离子交换。对与树脂亲和力较强的离子，如一些可极化的离子、I^-、ClO_4^-以及疏水性的离子、苯甲酸和三乙胺等，在淋洗液中加入适量极性的有机溶剂，如甲醇或乙腈，可缩短这些组分的保留时间，并改善峰形的不对称性。为了减少样品离子与树脂之间的非离子交换作用，减少树脂对疏水性离子的吸附，在阴离子分析中，可在淋洗液中加入对氰酚。如测定1% NaCl中的痕量I^-和SCN^-时，加入氰酚占据树脂对I^-和SCN^-的吸附位置，从而减少峰的拖尾，并增加测定的灵敏度。IC中，一价淋洗离子洗脱一价待测离子，二价淋洗离子洗脱二价待测离子，淋洗液浓度的改变对二价和多价待测离子保留时间的影响大于一价待测离子。若多价离子的保留时间太长，增加淋洗液的浓度是较好的方法。

2. 减少保留时间

缩短分析时间与提高分离度的要求有时是相矛盾的。在能得到较好分离结果的前提下，分析的时间应越短越好。为了缩短分析时间，可改变分离柱容量、淋洗液流速、淋洗液强度，在淋洗液中加入有机改进剂和用梯度淋洗的技术。

以上方法中最简便的是减小分离柱的容量或用短柱。例如用 $\phi3\times500$mm 分离柱分离 NO_3^- 和 SO_4^{2-}，需用 18min；而用 $\phi3\times250$mm 的分离柱，用相同浓度的淋洗液只用 9min。但 NO_3^- 和 SO_4^{2-} 的分离不好，若改用稍弱的淋洗液就可得到较好的分离。

大的进样体积有利于提高检测灵敏度，但会导致大的系统死体积，即大的水负峰，因而推迟样品离子的出峰时间。如在 Dionex 的 AS11 柱上用 NaOH 为淋洗液，进样量分别为 25、250μL 和 750μL 时，F^- 的保留时间分别为 2.0、2.5min 和 3.6min。为了减小保留时间，最好用小的进样体积。

增加淋洗液的流速可缩短分析时间，但流速的增加受系统所能承受的最高压力的限制。对分离性能不好的离子交换组分来说，流速的改变将较大地影响分离度。例如对 Br^- 和 NO_2^- 之间的分离，当流速增加时分离度降低很多；当分离离子主要是 NO_3^- 和 SO_4^{2-} 时，甚至在很高的流速时，它们之间的分离度仍很好。

增加淋洗液的强度对分离度的影响与缩短分离柱或增加淋洗液的流速相同。用较强的淋洗离子可加速离子的淋洗，但对弱保留和中等保留的离子，则会降低分离度。当用弱淋洗液（如 $B_4O_7^{2-}$）分离弱保留样品离子时，其弱保留离子，如奎尼酸盐、F^-、乳酸盐、乙酸盐、丙酸盐、甲酸盐、丁酸盐、甲基磺酸盐、丙酮酸盐、戊酸盐、一氯醋酸盐、BrO_3^- 和 Cl^- 等得到较好分离。但一般样品中都含有一些对阴离子交换树脂亲和力强的离子，如 SO_4^{2-}、PO_4^{3-}、草酸盐等，如果用等浓度淋洗，它们将在 1h 之后，甚至更长时间才被洗脱。对这种情况，应于 3～5 次进样之后，用高浓度的强淋洗液做样品进样，将强保留组分从柱中推出来，或者用较强的淋洗液洗柱子 1/2h。在淋洗液中加入有机改进剂，可缩短保留时间和减小峰的拖尾。

3. 改善检测灵敏度

首先按说明书操作，使仪器在最佳工作状态得到稳定的基线，才可将检测器的灵敏度设置在较高灵敏挡，这是提高检测灵敏度的最简单方法，但此时基线噪声也随之增大。

第二种方法是增加进样量。直接进样，进样量的上限取决于保留时间最短的色谱峰与死体积之间的时间，例如用 IonPac CS12A 柱，12mmol/L 硫酸作淋洗液。进样体积 1300μL，可直接用电导检测低 μg/L 级的碱金属和碱土金属，如图 5-11 所示。图中，Li^+（保留时间最小的峰）的保留时间为 4.1min，水负峰在 1.6min，Li^+ 峰与水负峰之间相隔达 2.5min，因此可直接用大体积进样。而在阴离子分析中，若用 CO_3^{2-}/HCO_3^- 作流动相，由于 F^- 峰（保留时间最短的峰）靠近水负峰，若增加进样体积，水负峰增大，F^- 的峰甚至与水负峰分不开；另外，由于 F^- 的保留时间一般小于 2min，若进样量大于 1mL，流速为 1 ～2mL/min，F^- 没有足够的时间参加色谱过程，因此峰拖尾定量困难。

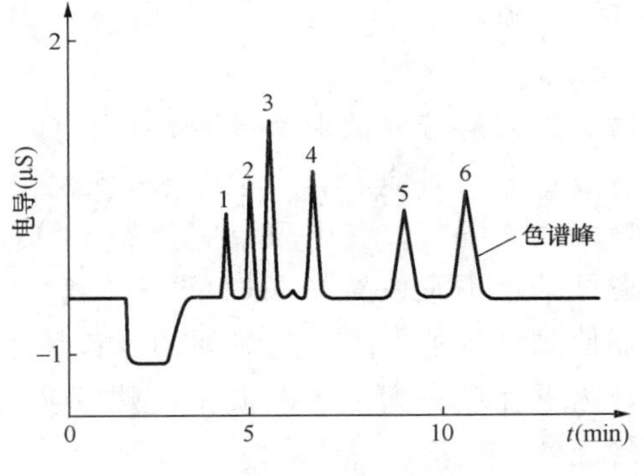

分离柱：IonPac CS12A，2mm；
淋洗液：12mmol/L H_2SO_4；
进样体积：1300μL；检测器：抑制型电导

图 5-11　大体积进样测定低含量（μg/L）的阳离子

1—Li^+(1)；2—Na^+(4)；3—NH_4^+(5)；
4—K^+(10)；5—Mg^{2+}(5)；6—Ca^{2+}(10)

若用亲水性强的固定相，以 NaOH 为淋洗液，特别是梯度淋洗时，由于梯度淋洗开始时 NaOH 浓度低，又由于通过抑制器之后的背景溶液是低电导的水，几乎无水负峰，这种情况可适当增大进样量。若进样量为 1000μL 可直接测定 0.1μg/L 的常见阴离子。

第三种方法是用浓缩柱，但一般只用于较清洁样品中痕量成分的测定。用浓缩柱时要注意，不要使分离柱超负荷。柱子的动态离子交换容量小于理论值的 30%。用浓缩柱富集 F^- 时，若样品中同时还含有保留较强的离子，如 SO_4^{2-} 或 PO_4^{3-} 等，则 F^- 的回收不好。其原因是样品中的 SO_4^{2-} 或 PO_4^{3-} 也起淋洗离子的作用，可将弱保留的 F^- 部分洗脱下来。对弱保留的离子，若浓缩柱的柱容量不是足够大，则用加大进样量的方法所得到的结果较用浓缩柱好。

第四种方法是用微孔柱。离子色谱中常用的标准柱的直径为 4mm，微孔柱的直径为 2mm。因为微孔柱较标准柱的体积小 4 倍，在微孔柱中进同样（与标准柱）质量的样品将在检测器产生 4 倍于标准柱的信号。从动力学的角度考虑，在相同的流动线速度下，内径较大的柱子比内径较小的柱子有较大的洗脱体积，因此样品在内径较大的柱子内被稀释的程度较内径较小的柱子严重；另外，内径较小的柱子在进行离子交换时更易洗脱，同时死体积较小，因此即使进样量较大也不会出现色谱峰严重拖尾的现象，同时可以避免使用浓缩柱时可能会出现的由于过高的基体造成某些待测离子不能定量保留的现象，而且淋洗液的用量只为标准柱的 1/4，因而减少了淋洗液的消耗。

第七节 离子色谱在电厂水汽测试中的应用

一、样品采集与分析前的准备

进行痕量分析时，其分析结果的准确程度与操作中样品的玷污程度有着密切的关系。样品在采集与分析过程中极易受到玷污，特别是当测定范围降低到“μg/L”级以下时，玷污对分析结果的准确度会带来严重影响，且浓度越低，影响越严重。每一件容器、试剂以及每一个分析步骤都是潜在的污染源。因此，为了得到准确的分析结果，对样品采集、分析的各个环节应给予注意。

1. 实验用水

水是超痕量分析中用量最大的试剂，水的纯度关系到超痕量分析工作的成败。因此，进行痕量分析时应注意实验用水的纯度。在离子色谱痕量分析时，用于配制淋洗液和标准液的去离子水，其电阻率应为 17.8MΩ · cm 以上，纯水的理论电阻率是 18.3MΩ · cm。制备好的水不宜放置过长时间，二氧化碳能够穿透存放去离子水的聚乙烯容器的器壁，从而使高纯水的电阻率随时间的延长呈下降趋势，贮存两周后，电阻率下降约 10 倍。因此，为了保证去离子水的质量，建议实验室配置高纯水器，用新制备的去离子水配制标准溶液和淋洗液。

2. 样品瓶和容量瓶

进行痕量分析时，应选用聚丙烯或高密度聚乙烯材质的样品瓶和容量瓶，使用前可先用 1+1 硝酸溶液浸泡，然后用去离子水充分清洗，反复浸泡，并测定样品瓶和容量瓶的空白，直至确认容器已清洗合格（没有杂质峰）。用去离子水注满样品瓶和容量瓶，旋紧盖子备用。取样时，将瓶内去离子水倒净，先用欲采集水样冲洗样品瓶两次，再将水样注入瓶内至溢出，旋紧瓶盖。取样时，须防止采样管和手触及瓶口。

3. 标准溶液配制与保存

配制1000mg/L标准储备液时，应准确称量其干燥的盐（基准纯以上纯度），用去离子水配制，储存于聚丙烯或高密度聚乙烯瓶中，通常标准储备液可在冷藏箱内（4℃）保存3个月。配制混合标准工作溶液，可用标准储备液稀释。为保证校正标准的可靠性，在1～1000μg/L范围内的标准溶液每隔一周要重新配制，低于1μg/L的标准溶液要当天配制，并且只允许在配制后的6h内使用。标准溶液在其有效期内应在适当温度下保存，一般是放在冷藏箱内（4℃）保存。

进行痕量分析时，应测量配制、存放标准液所用的容量瓶和试剂瓶的空白，确保没有污染，所用水应与前述实验用水一样；痕量级的标准最好用称量法配制。另外，为了检查仪器的重现性，可在分析每批样品时向其中插入一个标准溶液，如有较大偏差，应重新测定标准。

二、电厂水、汽痕量分析

电厂水、汽中通常含有的阴离子有F^-、Cl^-、PO_4^{3-}、SO_4^{2-}、$HCOO^-$和CH_3COO^-，含量一般在“μg/L”级。一般情况下，采用大容积样品定量环直接进样方式可以得到满意的测试结果，如图5-12所示。如果大容积样品定量环直接进样方式不能满足测试要求，可采用浓缩柱预浓缩水样方式进行测试。阴离子分离柱选择使用氢氧化钠或氢氧化钾为淋洗液的柱子较好，因为氢氧根型淋洗液经过抑制器后转化为水，背景电导降低，有利于提高测试灵敏度；选择微孔柱（2mm），灵敏度要高于内径较大的柱子。另外，选用在线淋洗液（KOH）发生器能够有效地保证淋洗液的纯度，而且进行梯度淋洗也非常方便。电厂水、汽中阳离子测试方面，通常要测试氨化水中痕量的钠离子。一般情况下，选择合适的阳离子分离柱，如CS15柱，采用大容积样品定量环直接进样方式，可以得到满意的测试结果。同样，为保证淋洗液的纯度，建议使用在线淋洗液（甲烷磺酸）发生器。

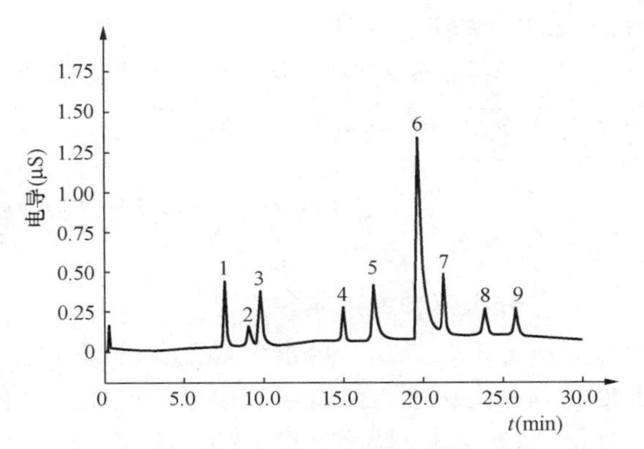

分离柱：IonPac AS15(2mm)；
淋洗液：KOH梯度(8～55mmol/L)；
进样体积：1000μL；检测器：抑制型电导

图5-12 大体积进样测定低含量(μg/L)的阴离子

1—F^-(2.5)；2—CH_3COO^-(5.0)；3—$HCOO^-$(5.0)；
4—Cl^-(2.5)；5—NO_2^-(5.0)；6—CO_3^{2-}(5.0)；
7—SO_4^{2-}(5.0)；8—NO_3^-(5.0)；9—PO_4^{3-}(7.5)

直接进样一般是用注射器，因为已经发现注射器上的橡胶头是污染源之一，所进样时可用抽的方式，用注射器将水样吸入样品定量环中。

三、测试结果的质量控制

为了确保痕量分析结果的准确性，建立一个质量保证与质量控制（QA/QC）体系是非常重要的。质量保证与质量控制的内容主要包括以下方面：

（1）仪器性能的定期校验。校验的项目包括检测器、检测池、分析泵流速、系统的压力以及分离柱的柱效等。

（2）确保实验室用标准溶液的准确性。标准贮备液应选用有计量认证的商品，标准贮备液应放在冷藏箱内（4℃）保存，时间为3～6个月。配制的标准工作溶液，其保存期建议不要超过一周，低于1μg/L的要当日配制。另外，在配制和保存时要格外注意避免玷污。

（3）在分析过程中经常对使用的标准曲线进行校正。通常的做法是当日用校核标准来验证。此外，所使用的标准溶液与待测样品中离子的浓度要接近（标准的浓度可稍高于样品的浓度范围，并尽量使待测组分的浓度位于标准曲线的中段），否则可能会造成样品测定结果和谱峰保留时间的误差。

（4）对于浓度低和较小的色谱峰，选用峰高可以改善其准确度。对较大的色谱峰，采用峰面积的方法较好。

（5）样品的进样量至少为实际进样量的4倍，以便对样品定量环和管路进行冲洗，彻底清除上次样品的残留物。

第八节　仪器的日常维护及常见故障排除

一、分析泵和输液系统

高压分析泵是离子色谱仪最重要的部件之一。分析泵的作用主要是采用等浓度或梯度浓度方式，在高压下将淋洗液经由进样阀输送到色谱柱内，并对待测物进行洗脱。分析泵性能的好坏直接影响仪器测试结果的可靠性。为适应离子色谱分离的需要，新型离子色谱仪在其承受压力部分和流动相通过的流路均由耐腐蚀的PEEK材料制造，PEEK材料不但能够承受强酸、强碱的腐蚀，对反相有机溶剂也能完全兼容。

高压分析泵和输液系统主要由高压输液泵、压力传感器、启动阀、单向阀、淋洗液瓶和输液管路等部分组成。

1. 分析泵常见故障与排除

高压泵工作正常的情况下，系统压力和流量稳定，噪声很小，色谱峰形正常。反之，高压泵工作不正常时，系统压力波动较大，产生噪声，流量不稳，并导致色谱峰形变差（出现乱峰）。产生以上情况的原因有多种，下面分别予以叙述。

（1）淋洗液的脱气与泵内气泡的排除。仪器初次使用或更换淋洗液时，管路中的气泡容易进入泵内，造成系统压力和流量的不稳定，同时分析泵电动机为维持系统压力的平衡而加快运转产生噪声。另外，分析泵工作时要求能够提供足够的淋洗液，否则分析泵容易抽空。因此淋洗液瓶需要施加一定的压力，通常施加的压力小于35kPa。对于一些容易产生气体的溶液，如加入甲醇的淋洗液，可先用真空泵脱气的办法除去溶液中大部分的气体，再于系统中用惰性气体（氦气或高纯氮气）在线脱气的办法处理。

已经进入泵内的气泡可以通过启动阀排除。具体方法是：先停泵，用一个10mL的注射器在启动阀处向泵内注射去离子水或淋洗液，反复几次直到气泡排除为止，然后再将泵启动。

（2）系统压力波动大，流量不稳。系统中进了空气或者单向阀的宝石球与阀座之间有颗粒物，使得两者不能闭合密封，需卸下单向阀浸入盛有乙醇的烧杯中用超声波清洗。

当使用了浓度较高的淋洗液后，如0.2mol/L NaOH，建议停机前用去离子水冲洗系统至中性，以免一些盐沉淀在单向阀内。此外，分析泵上的压力传感器用来探测液体流动时的压力变化，并将其变化反馈至分析泵电路来调整电动机的转速。压力传感器有故障时也会造成压力的波动，应检查传感器旋扭上的O形密封圈是否磨损，必要时予以更换。

（3）漏液。泵密封圈变形后，在高压下会产生漏液。泵漏液时，系统压力不稳定，仪器无法工作。泵密封圈属于易耗品，正常使用情况下每6～12个月更换一次，更换的频率与使用次数有关。为延长密封圈的使用寿命，在使用了浓度较高的碱以后，要用去离子水清洗泵头部分，以防产生沉淀物。

（4）系统压力升高。在系统压力超过正常压力的30%以上时，可以认为该系统压力不正常。压力升高与以下几种情况有关：

1）保护柱的滤片因有物质沉淀而使压力逐渐升高。可在保护柱之前安装在线过滤器，定期更换过滤器的滤片。

2）某段管子堵塞造成系统压力突然升高。逐段检查，更换。

3）室温较低（如低于10℃）时，系统压力会升高。设法使室温保持在15℃以上。

4）当有机溶剂与水混合时，由于溶液的黏度、密度变化，压力也会升高。

5）流速设定过高使压力升高。应按照色谱柱的要求设定分析泵的流速。

（5）系统压力降低或无压力。系统有泄漏时，压力会降低。仔细检查各接头是否拧紧。此外，当系统流路中有大量气泡存在时，进入泵内形成空穴，启动泵后系统无压力显示，也无溶液流出。此种现象常见于单柱塞泵。为避免上述问题，流动相的容器要加压（≤0.03MPa）；在仪器初次使用或更换淋洗液时要注意排除输液管路内的空气。

2. 分析泵的日常维护

（1）泵的清洗。经常用去离子水对泵进行清洗，有助于使泵处于一个良好的状态。使用强酸、强碱后必须冲洗，以防泵内密封圈受到损害。

（2）泵的维护。在泵的使用过程中应适时添加淋洗液以避免溶液耗光，造成泵空抽。产生气泡后应先停机，然后予以排除。特别要防止在无人的情况下泵内进气泡，泵为维持压力平衡而加快转速，造成对电动机转子的磨损。防止泵内进气泡最好的方法是对淋洗液瓶加压。在排净流路中的气泡后，加压的系统基本上不会再产生气泡。

二、检测器常见故障

检测器尚未达到稳定状态可使基线产生漂移。另外，在使用抑制器时，正常情况下背景电导会由高向低的方向逐渐降低，最后达到平衡。如果背景电导值持续增加，说明抑制器部分有问题，检查抑制器是否失效。

性能良好的检测器其基线噪声在较高灵敏度时仍保持很小，但随着输出灵敏度的进一步增加，检测器的噪声会逐渐变大。除此之外，电导池或流动池内产生气泡也会使基线噪声增大，通常这种噪声的图形有规律性，它是随着泵的脉动而产生的。池内的气泡可通过增加出口的反压和向池内注射乙醇或异丙醇除去。检测池被玷污也会造成噪声增加，当确认检测池受到污染时，可采取下列方法清洗，使其恢复原来的性能。具体步骤如下：

（1）配制少许3mol/L HNO_3 溶液。

（2）在电导池的入口处连接一个可接注射器的接头。

（3）用一个10mL的注射器向电导池内推注约20mL 3mol/L HNO_3 溶液。

（4）用去离子水冲洗电导池至pH值达中性。

注意，清洗时应将电导池的出口处直接连接至废液，严禁强酸进入抑制器。

三、色谱柱常见故障

1. 柱压升高

柱压升高可能的原因有：

（1）色谱柱过滤网板被玷污，需要更换。一般先更换保护柱进口端的网板，更换时应注意不可损失柱填料。

（2）柱接头拧得过紧，使输液管端口变形。因此接头不能拧得过紧，不漏液即可。

（3）PEEK 材料管子的切口不齐。

2. 保留时间缩短和分离度降低

色谱峰保留时间的改变会影响待测组分的定性和定量，因为在色谱分析中稳定的保留时间对于获得准确、可靠的结果是十分重要的。

（1）离子色谱中影响保留时间稳定的因素。

1）仪器的某部分可能漏液。例如某接头处没拧紧。

2）系统内有气泡使得泵不能按设定的流速传送淋洗液。

3）分离柱被玷污，交换容量下降，使保留时间缩短，分离度降低。

4）抑制器的问题引起保留时间的变化。抑制器的问题常常被误认为是分离柱的问题。抑制器可以被样品中的金属离子、疏水性离子所玷污。

5）使用 NaOH 淋洗液时空气中的 CO_2 对保留时间的影响。碳酸根的存在使淋洗液的淋洗强度增大。

（2）解决的办法。

1）采用 50%NaOH 储备液而非固体 NaOH 配制淋洗液，使用新制备的去离子水，配好的淋洗液用氦气或高纯氮气保护。

2）按分离柱使用说明书清洗分离柱。通常可先用 10 倍于正常淋洗液浓度的淋洗液清洗分离柱。注意抑制器要走旁路，且将保护柱置于分析柱之后。

3. 抑制器使用中的常见故障

抑制器在化学抑制型离子色谱中具有重要作用。抑制器工作性能的好坏对分析结果有很大的影响。抑制器最常见的故障是漏液、峰面积减小和背景电导升高。

（1）峰面积减小。造成峰面积减小的主要原因有微膜脱水、抑制器漏液、溶液流路不畅和微膜被玷污。抑制器长时间停用之后，若保管不善常发生微膜脱水现象。为激活抑制器，对阴离子抑制器可用注射器向抑制器淋洗液出口和再生液进口先分别注入 3mL 和 5mL 0.2mol/L H_2SO_4，再分别注入 3mL 和 5mL 去离子水，将抑制器放置 1/2h 后使用；对阳离子抑制器用 0.2mol/LNaOH 取代 0.2mol/L H_2SO_4，其他步骤同上。以上做法是为了使抑制器内的微膜充分水化，恢复离子交换功能。另外，在微膜充分水化之前，应避免用高压泵直接泵溶液进入抑制器，因为微膜脱水后变脆易破裂。

抑制器内的微膜也会被玷污，特别是金属离子。玷污后抑制容量会有所下降。抑制器内玷污的金属离子可以用草酸溶液清洗，草酸可与金属离子生成络合物，从而消除金属离子对微膜的玷污。

（2）背景电导高。在化学抑制型电导检测分析过程中，若背景电导高，则说明抑制器部分存在一定的问题，绝大多数的问题是操作不当造成的。例如，淋洗液或再生液流路堵塞，系统中无溶液流动造成背景电导偏高或使用电解抑制器其电流设置偏低等。

膜被玷污后交换容量下降也会出现背景电导升高的现象；失效的抑制器在使用时会出现背景电导持续升高时，此时应更换一支新的抑制器。

(3) 漏液。抑制器漏液的主要原因是抑制器内的微膜没有充分水化。因此，长时间未使用的抑制器在使用前应先让微膜水化溶胀后再使用。因为反压较大时也会造成抑制器漏液，所以应保证再生液出口顺畅。另外，由于抑制器保管不当造成的抑制器内的微膜收缩、破裂也会发生漏液现象。

第九节　离子色谱实验

一、实验一　电厂高纯水中痕量阴离子的测定

1. 目的要求

(1) 理解离子色谱的原理和应用。

(2) 了解痕量阴离子测试的方法。

(3) 掌握标准曲线定量法。

2. 原理

电厂高纯水中通常所含的痕量阴离子有 F^-、Cl^-、PO_4^{3-}、SO_4^{2-}、$HCOO^-$、NO^{3-} 和 CH_3COO^-，各阴离子含量一般在 0～100μg/L 范围内。

样品阀处于装样位置时，一定体积的样品溶液(如 1mL)被注入样品定量环，当样品阀切换到进样位置时，淋洗液将样品定量环中的样品溶液带入分析柱，被测阴离子根据其在分析柱上的保留特性不同实现分离。淋洗液通过抑制器时，所有阳离子被交换为氢离子，氢氧根型淋洗液转化为水，背景电导率降低；与此同时，被测阴离子被转化为相应的酸 (H^+X^-),电导率升高。由电导检测器检测响应信号，数据处理系统记录并显示离子色谱图。以保留时间对被测阴离子定性，以峰高或峰面积对被测阴离子定量。

3. 仪器与试剂

仪器：DX-500 离子色谱仪，分析柱 AS15 (2mm)、保护柱 GS15 (2mm)、抑制器 ASRS ULTRA (2mm)、捕捉柱 ATC-HC，淋洗液在线发生器，电导检测器，色谱工作站，1mL 样品定量环，100mL 聚丙烯容量瓶、100mL 聚丙烯试剂瓶。

试剂：混合阴离子标准溶液（其中含 F^-、Cl^- 各 50mg/L，含 SO_4^{2-}、$HCOO^-$ 和 CH_3COO^- 各 100mg/L，含 PO_4^{3-} 150mg/L）。

4. 实验步骤

(1) 按操作说明书使离子色谱仪正常工作，色谱条件如下：

1) 分析柱：IonPac AG15、AS15、2mm。

2) 捕捉柱：ACT-HC $\phi 9\times 75$mm，置于泵后。

3) 淋洗液：0～7min，8mmol/L KOH；7～20min，梯度增至 55mmol/L KOH；20～30min，55mmol/L KOH。

4) 淋洗液来源：淋洗液发生器。

5) 抑制器：ASRS-ULTRA 2mm，自动抑制外接水形式。

6) 再生液：试剂水。

7) 柱箱温度：30℃。

8）淋洗液流速：0.45mL/min。

9）进样量：1mL。

（2）阴离子标准系列溶液的配制：

1）准确移取混合阴离子标准溶液 2.00mL 于 100mL 容量瓶中，用试剂水定容至标线，此混合阴离子标准溶液含 F^-、Cl^- 各 1.0mg/L，含 SO_4^{2-}、$HCOO^-$ 和 CH_3COO^- 各 2.0mg/L，含 PO_4^{3-} 3.0mg/L。

2）分别移取上述混合阴离子标准溶液 0.25、0.50、1.00、1.50、2.00mL 于五只 100mL 容量瓶中，用试剂水定容至标线，此混合阴离子标准系列工作溶液中各阴离子含量见表 5-5。

表 5-5　混合阴离子标准系列工作溶液　μg/L

水平	F^-	CH_3COO^-	$HCOO^-$	Cl^-	SO_4^{2-}	PO_4^{3-}
1	2.5	5.0	5.0	2.5	5.0	7.5
2	5.0	10.0	10.0	5.0	10.0	15.0
3	10.0	20.0	20.0	10.0	20.0	30.0
4	15.0	30.0	30.0	15.0	30.0	45.0
5	20.0	40.0	40.0	20.0	40.0	60.0

（3）标准工作曲线的绘制。分析空白溶液、混合标准工作系列溶液，记录谱图上的出峰时间，确定各阴离子的保留时间；以峰高或峰面积为纵坐标，以阴离子浓度为横坐标，绘制标准工作曲线或求出回归方程，线性相关系数应大于 0.995。

（4）水样分析。在与分析标准工作溶液相同的测试条件下，对水样进行分析测定，根据被测阴离子的峰高或峰面积，由相应的标准工作曲线确定各阴离子浓度。

5. 结果处理

（1）算出线性回归方程。

（2）由工作曲线算出水样中各种阴离子的含量。

6. 思考题

（1）观察分离所得的色谱图，解释不同组分之间分离差别的原因。

（2）说明阴离子抑制器的工作原理。

二、实验二　电厂水汽中痕量钠离子的测定

1. 目的要求

（1）理解离子色谱的原理和应用。

（2）了解痕量阳离子测试的方法。

（3）根据待测水样的组分优化色谱条件。

2. 原理

电厂水汽中痕量钠离子的测定是电厂化学分析的重要项目之一，其含量一般在 0～100μg/L 范围内。电厂锅炉用水中通常加氨控制 pH 值，减缓腐蚀，氨与钠的比值约为

100∶1。在这种情况下，要准确测定钠离子的含量，就要优化色谱条件，提高 NH_4^+ 与 Na^+ 的分离度。

样品阀处于装样位置时，一定体积的样品溶液（如 500μL）被注入样品定量环，当样品阀切换到进样位置时，淋洗液将样品定量环中的样品溶液带入分析柱，被测阳离子根据其在分析柱上的保留特性不同实现分离。淋洗液通过抑制器时，所有阴离子被交换为氢氧根离子，氢离子型淋洗液转化为水，背景电导率降低；与此同时，被测阳离子被转化为相应的碱（M^+OH^-），电导率升高。由电导检测器检测响应信号，数据处理系统记录并显示离子色谱图。以保留时间对被测阳离子定性，以峰高或峰面积对被测阳离子定量。

3. 仪器与试剂

仪器：DX-500 离子色谱仪，分析柱 CS12A（2mm）、保护柱 CG12A（2mm）、抑制器 CSRS ULTRA（2mm），电导检测器，色谱工作站，500μL 样品定量环，100mL 聚丙烯容量瓶、100mL 聚丙烯试剂瓶。

试剂：钠离子标准溶液（其中含 Na^+ 100mg/L）50mL。

4. 实验步骤

（1）按操作说明书使离子色谱仪正常工作，初始色谱条件如下：

1）分析柱：IonPac CG12A、CS12A、2mm。

2）淋洗液：20mM 甲烷磺酸（MSA）。

3）抑制器：CSRS-ULTRA 2mm，自动抑制外接水形式。

4）再生液：试剂水。

5）淋洗液流速：0.25mL/min。

6）柱箱温度：30℃。

7）进样量：500μL。

（2）优化色谱条件。以待测水样（如过热蒸汽）为试样，采用初始色谱条件，观察所得谱图中 NH_4^+ 与 Na^+ 色谱峰的分离情况，采用改变淋洗液浓度、梯度淋洗方式、淋洗液流速等方法优化色谱条件，改善 NH_4^+ 与 Na^+ 的分离。用最佳色谱条件完成电厂水汽中痕量钠离子的测试。

（3）钠离子标准系列溶液的配制。

1）准确移取钠离子标准溶液 1.00mL 于 100mL 容量瓶中，用试剂水定容至标线，此钠离子中间标准溶液含 Na^+ 1.0mg/L。

2）分别移取上述钠离子中间标准溶液 0.25、0.50、1.00、1.50、2.00mL 于五只 100mL 容量瓶中，用试剂水定容至标线，此钠离子标准系列工作溶液中钠离子含量见表 5-6。

表 5-6 钠离子标准系列工作溶液中钠离子含量 μg/L

水平	1	2	3	4	5
Na^+	2.5	5.0	10.0	15.0	20.0

（4）标准工作曲线的绘制。分析空白溶液、Na^+ 标准工作系列溶液，记录谱图上的出峰时间，确定钠离子的保留时间；以峰高或峰面积为纵坐标，以钠离子浓度为横坐标，绘制标

准工作曲线或求出回归方程，线性相关系数应大于0.995。

（5）水样分析。在与分析标准工作溶液相同的测试条件下，对水样进行分析测定，根据被测钠离子的峰高或峰面积，由相应的标准工作曲线确定钠离子浓度。

5. 结果处理

（1）写出本次测试的最佳色谱条件。

（2）由工作曲线算出水样中钠离子的含量。

第六章　误差基本知识及数据处理

第一节　概　　述

进行每一项测量工作时都会产生误差，不同的测量，其误差的来源也可能不同。分析化学的三要素是测定方法、被测样品和测定过程。因此，化学分析结果误差的主要来源就是这三方面。如用 $AgNO_3$ 沉淀 Cl^- 的重量法，对分析方法来说，AgCl 的溶解给结果造成负误差；分析过程中，仪器的可靠性、试剂的纯度、容器的清洁度、实验室环境、分析者的经验、操作技术等都影响结果；取样方式与取样过程、样品的基体效应、干扰因素以及被测成分在样品中的分布情况等也都影响测定结果的误差大小。因此必须对测量过程中始终存在的误差进行充分研究，了解误差的来源，对误差进行分类，并准确的表示误差。

下面参照 GB/T 6379.1—2004《测量方法与结果的准确度（正确度与精密度）　第 1 部分：总则与定义》简要介绍一些名词术语和定义：

（1）精密度（precision）：在规定条件下，相互独立的测试结果之间的一致程度。

（2）准确度（accuracy）：测试结果与真值（或接收参照值）间的一致程度。

（3）重复性（repeatability）：在重复性条件下，相互独立的测试结果之间的一致程度。

（4）重复性条件（repeatability conditions）：在同一实验室，由同一操作者使用相同设备，按相同的测试方法，在短时间内对同一被测对象取得相互独立测试结果的条件。

（5）重复性限（repeatability limit）：一个数值，在重复性条件下，两次测定结果的绝对差值不超过此数的频率为 95%。

（6）再现性（reproducibility）：在再现性条件下，测试结果之间的一致程度。

（7）再现性条件（reproducibility conditions）：在不同的实验室，由不同的操作者使用不同的设备，按相同的测试方法，从同一被测对象取得测试结果的条件。

（8）再现性限（reproducibility limit）：一个数值，在再现性条件下，两次测定结果的绝对差值不超过此数的频率为 95%。

（9）误差（error）：测量结果减去被测量的真值。当有必要与相对误差区别时，此术语有时称为测量的绝对误差。注意不要与误差的绝对值相混淆，后者为误差的模。

（10）相对误差（relative error）：测量误差除以被测量的真值，以%表示。

（11）偏差（deviation）：一个值减去其参考值。

（12）相对偏差（relative deviation）：偏差除以其参考值，以%表示。

（13）标准差真值（variance）：测量值与真值之差的平方的平均数，用 σ 表示。

（14）标准差估计值（standard deviation）：对同一被测量进行 n 次测量，表征测量结果分散性的量，是总体标准差真值 σ 的估计值，用 s 表示，简称标准偏差或标准差。可按式 6-1 算出，即

$$s=\sqrt{\frac{\sum_{i=1}^{n}(x_i-\bar{x})^2}{n-1}} \tag{6-1}$$

式中 x_i——第 i 次测量的结果；

$\bar{x}$——所考虑的 n 次测定结果的算术平均值。

(15) 变异系数 (variation conffiicient)：标准差 s 除以 n 次测定结果的算术平均值，也称相对标准偏差，以%表示。

(16) 测量不确定度 (uncertainty)：表征合理地赋予被测量之值的分散性，与测量结果相联系的参数。

1) 这个参数可能是，如标准偏差（或其指定倍数）或置信区间宽度。

2) 测量不确定度一般包括很多分量。其中一些分量是由测量序列结果的统计学分布得出的，可表示为标准偏差。另一些分量是根据经验和其他信息确定的频率分布得出的，也可以用标准偏差表示。

(17) 标准滴定溶液 (standard volumetric solution)：已知准确浓度的用于滴定分析的溶液。

(18) 基准溶液 (standard reference solution)：用于标定其他溶液的基准的溶液。它由第一标准物质制备或用其他方法标定过。

第二节 误差的类型及产生原因

一、系统误差

系统误差是由某种固定的原因所造成的误差，使测定结果系统地偏高或偏低，当进行重复测定时，它会重复出现。系统误差决定着测定结果的准确度，特点是它的大小和正负是可以测定的，至少在理论上是可以测定的。重复测定不能减小和发现系统误差，只有改变试验条件才能发现系统误差的存在。

产生系统误差的原因主要来自以下三方面。

(1) 方法误差。这是由于方法本身所造成的。例如在重量分析中，由于沉淀的溶解、共沉淀现象、灼烧时沉淀的分解或挥发等；在滴定分析中，反应进行不完全、干扰离子的影响、副反应的发生等，系统地影响测定结果偏高或偏低。

(2) 仪器和试剂误差。仪器误差来源于仪器本身不够精确，如砝码质量、容量器皿的刻度和仪器刻度不准确等。试剂误差则来源于试剂不纯，例如试剂和蒸馏水中含有被测物质或干扰物质，使分析结果系统地偏高或偏低，如果基准物质不纯，同样使分析结果系统地偏高或偏低，则其影响程度更严重。

(3) 操作误差。操作误差是指分析人员掌握的操作规程与正确的实验条件稍有出入而引起的误差。例如分析人员对滴定终点颜色的辨别往往不同，有的人偏深、有的人偏浅等。

根据具体情况，系统误差可能是恒定的，也可能随着试样质量的增加或被测组分含量的增高而增加，甚至可能随外界条件的变化而变化，但它的基本特性不变，即系统误差只会引起分析结果系统地偏高或偏低，具有“单向性”。例如称取一吸水性试样，通常引起负的系统误差，但误差随试样质量的增加而增加，同时也随称样的时间、空气的温度和湿度的变化而变化。

二、随机误差

随机误差是由一些难以控制的偶然原因造成的，也称为偶然误差，例如，测定时环境温度、湿度和气压的微小波动，仪器性能的微小变化，分析人员对各份试样处理时的微小差别等都可能带来误差。这类由随机原因引起的误差称为随机误差。既然随机误差是由一些随机原因所引起的，因而是可变的，有时大，有时小；有时正，有时负。

随机误差在分析操作中是无法避免的。例如一个很有经验的人，进行很仔细的操作，对同一试样进行多次分析，得到的分析结果仍然不能完全一致，而是有高、有低。随机误差难以找出确定的原因，似乎没有规律性，但如果进行很多次测定，便会发现数据的分布符合一般的统计规律。

（1）正误差和负误差出现的概率相等。

（2）小误差出现的次数多，大误差出现的次数少，个别特别大的误差出现的次数很少。

随机误差的这种规律性可以用图 6-1 中的曲线表示，该曲线称为误差的正态分布曲线。若以 μ 代表无限多次测定结果的平均值，如果没有系统误差，它可以代表真值；X 为单次测定的结果；$X-\mu$ 为单次测定的绝对误差；σ 为无限多次测定所得标准差。用数理统计方法证明，误差在 $\pm 1\sigma$ 内的分析结果占全部分析结果的 68.3%；在 $\pm 1.96\sigma$ 内的占 95.0%；在 $\pm 2\sigma$ 内的占 95.5%；在 $\pm 2\sqrt{2}\sigma$ 内的占 99.5%；在 $\pm 3\sigma$ 内的占 99.7%。可见误差超过 3σ 的分析结果是很少的，只占全部分析结果的 0.3%，即在多次重复测定中，出现特别大的误差的概率是很小的。在实际工作中，如果多次重复测定中的个别数据的误差绝对值大于 3σ，则这个极端值可以舍去。

在一般分析工作中，不可能重复进行很多次测定，这时有限次测定所得标准偏差用 s 表示，以区别于 σ。

图 6-2 所示为一组 SiO_2 分析结果的统计曲线，试样中 SiO_2 含量的标准值为 29.74%，由 60 人进行分析，共有 150 个分析结果。通过计算，求得标准偏差为 0.06。以上实验结果表明，分析结果在 29.68%～29.74%区间内（标准偏差不大于 $1s$）的共 91 个，约占总数的 60.7%；大于 29.92%（标准偏差大于 $3s$）的只有 3 个，小于 29.52%（标准偏差大于 $3s$）的只有 1 个，共占 0.27%，可见分析结果的分布曲线和误差的正态分布曲线基本一致。

根据误差理论，在消除系统误差的前提下，如果测定次数越多，则分析结果的算术平均值越接近于真值，即采用“多次测定、取平均值”的方法，可以减小随机误差。

三、过失误差

过失误差是由测定工作中出现差错，工作粗枝大叶，不按操作规程办事等原因造成的。例如读错刻度、记录和计算错误或加错试剂等。在分析工作中当出现很大误差时，应分析原因，如确定由于过失所引起，则在计算平均值前舍去。过失误差是完全可以避免的。

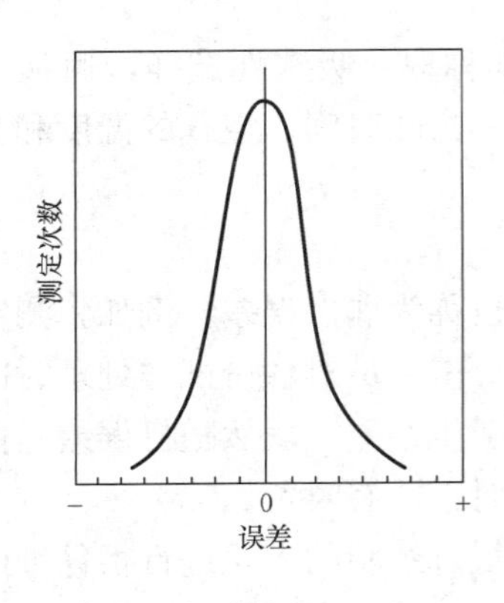

图 6-1 随机误差的正态分布曲线

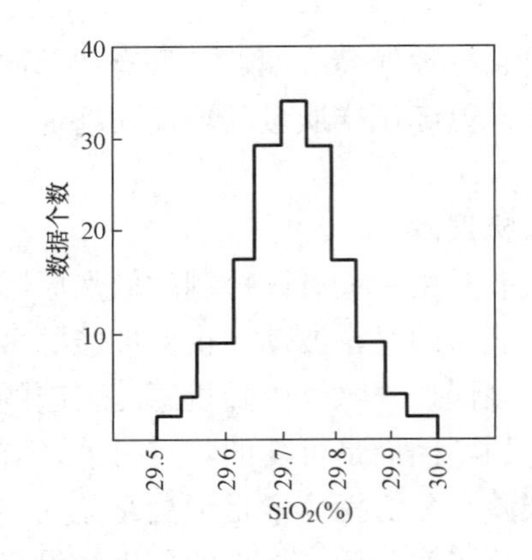

图 6-2 SiO_2 分析结果的统计曲线

第三节 测量结果的准确度

在了解测量工作中误差存在的客观性和误差产生原因的基础上，根据误差产生的原因及其特性，将误差进行了分类。除此之外，为了更好地定量描述测量工作中的误差并减小之，就应了解和掌握误差的表示方法。

一、准确度和精密度

分析结果与真值之间的差值叫误差，误差越小，分析结果的准确度越高。可见，准确度表示分析结果与真值接近的程度。

在实际工作中，分析人员在同一条件下平行测定几次，如果几次分析结果的数值比较接近，则说明分析结果的精密度高。可见，精密度表示各次分析结果相互接近的程度。精密度高又叫重现性好。

精密度高不一定准确度高，例如甲、乙和丙三人同时测定一铁矿石中 Fe_2O_3 的含量（标称值为 50.36%），各分析四次，结果见表 6-1。

表 6-1 铁矿石中 Fe_2O_3 的分析结果 %

测定次数	甲	乙	丙
1	50.20	50.40	50.36
2	50.20	50.30	50.35
3	50.18	50.25	50.34
4	50.17	50.23	50.33
平均值	50.19	50.30	50.35

将所得分析结果绘于图 6-3 中。

由图 6-3 可见，甲的分析结果的精密度很高，但平均值与真值相差颇大，说明准确度低；乙的分析结果的精密度不高，准确度也不高；只有丙的分析结果的精密度和准确度都比较高。所以，准确度高一定需要精密度高，但精密度高不一定准确度高。精密度是保证准确度高的先决条件，精密度低说明所测结果不可靠，在这种情况下，自然失去了衡量准确度的前提。

二、误差和相对误差

1. 测量误差

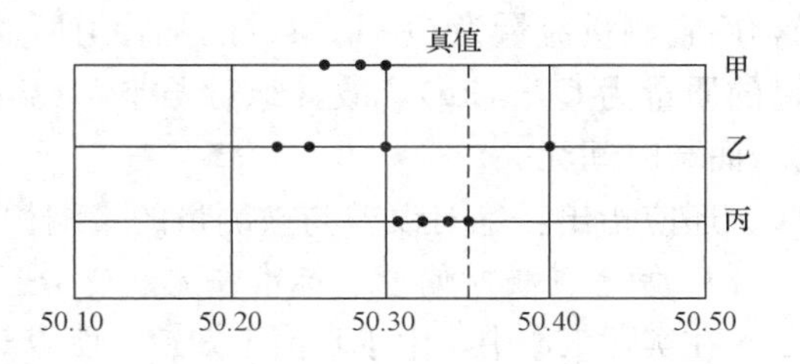

图 6-3 不同分析人员的分析结果

测量结果减去被测量的真值所得的差称为测量误差，简称误差（也称为绝对误差）。以公式可表示为测量误差=测量结果－真值。

测量结果是由测量所得到的赋予被测量的值，它是被测量之值的近似或估计，不仅与量本身有关，还与测量程序、测量仪器、测量环境以及测量人员等有关。真值是量的定义的完整体现，是与给定的特定量的定义完全一致的值，真值本质上是不能确定的，量子效应排除了唯一真值的存在。如图 6-4 所示，被测量值为 y，其真值为 t，第 i 次测量所得值为 y_i。由于误差的存在使测得值与真值不能重合，设测得值呈正态分布 $N(\mu, \sigma)$，则分布曲线在数轴上的位置（即 μ 值）决定了系统误差的大小，曲线的形状（按 σ 值）决定了随机误差的分布范围 $[\mu-k\sigma, \mu+k\sigma]$ 及其在范围内取值的概率。由图 6-4 可见，误差和它的概率分布密切相关，可以用概率论和数理统计的方法来恰当处理。实际上，误差可表示为

误差 =测量结果 − 真值 =（测量结果 − 总体均值）+（总体均值 − 真值）
=随机误差 + 系统误差

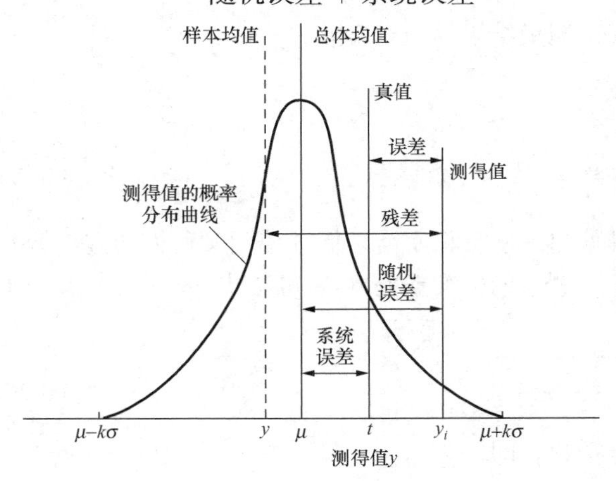

图 6-4 测量误差示意图

因此，任意一个误差 Δ_i 均可分解为系统误差和随机误差的代数和。实际上，测量结果的误差往往是由若干个分量组成的，这些分量按其特性均可分为随机误差和系统误差两大类，而且均取各分量的代数和，即测量误差的合成只用“代数和”方式。

2. 相对误差

测量误差除以被测量的真值所得的商称为相对误差，所以相对误差表示绝对误差所占约定真值的百分比。当被测量值的大小相近时，通常用绝对误差进行测量水平的比较；当被测量值相差较大时，用相对误差才能进行有效的比较。例如，测量标称值为 10.2mm 的甲棒长度时，得到实际值为 10.0mm，其示值误差 $\Delta=0.2$mm，而测量标称值为 100.2mm 的乙棒长度时，得到实际值为 100.0mm，其示值误差 $\Delta_1=0.2$mm，它们的绝对误差虽然相同，但乙棒的长度是甲棒的 10 倍左右。显然，要比较或反映两者不同的测量水平，还需用相对误差的概念。测甲棒长度的相对误差是 2%，而测乙棒的是 0.2%，所以乙棒比甲棒测得准确；或者用数量级表示，测甲棒长度的相对误差是 2×10^{-2}，而测乙棒的是 2×10^{-3}，从而也反映出后者的测量水平高于前者一个数量级。这个例子也说明在一些情况下，绝对误差只能表示出误差绝对值的大小，不能完全反映出测量结果的准确度，这时用相对误差更能比较出测量的准确度。

另外，在某些场合下应用相对误差还有方便之处。例如，已知质量流量计的相对误差为

δ，用它测量流量为 Q（kg/s）的某管道所通过的流体质量及其误差。经过时间 T（s）后流过的质量为 QT（kg），故其绝对误差为 $Q\delta T$（kg）。所以，质量的相对误差仍为 $Q\delta T/QT=\delta$，而与时间无关。

还应指出：绝对误差与被测量的量纲相同，而相对误差是量纲为“1”的量或无量纲量。

3. 偏差、相对偏差、标准偏差和变异系数

在实际工作中，由于真值不知道，所以对于待分析的试样，通常进行多次平行分析，求得其算术平均值，以此作为最后的分析结果。在这种情况下，可以用偏差来衡量所得分析结果的精密度。可见偏差和误差在概念上是不相同的，它表示几次平行测定结果相互接近的程度。

单次测量结果的偏差（d）是单次测量结果（x）减去多次平行测量结果的算术平均值（$\overline{x}$）所得的差，也分为绝对偏差和相对偏差，即

$$\text{绝对偏差}\ d=x-\overline{x} \tag{6-2}$$

$$\text{相对偏差}=\frac{d}{\overline{x}}\times 100\% \tag{6-3}$$

为了说明分析结果的精密度，最好以单次测量结果的平均偏差（$\overline{d}$）表示，即

$$\overline{d}=\frac{|d_1|+|d_2|+\cdots+|d_n|}{n} \tag{6-4}$$

式中 d_1，d_2，…，d_n——第 1，2，…，n 次测量结果的绝对偏差。

平均偏差没有正负号。

单次测量结果的相对平均偏差为

$$\text{相对平均偏差}=\frac{\overline{d}}{\overline{x}}\times 100\% \tag{6-5}$$

用数理统计方法处理数据时，常用标准偏差来衡量精密度，标准偏差又称为均方根偏差或标准差。当测量次数不多时（$n<20$），单次测量的标准偏差（s）可按式（6-6）计算，即

$$s=\sqrt{\frac{d_1^2+d_2^2+\cdots+d_n^2}{n-1}}=\sqrt{\frac{\sum_{i=1}^{n}d_i^2}{n-1}} \tag{6-6}$$

单次测量结果的相对标准偏差称为变异系数，即

$$\text{变异系数}=\frac{s}{\overline{x}}\times 100\% \tag{6-7}$$

用标准偏差表示精密度比用平均偏差好，因为将单次测量的偏差平方之后，较大的偏差更显著地反映出来，这样便能更好地说明数据的分散程度。例如有两批数据，各次测量的偏差分别为

+0.3，−0.2，−0.4，+0.2，+0.1，+0.4，0.0，−0.3，+0.2，−0.3

0.0，+0.1，−0.7，+0.2，−0.1，−0.2，+0.5，−0.2，+0.3，+0.1

第一批数据的平均偏差（$\overline{d_1}$）为 0.24，第二批数据的平均偏差（$\overline{d_2}$）也为 0.24，两批数据的平均偏差相同，但明显地看出，第二批数据较为分散，因其中有两个较大的偏差。所以，用平均偏差反映不出这两批数据的好坏，但如果用标准偏差来表示，情况便很清楚了。它们的标准偏差分别为

$$s_1=\sqrt{\frac{\sum d_i^2}{n-1}}=\sqrt{\frac{(0.3)^2+(0.2)^2+\Lambda\Lambda+(-0.3)^2}{10-1}}=0.26$$

$$s_2=\sqrt{\frac{\sum d_i^2}{n-1}}=\sqrt{\frac{0.0^2+(0.1)^2+\Lambda\Lambda+(0.1)^2}{10-1}}=0.33$$

可见第一批数据的精密度较好。

在一般分析工作中，常采用平均偏差来表示测量的精密度。而对于一种分析方法所能达到的精密度的考察、一批分析结果的分散程度的判断以及其他许多分析数据的处理等，最好采用标准偏差和其他有关数理统计的理论和方法。

应当指出，误差和偏差具有不同的含义。误差表示分析结果与真值之差，偏差表示分析结果与平均值之差。前者以真值为标准，后者以平均值为标准。但严格说来，由于任何物质的真值无法准确知道，一般所知道的真值其实就是采用各种方法进行多次平行分析得到的相对准确的平均值。用这一平均值代替真值计算误差。因此，在实际工作中，有时不严格区分误差和偏差。

在生产中，对分析结果准确度的要求依情况不同而不同。例如运行中现场水汽分析要求快速反应出蒸汽品质的变化情况，所采用的测定方法较快速，相对的准确度要求不高，而实验室对水汽样品的分析便要求尽量准确。

第四节 提高分析结果的准确度

了解误差和误差的表示方式是为了提高测量水平，即提高准确度和精密度，这需要考虑影响测量误差的许多因素，这里只简要地介绍如何减小分析过程中的误差。

一、选择合适的分析方法

各种分析方法的准确度和灵敏度是不相同的。例如重量分析和滴定分析，灵敏度虽然不高，但对于高含量组分的测定，能获得比较准确的结果，相对误差一般在千分之几。相反，对于低含量组分的测定，重量分析和滴定分析的灵敏度一般达不到；现场快速分析和实验室分析结果的误差也不相同，现场目视比色的误差要大于实验室的分光光度法测量的误差；对于低含量组分的测定，因为允许有较大的相对误差，所以这时采用仪器分析法是比较合适的。

二、减小测量误差

要保证分析结果的准确度，应尽量减小测量误差。例如在重量分析中使用分析天平，这时应尽量减小称量误差。一般分析天平的称量误差为±0.000 2g，为了使测量时的相对误差在0.1%以下，试样质量就不能太小，通过计算，即

相对误差=（绝对误差/试样质量）×100%

试样质量=绝对误差/相对误差=0.000 2/0.1%=0.2（g）

可见试样质量必须在0.2g以上。当然，最后得到的沉淀质量也应在0.2g以上，只有这样，才能保证前后称重的总相对误差在0.2%以下。

在滴定分析中，滴定管读数常有±0.01mL的误差，在一次滴定中需要读数两次，这样可能造成±0.02mL的误差。因此，为了使测量时的相对误差小于0.1%，消耗滴定剂的体积必须在20mL以上。

在分光光度法分析中，就光度计而言，每台光度计都有一定的测量误差，仪器本身引起的透光率误差为 ΔT。对于同一台仪器，ΔT 基本上是常数，一般为 0.01～0.02；但是透光率 T 与吸光度 A 之间是对数关系，同样大小的 ΔT，在不同 A 值时所引起的吸光度误差 ΔA 是不相同的。这种情况可清楚地从吸光度和透光率的关系标尺看出，如图 6-5 所示。

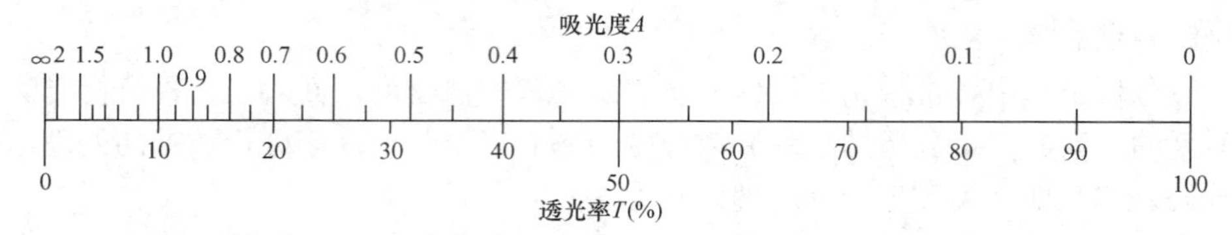

图 6-5 吸光度和透光率的关系

A 值越大，ΔT 引起的 ΔA 越大。

A 值很小时，因为此时被测物质的浓度 c 很小，而且吸光度 A 与 c 成正比，由 ΔA 引起的浓度测量误差为 Δc，则 $\Delta A=K'\Delta c$。以上 ΔT、ΔA 和 Δc 均为绝对误差；由 ΔA 引起的浓度测量的相对误差为 $\Delta c/c$，也是比较大的。由此可以推测，只有当被测物质浓度 c 在适当范围时，即吸光度在一定范围时，仪器测量误差所引起的相对误差才是比较小的。通过推导可知，吸光度在 0.2～0.8 范围内的相对测量误差较小。

应该指出，提高分析的准确度也是在一定的条件下实现的，例如进行滴定分析时，标准滴定溶液的消耗量太少会增加相对误差，如果要增加标准滴定溶液的消耗量，势必要增加被测物质的量，这会使被测溶液的体积过大而难以操作。不同的分析工作要求不同的准确度，有些微量组分的测定一般允许较大的相对误差，因此对于其中各测量步骤的准确度只要求与该方法的准确度相适应就可以了，如某比色分析法的相对误差为 2%，称取试样 0.5g，则试样的称量误差不大于 0.5×2%=0.01（g）就可以了，如果强调称准至±0.000 1g是无意义的。

三、增加平行测定次数，减小随机误差

前面已介绍过，在消除系统误差的前提下，平行测定次数越多，平均值越接近真实值，因此增加测定次数可以减小随机误差。一般的化学分析中，在已掌握标准分析方法的情况下，对同一试样通常要求平行测定 2～3 次，取算术平均值为测定值。更多的测定次数将耗时过多，因此受到一定的限制。在一些标准分析方法中，往往给出该方法的允许差，在使用该方法进行分析时，如两次平行测定结果的差值超过允许差，则要进行第三次测定；若第三次测定值与前两次测定值的差值都小于允许差，则取三次测定结果的算术平均值为分析结果的报告值；若第三次测定值与前两次测定值中某一数值的差值小于允许差，则取该两数值的算术平均值作为分析结果的报告值，另一测定值舍弃；若三次平行测定值之间的差值均超过允许差，则数据全部作废，查找原因后再进行测定。

四、消除测量过程中的系统误差

消除测量过程中的系统误差往往是一件非常重要而又比较难以处理的问题。首先应查找是否存在系统误差，在实际工作中有时遇到这样的情况，几个平行测定的结果非常好，似乎分析工作没有什么问题了，可是用其他（不同原理）可靠的方法一检查，发现所测结果差异显著，就发现分析结果有严重的系统误差；另外，如果不存在系统误差，则一组测定结果（x_1，x_2，…，x_n）遵从正态分布，因此可用数理统计的方法检验测定误差分布的正态性。

系统误差的存在可能造成严重差错。由此可见，在分析工作中必须十分重视系统误差的消除。造成系统误差有各方面的原因，因此需要根据具体情况，采用不同的方法检验和消除系统误差。

1. 对照试验

对照试验是检验系统误差的有效方法。进行对照试验时，常用已知结果的试样与被测试样一起进行对照试验，或用其他可靠的方法进行对照试验，也可由不同人员、不同单位进行对照试验。

用有证标准物质（持有国家有关部门发放的“制造计量器具许可证”的单位制造）进行对照试验时，尽量选择与试样组成相近的标准物质进行对照分析。根据标准物质的分析结果，即可判断试样分析结果有无系统误差。

因为标准物质的数量和种类有限，所以也可自制一些所谓“管理样”代替标准物质进行对照试验，但管理样有关组分的含量要事先经过反复多次分析，应是比较可靠的。

如果没有合适的标准物质和管理样，有时可以自己制备“人工合成试样”来进行对照试验。人工合成试样是根据试样的大致成分，由纯化学物配制而成的，因为被测定组是系统准确加入的，所以含量是准确知道的。例如在研究发电厂垢和腐蚀产物快速测定方法时，就采用制备人工合成试样的办法，并由多个单位用快速法测定人工合成试样，检验快速法的准确度。

如果要进行对照试验而对试样组分又不完全清楚时，可采用“加入回收法”进行对照试验。这种方法是向试样中加入已知量的被测组分，然后进行对照试验，观察加入的被测组分能否定量回收，以此判断分析过程是否存在系统误差。

用其他可靠的分析方法进行对照试验也是经常采用的一种办法。作为对照试验用的分析方法必须可靠，一般选用国家颁布的标准分析方法或经典分析方法，例如用原子吸收分光光度法作为垢和腐蚀产物快速测定方法的对照试验方法，以此进一步证明快速测定方法的可靠性。

在许多情况下，为了检验分析人员之间是否存在系统误差和其他问题，常在安排试样分析任务时，将一部分试样重复安排在不同分析人员之间，互相进行对照试验，这种方法称为内检；有时又将部分试样送交其他单位进行对照试验，这种方法称为外检。

2. 空白试验

由试剂和器皿带进杂质造成的系统误差一般可做空白试验来消除。所谓空白试验，就是在不加试样的情况下，按照与试样分析同样的操作手续和条件进行分析试验。试验所得结果称为空白值。从试样分析结果中扣除空白值，就得到比较可靠的分析结果了。这种做法在水分析中是普遍采用的。

空白值一般不应很大，否则扣除空白时会引起较大的误差。遇到这种情况下，就应考虑提纯试剂和改用其他适当的器皿来解决问题。

3. 校正仪器

仪器不准确引起的系统误差可通过校准仪器来减小其影响。除了按照仪器的操作规程使用仪器，并进行日常维护工作外，应由有资格的计量检定部门对仪器定期进行检定，取得计量检定合格证书，方能投入使用。

4. 分析结果的校正

分析过程中的系统误差有时可采用各种方法进行校正，有时试样中存在干扰成分而引起系统误差，并知道是何种成分引起干扰，但又难以消除，这时可通过实验确定干扰成分对分析结果带来误差的校正系数（校正系数随实验条件略有变化），利用校正系数即可对测定结果进行校正。原则上说，一个分析方法对一类试样求得的校正值不能随便用来对其他类型试样的测定结果进行校正，除非预先已用实验证明或有充分的理论依据说明这种校正方法是可行的。

第五节 测量不确定度

许多重要的决策都是建立在化学定量分析结果的基础上的，例如估计收益、判定某些材料是否符合特定的规范、国际贸易等。当使用分析结果作为决策依据的时候，很重要的一点是必须对这些分析结果的质量有所了解，即必须知道用于所需目的时，这些结果在多大程度上是可靠的，这对于分析结果的用户来说是很重要的。现在，在分析化学的某些领域，已要求实验室引进质量保证措施来确保其所提供数据的质量。这些质量措施包括使用经确认的分析方法、使用规定的内部质量控制程序、参加水平测试项目、通过实验室认可和建立测量结果的溯源性。

在分析化学中，过去曾经把重点放在通过某一方法进行分析所得结果的精密度上，但是因为现在正在要求建立结果的可信度，所以必须要求测量结果可以溯源到所定义的标准或SI单位、标准物质或所定义的方法等。现在内部质量控制程序、水平测试和实验室认可可以作为辅助方法来证明与给定标准的溯源性。

上述要求的结果是：分析工作正受到越来越大的压力，要求其证明分析结果的质量，特别是通过度量结果的可信度来证明结果的适宜性，度量该项内容的一个有用的方法就是测量不确定度。

一、测量不确定度的定义

测量不确定度表示合理地赋予被测量之值的分散性，与测量结果相联系的参数。

（1）这个参数可能是标准偏差（或其指定倍数）或置信区间宽度。

（2）测量不确定度一般包括很多分量，其中一些分量是有测量序列结果的统计学分布得出的，可表示为标准偏差；另一些分量是由根据经验和其他信息确定的频率分布得出的，也可以用标准偏差表示。在ISO指南中将这些不同种类的分量分别划分为A类评定和B类评定。

“合理”是指测量处于统计控制的状态下，即处于随机控制过程中，并考虑到各种因素对测量的影响所做的修正，例如采用标准方法进行定量分析，并正确进行测量不确定度评估，则所得不确定度就表征合理地赋予被测量之值的分散性；反之，如果进行一项新分析方法的研究，新方法的原理就存在一定问题，则评估所得的不确定度就无“合理”可言了。“相联系”是指测量不确定度是一个与测量结果“在一起”的参数，在测量结果的完整表示中应包括测量不确定度。此参数可以是标准偏差或其倍数。

测量不确定度是对测量结果可信性、有效性的怀疑程度或不肯定程度，是定量说明测量结果质量的一个参数。实际上由于测量不完善以及认识不足，所得测量结果具有分散性，即每次测得结果不是同一值，而是以一定的概率分散在某个区域内的许多个值。虽然客观存在的系统误差是一个不变值，但我们不能完全认知或掌握，只能认为它是以某种概率分布存在于某个区域内，而这种概率分布本身也具有分散性。测量不确定度就是说明被测量之值分散性的参数，它不说明测量结果是否接近真值。为了表征这种分散性，测量不确定度用标准偏差来表示。在实际使用中，往往希望知道测量结果的置信区间，因此规定测量不确定度也可用标准偏差的倍数或说明了置信水准的区间的半宽度表示。为了区分这两种不同的表示方法，分别称它们为标准不确定度和扩展不确定度。

二、不确定度的来源

在实际工作中，分析结果的不确定度可能有很多来源，定量分析中典型的不确定度来源包括：

1. 取样

当取样是规定程序的组成部分时，例如不同样品间的随机变化以及取样程序存在的潜在偏差等影响因素构成了影响最终结果的不确定度分量。

2. 存储条件

当测试样品在分析前要存储一段时间，则存储条件可能影响结果，存储时间和存储条件因此也被认为是不确定度来源。

3. 仪器的影响

仪器影响可包括对分析天平校准的准确度限制、恒温控制偏离了规定范围、受进位影响的自动分析仪等。

4. 试剂纯度

许多试剂纯度不是100%，制造商通常只标明不低于规定值，标准滴定溶液在标定过程中存在着某些不确定度。

5. 假设的化学反应定量关系

当假定分析过程按照特定的化学反应定量关系进行时，可能有必要考虑偏离所预期的化学反应定量关系，即反应的不完全或副反应。

6. 测量条件

例如，容量玻璃仪器可能在与校准温度不同的环境温度下使用，总的温度影响应加以修正。同样，当材料对湿度的可能变化敏感时，湿度也是重要的。

7. 样品的影响

复杂基体的被分析物的回收率或仪器的响应可能受基体成分的影响。被分析物的物种会使这一影响变得更复杂。由于热和光的影响，样品/被测成分的稳定性在分析过程中可能会发生变化。

当用“加标样品”来估计回收率时，样品中的被测物的回收率可能与加标样品的回收率不同，因而引进了需要加以考虑的不确定度。

8. 计算影响

选择校准模型，例如对曲线的响应用直线校准会导致较差的拟合，因此引入较大的不确定度。修约能导致最终结果的不准确。因为这些是很少能预知的，必要时考虑不确定度。

9. 空白修正

空白修正的值和适宜性都会有不确定度，在痕量分析中尤为重要。

10. 操纵人员的影响

可能总是将仪表或刻度的读数读高或读低。

11. 随机影响

在所有测量中都有随机影响产生的不确定度，该项应作为一个不确定度来源包括进去。

上述这些来源有时不一定是独立的。寻找不确定度来源时，应做到不遗漏、不重复，特别应考虑对结果影响大的不确定度来源。遗漏会使测量结果的不确定度过小，重复使测量结果的不确定度过大。

三、不确定度分量

在评估总不确定度时，有必要分析不确定度的每一个来源，并分别处理，以确定其对总不确定度的贡献。每一个贡献量即为一个不确定度分量。当用标准偏差表示时，测量不确定度分量称为标准不确定度。如果各分量间存在相关性，在确定协方差时必须考虑。但是，通常可以评价几个分量的综合效应，也无须再另外考虑其相关性了，这可以减少评估不确定度的总工作量。

对于测量结果 y，其总不确定度称为合成标准不确定度（用标准偏差表示），记做 $u_c(y)$，是一个标准偏差的估计值，它等于运用不确定度传播律将所有测量不确定度分量（无论是如何评价的）合成为总体方差的正平方根。

由于测量结果的不确定度往往由许多原因引起，对这些标准不确定度分量可分两类分别评定，即A类评定和B类评定。

1. 不确定度的A类评定

用对观测列进行统计分析的方法来评定标准不确定度称为不确定度的A类评定。

例如：在重复性或再现性条件下进行有限次的测量，用所获得的信息（如算术平均值 $\overline{x}$、标准偏差 s）来推断总体平均值和总体标准偏差就是所谓的统计分析方法之一。所以很容易用标准偏差的形式表示A类标准不确定度，通常以独立观测列的算术平均值作为测量结果，测量结果的标准不确定度见式（6-8），即

$$s(\overline{x}) = s(x_k)/\sqrt{n} = u(\overline{x}) \tag{6-8}$$

2. 不确定度的B类评定

用不同于对观测列进行统计分析的方法来评定标准不确定度称为不确定度的B类评定，它用根据经验或资料及假设的概率分布估计的标准偏差表征，即其原始数据（信息）并非来自实验观测列的数据处理。不确定度的B类评定的信息来源一般有：

（1）以前的观测数据。

（2）对有关技术资料和测量仪器特性的了解和经验。

（3）生产部门提供的技术说明文件。

（4）校准证书、检定证书或其他文件提供的数据、准确度的等级，包括目前仍在使用的极限误差、最大允许误差等。

（5）手册或某些资料给出的参考数据及其不确定度。

（6）规定实验方法的国家标准或类似技术文件中给出的重复性限 r 或再现性限 R。

A类标准不确定度和B类标准不确定度仅是估算方法不同，不存在本质差异，它们都是基于统计规律的概率分布，都用标准偏差来定量表达，合成时同等对待。

四、测量不确定度的评估过程

测量不确定度的评估过程一般为四步，如图6-6所示。

1. 第一步　规定被测量

首先写明需要测量的内容，例如要标定约 0.1mol/L 的 NaOH 溶液，明确标定方法（用基准邻苯二甲酸氢钾 KHP），相关的输入量（KHP 的称量及纯度）及计算公式等，即

$$c_{NaOH}=\frac{1000m_{KHP}P_{KHP}}{M_{KHP}V_T}\quad \text{mol/L}$$

式中　c_{NaOH}——NaOH 溶液的浓度，mol/L；

1000——由毫升转化为升的换算因子；

m_{KHP}——KHP 的质量，g；

P_{KHP}——KHP 的纯度，以质量分数表示；

M_{KHP}——KHP 的摩尔质量，g/mol；

V_T——NaOH 溶液的滴定体积，mL。

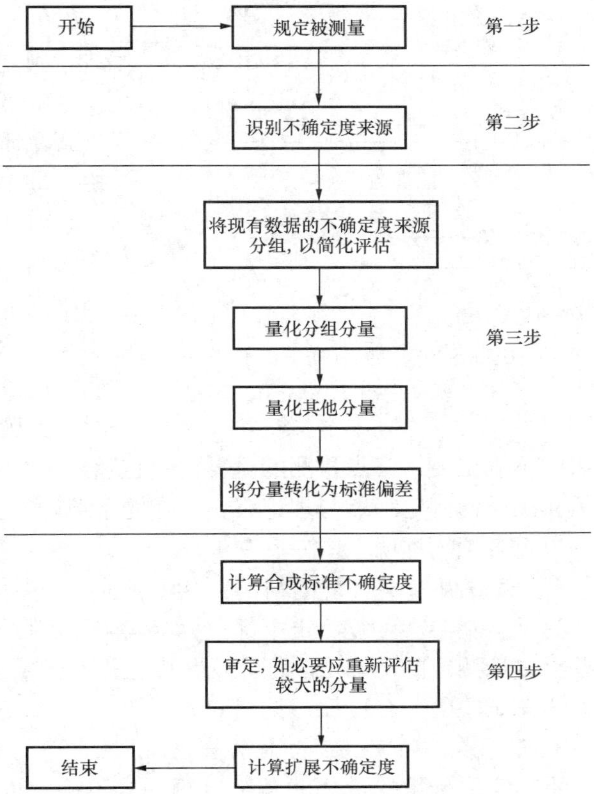

开始 → 规定被测量　第一步

识别不确定度来源　第二步

将现有数据的不确定度来源分组，以简化评估

量化分组分量

量化其他分量　第三步

将分量转化为标准偏差

计算合成标准不确定度

审定，如必要应重新评估较大的分量　第四步

计算扩展不确定度 → 结束

图 6-6　不确定度的评估过程

2. 第二步　不确定度的来源和分析

这一步是将与分析方法有关的所有不确定度来源分析出来，并加以记录，是不确定度评估中最困难的，原因是有些不确定度来源可能被忽略，也有些可能被重复计算。绘制因果图是防止这类问题发生的一个可行方法，分为两步：

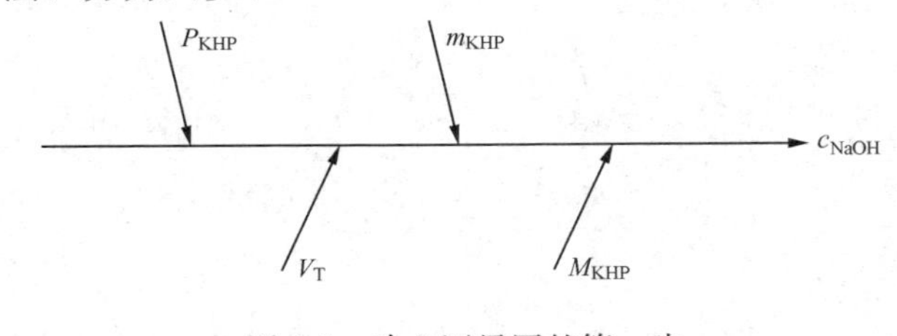

图 6-7　建立因果图的第一步

(1) 从分析方法的计算公式入手，画出因果图，如图 6-7 所示。然后分析测量方法的每一个步骤，再沿主要影响因素将其他进一步的影响量添加在图中。对每一个支干均进行同样的分析，直到影响因素变得微不足道为止，将所有不可忽略的影响均标在每一个支干上。

1) 质量 m_{KHP}。用减量法大约称0.388 8gKHP 来标定 NaOH 溶液，因此在因果图应画出净重称量（m_1）和总质量（m_2）两个支干，如图 6-8 所示。每一次称重都会有随机变化和天平校准带来的不确定度。天平校准本身有两个可能的不确定度来源：灵敏度和校准函数的线性。如果称量是用同一台天平，且称量范围很小，则灵敏度带来的不确定度可忽略不计。

2) 纯度 P_{KHP}。供应商标注的 KHP 纯度为 99.95%～100.05%，即纯度等于1.000 0±

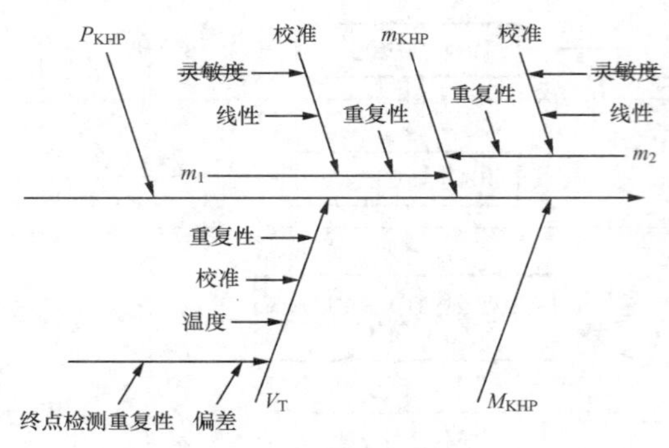

图 6-8 因果图（所有来源）

注：表示该影响可忽略不计。

0.000 5。如果干燥过程完全按供应商的规定进行，则无其他不确定度来源。

3）摩尔质量 M_{KHP}。KHP 的分子式为 $C_8H_5O_4K$。其摩尔质量的不确定度可通过各元素原子量的不确定度得到。IUPAC（国际理论与应用化学联合会）每两年在《纯粹和应用化学杂志》上发表一次包括不确定度评估值的原子量表。为了简洁，因果图上省略了各个原子的质量。

4）体积 V_T。滴定过程采用 20mL 滴定管，不确定度来源分别是滴定体积的重复性、体积校准时的不确定度、实验室温度与校准时温度不一致带来的不确定度、终点检测的重复性（它独立于滴定体积的重复性）、由于滴定过程中吸入二氧化碳及由滴定终点与理论终点存在的系统误差。

以上各项均标明在图 6-8 中。

（2）简化并解决重复的情况。如上所述，把一些影响小的因素忽略掉，如天平的灵敏度，另外，在多次重复测定中都包含了滴定体积的重复性、终点检测重复性和称量重复性。这些重复性测定的不确定度都体现在多次重复测定的结果数据中。因此，可将各重复性分量合并为总试验的一个分量，见图 6-9。

3. 第三步 不确定度分量的量化

不确定度分量的量化就是给出每一个不确定度分量的标准不确定度。仍以用 KHP 标定 NaOH 溶液为例，该例中，经多次标定试验已表明滴定实验的重复性为 0.05%（相对标准偏差）。该数值可直接用于合成不确定度的计算。如果没有方法确认表明滴定实验的重复性数据，而是通过多次（n 次）重复测定得到一组数据，则经可疑值检验后直接计算标准偏差，这就是之前所述的不确定度的 A 类评定。下面对其他分量进行量化。

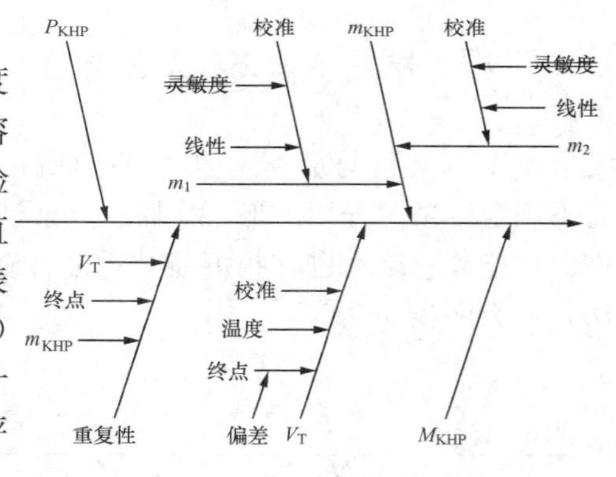

图 6-9 因果图（将重复性合并）

（1）质量 m_{KHP}。相关的称量有：

1）容器+KHP：60.545 0g。

2）容器和减量的 KHP：60.156 2g。

3）KHP：0.388 8g（计算）。

因为称量的重复性已合并到多次重复测定中，所以不确定度仅限于天平校准函数的线性不确定度。

在天平的计量证书上表明其线性为±0.15mg，（线性是指标准砝码与天平示值的关系）该数值是托盘上的实际质量与天平读数的最大差值。天平制造商自身的不确定度评价建议采用矩形分布将线性分量转化为标准不确定度。所谓矩形分布也叫均匀分布，特点是在误差范围内（±0.15mg），误差存在的概率各处相同，即每次称量的误差位于该区间的任何地方，但区分不出该区间内的任何部分比另一部分更加可能，如图 6-10 所示。

按概率统计理论，矩形分布的标准不确定度是 $0.15/\sqrt{3}=0.09$（mg），该分量应计算两次，两次的合成是 $u(M_{KHP})=\sqrt{2\times0.09^2}=0.13$(mg)。

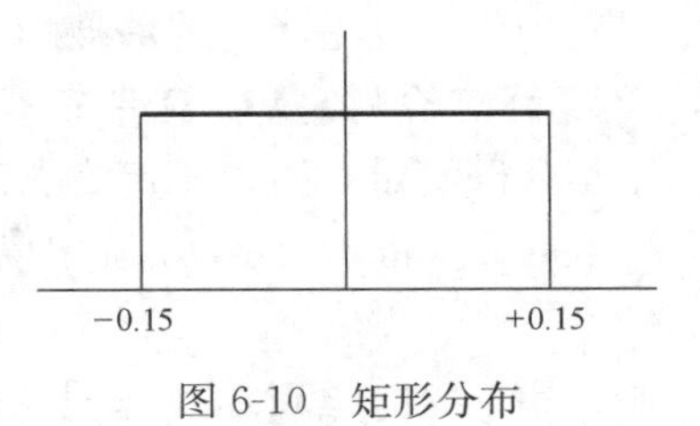

图 6-10 矩形分布

(2) 纯度 P_{KHP}。供应商给出 KHP 的纯度是 99.95%～100.05%，即1.000 0±0.000 5，无其他信息，因此可将该不确定度视为矩形分布，则 $u(P_{KHP})=0.0005/\sqrt{3}=0.00029$。

(3) 摩尔质量 M_{KHP}。

KHP 的分子式是 $C_8H_5O_4K$，这四种元素各有原子量，每个原子量都有其不确定度。从 IUPAC（国际理论与应用化学联合会）最新公布的原子量表中可查到元素的原子量和不确定度，如 C 原子量12.010 7±0.000 8，对每一个元素来说，标准不确定度是将 IUPAC 所列不确定度作为矩形分布的极差计算得到，因此相应的标准不确定度等于查得的数值除以 $\sqrt{3}$，即 $0.0008/\sqrt{3}=0.00046$。各元素对摩尔质量的贡献及其不确定度分量见表 6-2。

表 6-2 各元素对摩尔质量的贡献及其不确定度分量

名称	计 算 式	结 果	标准不确定度
C_8	8×12.010 7	96.085 6	0.003 7
H_5	5×1.007 94	5.039 7	0.000 20
O_4	4×15.999 4	63.997 6	0.000 68
K	1×39.098 3	39.098 3	0.000 058

KHP 的摩尔质量为

$$M_{KHP}=96.0856+5.0397+63.9976+39.0986=204.2215\ (\text{g/mol})$$

上式为各独立数值之和，因此标准不确定度 $u(M_{KHP})$ 就等于各不确定度分量平方和的平方根，即

$$u(M_{KHP})=\sqrt{0.0037^2+0.0002^2+0.00068^2+0.000058^2}=0.0038\ (\text{g/mol})$$

(4) 体积 V_T。体积有三个主要的影响：重复性、校准和温度。

1）测定体积的重复性已如前所述，已在重复测定中考虑了。

2）20mL 滴定管典型的滴定体积准确性范围是±0.03mL。滴定管滴定体积准确性范围±0.03mL 是极值，制造商对玻璃仪器校准时，认为出现在中心区的概率大于极值附近。通常按三角形分布，进行概率统计。三角形分布的标准不确定度是 $0.03/\sqrt{6}=0.012$mL。

3）容量器皿是在20℃校准的，而实验室温度是变化的，假设在20℃±3℃间变化，该影响引起的不确定度可通过估算该温度范围和体积膨胀系数来进行计算。液体的体积膨胀明显大于器皿的体积膨胀，因此只需考虑前者。水的体积膨胀系数为 2.1×10^{-4}/℃，假设温度变化是矩形分布，得到温度控制不充分而产生的标准不确定度为

$$\frac{19.00\times2.1\times10^{-4}\times3}{\sqrt{3}}=0.006\ (\text{mL})$$

式中 19.00 是滴定约消耗的 NaOH 体积（mL）。

4）终点检测偏差：在带有 CO_2 吸收装置的情况下滴定，避免了吸收 CO_2 带来的误差，由于是酸碱滴定，所以滴定终点误差及其不确定度可以忽略。

合并 2）和 3）两个不确定度分量得到体积 V_T 的不确定度 u（V_T）为

$$u(V_T)=\sqrt{0.012^2+0.006^2}=0.013(\text{mL})$$

4. 第四步 合成标准不确定度的计算

通过一系列数学推导，现介绍归纳出来的两个简单的规则。

（1）规则 1：对于只涉及量的和或差的模型，例如 $y=p+q+r+\cdots$ 合成标准不确定度 u_c（y）见式（6-9），即

$$u_c[y(p,q,\cdots)]=\sqrt{u(p)^2+u(q)^2+\cdots} \tag{6-9}$$

（2）规则 2：对于只涉及积或商的模型，例如 $y=p$，q，…或 $y=p/$（q，r，…）合成标准不确定度 u_c（y）见式（6-10），即

$$u_c(y)=y\sqrt{\left[\frac{u(p)}{p}\right]^2+\left[\frac{u(q)}{q}\right]^2+\cdots} \tag{6-10}$$

式中 $u(p)/p$——参数，表示为相对标准偏差的不确定度。

减法的处理原则与加法相同，除法与乘法相同。

合成不确定度分量时，为方便起见应将原始的数学模型分解，将其变为只包括上述原则之一所覆盖的形式。例如表达式$(o+p)/(q+r)$应分解成两个部分：$(o+p)$、$(q+r)$。每个部分的临时不确定度用规则 1 计算，然后将这些临时不确定度用规则 2 合成为合成标准不确定度。对于本例，则

$$\begin{aligned}c_{NaOH}&=\frac{1000m_{KHP}P_{KHP}}{M_{KHP}V_T}(\text{mol/L})\\&=\frac{1000\times0.3888\times1.0}{204.2212\times18.64}\\&=0.10214(\text{mol/L})\end{aligned}$$

使用规则 2，有

$$\begin{aligned}u_c(\text{NaOH})&=c_{NaOH}\sqrt{\left[\frac{u(\text{rep})}{\text{rep}}\right]^2+\left[\frac{u(m_{KHP})}{m_{KHP}}\right]^2+\left[\frac{u(P_{KHP})}{P_{KHP}}\right]^2+\left[\frac{u(M_{KHP})}{M_{KHP}}\right]^2+\left[\frac{u(V_T)}{V_T}\right]^2}\\&=0.10214\sqrt{0.0005^2+\left(\frac{0.00013}{0.3888}\right)^2+(0.00029)^2+\left(\frac{0.0038}{204.2212}\right)^2+\left(\frac{0.013}{18.64}\right)^2}\\&=0.10214\sqrt{0.0005^2+0.00033^2+0.00029^2+0.000019^2+0.00070^2}\\&=0.00010(\text{mol/L})\end{aligned}$$

5. 扩展不确定度

扩展不确定度由合成标准不确定度与所选的包含因子相乘而得到。扩展不确定度需要给出一个期望区间，合理地赋予被测量的数值大部分会落在此区间内。大多数情况下，推荐包含因子 k 为 2（其给出了大约 95%的置信水平）。

本例的扩展不确定度为

$$U(c_{NaOH})=0.0001\times2=0.0002\ (\text{mol/L})$$

所以 NaOH 溶液的浓度为0.102 1mol/L±0.000 2mol/L。

6. 不确定度报告

(1) 报告标准不确定度。当不确定度是以标准不确定度 u_c 形式给出时（即一个标准偏差），推荐采用下面的形式：

（结果）：x（单位）　标准不确定度 u_c（单位）

例如：

NaOH 溶液的浓度：0.102 1mol/L

标准不确定度：0.000 10mol/L

当使用标准不确定度时，不建议使用“±”符号，因为该符号通常与高置信水平的区间有关。

多次重复性试验所得数据的分散性与标准不确定度虽然都用标准偏差表示，但前者主要是重复性因素的影响，后者是将整个试验中所有的影响因素可能导致的误差最大值考虑进去所得的合成标准不确定度。

(2) 报告扩展不确定度。通常结果 x 应跟使用包含因子 $k=2$（或给出的其他值，请参阅有关资料）计算的扩展不确定度 U 一起给出，推荐采用下面的形式：

（结果）：($x \pm U$)（单位）

例如：

NaOH 溶液的浓度：(0.102 1±0.000 2) mol/L

第六节　有效数字和运算规则

一、有效数字

为了得到准确的分析结果，不仅要求准确测量，而且还要求正确地记录和计算，即记录的数字不仅表示数量的大小，而且要正确地反映测量的精确程度。

在科学实验中，数的用途有两类：

(1) 用来数“数目”的，如测定次数、样品个数等。

(2) 用来表示测量结果的，这类数字其末一位或末两位是估计得来的，故具有一定的误差。

实践中，测试结果往往是测几个量，然后计算得出，究竟用几位数字表示是一个重要的问题。例如用分析天平称得某物体的质量为0.518 0g，这一数值中 0.518 是准确的，最后一位数字“0”是可疑的，可能有上下一个单位的误差，即其实际质量是0.518 0g±0.000 1g 范围内的某一数值，此时称量的绝对误差是±0.000 1g，相对误差为

$$\frac{\pm 0.000\ 1}{0.518\ 0} \times 100\% = \pm 0.02\%$$

若将上述称量结果写成 0.518g，则意味着该物体的实际质量为 0.518g±0.001g 范围内的某一数值，即绝对误差为±0.001g，则相对误差为±0.2%。可见，记录时在小数点后面多写或少写一位“0”数字，从数学角度看关系不大，但是记录所反映的测量精确程度却夸大或缩小了 10 倍。所以，在数据中代表一定量的每一个数字都是重要的。

这种在分析工作中实际能测量到的，有实际意义的数字（作为定位作用的“0”除外）称为有效数字。

“0”有时是有效数字，如 20.05、1.210g。有时是非有效数字，如0.003 2kg、0.048m，其中的“0”只是与所用单位有关，与测量精度无关，可把它们写成 3.2g 和 48mm。

以下为各数字的有效数字位数：

1.000 8	34 185	五位有效数字
0.100 7	10.98%	四位有效数字
0.038 2	1.98×10^{-10}	三位有效数字
54	0.004 0	二位有效数字
0.05	2×10^{5}	一位有效数字
3600	100	有效数字位数不确定

像 3600 和 100 这样的数字，其有效数字的位数不确定，可能是二位、三位，甚至是四位。对于这种情况，应根据实际有效数字位数写成 3.6×10^{3}、3.60×10^{3}、3.600×10^{3}。应当注意的是一个有效数字是一个数中的任一数字，它是用来表示数的大小的。常说读到小数点后二位，是指固定某一单位而言，实际就意味着控制有效数字的位数，如滴定管读到小数点后二位，是指以“mL”为单位。

二、有效数字的运算规则

在分析测定过程中，往往要经过几个不同的测量环节。例如用减量法称取样品，经过处理后进行滴定。在此过程中最少要取四次数据——称量瓶加试样的质量、称量瓶在倒出试样后的质量、滴定管的初读数和末读数。如果这四个数据的有效数字位数相同，则运算结果也保留相同的有效数字位数；若有效数字位数各不相同，则运算时按下列规则，合理取舍有效数字位数。

1. 几个数据相加或相减

几个数据相加或相减时，它们的和或差的有效数字的保留应以小数点后位数最少的数据为根据，即取决于绝对误差最大的那个数据。例如将0.012 1、25.64 和1.057 82三数相加，其中 25.64 为绝对误差最大的数据，所以应将计算器显示的相加结果26.709 92也取到小数点后第二位，修约成 26.71。

2. 几个数据乘除运算

在几个数据乘除运算时，所得结果的有效数字位数取决于相对误差最大的那个数，即不超过参加运算的数字中有效数字最少的那个数的有效数字位数，如

$$\frac{0.032\,5\times5.103\times60.06}{139.8}=0.071\,3$$

各数的相对误差分别为

0.032 5：　(±0.000 1/0.032 5) ×100% = ±0.3%；

5.103：　±0.02%；

60.06：　±0.02%；

139.8：　±0.07%。

可见，四个数中相对误差最大，即准确度最差的是0.032 5，是三位有效数字，因此计算结果也应取三位有效数字0.071 3。如果把计算得到的0.071 250 4作为答数就不对了，因为0.071 254的相对误差为±0.000 1%，而在测量中没有达到如此高的准确程度。

在取舍有效数字位数时，还应注意以下几点：

（1）在分析化学计算中经常会遇到一些分数，如 I_2 与 $Na_2S_2O_3$ 反应，其摩尔比为 1∶2，因而 $n(I_2)=\frac{1}{2}n(Na_2S_2O_3)$（$n$ 为物质的量，单位为 mol），这里的 2 是计数量，可视为足够有效，它的有效数字不是一位，即不能根据它来确定计算结果的有效数字位数。又如从 250mL 的容量瓶中吸取 25mL 试液时，也不能根据 25/250 只有二位和三位数来确定分析结果的有效数字位数。

（2）若某一数据第一位有效数字不小于 8，则有效数字的位数可以多算一位，如 8.37 虽然只三位，但可看作四位有效数字。

（3）在计算过程中，可以暂时多保留一位数字，得到最后结果时再根据四舍五入原则弃去多余的数字。

有时，如在试验全分析中也有采用“四舍六入五留双”的原则处理数据尾数的，即当尾数不大于 4 时将其舍去；尾数不小于 6 时进位；而当末位数恰为 5 时，则看保留下来的末位数是奇数还是偶数，是奇数时就将 5 进位，是偶数时则将 5 舍去，总之使保留下来的末位数为偶数。根据此原则，如将 4.175 和 4.165 处理成三位时，则结果分别为 4.18 和 4.16。

（4）有关化学平衡的计算（如求平衡状态下某离子的浓度），一般保留两位或三位有效数字。因为 pH 值为 $[H^+]$ 的负对数，所以 pH 值的小数部分才为有效数字，通常只需取一位或二位有效数字即可，如 4.37、6.5、10.0。

大多数情况下，表示误差时取一位有效数字已足够，最多取两位。

使用计算器计算定量分析结果时，特别要注意最后结果中有效数字的位数，应根据前述规则决定取舍，不可全部照抄计算器上显示的八位数字或十位数字。

第七节　水质分析结果的校核

对于水质分析的结果和使用水质分析数据时可根据水中各成分间的相互关系进行校核。检查是否符合水质组成的一般规律，从而判断分析数据是否正确。校核的主要内容如下。

一、阳阴离子电荷总数的校核

按照电中性原则，水中阳离子正电荷总数等于阴离子负电荷总数，即

$$\sum K=\sum A$$

$$\sum K=K^+ +2K^{2+} +3K^{3+}$$

$$\sum A=A^- +2A^{2-} +3A^{3-}$$

$$\delta=\frac{\sum K-\sum A}{\sum K+\sum A}\times 100\%\leqslant\pm 2\% \tag{6-11}$$

式中　K^+、K^{2+}、K^{3+}——水中 1 价、2 价和 3 价阳离子的物质的量浓度，mmol/L；

A^-、A^{2-}、A^{3-}——水中 1 价、2 价和 3 价阴离子的物质的量浓度，mmol/L；

δ——阳阴离子电荷总数之间的允许差值。

计算各种弱酸、弱碱阴阳离子时，因为它们的存在状态与 pH 值有关，所以应查找有关图表进行校正。

二、含盐量与溶解固体的校核

$$含盐量=\sum K_1+\sum A_1$$

$$RG' = (SiO_2)_{\Sigma} + R_2O_3 + \sum K_1 + \sum A_1 - \frac{1}{2}HCO_3^-$$

$$\delta = \frac{RG' - RG}{\frac{1}{2}(RG' + RG)} \times 100\% \quad (6\text{-}12)$$

式中 $\sum K_1$——原水中除铁、铝离子外的阳离子含量总和，mg/L；

$\sum A_1$——原水中除二氧化硅外的阴离子含量总和，mg/L；

RG——原水中溶解固体的实测值，mg/L；

RG'——原水中溶解固体的计算值，mg/L；

$(SiO_2)_{\Sigma}$——水样中的全硅含量（经过滤测定），mg/L；

δ——溶解固体的实测值与溶解固体的计算值之间的允许差值，对于含盐量小于100mg/L的水样，其绝对值不大于10%是允许的，对于含盐量大于100mg/L的水样，其绝对值不大于5%是允许的。

三、pH值的校核

对于pH< 8.3的水样，其pH值可根据水样中的全碱度和游离二氧化碳的含量进行近似计算而得出。公式为

$$pH' = 6.37 + \lg[HCO_3^-] - \lg[CO_2] \quad (6\text{-}13)$$

$$\delta = pH - pH' \quad (6\text{-}14)$$

式中 pH——原水pH值的实测值；

pH′——原水pH值的计算值；

$[HCO_3^-]$——原水中的重碳酸根浓度，mmol/L；

$[CO_2]$——原水中的游离二氧化碳浓度，mmol/L；

δ——原水pH值的实测值与原水pH值的计算值的差值，其绝对值不大于0.2是允许的。

四、总硬度、碱度、离子间关系的校核

总硬度（YD_{Σ}）为碳酸盐硬度（YD_T）与非碳酸盐硬度（YD_F）之和，即

$$YD_{\Sigma} = YD_T + YD_F \quad (6\text{-}15)$$

(1) 当有非碳酸盐硬度时，应没有负硬度存在，此时 $c(Cl^-) + c\left(\frac{1}{2}SO_4^{2-}\right) > c(K^+) + c(Na^+)$，总硬度>总碱度。

(2) 当有负硬度存在时，应没有非碳酸盐硬度存在，此时 $YD_{\Sigma} = YD_T$，负硬度=总碱度-总硬度，则

$$c\left(\frac{1}{2}Ca^{2+}\right) + c\left(\frac{1}{2}Mg^{2+}\right) < c(HCO_3^-) \quad (6\text{-}16)$$

$$c(Cl^-) + c\left(\frac{1}{2}SO_4^{2-}\right) \leqslant c(K^+) + c(Na^+) \quad (6\text{-}17)$$

(3) 钙、镁离子总和等于总硬度。如上述计算与实测值相差较大，一般可认为总硬度和钙值分析是正确的，据此修正镁值。此外，在一般清水中，钙含量皆大于镁含量，甚至会大出几倍，如果发现相反现象，应注意检查、校正。

第八节 法定计量单位在电厂化学中的应用

法定计量单位是由国家以法令的形式规定允许使用的计量单位。1984年2月27日，国务院发布了《关于在我国统一实行法定计量单位的命令》，规定了我国的计量单位一律采用《中华人民共和国法定计量单位》，并从公布之日起生效，同时颁布了《中华人民共和国法定计量单位》。至此，我国有了一套既以国际单位制为基础，又结合我国实际情况的、科学的、实用的法定计量单位。

一、法定计量单位

1. 法定计量单位的有关知识

(1) 量。量是物体和现象可以定性区别，并能定量测量的一种属性，一般称作物理量。例如长度、质量、时间、速度、压力、浓度等。

量（物理量）可分为基本量和导出量：

1）基本量是彼此独立的，可以单独定义其单位的量。1971年第14届国际计量大会通过决议，选定7个基本量，分别是长度、质量、时间、电流、热力学温度、物质的量、发光强度。

2）由基本量派生出来的量称为导出量。如速度就是由长度和时间这两个基本量派生出来的。

(2) 量制。由基本量和导出量构成的体系称为量制。

(3) 计量单位。计量单位是用以度量（或比较）同类量大小的一个标准量（或参考量）。由此可见，量具有如下特征：

1）量存在于某个量制之中。

2）量是可测的。因为量可定量表达，所以必然可测。也就是可为特定单位的若干倍或若干分之一。例如，长度这个量的大小（量值）就是与单位（1m）相比较而得。无量纲量的单位是1，它来源于两个相同单位之比，虽然表达为纯数，但不能理解为纯数，如相对密度0.65。

3）量是不可数的。作为一个量来说，可测不可数，一切可以计数得出的都不能称为物理量，只能称为计数量，只能用计数单位，如件、个、次等。因为计数量不能用一个标准量去测量或者说去比较一个计数量。

4）量独立于单位，即量的大小与单位选择无关。例如一个铜标准溶液的质量浓度 ρ（Cu）＝1mg/L＝1000μg/L，这说明质量浓度不随单位变化而变化。

由于计量单位可以任意选定，同一个量可有不同的计量单位，如长度单位可以是米，也可以是英尺、市尺等；单位的倍数和分数有不同的进位制（10进位、16进位、12进位）；很少考虑到量之间的联系而涉及的单位间的联系。诸如此类的问题，由于历史和地域上的原因，使构成全部单位的总体变为缺乏逻辑联系的混杂体，这对经济贸易、科学交流极为不利。为此，有必要建立一套有主次、有联系、完整、统一、精确、科学、简明、实用的计量单位体系，称为计量单位制。至1971年第14届国际计量大会通过决议，规定了国际单位制的7个基本单位。这7个基本单位都有严格的定义。其导出单位通过选定的方程式用基本单位来定义，从而使量的单位之间有直接内在的物理联系，使科学技术、工业生产、国际经贸以及日常生活各方面使用的计量单位都能统一。

2. 我国的法定计量单位

1984年2月27日我国颁布了《中华人民共和国法定计量单位》，2014年3月1日颁布了中华人民共和国计量法，保障国家计量单位制的统一和量值的准确可靠。具体内容包括：

- 法定计量单位
  - 国际单位制（SI）单位
    - 国际单位制（SI）基本单位，7个
    - 国际单位制（SI）辅助单位，2个
    - 国际单位制（SI）具有专门名称的导出单位，19个
  - 国家选定的非国际单位制单位
  - 由以上单位构成的组合形式的单位
  - 由词头和以上单位所构成的十进倍数和分数单位

法定计量单位分别列于表6-3～表6-7中。

表6-3　国际单位制基本单位

量的名称	单位名称	单位符号	量的名称	单位名称	单位符号
长度	米	m	热力学温度	开（尔文）	K
质量	千克	kg	物质的量	摩（尔）	mol
时间	秒	s	发光强度	坎（德拉）	cd
电流	安（培）	A			

表6-4　国际单位制辅助单位

量的名称	SI辅助单位		
	单位名称	单位符号	用SI基本单位和SI导出单位表示
（平面）角	弧度	rad	1rad=1m/m=1
立体角	球面度	sr	$1sr=1m^2/m^2=1$

表6-5　国际单位制具有专门名称的导出单位

量的名称	SI导出单位		
	单位名称	单位符号	用SI基本单位和SI导出单位表示
频率	赫（兹）	Hz	$1Hz=1s^{-1}$
力	牛（顿）	N	$1N=1kg\cdot m/s^2$
压力、压强、应力	帕（斯卡）	Pa	$1Pa=1N/m^2$
能（量）、功、热量	焦（耳）	J	$1J=1N\cdot m$
功率、辐（射能）通量	瓦（特）	W	1W=1J/s
电荷（量）	库（仑）	C	$1C=1A\cdot s$
电压、电动势、电位	伏（特）	V	1V=1W/A

续表

量的名称	SI导出单位		
	单位名称	单位符号	用SI基本单位和SI导出单位表示
电容	法（拉）	F	1F=1C/V
电阻	欧（姆）	Ω	1Ω=1V/A
电导	西（门子）	S	$1S=1\Omega^{-1}$
磁通（量）	韦（伯）	Wb	1Wb=1V·s
磁通（量）密度、磁感应强度	特（斯拉）	T	$1T=1Wb/m^2$
电感	亨（利）	H	1H=1Wb/A
摄氏温度	摄氏度	℃	1℃=1K
光通量	流（明）	lm	1lm=1cd·sr
（光）照度	勒（克斯）	lx	$1lx=1lm/m^2$
（放射性）活度	贝可（勒尔）	Bq	$1Bq=1\ s^{-1}$
吸收剂量、比授（予）能 比释动能	戈（瑞）	Gy	1Gy=1J/kg
剂量当量	希（沃特）	Sv	1Sv=1J/kg

表6-6　国家选定的非国际单位制单位

量的名称	单位名称	单位符号	换算关系和说明
时间	分 小（时） 天（日）	Min H D	1min=60s 1h=60min=3600s 1d=24h=86 400s
平面角	（角）秒 （角）分 度	(″) (′) (°)	$1''=(\pi/648\ 000)$ rad $1'=60''=(\pi/10\ 800)$ rad $1°=60'=(\pi/180)$ rad
旋转速度	转每分	r/min	$1r/min=(1/60)\ s^{-1}$
长度	海里	n mile	1n mile=1852m（只用于航程）
速度	节	kn	1kn=1n mile/h=（1852/3600）m/s（只用于航程）
质量	吨	t	1t=1000kg
	原子质量单位	u	$1u\approx1.660\ 540\times10^{-27}kg$
体积	升	L	$1L=1dm^3=10^{-3}m^3$
能	电子伏	eV	$1eV=1.602\ 177\times10^{-19}J$
级差	分贝	dB	
线密度	特（克斯）	tex	1tex=1g/km
面积	公顷	hm^2	$1hm^2=10^4m^2$

表 6-7 用于构成十进倍数和分数单位的词头

所表示的因素	词头名称	词头符号	所表示的因素	词头名称	词头符号
10^{24}	尧［它］(yotta)	Y	10^{-1}	分（deci）	d
10^{21}	泽［它］(zrtta)	Z	10^{-2}	厘（cemi）	c
10^{18}	艾［可萨］(exa)	E	10^{-3}	毫（milli）	m
10^{15}	拍［它］(peta)	P	10^{-6}	微（micro）	μ
10^{12}	太［拉］(tera)	T	10^{-9}	纳［诺］(nano)	n
10^{9}	吉［伽］(giga)	G	10^{-12}	皮［可］(pico)	p
10^{6}	兆（mega）	M	10^{-15}	飞［母托］(femto)	f
10^{3}	千（kilo）	k	10^{-18}	阿［托］(atto)	a
10^{2}	百（hecto）	h	10^{-21}	仄［普托］(zepto)	z
10^{1}	十（deca）	da	10^{-24}	幺［科托］(yocto)	y

量和单位有其相应的名称和符号，即量有量的名称和量的符号；单位有单位名称和单位符号。量的符号用字母表示时（如长度用 l 表示），应使用斜体；单位符号也应使用字母（如“……静止 5min”不应写成“……静止 5 分钟”），只有在小学、初中的教科书和普通书刊中才使用中文符号。有关的使用规则请读者参阅有关法定计量单位的文件和书籍。

二、化学分析中常用的量及其单位

1. 常用的量和单位

化学分析中常用的量及其单位列于表 6-8 中。

表 6-8 化学分析中常用的量及其单位

国家标准规定的名称和符号				应废除的名称和符号	
量的名称	量的符号	单位名称	单位符号	量的名称	单位名称及符号
相对原子质量	A_r	无量纲		原子量、分子量、当量、式量	
相对分子质量	M_r				
物质的量	N	摩（尔）	mol	克分子数	克分子
		毫摩（尔）	mmol	克原子数	克原子
		微摩（尔）	μmol	克当量数	克当量
				克式量数	克式量
摩尔质量	M	千克每摩（尔）	kg/mol	克分子	克 g
				克原子	克 g
		克每摩（尔）	g/mol	克当量	克 g
				克式量	克 g
摩尔体积	V_m	立方米每摩（尔）	m^3/mol		
		升每摩（尔）	L/mol		
物质 B 的浓度（物质 B 的物质的量浓度）	c_B	摩（尔）每立方米	mol/ m^3	摩尔浓度	
				克分子浓度	克分子每升 M
		摩（尔）每升	mol/L	当量浓度	克当量每升 N
				式量浓度	克式量每升

续表

国家标准规定的名称和符号				应废除的名称和符号	
量的名称	量的符号	单位名称	单位符号	量的名称	单位名称及符号
溶质B的质量摩尔浓度	b_B、m_B	摩（尔）每千克	mol/kg	重量克分子浓度	
溶质B的质量浓度	ρ_B	千克每立方米	kg/m³		
		克每升	g/L		
		毫克每升	mg/L		ppm
		微克每升	μg/L		ppb
		纳克每升	ng/L		
物质B的质量分数	ω_B	无量纲		重量百分数	
密度	ρ	千克每立方米	kg/m³	比重	
		克每立方厘米	g/cm³	比重	
相对密度	d	无量纲			
压力，压强	p	帕（斯卡）	Pa		标准大气压 atm
		千帕	kPa		毫米汞柱 mmHg
热力学温度	T	开（尔文）	K	绝对温度	开氏度°K
摄氏温度	t	摄氏度	℃	华氏温度	华氏度°F
摩尔吸收系数	K	平方米每摩尔	m²/mol		

2. 几个重要的量和单位表达式

(1) 物质的量（n）。物质的量是七个基本量之一，“物质的量”这四个字是一个整体，泛指物质B时，可写成n_B，其单位是mol。对物质的量的概念理解为物质的量是反映某系统中物质基本单元多少的物理量。

物质由确定性质的微粒组成（分子）。对这样的物质以一定数目的基本单元（微粒）为单位进行度量就有利于化学计量，因为物质都有固定的组成，即组成某物质的元素的原子以一定比例关系组成该物质的分子。显然，在众多的化学反应中，要进行化学计量必须以参加反应的各物质的基本微粒（分子、原子、离子、电子）数为单位量。

(2) 摩尔（mol）。摩尔是物质的量的单位。定义：摩尔是一系统物质的量，该系统中所包含的基本单元数与0.012kg碳-12的原子数目相等。在使用摩尔单位时应指明基本单元，可以是原子、分子、离子、电子及其他粒子，或是这些粒子的特定组合。

在物质的量及其单位的理解和使用上应注意：

1) 物质的量（n）与质量（m）是彼此完全独立的两个基本量。n是与基本单元数成正比的一个物理量，与基本单元的形式有关；m是物质惯性量，与引力成正比，与基本单元的形式无关。

对于一个物质（B）而言，n_B正比于m_B，但一系统中不同物质之间的物质的量之比不等于它们的质量比，即$n(H_2)/n(O_2) \neq m(H_2)/m(O_2)$。因此，“1 mol（$H_2SO_4$）= 98g”这种写法是错误的，“1 mol（$H_2SO_4$）的质量是98g”的写法是正确的。

2）使用物质的量（n）及其单位（mol）时，必须指明基本单元，基本单元可以是原子、分子、离子、原子团、电子、光子及其他粒子或这些粒子的特定组合。

3）既然摩尔是物质的量的单位，则一系统中物质的量就定量地表达为其单位（mol）的若干倍或若干分之一。在使用中要注意不能把物质的量称为摩尔数，如“氧原子的摩尔数是2”的说法是错误的，应说成“氧原子的物质的量是2mol”。

4）在化学中一直把摩尔作为克分子、克原子来使用，现在把摩尔作为七个基本单位之一，其含义与克分子、克原子是不同的，它是具有十分明确和严格定义的物质的量的单位。只要严格按照定义指明基本单元，那么以前用的克分子、克原子、克离子、克当量等都可用摩尔代替。因此1 mol H_2SO_4不能称作1克分子 H_2SO_4。摩尔与旧概念（摩尔、克分子、克原子等）的比较见表6-9。

表6-9 摩尔与旧概念（摩尔、克分子、克原子等）的比较

名称与符号	法定计量单位摩（尔）	应废除的克分子、克原子、克离子、克当量等旧概念“摩尔”
定 义	见上述（2）中摩尔的定义	以克为单位表示的原子量、分子量或当量
用法示例	1mol H_3PO_4质量是98g 1mol（1/2 H_3PO_4）质量是49g 1mol（1/3 H_3PO_4）质量是32.7g	1克分子磷酸是98g或1摩尔磷酸是98g 1克当量磷酸是49g 1克当量磷酸是32.7g
对应的量	物质的量 n	不明确，本身既可以视为类似于摩尔质量的量，又可以作为相当于新概念摩尔的单位，甚至还作为浓度单位

5）不要在以前应用克分子、克原子等概念的一些场合简单地直接套用摩尔，如以前说“1克原子的碳等于12g”，而应说成“1摩尔碳原子的质量是12g”或者说“碳原子的摩尔质量是12g/mol”。

（3）摩尔质量（M）。摩尔质量定义为质量 m 除以物质的量 n，即 $M = m/n$，单位是kg/mol、g/mol 或g/mmol。

摩尔质量可理解为每单位物质的量的质量。由定义可知，摩尔质量包含了物质的量（n）的导出量，因此具体应用摩尔质量时必须指明基本单元。对同一物质，如规定的基本单元不同，其摩尔质量也不同。如硫酸，若以1/2 H_2SO_4作基本单元，则 M（1/2 H_2SO_4）=49.04g/mol，若以 H_2SO_4作基本单元，则 M（H_2SO_4）=98.07g/mol。

摩尔质量以g/mol为单位时，它的数值就等于物质（规定的基本单元）的相对分子量或相对原子量，所以一般情况下，只要确定基本单元，就可知其摩尔质量，如 M（HCl）=36.5g/mol，M（$KMnO_4$）=158.03g/mol，M(1/5$KMnO_4$)=31.61g/mol。

应注意的是，不能把以g/mol为单位表示的摩尔质量看作是克分子量、克原子量、克当量，按过去的概念可以说NaOH的克分子量是40g，现在应说成NaOH的摩尔质量是40 g/mol。摩尔质量是在化学分析中经常用到的一个重要的量，在分析化学中常常需要先求得摩尔质量，而求摩尔质量的关键是根据反应式确定待测组分的基本单元，一旦确定了基本单元就等于得出了摩尔质量。

三、量间的换算关系

常用的量有摩尔质量、物质的量、质量、物质的量浓度和质量分数等。它们之间的换算关系可用公式来表示，即

$$n_B = \frac{m}{M_B} = c_B V \tag{6-18}$$

$$m = n_B M_B = c_B M_B V \tag{6-19}$$

$$c_B = \frac{n_B}{V} = \frac{m}{M_B V} \tag{6-20}$$

$$M_B = \frac{m}{n_B} = \frac{m}{c_B V} \tag{6-21}$$

$$w_B = \frac{m}{m_s} \tag{6-22}$$

式中 m——表示组分（或基本单元）B的质量；

m_s——代表混合物的质量；

w_B——表示组分B的质量分数。

这些关系式非常重要，不仅要理解，而且应能熟练使用。

【例6-1】 某一重铬酸钾溶液，已知 c（$1/6K_2Cr_2O_7$）＝0.0170mol/L，体积为5000mL，求：

(1) 所含的 $1/6K_2Cr_2O_7$ 的物质的量 n（$1/6K_2Cr_2O_7$）。

(2) 如果将此溶液取出500mL后，再加500mL水混匀，求最后溶液的浓度 c（$K_2Cr_2O_7$）。

解 (1) V＝5000mL＝5.000L，c（$1/6K_2Cr_2O_7$）＝0.0170mol/L，则

n（$1/6K_2Cr_2O_7$）＝c（$1/6K_2Cr_2O_7$）V＝0.0170×5.000＝0.0850（mol）

(2) 取出500mL溶液，则 V＝500mL＝0.500L。

n（$1/6K_2Cr_2O_7$）＝0.0850－0.0170×0.500＝ 0.0765（mol）

又加进去500mL水，总体积仍保持5.000L，则

c（$1/6K_2Cr_2O_7$）＝0.0765/5.000＝0.0153（mol/L）

因题意要求 c（$K_2Cr_2O_7$），所以应转换基本单元，即

c（$K_2Cr_2O_7$）＝c（$1/6K_2Cr_2O_7$）/6 ＝ 0.0153/6＝0.002 55（mol/L）

【例6-2】 欲配制 c（SO_4^{2-}）＝0.010 00mol/L的溶液500mL，应取 $AlNH_4(SO_4)_2 \cdot 12H_2O$ 多少克？

解 配制 c（SO_4^{2-}）＝0.010 00mol/L的溶液500mL需要 SO_4^{2-} 的质量为

0.010 00×0.500×96＝0.48（g）

$AlNH_4(SO_4)_2 \cdot 12H_2O$ 的摩尔质量为453.32 g/mol，其中含有 SO_4^{2-} 192g，欲获得0.48 g SO_4^{2-} 应称取 $AlNH_4(SO_4)_2 \cdot 12H_2O$ 为

m［$AlNH_4(SO_4)_2 \cdot 12H_2O$］＝0.48×453.32/192＝1.133（g）

【例6-3】 一瓶硫酸溶液，如果以1/2 H_2SO_4 为基本单元，则浓度 c（1/2 H_2SO_4）（过去所说的“当量浓度”）应该是以 H_2SO_4 为单元的浓度 c（H_2SO_4）（相当于过去所说的“摩尔浓度”）的2倍，即 c（1/2 H_2SO_4）＝$2c$（H_2SO_4），假如一瓶硫酸，其 c（H_2SO_4）＝0.1000mol/L，则 c（1/2 H_2SO_4）＝2×0.1000＝0.2000（mol/L）。同理，c（$1/6K_2Cr_2O_7$）＝

$6c$（$K_2Cr_2O_7$），c（$1/5KMnO_4$）$=5c$（$KMnO_4$），c（$1/2Na_2CO_3$）$=2c$（Na_2CO_3），c（$1/2Ca^{2+}$）$=2c$（Ca^{2+}）。

四、等物质的量规则

等物质的量规则可表达为：在化学反应中，消耗了的两反应物的物质的量相等。或者说在滴定分析中，达到化学计量点（理论终点）时，标准物的物质的量等于被测物的物质的量。

化学计量点就是指被废除的“等当点”，也可称为等物质的量点，即 $n_1=n_2$。因为 $n=cv$，则

$$c_1V_1=c_2V_2 \tag{6-23}$$

这与当量定律的 $N_1V_1=N_2V_2$ 的形式相同。在应用当量定律时，必须知道某物质的当量值，进而求得当量浓度。同样，现在使用等物质的量规则时，首先知道某物质的摩尔质量（确定摩尔质量的关键是正确选定基本单元），进而可求得物质的量浓度。

在化学反应中，反应物之间有严格的计量关系。按等物质的量规则，选择基本单元的原则是使两反应物具有相等的基本单元数，或者说使两反应物的基本单元数之比为1∶1，只要基本单元数相等就可满足等物质的量规则。根据这一原则，在选择基本单元时，可先确定某一反应物的基本单元，例如酸碱反应中，习惯以一价的酸或碱的相对分子量数值作为它们的摩尔质量，NaOH 的摩尔质量为40g/mol，HCl 的摩尔质量为36.5g/mol，然后可确定与它们反应的酸或碱的摩尔质量。

$$2NaOH+H_2SO_4 = Na_2SO_4+2H_2O$$

显然，在这个反应中，反应物 NaOH 用2mol，则与之反应的 H_2SO_4 也应是2mol（符合等物质的量规则），于是 H_2SO_4 的基本单元应该是 $1/2\ H_2SO_4$，其摩尔质量是 $98/2=49$（g/mol）。

$$2MnO_4^-+5C_2O_4^{2-}+16H^+ = 2Mn^++10CO_2+8H_2O$$

在这个反应中，选择 $1/5\ MnO_4^-$ 作基本单元，由反应式可看出，$2MnO_4^-$ 包含10个基本单元，故 $5C_2O_4^{2-}$ 也包含10个基本单元，即草酸的基本单元为 $1/2H_2C_2O_4$，这样符合等物质的量规则。同时也可看出，要确定基本单元，首先要把反应方程式配平。

【例 6-4】 取浓度为 c（$1/2H_2C_2O_4$）$=0.1024$mol/L的草酸溶液50.00mL，用待标定的 $KMnO_4$ 溶液滴定，滴定至终点时耗去 $KMnO_4$ 溶液26.38mL，计算高锰酸钾溶液的准确浓度 c（$KMnO_4$）。

解 反应方程式为

$2MnO_4^-+5C_2O_4^{2-}+16H^+ = 2Mn^++10CO_2+8H_2O$

根据反应方程式，分别选择 $1/5KMnO_4$ 和 $1/2H_2C_2O_4$ 为基本单元，则有

$$n(1/5\ KMnO_4)=n(1/2H_2C_2O_4)$$

即

$$c(1/5KMnO_4)V(1/5KMnO_4)=c(1/2H_2C_2O_4)V(1/2H_2C_2O_4)$$

$$c(1/5KMnO_4)=c(1/2H_2C_2O_4)V(1/2H_2C_2O_4)/V(1/5KMnO_4)$$

$$=0.1024\times50.00/26.38$$

$$=0.1941(mol/L)$$

换算成

$$c(KMnO_4)=1/5c(1/5KMnO_4)$$

$$=1/5\times0.1941$$

$$=0.03882(mol/L)$$

在络合滴定中，若 Ca^{2+} 和 Mg^{2+} 的基本单元选定为 1/2 Ca^{2+} 和 1/2Mg^{2+}（即摩尔质量分别为 20g/mol 和 12 g/mol，数值上和以前的当量值一样），则络合剂 EDTA 的基本单元必定是 1/2EDTA。因此，可以利用经过配平的化学反应方程式确定物质的基本单元，便确定了摩尔质量，从而熟练地应用等物质的量规则，如

$$6Fe^{2+}+Cr_2O_7^{2-}+14H^+ = 6Fe^{3+}+2Cr^{3+}+7H_2O$$

(1) 以 Fe^{2+} 作基本单元，则重铬酸钾的基本单元为 1/6 $Cr_2O_7^{2-}$。

(2) 以 $6Fe^{2+}$ 作基本单元，则重铬酸钾的基本单元为 $Cr_2O_7^{2-}$。

(3) 以 $3Fe^{2+}$ 作基本单元，则重铬酸钾的基本单元为 1/2 $Cr_2O_7^{2-}$。

(4) 以 $2Fe^{2+}$ 作基本单元，则重铬酸钾的基本单元为 1/3 $Cr_2O_7^{2-}$。

第二篇 定量分析操作技能

第七章　定量分析实验室基本知识

第一节　实验室工作要求及安全知识

一、实验室工作要求

(1) 水、汽化学分析实验室是火力发电厂监督水汽品质的眼睛，为电厂化学工程师及时提供准确、可靠的数据，因此水、汽化学分析实验室的人员应有明确职责的组织分工，应有技术主管全面负责实验室的技术工作；应有质量主管，并赋予其实施和遵循质量体系的责任和权力；应设立必要的管理员。

(2) 实验室应建立与其工作相适应的一系列规章制度，形成文件，这些规章制度应涉及如下方面：

1) 关于实验室质量控制；

2) 关于实验室文件的管理，包括内部文件、外来文件（标准、政策、法律、法规、规定和其他文件资料）、各种记录和分析报告等；

3) 关于人员的培训和考核；

4) 关于安全和内务管理；

5) 关于环境的建立、控制和维护；

6) 关于仪器设备的控制和管理；

7) 关于样品的管理；

8) 关于分析操作、记录和分析报告的管理；

9) 关于出现意外和偏离规定时的纠正措施。

(3) 应确保从事化学分析、操作专门设备以及签署分析报告等人员的能力，应按要求根据相应的教育、培训、经验和可证明的技能进行资格确认，并按计划进行相关的培训与考核，保存实验室人员的有关信息。

(4) 实验室的设施及环境条件应符合有关标准和规定的要求，分析试验台架、能源、照明、采暖和通风等便于分析工作的正常进行，能确保人身和设备安全。

(5) 实验室正确配备水、汽分析所需的仪器设备，对仪器设备进行正常维护管理，按规定对仪器设备定时检定，主要仪器设备建有档案。

(6) 国家标准、行业标准以及操作规程是水、汽分析的依据，应按规章制度正确进行采样、分析记录和分析报告的审批。

二、实验室安全知识

化学分析实验室不可避免地要使用易燃、易爆及有毒物品，因此实验室人员不仅要严格遵守实验室的安全规程，而且应具有基本的防火、防爆和防毒知识。

1. 防火知识

(1) 妥善保管易燃、易爆、易自燃和强氧化剂等类药品。

(2) 进行加热、灼烧、蒸馏等试验时，要严格遵守操作规程。

(3) 使用易挥发可燃试剂（如乙醇、丙酮、汽油等）时，要尽量防止其大量挥发，保持室内通风良好。绝不能在明火附近倾倒、转移这类易燃试剂。

(4) 易燃气体（如甲烷、氢气）钢瓶不应直接放在室内使用，应隔离放置。

(5) 定期检查电器设备、电源线路，遵守安全用电规程。

(6) 室内必须配备灭火器材，灭火器材固定放置在便于取用的地方，并定期检查或更换。

(7) 发现起火要立即切断电源，关闭煤气，扑灭着火源，移走可燃物。

(8) 如为普通可燃物，如纸张、木器等着火，可用沙子、湿布等盖灭。

(9) 衣服着火时，应立即离开实验室，可用厚衣服、湿布包裹压灭或躺倒滚灭、用水浇灭。

(10) 若在敞口容器中着火，可用石棉布盖灭，绝不能用水浇。

(11) 若是有机溶剂洒在桌面、地面着火时，用石棉布或沙子盖灭，绝不能用水浇。

(12) 火势较大时除及时报警外，可用灭火器扑救。

(13) 水虽然是常用的灭火材料，但在化验室起火时，若要用水，应十分慎重。因为有的化学药品比水轻，会浮于水面，随水流动，反而可能扩大火势；有的药品能与水反应引起燃烧，甚至爆炸，所以除非确知用水无害，否则尽量不要用水。

2. 防爆常识

爆炸会引起更大的危害，因此使用易爆物品，如苦味酸等要格外小心，有些药品虽然单独存放或使用时比较稳定，但与某些药品混合后就会变成易爆物品，十分危险，许多可燃气体与空气或氧气混合后，遇明火就会爆炸见表 7-1 和表 7-2。

表 7-1　易爆混合物

主要物质	互相作用的物质	引起燃烧、爆炸的因素	后　果
HNO_3（发烟）	有机物	相互作用	燃烧
$KClO_4$	乙醇、有机物	相互作用	爆炸
$KMnO_4$	乙醇、乙醚、汽油	浓 H_2SO_4	爆炸
NH_4NO_3	锌粉和少量水	相互作用	爆炸
Na_2O_2	有机物	摩擦	燃烧
K、Na	水	相互作用	燃烧、爆炸
S	氯酸盐、二氧化铅	捶击、加热	爆炸
P（红）	氯酸盐、二氧化铅	相互作用、加热	爆炸
P（白）	空气、氧化剂、强酸	相互作用	燃烧、爆炸
Cl_2	氢、甲烷、乙炔	阳光、光照	燃烧、爆炸
丙酮	过氧化氢	相互作用	燃烧、爆炸

表 7-2 可燃气体或蒸汽的燃点及其与空气混合时的爆炸范围

名称（化学式）	燃 点（℃）	空气中含量（%）	
		上 限	下 限
氢（H_2）	585	75	4.1
氨（NH_3）	650	27.4	15.7
甲烷（CH_4）	537	15	5.0
乙烷（C_2H_6）	510	14	3.0
乙烯（C_2H_4）	450	33.5	3.0
乙炔（C_2H_2）	335	82	2.3
一氧化碳（CO）	650	75	12.5
硫化氢（H_2S）	260	45.4	4.3
苯（C_6H_6）	538	8.0	1.4
甲醇（CH_3OH）	427	36.5	6.0
乙醇（C_2H_5OH）	538	18	4.0

3. 防毒常识

实验室中接触的有毒物品对人体的毒害途径和程度各不相同。有些气态或烟雾状毒物，如CO、HCN、Cl_2、NH_3、酸雾及有机溶剂蒸汽等是经呼吸道进入人体的；有些是操作时不慎沾在手上，洗涤不干净，在饮水进食时经消化系统进入人体的；或者手上有伤，通过伤口进入血液而致毒，如氰化物、砷化物、汞盐、钡盐等毒品；有些则是因为触及皮肤及五官黏膜进入人体的，如Hg、SO_2、、SO_3、氮的氧化物等。因此，凡涉及毒品的操作，必须认真、小心，手上不要有伤口，实验完后一定要仔细洗手；产生有毒气体的实验一定要在通风柜中进行，并保持室内通风良好。

第二节 玻璃器皿的洗涤与干燥

一、器皿的洗涤

洗涤玻璃器皿是一项很重要的操作。洗涤是否合格，会直接影响分析结果的可靠性与准确度。不同的分析任务对器皿洁净程度的要求虽有不同，但至少都应达到倾去水后器壁上不挂水珠的程度。

1. 一般器皿的洗涤步骤

洗涤任何器皿之前，一定要将器皿内原有的东西倒掉，然后再按下述步骤洗涤：

(1) 用水洗。根据仪器的种类和规格，选择合适的刷子，蘸水刷洗，洗去灰尘和可溶性物质。

(2) 用洗涤剂洗。用毛刷蘸取洗涤剂，先反复刷洗，然后边刷边用水冲洗。当倾去水后，如达到器壁上不挂水珠，则用少量蒸馏水或去离子水分多次（最少三次）涮洗，洗去所沾的自来水，即可（或烘干后）使用。

(3) 用洗液洗。用上述方法仍难洗净的器皿，或不便于用刷子刷洗的器皿，可根据污物的性质，选用相宜的洗液洗涤。常用的洗液见表 7-3。注意，在换用另一种洗液时，一定要除尽前一种洗液，以免互相作用，降低洗涤效果，甚至生成更难洗涤的物质。用洗液洗涤后，仍需先用自来水冲洗，洗去洗液，再用少量蒸馏水或去离子水分多次（最少三次）涮洗，除尽自来水。

表 7-3　常用洗液

洗液名称	洗液配法	用途、用法	注意事项
铬酸洗液	称 20g 工业 $K_2Cr_2O_7$，加 40mL 水，加热熔解。冷却后，将 360mL 浓 H_2SO_4 沿玻璃棒慢慢加入上述溶液中，边加边搅。冷却，转入细口瓶中备用	一般油污，用途最广。浸泡、涮洗	（1）具有强腐蚀性，防止烧伤皮肤、衣物。 （2）用毕回收，可反复使用；储存瓶要盖紧，以防吸水失效。 （3）如呈绿色，则失效，可加入浓 H_2SO_4 将 Cr^{3+} 氧化后继续使用
碱性乙醇洗液	6gNaOH 溶于 6g 水中，再加入 50mL 乙醇（95%）	油脂、焦油、树脂。浸泡、涮洗	（1）应贮于胶塞瓶中，久贮易失效。 （2）防止挥发，防火
碱性高锰酸钾洗液	4g$KMnO_4$ 溶于少量水中，加入 10gNaOH，再加水至 100mL	油污、有机物。浸泡	浸泡后器壁上会残留 MnO_2 棕色污迹，可用 HCl 洗去
磷酸钠洗液	57gNa_3PO_4 和 28.5g 油酸钠溶于 470mL 水中	碳的残留物。浸泡、涮洗	浸泡数分钟后再涮洗
硝酸-过氧化氢洗液	15%～20% HNO_3 加等体积的 5%H_2O_2	特殊难洗的化学污物	久存易分解，应现用现配
碘-碘化钾洗液	1gI_2、2gKI、混合研磨，溶于少量水后，再加水到 100mL	$AgNO_3$ 的褐色残留污物	
有机溶剂	如苯、乙醚、丙酮、酒精、二氯乙烷、氯仿等	油污，可溶于该溶剂的有机物	（1）注意毒性、可燃性。 （2）用过的废溶剂应回收，蒸馏后仍可继续用

2. 特殊要求的洗涤方法

有些实验对器皿的洗涤有特殊要求，在用上述方法洗净后还需作特殊处理。例如微量凯氏定氮仪每次使用前都要用蒸汽处理 5min 以上，以除去仪器中的空气；某些痕量分析用的器皿要求洗去极微量的杂质离子，因此洗净的器皿还要用优级纯的 1∶1 的 HCl 或 HNO_3 浸泡几十小时，再用高纯水洗净。

3. 砂芯滤器的洗涤

古氏坩埚、滤板漏斗及其他砂芯滤器，由于滤片上的空隙很小，极易被灰尘、沉淀物堵塞，又不能用毛刷刷洗，需选用适宜的洗液浸泡抽洗，然后再用自来水，最后用去离子水冲洗干净。适于洗涤砂芯滤器的洗液见表 7-4。

表 7-4　洗涤砂芯滤器的洗液

沉淀物	有效洗涤液	用法
新滤器	热 HCl、铬酸洗液	浸泡、抽洗
氯化银	1∶1 氨水、10%$Na_2S_2O_3$	先浸泡再抽洗

续表

沉淀物	有效洗涤液	用法
硫酸钡	浓 H_2SO_4 或 3%EDTA500mL+浓 NH_3 水 100mL 混合液	浸泡、蒸煮、抽洗
汞	热、浓 HNO_3	浸泡、抽洗
氧化铜	热的 $KClO_3$ 与 HCl 混合液	浸泡、抽洗
有机物	热铬酸洗液	抽洗
脂肪	CCl_4	浸泡、抽洗，再换 CCl_4 抽洗

二、玻璃器皿的干燥

(1) 在不加热的情况下干燥器皿。将洗净的器皿倒置于干净的实验柜内或容器架上自然晾干，或用吹风机将器皿吹干；还可以在器皿内加入少量酒精，再将其倾斜转动，壁上的水即与酒精混合，然后将其倾出，留在器皿内的酒精快速挥发，而使器皿干燥。

(2) 用加热的方法干燥器皿。洗净的玻璃器皿可以放入恒温箱内烘干，应平放或器皿口向下放；烧杯或蒸发皿可在石棉网上用火烤干。

有刻度的量器不能用加热的方法干燥，加热会影响这些容器的精密度，还可能造成破裂。

第三节 化学试剂及实验室用水

一、化学试剂的级别和使用

试剂的纯度对分析结果准确度的影响很大，不同的分析工作对试剂纯度的要求也不相同。根据化学试剂中所含杂质的多少，将实验室普遍使用的一般试剂分为四个等级，见表7-5。

表 7-5 化学试剂的级别和主要用途

级别	中文名称	英文标志	标签颜色	主要用途
一	优级纯	GR	绿	精密分析实验
二	分析纯	AR	红	一般分析实验
三	化学纯	CP	蓝	一般化学实验
生物化学试剂	生物试剂、生物染色剂	BR	黄	生物化学及医化学实验

此外，还有基准试剂、色谱纯试剂、光谱纯试剂等。基准试剂的纯度不低于优级纯试剂。色谱纯试剂的纯度应达到在最高灵敏度下无杂质峰。光谱纯试剂专门用于光谱分析，它是以光谱分析时出现的干扰谱线的数目及强度来衡量的，即其杂质含量用光谱分析法已测不出或其杂质含量低于某一限度。

按规定，试剂的标签上应标明试剂名称、化学式、摩尔质量、级别、技术规格、产品标准号、生产许可证号、生产批号、厂名等，危险品和毒品还应给出相应的标志。若上述标记不全，应提出质疑。

当所购试剂的纯度不能满足实验要求时，应将试剂提纯后再使用。

指示剂的纯度往往不太明确，除少数标明“分析纯”“试剂四级”外，经常只写明“化学试剂”“企业标准”或“部颁暂行标准”等，常用的有机试剂也常等级不明，一般只可作“化学纯”试剂使用，必要时进行提纯。

二、试剂的保管和取用

试剂保管不善或取用不当，极易变质和沾污，这在分析化学实验中往往是引起误差，甚至造成失败的主要原因之一。

(1) 使用前要认清标签，取用时应将瓶盖反放在干净的地方。固体试剂应用干净的骨匙取用，用毕立即将骨匙洗净，晾干备用。液体试剂一般用量筒取用，倒试剂时，标签朝上，不要将试剂泼洒在外，多余的试剂不应倒回试剂瓶内，取完试剂随手将瓶盖盖好，切不可“张冠李戴”，以防沾污。

(2) 试剂都应贴上标签，写明试剂的名称、规格、日期等。标签贴在试剂瓶的2/3处。

(3) 易腐蚀玻璃的试剂，如氟化物、苛性碱等，应保存在塑料瓶中。

(4) 易氧化的试剂（如氯化亚锡、低价铁盐）、易风化或潮解的试剂（如 $AlCl_3$、Na_2CO_3、NaOH 等）应用石蜡密封瓶口。

(5) 易受光分解的试剂，如 $KMnO_4$、$AgNO_3$ 等，应用棕色瓶盛装，并保存在暗处。

(6) 易受热分解的试剂、低沸点的液体和易挥发的试剂应保存在阴凉处。

(7) 剧毒试剂，如氰化物、三氧化二砷、二氯化汞等，必须特别妥善保管和安全使用。

三、实验室用水

实验室除了有清洁方便的自来水外，还应备有用于配制溶液、洗涤器皿、稀释水样及做空白试验用的试剂水（一些书中所说的蒸馏水、去离子水、纯水等均可统称为试剂水）。

根据试剂水的质量及制备方法不同，GB/T 6682—2008《分析实验室用水规格和试验方法》将试剂水分为三类，见表7-6。

表7-6　试剂水的分类

项　目	Ⅰ级	Ⅱ级	Ⅲ级
pH值（25℃）	—	—	5.0～7.5
电导率（25℃）≤（μS/cm）	0.1	1.0	5.0
可氧化物质（以O计）＜（mg/L）	—	0.08	＜0.40
吸光度（254nm，1cm光程）≤	0.001	0.01	—
蒸发残渣（105℃±2℃）≤（mg/L）	—	1.0	2.0
可溶性硅（以 SiO_2 计）＜（mg/L）	0.01	0.02	—
制备方法	Ⅱ级水经石英设备蒸馏或混合床离子交换处理后，用0.2μm微孔滤膜过滤	多次蒸馏或离子交换	蒸馏或离子交换

第八章 分 析 天 平

分析天平是定量分析中最重要的精密衡量仪器之一，了解分析天平的构造，熟练地使用分析天平进行称量是化学工作者应掌握的一项基本实验技术。因此，了解分析天平的原理、结构、正确的使用以及维护方法是十分重要的。

第一节 天平的分类及构造

从天平的构造原理来分类，天平分为杠杆天平（机械式天平）和电子天平两大类。杠杆天平又可分为等臂双盘天平和不等臂双刀单盘天平，双盘天平还可分为摆动天平、阻尼天平和光电天平。下面以双盘光电天平、不等臂双刀单盘天平和电子天平为例，介绍分析天平的原理及构造。

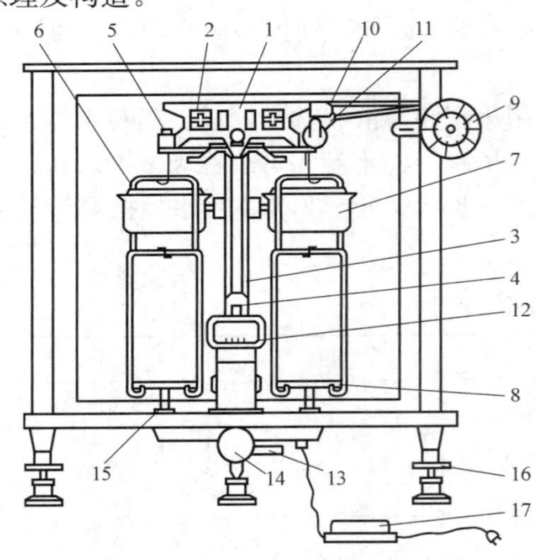

图 8-1 双盘光电天平的构造

1—横梁；2—平衡砣；3—立柱；4—指针；5—吊耳；6—阻尼器内筒；7—阻尼器外筒；8—秤盘；9—加码指数盘；10—加码杆；11—环形毫克砝码；12—投影屏；13—调零杆；14—停动手钮；15—托盘器；16—水平调整脚；17—变压器

一、双盘光电天平的构造

双盘光电天平是依据杠杆原理设计的，其结构如图 8-1 所示，由外框部分、立柱部分、横梁部分、悬挂系统、制动系统、光学读数系统、机械加码装置七个部分组成。

(1) 外框部分。外框用以保护天平，使之不受灰尘、热源、水蒸气、汽流等外界条件的影响。

(2) 立柱部分。立柱是空心柱体，垂直固定在底板上，天平制动器的升降拉杆穿过立柱空心孔，带动大小托翼上下运动。立柱上端中央固定支点刀承。天平的水准器一般采用水平泡，安装于立柱后面。

(3) 横梁部分。横梁部分由横梁、刀子、刀盒、平衡砣、感量砣和指针组成。横梁是天平的重要部件，横梁上装有三个玛瑙刀子，中间为支点刀，刀口向下，两边为承重刀，刀口向上。三个刀刃的安装必须平行，并垂直于刀刃中心的连线，且在一个水平面上。要求刀刃锋利、呈直线、无崩缺。为保持天平的灵敏度和稳定性，要特别注意保护天平的刀刃不受冲击和减小磨损。感量砣用于调整天平的灵敏度，平衡砣用于空载时调节天平的平衡位置（即零点）。

(4) 悬挂系统。悬挂系统由吊耳、阻尼器和秤盘组成。

(5) 制动系统。制动系统的作用是保护天平的刀刃，使其保持锋利和避免因冲击力产生崩缺现象。天平两边负荷未达到平衡时，不可全开天平，否则天平横梁倾斜太大，吊耳易脱落，使刀子受损。

(6) 光学读数系统。光学读数系统是对微分标尺进行光学放大的机构。

(7) 机械加码装置。部分机械加码装置的天平，1g 以上砝码用镊子取用；1g 以下的砝码做成环状，10mg 以内的数值由光屏上读出。

二、单盘光电天平的构造

单盘光电天平是指不等臂单盘天平，也叫双刀单盘天平，具有全部机械减码装置及光学读数机构。它比双盘天平性能优越，具有感量恒定、无不等臂性误差及称量速度快等特点。

单盘光电天平的砝码与被称物在同一个悬挂系统中，称量时加上被称物体，减去悬挂系统上的砝码，使横梁始终保持全载平衡状态，即用放置在秤盘上的被称物替代悬挂系统中的砝码，使横梁保持原有的平衡位置，所减去砝码的质量即等于被称物的质量。单盘光电天平的构造可分为外框部分、起升部分、横梁部分、悬挂系统、光学读数系统、机械减码装置六个部分。DT-100 型单盘天平的结构如图 8-2 所示。

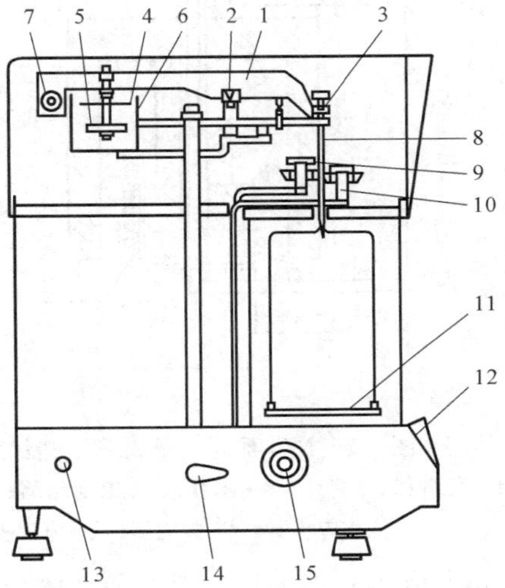

图 8-2 DT-100 型单盘天平的结构示意图

1—横梁；2—支点刀；3—承重刀；4—阻尼片；5—配重砣；6—阻尼筒；7—微分标尺；8—吊耳；9—砝码；10—砝码托；11—秤盘；12—投影屏；13—电源开关；14—停动手钮；15—减码手钮

(1) 外框部分。外框部分安装有电源变压器、电源转换开关、停动轴、减码装置、调零装置及微读机构。天平罩起隔气流、防尘、保持天平温度稳定的作用。

(2) 起升部分。起升部分的作用是支撑横梁和悬挂系统，实现天平的开关动作。

(3) 横梁部分。横梁由硬铝合金制成，支点刀和承重刀由人造白宝石制成，横梁尾部是标尺。配重砣主要起横梁平衡作用，平衡砣用于调节天平的零点，感量砣是调整灵敏度用的。

(4) 悬挂系统。悬挂系统由承重板、砝码架、秤盘组成。砝码架的槽中可放置 16 个圆柱形的砝码，组合成 99.9g 范围内的任意质量。

(5) 光学读数系统。它是将微分标尺放大以便读数的机构。

(6) 机械减码装置。由减码手钮控制 3 组不同几何形状的凸轮，使减码杆起落，托起砝码实现减码操作，同时在读数窗口显示出减去砝码的质量。

三、电子天平的构造

1. 电子天平的构造原理

应用现代电子控制技术进行称量的天平称为电子天平。各种电子天平的控制方式和电路结构不相同，但其称量的依据都是电磁力平衡原理。当通电导线放在磁场中时，导线将产生电磁力，力的方向可以用左手定则来判定，当磁场强度不变时，力的大小与流过线圈的电流强度成正比；如果使重物的重力方向向下，电磁力的方向向上，与之相平衡，则通过导线的电流与被称物体的质量成正比。

现以 MD 系列电子天平为例说明电子天平的称量原理，其结构如图 8-3 所示。秤盘通过支架连杆与线圈相连，线圈处于磁场中。秤盘及被称物体的重力通过连杆支架作用于线圈上，方向向下；线圈内有电流通过，产生一个向下作用的电磁力，与秤盘重力方向相反，大小相等。

位移传感器处于预定的中心位置，当秤盘上的物体质量发生变化时，位移传感器检出位移信号，经调节器和放大器改变线圈的电流直至线圈回到中心位置为止，通过数字显示出物体的质量。

2. 电子天平的特点

电子天平外形及各部件如图 8-4 所示。

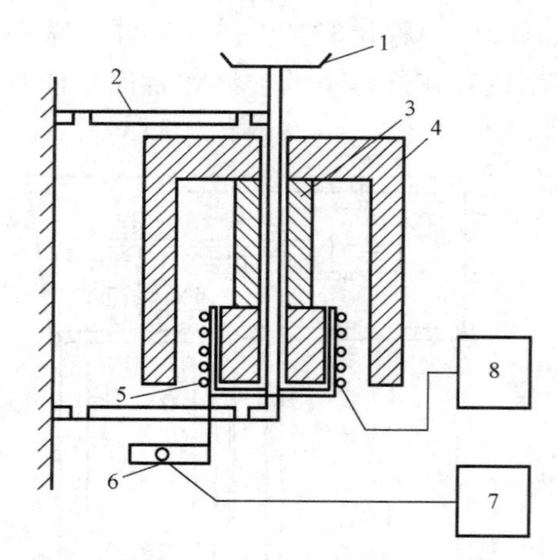

图 8-3 MD 系列电子天平结构示意图

1—秤盘；2—簧片；3—磁铁；4—磁回路体；5—线圈架；6—位移传感器；7—放大器；8—电流控制圈

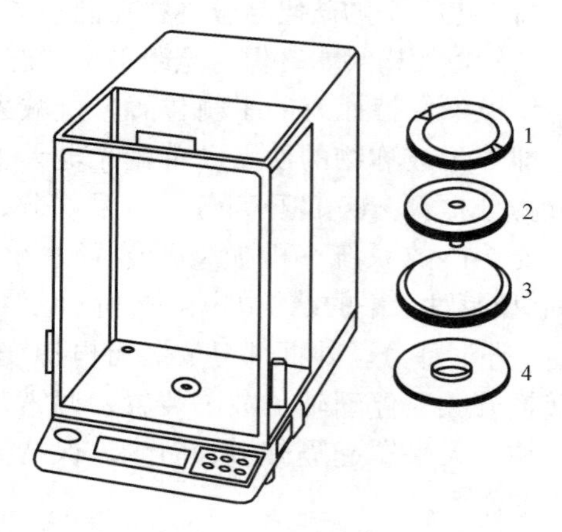

图 8-4 电子天平外形及各部件

1—秤盘；2—托盘；3—防风环；4—防尘隔板

(1) 电子天平支承点采用弹性簧片，没有机械天平的宝石或玛瑙刀子，取消了升降框装置，采用数字显示方式代替指针刻度式显示，使用寿命长、性能稳定、灵敏度高、操作方便。

(2) 电子天平采用电磁力平衡原理，称量时全量程不用砝码。放上被称物后，在几秒钟内即达到平衡，显示读数，称量速度快，精度高。

(3) 有的电子天平具有称量范围和读数精度可变的功能，如瑞士梅特勒 AE240 天平，在 0～205g 称量范围内，读数精度为 0.1mg；在 0～41g 称量范围内，读数精度为 0.01mg。

(4) 分析及半微量电子天平一般具有内部校正功能。天平内部装有标准砝码，使用校准功能时，标准砝码被启用，天平的微处理器将标准砝码的质量值作为校准标准，以获得正确的称量数据。

(5) 电子天平是高智能化的，可在全量程范围内实现去皮重、累加、超载显示、故障报警等。

第二节 天平的使用及注意事项

一、双盘光电天平的使用

1. 双盘光电天平的使用方法

(1) 使用前的检查。

1）检查天平是否处于水平状态，天平盘秤是否清洁，如有灰尘应用软毛刷刷净；天平干燥剂（变色硅胶）是否需要更换。

2）检查横梁、吊耳、秤盘安放是否正确，砝码是否齐全，环砝码安放位置是否合适。

（2）天平零点的测定和调整。天平零点指无负载（空载）时天平处于平衡状态时指针的位置。慢慢旋转手钮，开启天平，等指针摆动停止后，投影屏上读数即为零点。调整零点示为0（mg）。

（3）称量方法。将要称量的物品从天平左门放入左盘中央，按照估计物品的大约质量，用镊子取相应克数的砝码放入右盘中央，待克组砝码试好后，关好旁门，转动机械加码装置的指数盘，加入10～990mg的砝码，打开升降枢，使其在0～10mg以内平衡下来，记下读数。称量结束后，取出被称物品，砝码回位，清除撒落物品，关好天平各门。

2. 双盘光电天平使用注意事项

（1）同一实验应使用同一台天平和砝码。

（2）称量前后应检查天平是否完好，并保持天平清洁，如在天平内洒落药品应立即清理干净，以免腐蚀天平。

（3）天平载重不得超过最大负荷，被称物应放在干燥、清洁的器皿中称量，挥发性、腐蚀性物体必须放在密封加盖的容器中称量。

（4）不要把热的或过冷的物体放到天平上称量，应在物体和天平室温度一致后进行称量。

（5）被称物体和砝码应放在秤盘中央，开门、取放物体和砝码时必须休止天平，转动天平手钮要缓慢均匀。

（6）称量完毕应及时取出所称样品，把砝码放回盒中。读数盘转到“0”位，关好天平各门，切断电源，罩上防尘罩。

（7）移动或拆装天平后应重新检查天平性能。

二、电子天平的使用

1. 电子天平的使用方法

（1）使用前检查天平是否水平，调整水平。

（2）称量前接通电源预热30min。

（3）按下显示屏的开关键，待显示稳定的零点后，将物品放到秤盘上，关上防风门，显示稳定后即可读取称量值，操纵相应的按键可以实现去皮、增重、减重等称量功能。

电子天平有多个系列，型号规格各有不同，使用者必须了解其特点，按照说明书正确使用，以获得准确的称量结果。

2. 电子天平使用注意事项

电子天平与传统的杠杆天平相比，称量原理差别较大，使用者必须了解它的称量特点，正确使用，才能获得准确的称量结果，其在使用时应注意以下几点：

（1）电子天平应放置在离磁性物质和设备较远，且水平、平稳的台面上。

（2）电子天平在安装之后，称量之前必须“校准”。因为电子天平是将被称物的质量产生的重力通过传感器转换成电信号来表示被称物的质量的。称量结果实质上是被称物重力的大小，故与重力加速度g有关，称量值随纬度的增高而增加。例如在北京用电子天平称量100g的物体，到了广州，如果不对电子天平进行校准，称量值将减少137.86mg；另外，称量值还随海拔的升高而减小。因此，电子天平在安装后或移动位置后必须进行校准。

(3) 电子天平开机后需要预热较长一段时间（至少0.5h以上）才能进行正式称量。

(4) 电子天平的积分时间也称为测量时间或周期时间，有几挡可供选择，出厂时选择了一般状态，如无特殊要求不必调整。

(5) 电子天平的稳定性监测器是用来确定天平摆动消失及机械系统静止程度的器件。当稳定性监测器表示达到要求的稳定性时，可以读取称量值。

(6) 较长时间不使用的电子天平应每隔一段时间通电一次，以保持电子元器件干燥，特别是湿度大时更应经常通电。

第三节 天平的称量方法

在分析化学实验中，称取试样经常用到的有指定质量称量法、递减称量法及挥发性液体试样的称量三种方法。

一、指定质量称量法

常用指定质量称量法称取指定质量的基准物质来直接配制指定浓度的标准溶液。在例行分析中，为了便于计算结果或利用计算图表，往往要求称取某一指定质量的被测样品，这时也采用固定称样法。此方法只适用于称量不易吸水，在空气中性质稳定的粉末或颗粒状物质。

指定质量称量法的具体操作方法如下：

(1) 调节好天平零点后，将清洁、干燥的小表面皿或称量纸放在天平称量盘上，在另一盘中放上等质量的砝码，使其达到平衡。

(2) 关闭天平，在天平上增加欲称取质量数的砝码，用药勺盛试样，在容器上方轻轻振动，使试样徐徐落入容器，调整试样的量至达到指定质量。称量完后，将试样全部转移入实验容器中（表皿可用水洗涤数次，称量纸上必须不黏附试样）。

二、递减称量法

递减称量法是首先称取装有试样的称量瓶的质量，再称取倒出部分试样后称量瓶的质量，两者之差即是试样的质量。如再倒出一份试样，可连续称出第二份试样的质量。

此法因减少被称物质与空气接触的机会，故适于称量易吸水、易氧化或与二氧化碳反应的物质，适于称量几份同一试样。

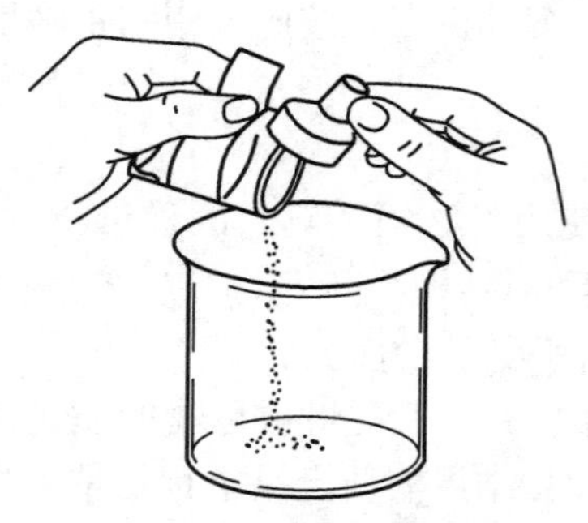

图8-5 从称量瓶中倒出试样的操作方法

递减称量法的称量方法如下：

(1) 在称量瓶中装入一定量的固体试样，例如要求称两份0.4～0.6g的试样，可用药物天平称取1.2g试样装入瓶中，盖好瓶盖，手带细纱手套或用纸条套住称量瓶放在天平盘上，称出其质量。

(2) 取出称量瓶，置于容器（一般为烧杯或锥形瓶）上方，如图8-5所示，使瓶倾斜，打开瓶盖，用盖轻轻敲瓶口上缘，渐渐倾出样品。估计已够0.4g时，在轻轻敲击的情况下，慢慢竖起称量瓶，使瓶口不留一点试样，轻轻盖好瓶盖（这一切都要在容器上方进行，防止试样丢失）。

(3) 将称量瓶放回天平盘上，确定试样质量在 0.4～0.6g 时，准确称取试样质量。

液体试样可以装在小滴瓶中用减量法称量。

三、挥发性液体试样的称量

用软质玻璃管吹制一个具有细管的球泡，称为安瓶，用于吸取挥发性试样，熔封后进行称量。其称量方法如下：

(1) 称出空安瓶质量。

(2) 将球泡部在火焰中微热，赶出空气，立即将毛细管插入试样中，如图 8-6 (a) 所示，同时将安瓶球浸在冰浴中（碎冰加食盐或干冰加乙醇），待试样吸入所需量（不超过 2/3 球泡）后移开试样瓶，使毛细管部试样吸入。

(3) 用小火焰熔封毛细管收缩部分，如图 8-6 (b) 所示，将熔下的毛细管部分赶去试样，和安瓶一起称量，两次称量之差即为试样质量。

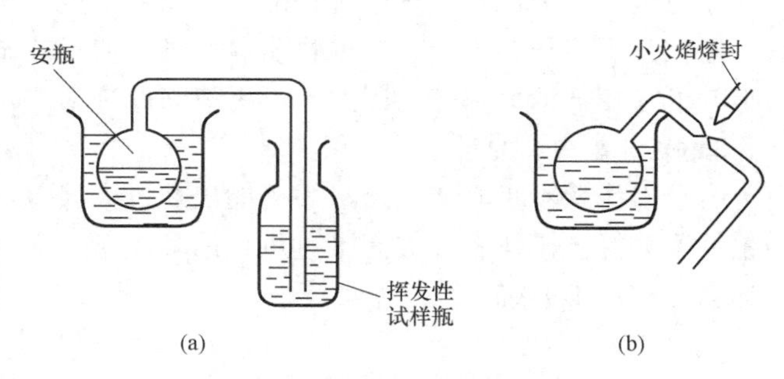

图 8-6　挥发性试样称量用安瓶

第四节　分析天平的称量误差

称量同一物体的质量，不同天平、不同操作者的称量结果可能不完全相同，即测量值与真值之间有误差存在。称量误差分为系统误差、偶然误差和过失误差。

如果发现称量的质量有问题，应从被称物、天平和砝码、称量操作等几方面找原因。

一、被称物情况变化的影响

(1) 被称物表面吸附水分的变化。烘干的称量瓶、灼烧过的坩埚等一般放在干燥器内冷却到室温后进行称量，它们暴露在空气中会吸附一层水分而使质量增加。空气湿度不同，所吸附水分的量也不同，因此要求称量速度快。

(2) 试样能吸收或放出水分或试样本身有挥发性。这类试样应放在带磨口盖的称量瓶中称量。灼烧产物都有吸湿性，应在带盖的坩埚中称量。

(3) 被称物温度与天平温度不一致。如果被称物温度较高，则会引起天平两臂膨胀伸长的程度不一，并且在温度高的一盘有上升热气流，使称量结果小于真实值，因此烘干或灼烧的器皿必须在干燥器内冷至室温后再称量。要注意在干燥器中不是绝对不吸附水分，只是湿度较小而已，应掌握相同的冷却时间，一般为 30min 或 45min。

二、天平和砝码的影响

应对天平和砝码定期（最多不超过 1a）进行计量性能检定。

双盘天平的横梁存在不等臂性，给称量带来误差，但如果在合格的范围内，因称量试样的量很小，其带来的误差也很小，可忽略不计。

砝码的名义值与真实值之间存在误差，在精密的分析工作中可以使用砝码修正值。在一般分析工作中不使用修正值，但要注意这样一个问题：质量大的砝码其质量允差也大，在称量时如果更换较大的克组砝码，而称量的试样量又较小，带进的误差就较大。

1. 环境因素的影响

由于环境不符合要求，如振动、气流、天平室温度太低或有波动等，使天平的变动性增大。

2. 空气浮力的影响

一般工作中所称物体的密度小于砝码的密度，相同质量的物体其体积比砝码大，所受的空气浮力也大，因此在空气中称得的质量比在真空中称得的小。对空气浮力的影响可进行校正，但在分析工作中，由于标准物质量和试样质量或试样质量和灼烧产物质量所受空气浮力的影响可互相抵消大部分，因此一般可忽略此项误差。

3. 操作者造成的误差

由于操作者不小心或缺乏经验可能出现过失误差，如砝码读错、标尺看错、天平摆动未停止就读数等。操作者开关天平过重、吊耳脱落、天平水平不对或由于容器受摩擦产生静电等都会使称量不准确。

第九章　化学分析基本操作

第一节　量　　器

化学分析用的量器有移液管和吸量管两种，它们是用于准确移取一定体积溶液的量出式玻璃量器。

一、移液管

移液管用于移取固定量的溶液，如图 9-1 所示。

移液管产品按其容量精度分为 A 级和 B 级。国家规定的容量允差和水的流出时间见表 9-1。

表 9-1　　**常用移液管的规格**

标称容量（mL）		2	5	10	20	25	50	100
容量允差（mL）	A	±0.010	±0.015	±0.020	±0.030		±0.05	±0.08
	B	±0.020	±0.030	±0.040	±0.060		±0.10	±0.16
水的流出时间（s）	A	7～12	15～25	20～30	25～35		30～40	35～40
	B	5～12	10～25	15～30	20～35		25～40	30～40

移液管的准确使用方法如下：

（1）用铬酸洗液将其洗净，使其内壁及下端外壁均不挂水珠，用滤纸片将流液口内外残留的水擦掉。

（2）移取溶液前，先用洗净烘干的小烧杯倒出一部分欲移取的溶液，用移液管吸取几毫升，横过来转动移液管，使溶液布满全管内壁（注意应距离上口 2～3cm），然后放出，弃去，如此洗三次。

（3）用移液管自容量瓶中移取溶液时，将移液管插入容量瓶内液面以下（不要插入太深），用洗耳球吸取（移液管应随着容量瓶中液面的下降而下降），当管中液面升到刻度线上面时，迅速用右手食指堵住管口，用滤纸擦去管尖外壁溶液，将移液管的流液口靠着容量瓶颈的内壁，容量瓶倾斜约 30°，稍松食指，使溶液的弯月面下降至与刻度线相切，按紧食指，将移液管移入准备接受溶液的容器中，仍使其流液口接触倾斜的器壁，松开食指，使溶液自由地沿壁流下，待下降的液面静止后，再等 15s，然后拿出移液管，如图 9-1 所示。

注意：在调整零点和放出溶液的过程中，移液管始终保持垂直，等待 15s 以后，流液口内残留的一点液体不可用外力使其被震出或吹出。

二、吸量管

吸量管是带有分度的量出式量器，如图 9-2 所示，用于移取非固定量的溶液，其使用方法与移液管大致相同，这里应强调几点：

（1）因为吸量管的容量精度低于移液管，所以在移取 2mL 以上固定量液体时，应尽量使用移液管。

（2）使用吸量管时，尽量在最高标线调整零点。

（3）要合理选用吸量管，市场上的产品不一定都符合标准，实验精度要求高时，最好经容量校正后使用。

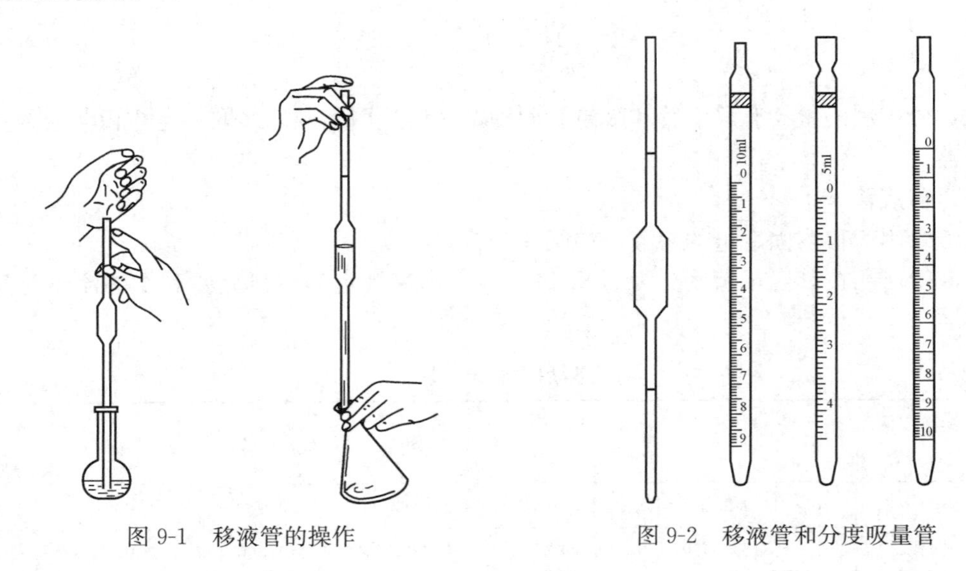

图 9-1 移液管的操作　　图 9-2 移液管和分度吸量管

第二节 滴 定 管

一、常用滴定管

滴定管是可放出不固定量液体的量出式玻璃量器，用于滴定分析中对滴定剂体积的测量。常用滴定管大致有以下几种类型：普通的具塞和无塞滴定管，三通活塞自动定零位滴定管、侧边自动定零位滴定管、侧边三通活塞自动定零位滴定管等，如图 9-3 和图 9-4 所示。滴定管的全容量最小为 1mL，最大为 100mL，常用的是 10、25、50mL 容量的滴定管，国家规定的容量允差和水的流出时间列于表 9-2 中。

表 9-2　　常 用 滴 定 管

标称容量瓶（mL）		5	10	25	50	100
分度值（mL）		0.02	0.05	0.1	0.1	0.2
容量允差（mL）	A	±0.010	±0.025	±0.04	±0.05	±0.10
	B	±0.020	±0.050	±0.08	±0.10	±0.20
水的流出时间（s）	A	30～45		45～70	60～90	70～100
	B	20～45		35～70	50～90	60～100
等待时间（s）	30					

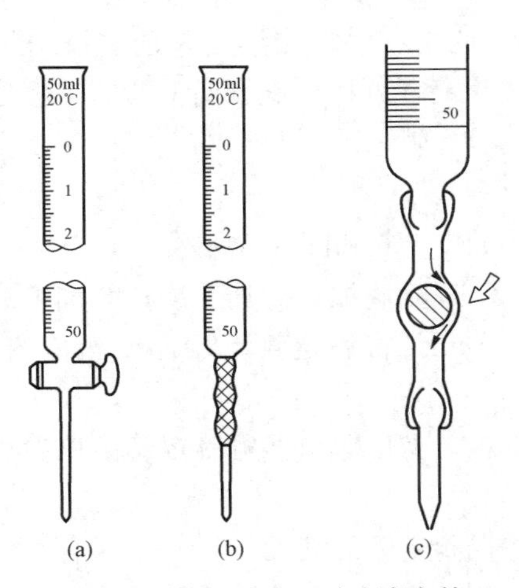

图 9-3　普通酸式、碱式滴定管

(a) 具塞酸式滴定管；(b) 无塞碱式滴定管；

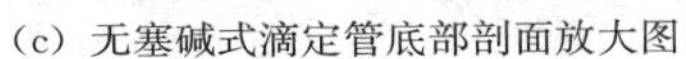

(c) 无塞碱式滴定管底部剖面放大图

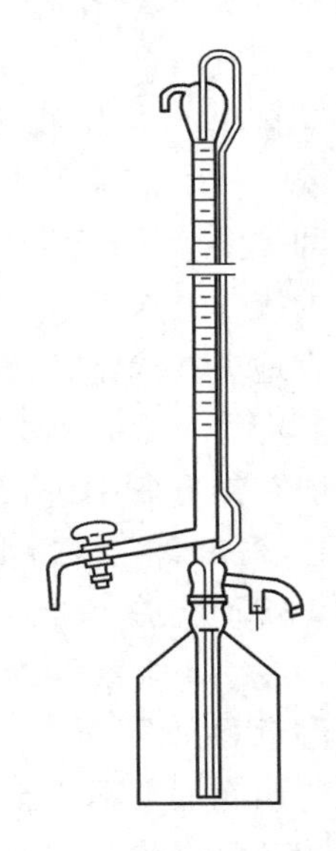

图 9-4　侧边活塞自动定零位滴定管

二、滴定管的准备

1. 洗涤

滴定管可用自来水冲洗或用细长的刷子蘸洗衣粉液洗刷，但不能用去污粉。如果经洗刷，内壁仍有油脂（主要来自旋塞润滑剂），可用铬酸洗液荡洗或浸泡。总之，应根据脏物的性质及弄脏程度，选择合适的洗涤剂和洗涤方法。无论用哪种方法洗，最后都要用自来水充分洗涤，继而用纯水荡洗三次。若管内壁还挂有水珠，说明未洗净，必须重洗。

2. 涂凡士林

使用酸式滴定管时，旋塞涂凡士林的方法是将滴定管平放在试验台上，取下旋塞芯，用滤纸将旋塞芯和旋塞槽内擦干，然后分别在旋塞的大头表面上和旋塞槽小口内壁沿圆周均匀地涂一层薄薄的凡士林，将涂好凡士林的旋塞芯插进旋塞槽内，向同一方向旋转旋塞，直到旋塞芯与旋塞槽接触处全部呈透明而没有纹路为止，如图 9-5 所示。凡士林要适量，过多会堵塞旋塞孔，过少起不到润滑作用，甚至漏水。

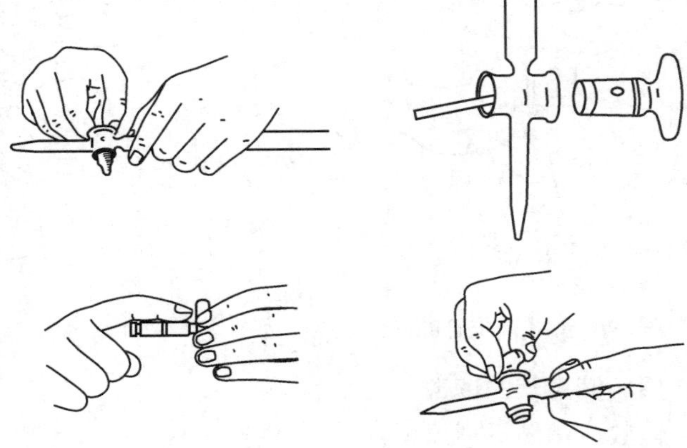

图 9-5　旋塞涂凡士林

3. 检漏

将滴定管用水充满至“0”刻度附近，用滤纸将滴定管外擦干，静止 1min，检查管尖和旋塞周围有无水渗出，然后将旋塞转动 180°，重新检查，如有漏水，必须重新涂油。

4. 滴定剂溶液的加入

加滴定剂溶液前，先用纯水荡洗滴定管三次，每次约 10mL，荡洗时，两手平端滴定管，慢慢旋转，让水遍及全管内壁，然后从两端放出，再用待装溶液荡洗三次，用量依次为 10、5、5mL。荡洗完毕后，装入滴定液至“0”刻度以上，检查旋塞附近（或橡皮管内）及端口有无气泡，如有气泡，应将其排出。排出气泡时，对酸式滴定管是用右手拿住滴定管使它倾斜约 30°，左手迅速打开旋塞，使溶液冲下将气泡赶出；对碱式滴定管可将橡皮管向上弯曲，捏住玻璃珠的上方，气泡即被溶液压出。

三、滴定管的操作方法

滴定管应垂直地夹在滴定管架上，滴定时的手势如图 9-6 和图 9-7 所示。

无论用哪种滴定管，都必须掌握三种加液方法：①逐滴滴加；②加 1 滴；③加半滴。

滴定操作一般在锥形瓶中进行，瓶底离瓷板 2～3cm，将滴定管下端伸入瓶口约 1cm，边摇动锥形瓶，边滴加溶液，滴定时注意以下几点：

（1）摇瓶时，转动腕关节，使溶液向同一方向旋转，勿使瓶口接触滴定管出口尖嘴。

（2）滴定时，左手不能离开旋塞任其自流。

（3）眼睛应注意观察溶液颜色的变化，而不要注视滴定管的液面。

（4）溶液应逐滴滴加，不要流成直线，接近终点时，应每加 1 滴，摇几下，直至加半滴使溶液出现明显的颜色变化，加半滴溶液的方法是先使溶液悬挂在出口尖嘴上，以锥形瓶内壁接触溶液，再用少量纯水吹洗瓶壁。

（5）每次滴定应从“0”分度开始。

（6）滴定结束后，滴定管内的溶液不宜长时间存放，及时弃去管内的剩余溶液，洗净滴定管，并用纯水充满滴定管，以备下次再用。

若在烧杯中进行滴定，烧杯应放在白瓷板上，将滴定管出口尖嘴伸入烧杯约 1cm，滴定管应放在左后方，但不要靠壁，右手持玻璃棒搅动溶液，加半滴溶液时，用玻棒末端承接悬挂的半滴溶液，放入溶液中搅拌。

溴酸钾法、碘量法等需要在碘量瓶中进行反应和滴定，碘量瓶是带有磨口玻璃塞和水槽的锥形瓶，如图 9-8 所示。喇叭形瓶口与瓶塞柄之间形成一圈水槽，槽中加纯水可形成水封，防止瓶中溶液反应生成的气体（Br_2、I_2 等）逸失。反应一定时间后，打开瓶塞水流即流下，并可冲洗瓶塞和瓶壁，接着进行滴定。

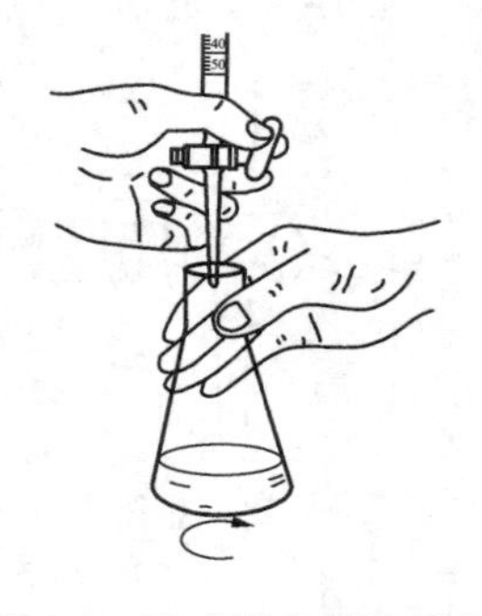

图 9-6　酸式滴定管的操作

图 9-7　碱式滴定管的操作

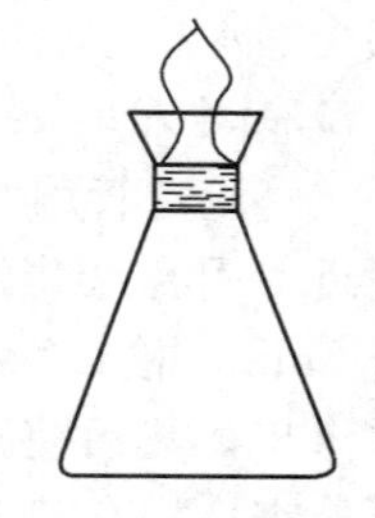

图 9-8　碘量瓶

四、滴定管的读数

读数应遵循下列原则：

（1）滴定管保持垂直状态。

（2）读数时，视线应与液面成水平，如图 9-9 所示。

（3）对无色或浅色溶液，应读取弯月面下缘的最低点。溶液颜色太深而不能观察到弯月面时，可读两侧最高点，如图 9-10 所示，初读和终读应取同一标准。

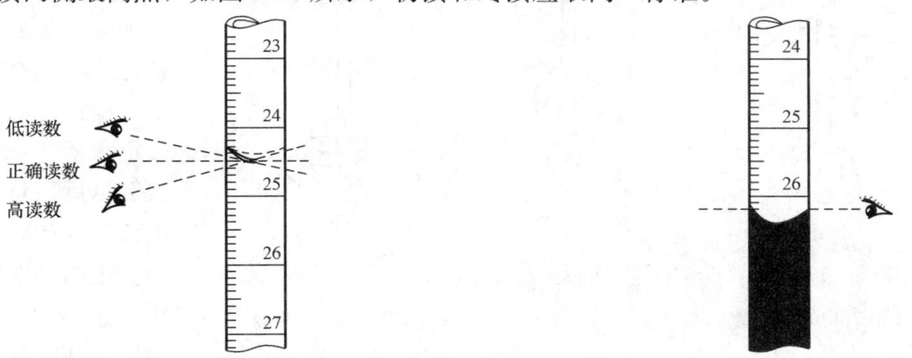

图 9-9 读数时视线的方向　　图 9-10 深色溶液的读数

（4）读数应估计到最小分度的 1/10，对常量滴定管，应读到小数点第二位，即估计到 0.01mL。

（5）也可在滴定管后衬一黑白两色的读数卡，如图 9-11 所示，将卡片紧贴滴定管，黑色部分在弯月面下约 1mm 处，即可看到弯月面反映层呈黑色。

（6）乳白板蓝线衬背的滴定管应以蓝线最尖部分的位置读数，如图 9-12 所示。

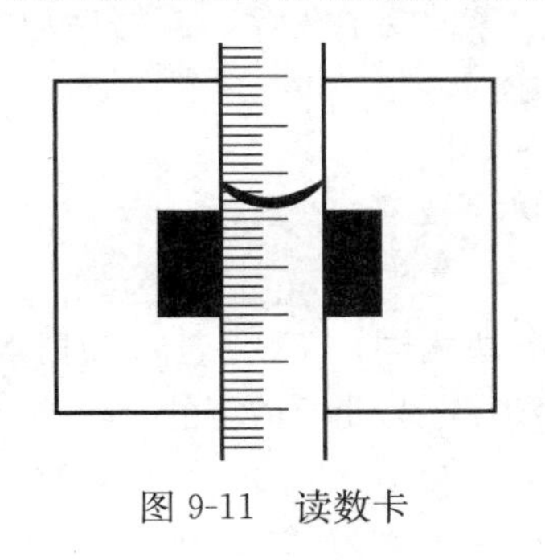

图 9-11 读数卡

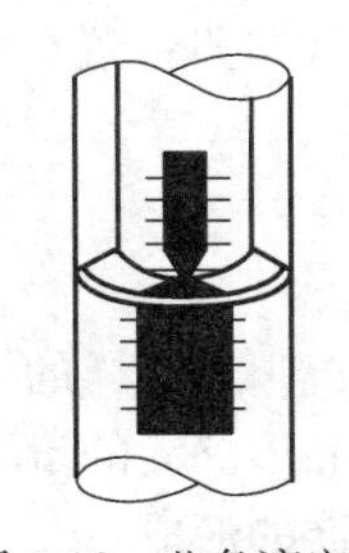

图 9-12 蓝条滴定管

第三节 容 量 瓶

容量瓶均为量入式，精度级别分为 A 级和 B 级，国家规定的容量瓶允差列于表 9-3 中。

表 9-3 常用容量瓶的规格

标称容量瓶（mL）		10	25	50	100	200	250	500	1000	2000
容量允差（mL）	A	±0.020	±0.03	±0.05	±0.10	±0.15	±0.15	±0.25	±0.40	±0.60
	B	±0.040	±0.06	±0.20	±0.20	±0.30	±0.30	±0.50	±0.80	±1.20

使用容量瓶时应注意以下几点：

（1）检查瓶口是否漏水：加水至刻线，盖上瓶塞倾倒 10 次（每次在倒置状态时要停留 10s）以后不应有水渗出（可用滤纸检查），将瓶塞旋转 180°再检查一次。

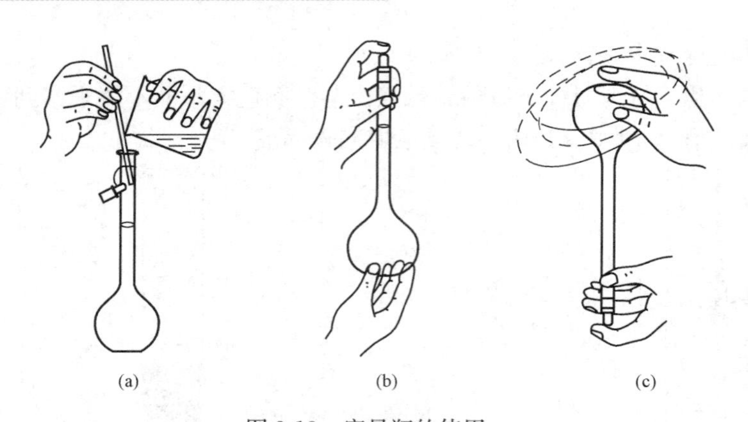

图 9-13 容量瓶的使用

(a) 将烧杯中的液体倒入容量瓶；(b) 加水至标线；(c) 盖紧瓶塞，颠倒数次

(2) 用固体物质（基准试剂或被测样品）配制溶液时，应先在烧杯中将固体物质完全溶解后再转移至容量瓶中，操作方法如图 9-13 (a) 所示。烧杯中的溶液倒尽后，烧杯不要直接离开搅棒，而是在烧杯扶正的同时使杯嘴沿搅棒上提 1～2cm，然后再离开搅棒，这样可避免杯嘴与搅棒之间的一滴溶液流到烧杯外面，然后再用少量水（或其他溶剂）涮洗烧杯3～4次，每次用洗瓶或滴管冲洗杯壁和搅棒，按同样的方法移入瓶中。当溶液达到2/3容量时，应将容量瓶沿水平方向轻轻摇动几周以使溶液初步混匀，再加水至刻度线以下约 1cm，等待 1min，最后用滴管在刻线以上约 1cm 处沿颈壁缓缓加水至弯月面最低点与标线上边缘水平相切，随即盖紧瓶塞，随后如图 9-13 (b)、图 9-13 (c) 所示，将容量瓶颠倒多次，并在倒置时摇动几周，如此重复操作，使瓶内溶液充分混匀。

(3) 对玻璃有腐蚀作用的溶液，如强碱溶液，不能在容量瓶中久存，配好后应立即转移到其他容器（如塑料瓶）中密闭存放。

第四节 重量分析基本操作

重量分析中，试样的干燥、称取和溶解与其他分析方法相同，不再叙述，但通常称样量是使形成结晶形沉淀的量不超过 0.5g，胶状沉淀不超过 0.2g 来进行估算的。

一、沉淀的形成

应根据沉淀的不同性质采取不同的操作方法。

形成晶形沉淀一般是在热的、较稀的溶液中进行，沉淀剂用滴管加入。操作时，左手拿滴管滴加沉淀剂溶液；滴管口需接近液面以防溶液溅出；滴加速度要慢，接近沉淀完全时可以稍快些。与此同时，右手持玻璃棒充分搅拌，且不要碰到烧杯的壁或底。充分搅拌的目的是防止沉淀剂局部过浓而形成的沉淀太细，太细的沉淀容易吸附杂质而难以洗涤。

要检查沉淀是否完全的方法是：静置，待沉淀完全后，于上层清液液面加入少量沉淀剂，观察是否出现浑浊。沉淀完全后，盖上表面皿，放置过夜或在水浴上加热 1h 左右，使沉淀陈化。

形成非晶形沉淀时，宜用较浓的沉淀剂，加入沉淀剂的速度和搅拌的速度都可以快些。沉淀完全后用适量热试剂水稀释，不必放置陈化。

二、沉淀的过滤和洗涤

需要灼烧的沉淀，要用定量（无灰）滤纸过滤；而对于过滤后只要烘干就可进行称量的沉淀，则可用微孔玻璃滤埚过滤。

1. 用滤纸过滤

（1）滤纸的选择。国产滤纸有三种，即快速型、中速型和慢速型，要根据沉淀的量和沉淀的性质选用合适的滤纸。定量滤纸的规格见表 9-4。

表 9-4 定量滤纸的规格

类别和标志	快速（白条）	中速（蓝条）	慢速（红条）
$1m^2$ 的质量 (g)	75	75	80
孔度	大	中	小
ω_1（%） ≤	7	7	7
ω_2（%） ≤	0.01	0.01	0.01
应用示例	氢氧化铁	碳酸锌	硫酸钡

注 ω_1 表示水分，ω_2 表示灰分。

（2）漏斗的准备。应选用锥体角度为 60°，颈长一般为 15～20cm 的漏斗，颈的内径以 3～5mm为宜。

所用滤纸选定后，先将手洗净、擦干，将滤纸轻轻地对折后再对折。为保证滤纸与漏斗密合，第二次对折时暂不压紧，如图 9-14 所示，可改变滤纸折叠的角度，直到与漏斗密合为止（这时可把滤纸压紧，但不要用手指在滤纸上抹，以免滤纸破裂）。为了使滤纸的三层那边能紧贴漏斗，常把这三层的外面两层撕去一角（撕下来的纸角保存起来，以备需要时擦拭黏在烧杯口外或漏斗壁上的少量残留沉淀），用手指按住滤纸中三层的一边，以少量的水润湿滤纸，使它紧贴在漏斗壁上，轻压滤纸，赶走气泡（切勿上下搓揉），加水至滤纸边缘，使之形成水柱（即漏斗颈中充满水）。若不能形成完整的水柱，可一边用手指堵住漏斗的下口，一边稍掀起三层那一边的滤纸，用洗瓶在滤纸和漏斗之间加水，使漏斗颈和锥体的大部分被水充满，然后一边轻轻按下掀起的滤纸，一边断续放开堵在出口处的手指，即可形成水柱。将准备好的漏斗放在漏斗架上，盖上表面皿，下接一清洁烧杯，烧杯的内壁与漏斗出口尖处接触，收集滤液的烧杯也用表面皿盖好，然后开始过滤。

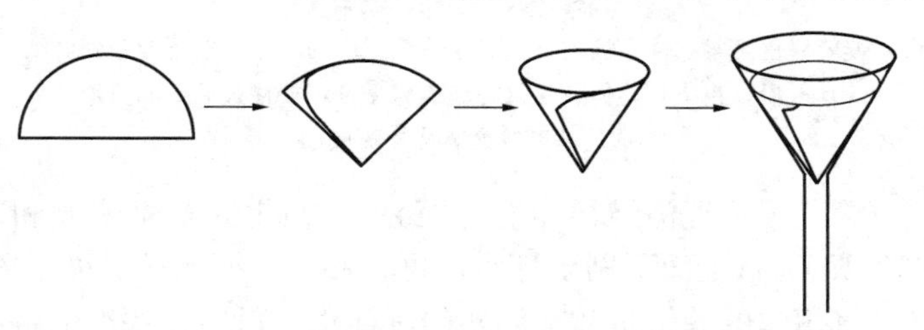

图 9-14 滤纸的折叠和安放

（3）过滤和洗涤操作。一般采用倾注法进行过滤，具体操作分三步：

第一步：在漏斗上方将玻璃棒从烧杯中慢慢取出，并直立于漏斗中，下端对着三层滤纸的那一边约 2/3 滤纸高处，尽可能靠近滤纸，但不要碰到滤纸，如图 9-15（a）所示，将上层清液沿着玻璃棒倾入漏斗，漏斗中的液面不得高于滤纸的 2/3 高度。用约 15mL 洗涤液吹洗玻璃棒和杯壁，并进行搅拌，澄清后再按上法滤出清液。当倾注暂停时，要小心地把烧杯扶正，玻璃棒不离杯嘴，如图 9-15（b）所示，到最后一滴流完后，立即将玻璃棒收回直接放入烧杯中，如图 9-15（c）所示。此时玻璃棒不要靠在烧杯嘴处，因为此处可能沾有少量的沉淀。然后将烧杯从漏斗上移开。如此反复用洗涤液洗 2～3 次，使黏附在杯壁的沉淀被洗下，并将杯中的沉淀进行初步的洗涤。

第二步：将沉淀转移到滤纸上。为此用少量洗涤液冲洗杯壁和玻璃棒上的沉淀，再把沉淀搅起，将悬浮液小心地转移到滤纸上，每次加入的悬浮液不得超过滤纸锥体高度的 2/3。如此反复进行几次，尽可能地将沉淀转移到滤纸上。烧杯中残留的少量沉淀则可按图9-16所示的方法转移。

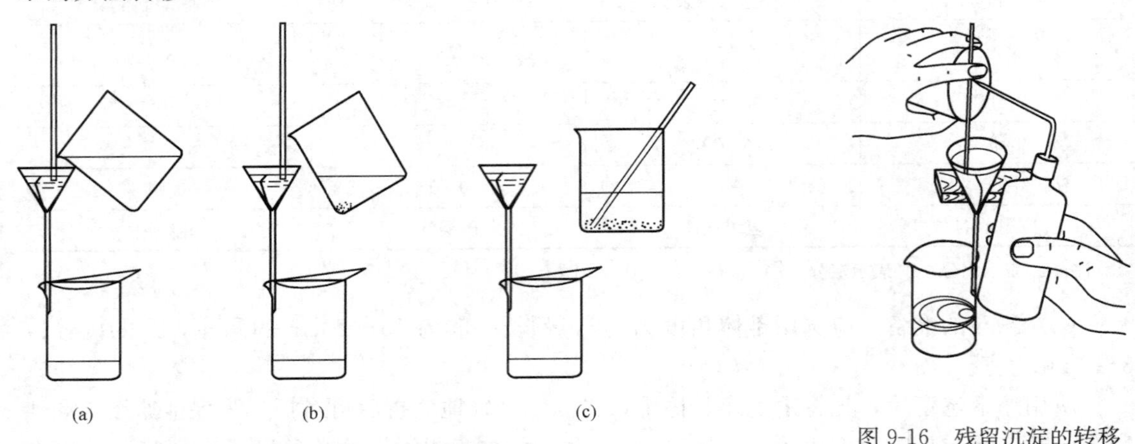

图 9-16　残留沉淀的转移

图 9-15　过滤操作

（a）玻璃棒垂直紧靠烧杯嘴，下端对着滤纸三层的一边，但不能碰到滤纸；
（b）慢慢扶正烧杯，但杯嘴仍与玻璃棒贴紧，接住最后一滴溶液；
（c）玻璃棒远离烧杯嘴搁放

第三步：洗涤烧杯和洗涤沉淀。黏附在烧杯壁上和玻璃棒上的沉淀可用玻帚，如图9-17 所示。自上而下刷至杯底，再转移到滤纸上；也可用撕下的滤纸角擦净玻棒和烧杯的内壁，将擦过的滤纸角放在漏斗的沉淀里，最后在滤纸上将沉淀洗至无杂质。洗涤沉淀时应先使洗瓶出口管充满液体，然后用细小的洗涤液流缓慢地从滤纸上部沿漏斗壁螺旋向下冲洗，绝不可骤然浇在沉淀上。待上一次洗涤液流完后，再进行下一次洗涤。在滤纸上洗涤沉淀的目的主要是洗去杂质，并将黏附在滤纸上部的沉淀冲洗至下部。

为了检查沉淀是否洗净，先用洗瓶将漏斗颈下端外壁洗净，用小试管或表面皿收集滤液少许，用适当的方法（例如用 $AgNO_3$ 检查是否有 Cl^-）进行检验。

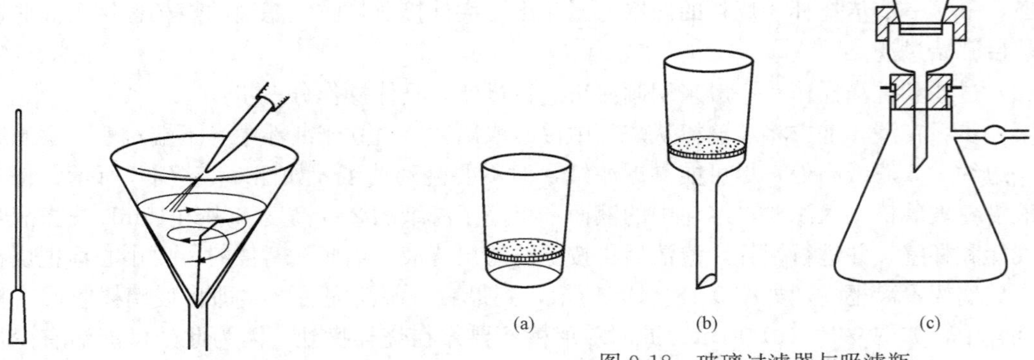

图 9-17　玻帚和沉淀的洗涤

图 9-18　玻璃过滤器与吸滤瓶

（a）玻璃滤埚；（b）砂芯漏斗；（c）玻璃滤器配合吸滤瓶

过滤和洗涤沉淀的操作必须不间断地一气呵成。否则，搁置较久的沉淀干涸后，则几乎无法将其洗净。

2. 用微孔玻璃过滤器过滤

微孔玻璃过滤器分滤埚形和漏斗形两种类型。图 9-18（a）所示为玻璃滤埚，图 9-18（b）所示为砂芯漏斗。这两种玻璃滤器虽然形状不同，但其底部滤片皆是用玻璃砂在 600℃左右烧结制成的多孔滤板。根据滤板平均孔径分级，GB/T 11415—1989《实验室烧结（多孔）过滤器　孔径、分级和牌号》将微孔玻璃过滤器分成 8 种规格（见表 9-5）。

表 9-5　　玻璃过滤器的牌号和分级

牌　号	平均孔径分级（μm）		与 G 牌号比较（旧牌号）
	≥	≤	
$P_{1.6}$	—	1.6	相当 G_6
P_4	1.6	4	相当 G_5
P_{10}	4	10	相当 G_{4A}
P_{16}	10	16	相当 G_4
P_{40}	16	40	相当 G_3
P_{100}	40	100	包含 G_2、G_1 和 G_{1A}
P_{160}	100	160	等同 G_0
P_{250}	160	250	等同 G_{00}

化学分析中常用 G_3、G_4、P_{40}、P_{16} 号滤器。

玻璃滤器一般可用稀盐酸洗涤。用自来水冲洗后，再用纯水荡洗，并在吸滤瓶上抽洗干净，抽洗干净的滤埚不能用手直接接触，可用洁净的软纸衬垫着拿取，将其放在洁净的烧杯中，同称量瓶的准备一样，盖上表面皿，置于烘箱中在烘沉淀的温度下烘干，直至恒重（连续两次称量之差不超过沉淀质量的千分之一）。

玻璃滤器不能用来过滤不易溶解的沉淀（如二氧化硅等），否则沉淀将无法清洗；也不宜用来过滤浆状沉淀，因为它会堵塞烧结玻璃的细孔。

不能用来过滤碱性强的溶液，不能用碱液清洗滤器。

滤器用过后，先尽量倒出其中的沉淀，再用适当的清洗剂清洗，见表 9-6。不能用去污粉洗涤，也不要用坚硬的物体擦划滤板。

表 9-6　　玻璃过滤器常用清洗剂

沉　淀　物	清　洗　剂
油脂等各种有机物	先用四氯化碳等适当的有机溶剂洗涤，继用铬酸洗液洗
氧化亚铜、铁斑	含 $KClO_4$ 的热浓盐酸
汞　渣	热浓 HNO_3
氯化银	氨水或 NaS_2O_4 溶液
铝质、硅质残渣	先用 HF，继用浓 H_2SO_4 洗涤，随即用纯水反复漂洗几次
二氧化锰	$HNO_3-H_2O_2$

玻璃滤器配合吸滤瓶使用，如图 9-18（c）所示，过滤时先开水泵，接上橡皮管，倒入

过滤溶液。过滤完毕，应先拔下橡皮管，关水泵，否则由于瓶内负压，会使自来水倒吸入瓶。

三、沉淀的干燥和灼烧

1. 干燥器的准备和使用

干燥器如图 9-19 所示。干燥剂装到下室的一半即可，装干燥剂时可用一张稍大的纸折成喇叭形，放入干燥器底部，从中倒入干燥剂。常用干燥剂见表 9-7。

表 9-7 常用干燥剂

干燥剂	干燥后的空气中残留的水分（25℃）(mg/L)	再生方法
$CaCl_2$（无水）	0.14～0.25	烘干
CaO	3×10^{-3}	烘干
NaOH（熔融）	0.16	熔融
MgO	8×10^{-3}	再生困难
$CaSO_4$（无水）	5×10^{-3}	于 230～250℃加热
H_2SO_4（95%～100%）	3×10^{-3}	蒸发浓缩
$Mg(ClO_4)_2$（无水）	5×10^{-4}	减压下，于 220℃加热
P_2O_5	$<2.5\times10^{-5}$	不能再生
硅胶	$\sim1\times10^{-3}$	于 110℃烘干

干燥器的沿口和盖沿均为磨砂平面，用时涂敷一层凡士林以增加其密封性。开启和移动干燥器时应特别小心，应按图 9-20 操作。

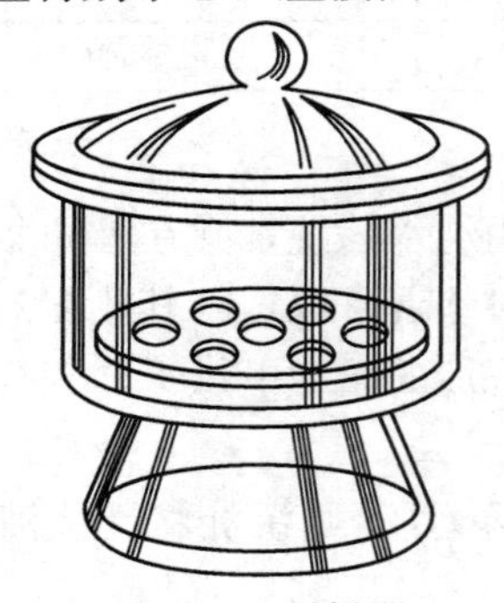

图 9-19 干燥器

图 9-20 干燥器的开启、关闭和移动

2. 坩埚的准备

坩埚是用来进行高温灼烧的器皿，如图 9-21（a）所示。重量分析中常用 30mL 的瓷坩埚灼烧沉淀。为了便于识别坩埚，可用 $CoCl_2$ 或 $FeCl_3$ 在干燥的坩埚上编号，烘干灼烧后，即可留下不褪色的字迹。

坩埚钳［如图 9-21（b）所示］是用来夹持热的坩埚和坩埚盖的。

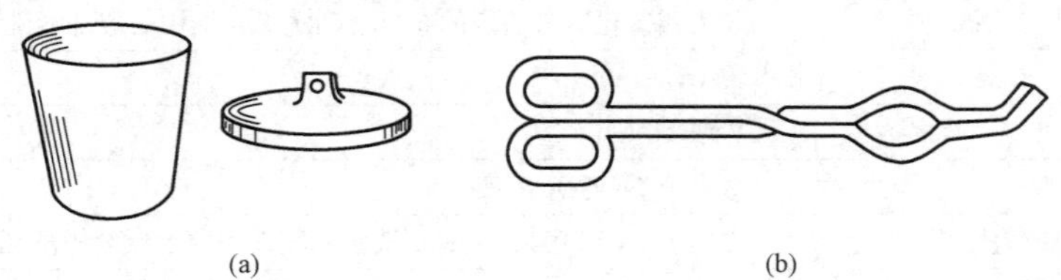

(a) (b)

图 9-21 坩埚和坩埚钳

（a）坩埚；（b）坩埚钳

坩埚在使用前需灼烧至恒重，即两次称量相差 0.2mg 以下。方法是：可将编好号，并烘干的瓷坩埚，用长坩埚钳渐渐移入 800～850℃马弗炉中（坩埚直立，并盖上坩埚盖，但留有空隙），空坩埚第一次灼烧 15～30min 后，移至马弗炉口上稍冷，用热坩埚钳移入干燥器内冷却 45～50min，然后称量。第二次再灼烧 15min，冷却（每次冷却时间要相同），称量，直至恒重。将恒重的坩埚放在干燥器中备用。

3. 沉淀的包裹

晶形沉淀一般体积较小，可按图 9-22 所示的方法包裹。最后将卷成小卷的滤纸放入已恒重的坩埚中，包裹层数较多的一面朝上，以便于炭化和灰化。

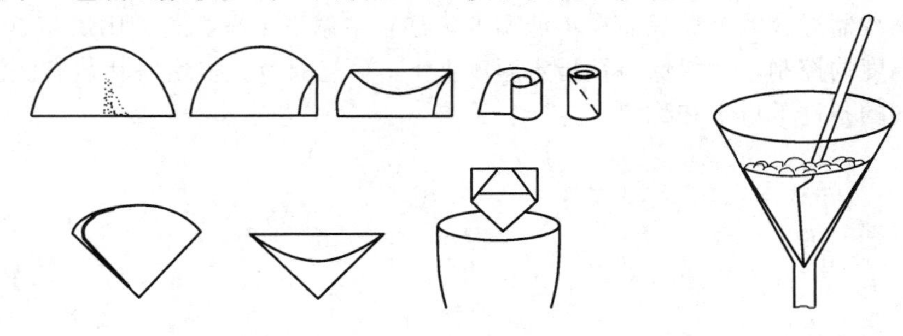

图 9-22　沉淀的包裹

对于胶状沉淀，由于体积一般较大，不宜采用上述包裹方法，而是用玻璃棒从滤纸三层的部分挑起，然后用玻棒将滤纸向中间折叠，将三层部分的滤纸折在最外面，包成锥形滤纸包。用玻棒轻轻按住滤纸包，旋转漏斗颈，慢慢将滤纸包从漏斗的锥底移至上沿，这样可擦下黏附在漏斗上的沉淀，将滤纸包移至恒重的坩埚中，尖头朝上，再仔细检查烧杯嘴和漏斗内是否残留沉淀，如有沉淀，可用准备漏斗时撕下的滤纸再擦拭，一并放入坩埚内。此法也可用于包裹晶形沉淀。

4. 沉淀的烘干、灼烧和恒重

如图 9-23 所示，用煤气灯小心加热坩埚盖，这时热空气流反射到坩埚内部，使滤纸和沉淀物烘干，并利于滤纸的炭化。要防止温度升得太快，坩埚中氧不足致使滤纸变成整块的炭，如果生成大块炭，则使滤纸完全炭化非常困难。在炭化时不能让滤纸着火，否则会将一些微粒扬出。万一着火，应立即将坩埚盖盖好，同时移去火源使其灭火，不可用嘴吹灭。

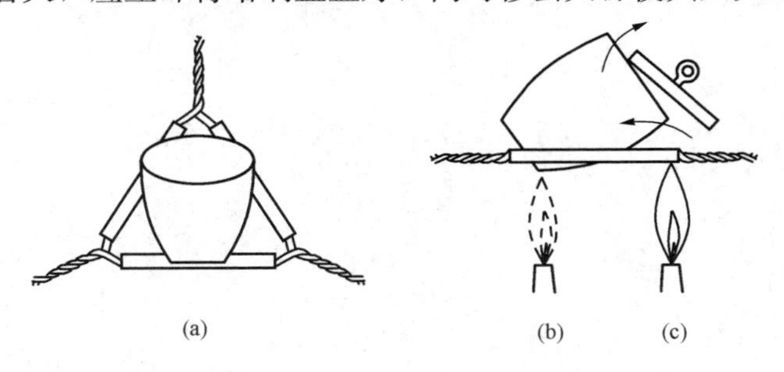

图 9-23　坩埚（沉淀）的烘干和灼烧

滤纸烘干，部分炭化后，将灯放在坩埚下［见图 9-23（b)］，先用小火使滤纸大部分炭化，再逐渐加大火焰把炭完全烧成灰。炭粒完全消失后，可改用喷灯在一定的温度下灼烧沉淀物片刻，如 $BaSO_4$ 沉淀，一般第一次灼烧 30min，按空坩埚冷却方法冷却、称重，然后进行第二次灼烧（只需 15min），称重，至恒重。

使用马弗炉灼烧沉淀时，沉淀和滤纸的干燥、炭化和灰化过程应事先在煤气灯上或电炉上进行，灰化后将坩埚移入适当温度的马弗炉中。在与灼烧空坩埚时相同的温度下，第一次灼烧 40～45min，第二次灼烧 20min，冷却，称量条件同空坩埚。

还需指出的是，干燥器内并非绝对干燥，这是因为各种干燥剂均具有一定的蒸气压。灼烧后的坩埚或沉淀若在干燥器内放置过久，则由于吸收了干燥器空气中的水分而使重量略有增加，因此应严格控制坩埚在干燥器内的冷却时间。

采用玻璃滤器过滤的沉淀只需在较低温度，甚至室温下干燥。若使用烘箱烘干沉淀，则应注意烘箱温度的控制，一般保持在指定温度上下 5℃范围内。空坩埚和装有沉淀的坩埚必须在完全相同的条件下烘干和称量。

复习题及参考答案

一、复 习 题

第一篇 基 础 理 论

第一章 滴 定 分 析 法

一、填空题

1. 常量滴定分析方法测定的相对误差应不大于________。

2. 滴定分析方法根据所利用的化学反应类型不同，可分为________、________、________和________。

3. 滴定分析法中常用的分析方式有________、________、________和________四种。

4. 基准物质必须具备________、________和________等特点。

5. 酸碱指示剂的变色范围一般为________个 pH 值单位，影响酸碱指示剂变色范围的因素有________、________、________和________等。

6. 强碱滴定弱酸时，滴定的突跃范围是在________范围内，因此，在________范围变色的指示剂都不能作为强碱滴定弱酸的指示剂。可选用________和________等变色范围处于突跃范围内的指示剂作为这一滴定类型的指示剂。

7. 标定 NaOH 溶液的方法是间接法。铵盐中 N 含量的测定（甲醛法）是________。

8. 氧化-还原滴定法根据所选作标准溶液的氧化剂的不同，可分为________、________和________三类。

9. 氧化-还原滴定法的指示剂有________、________和________三类。其中亚铁盐中铁含量的测定中，二苯胺磺酸钠属于________；在碘量法中，淀粉溶液属于________。

10. 沉淀滴定法主要是银量法，根据指示剂的不同，按创立者的名字命名为________、________和________。

11. 以铬酸钾（K_2CrO_4）作指示剂，在中性或弱碱性溶液中用 $AgNO_3$ 标准溶液直接测定含 Cl^- 或 Br^- 溶液的银量法叫________。

12. 配位化合物是中心离子和配位体以________键结合成的复杂离子或分子。络合物的稳定性是以络合物的________来表示的，不同的络合物有其一定的________。

13. 在 pH 值为 12 时，用钙指示剂测定水中的离子含量时，镁离子已转化为________，故此时测得的是钙离子单独的含量。

14. 酸碱的强弱取决于它给出质子和接受质子能力的强弱。给出质子的能力越强，酸性就________；接受质子的能力越强，碱性就________。

15. 酸或碱在水中离解时，同时产生与其相应的共轭碱或共轭酸。某种酸的酸性越强，其共轭碱的碱性就________；同理，某种碱的碱性越强，其共轭酸的酸性就________。

16. pM 突跃是确定络合滴定准确度的重要依据。影响 pM 突跃的因素主要有________、________和________。

17. 利用生成________的测定方法称为银量法。用银量法可以测定 Cl^-、Br^-、I^-、CN^-、SCN^-等离子。

18. 用________作指示剂的银量法称为摩尔法。用______________作指示剂的银量法称为佛尔哈德法。

19. 沉淀重量法中，一般要求沉淀因溶解而损失的量不超过________，即分析天平可允许的称量误差，此时认为沉淀完全。实际上相当多的沉淀很难达到这一要求，为了降低沉淀的溶解损失，保证重量分析的准确度，必须了解影响沉淀平衡的因素。

20. 标准溶液的配制有________和________两种。配制标准溶液时，先配制近似浓度的溶液，选用一种基准物质或另一种已知准确浓度的标准溶液来确定该溶液准确浓度的方法是________，确定该溶液准确浓度的过程叫________。

二、选择题

1. 下列对滴定反应的要求中错误的是（　　）。

A. 滴定反应要进行完全，通常要求达到 99.9%以上；

B. 反应速度较慢时，等待其反应完全后，确定滴定终点即可；

C. 必须有合适的确定终点的方法；

D. 反应中不能有副反应发生。

2. 酸碱滴定时所用的标准溶液的浓度（　　）。

A. 越大突跃越大，越适合进行滴定分析；

B. 越小标准溶液消耗越少，越适合进行滴定分析；

C. 标准溶液的浓度一般在 1mol/L 以上；

D. 标准溶液的浓度一般在 0.01～1mol/L 范围内。

3. 将 HAc 溶液稀释 10 倍以后，溶液的 pH 值（　　）。

A. 稍有增大；B. 增大 1；C. 减小 1；D. 不能确定。

4. 用 NaOH 标准溶液滴定 HAc 的过程中，化学计量点偏碱，应选用（　　）为指示剂。

A. 甲基橙；B. 酚酞；C. 溴酚蓝；D. 甲基红。

5. 下列物质中，可直接配制标准溶液的有（　　）。

A. 盐酸；B. NaOH；C. $K_2Cr_2O_7$；D. $KMnO_4$。

6. 佛尔哈德法的指示剂为（　　）。

A. 铁铵矾溶液；B. 硝酸银溶液；C. KCl 溶液；D. 酚酞。

7. 对 EDTA 性质及与金属离子形成的配位化合物的特点描述错误的是（　　）。

A. EDTA 有 6 个配位原子，几乎能与所有的金属离子形成配位化合物；

B. EDTA 与金属离子的反应比均为 1∶1；

C. EDTA 不易溶于水；

D. EDTA 在酸性条件下不易与金属离子形成配位化合物。

8. 下列各组酸碱对中，属于共轭酸碱对的是（　　）。

A. H_3PO_4-PO_4^{3-}；B. HCl-NaOH；C. $NH_3^+CH_2COOH$-$NH_2CH_2COO^-$；D. $C_6H_5NH_2$-$C_6H_5NH_3^+$。

9. 已知 0.10mol/L 一元弱酸 HR 溶液的 pH=5.0，则 0.10mol/L NaR 溶液的 pH 值为（　　）。

A. 9.0；B. 10.0；C. 11.0；D. 12.0。

10. 在 0.10mol/L 铝氟络合物溶液中，当溶液中 [F^-] =0.010mol/L 时，溶液中络合物的主要存在形式是（　　）。已知 Al^{3+}-F^- 络合物的 $\lg\beta_1$～$\lg\beta_6$ 分别为 6.1 、11.1 、15.0、17.8、19.4 、19.8。

A. AlF^{2+}、AlF_2^+、AlF_3；B. AlF_4^-、AlF_5^{2-}、AlF_6^{3-}；C. AlF_3、AlF_4^-、AlF_5^{2-}；D. AlF_2^+、AlF_3、AlF_4^-。

11. 已知金属离子 M 与配位体 L 形成逐级络合物，则络合反应的平均配位数与（　　）。

A. 金属离子的浓度有关；B. 配位体的浓度有关；C. 金属离子和配位体的浓度有关；D. 金属离子和配位体的浓度都无关，仅与稳定常数有关。

12. 在 0.10mol/L 氨性溶液中，当 pH 值从 9 变到 4 时，Zn^{2+}～EDTA 络合物的条件稳定常数变小，是因为（　　）。

A. Zn^{2+} 的 NH_3 络合效应；B. EDTA 的酸效应；C. Zn^{2+} 的 NH_3 络合效应与 EDTA 的酸效应的综合作用；D. NH_3 的质子化作用。

13. 已知 E^0（MnO_4^-/Mn^{2+}）=1.51V，当 pH=3.0 时，MnO_4^-/Mn^{2+} 电对的条件电位为(　　)。

A. 1.23V；B. 1.13V；C. 1.47V；D. 1.32V。

14. AgCl 在 0.05mol/L HCl 溶液中的溶解度较在 0.01mol/L HCl 溶液中的大，主要是因为(　　)。

A. 同离子效应；B. 盐效应；C. 络合效应；D. 酸效应。

15. 用重量法测定试样中的钙时，将钙沉淀为草酸钙，高温（1100℃）灼烧后称重，则钙的换算因素是(　　)。

A. $\frac{M(Ca)}{M(CaC_2O_4)}$；B. $\frac{M(Ca)}{M(CaO)}$；C. $\frac{M(Ca)}{M(CaCO_3)}$；D. $\frac{M(CaC_2O_4)}{M(Ca)}$。

16. CaF_2 沉淀在 pH=2 的溶液中的溶解度较在 pH=5 的溶液中的溶解度（　　）。

A. 大；B. 相等；C. 小；D. 难以判断。

17. Ag_2CrO_4 在 0.001 0mol/L $AgNO_3$ 溶液中的溶解度较在 0.001 0mol/L K_2CrO_4 中的溶解度(　　)。

A. 大；B. 相等；C. 小；D. 难以判断。

18. CuS 的 pK_{sp}=35.2，其在纯水中的溶解度的计算式为(　　)。

A. $s=\sqrt{K_{sp}}$；B. $s=\sqrt{K_{sp}\alpha_{s^{2-}(H)}}$；C. $s=\sqrt{\frac{K_{sp}}{\alpha_{s^{2-}(H)}}}$；D. $s=\sqrt[3]{\frac{K_{sp}K_W}{K\alpha_2}}$。

19. 用 0.1000mol/L NaOH 滴定 0.10mol/L NH_4Cl 和 0.1000mol/L HCl 混合溶液中的 HCl，宜采用的指示剂为(　　)。

A. 甲基橙；B. 甲基红；C. 酚酞；D. 二甲酚橙。

20. 用0.100 0mol/L HCl滴定Na_2CO_3至第一化学计量点，体系的pH（已知H_2CO_3，$pK_{a1}=6.38$，$pK_{a2}=10.25$）（　　）。

A. >7；B. <7；C. ～7；D. 难以判断。

21. 某试样含Na_2CO_3、NaOH或$NaHCO_3$及其他惰性物质。称取试样0.301 0g，用酚酞作指示剂滴定时，用去0.106 0mol/L HCl 20.10mL，继续用甲基橙作指示剂滴定，共用去HCl 47.70mL。由此推断该样品的主成分是（　　）。

A. NaOH；B. Na_2CO_3；C. $NaHCO_3$；D. $Na_2CO_3+NaHCO_3$。

22. 以EDTA滴定金属离子M，影响滴定曲线化学计量点后突跃范围大小的主要因素是（　　）。

A. 金属离子的浓度；B. EDTA的浓度；C. 金属离子的络合；D. 金属络合物的条件稳定常数。

23. 碘量法中所需$Na_2S_2O_3$标准溶液在保存中吸收了CO_2而发生下述反应，即

$$S_2O_3^{2-}+H_2CO_3 \rightleftharpoons HSO_3^-+HCO_3^-+S\downarrow$$

若用该$Na_2S_2O_3$滴定I_2溶液，则消耗$Na_2S_2O_3$的量将（　　）。

A. 偏高；B. 偏低；C. 无影响；D. 无法判断。

24. 在pH=5.0时用莫尔法滴定Cl^-的含量，分析结果（　　）。

A. 正常；B. 偏低；C. 偏高；D. 难以判断。

25. 下列说法正确的是（　　）。

A. EDTA的有效浓度[Y^{4-}]与溶液的酸度无关；

B. 酸度越大，EDTA的有效浓度[Y^{4-}]越大；

C. pH值越大，EDTA的有效浓度[Y^{4-}]越大；

D. EDTA溶液中全是Y^{4-}。

三、问答题

1. 什么是滴定分析法?

2. 滴定分析对化学反应有哪些要求?

3. 滴定分析法的分类及分类依据是什么?

4. 滴定分析的方式有哪些?

5. 准确说明下列名词含义：化学计量点、滴定终点、终点误差。

6. 什么是基准物质？基准物质应符合什么条件?

7. 为什么滴定分析中用的基准物质要求有较大的摩尔质量?

8. 标准溶液的配制方法有哪些？下列物质中哪些可以用直接法配制标准溶液？哪些只能用间接法配制?

邻苯二甲酸氢钾、硼砂、碳酸钠、硫酸、氢氧化钾、高锰酸钾、硫代硫酸钠、重铬酸钾、草酸钠、硝酸银、氯化钠。

9. 滴定分析计算的基本原则是什么？如何确定反应物的基本单元?

10. 若将$K_2Cr_2O_7$基准物质长期保存在放有硅胶的干燥器中，用它标定还原剂溶液时，所得结果是偏高还是偏低?

11. 酸碱反应的实质是什么?

12. 酸的浓度和酸度在概念上有何不同？

13. 缓冲容量的大小与哪些因素有关？在什么条件下缓冲溶液具有最大缓冲容量？

14. 酸碱滴定中根据什么原则选择指示剂？

15. 根据下列情况，分别判断含有CO_3^{2-}、OH^-、HCO_3^-中哪些组分？

(1) 用酚酞和用甲基橙作指示剂滴定时耗用 HCl 标准溶液量相同。

(2) 用酚酞作指示剂时所用 HCl 溶液体积为用甲基橙作指示剂所用 HCl 溶液体积的一半。

(3) 加酚酞时溶液不显色，但可用甲基橙作指示剂，以 HCl 溶液滴定。

(4) 用酚酞作指示剂所用 HCl 溶液比继续加甲基橙作指示剂所用 HCl 溶液多。

(5) 用酚酞作指示剂所用 HCl 溶液比继续加甲基橙作指示剂所用 HCl 溶液少。

16. 甲醛法测定铵盐的原理是什么？选用什么指示剂？

17. 金属离子和 EDTA 形成的络合物在结构上有什么特点？

18. 在络合滴定中控制适当的酸度有什么重要意义？实际应用时应如何全面考虑选择滴定时的 pH 值？

19. 酸效应曲线是怎样绘制的？它在络合滴定中有什么用途？

20. 在 pH=4 和 pH=12 时能否用 EDTA 滴定Mg^{2+}？

21. 分别含有 0.02mol/L 的Zn^{2+}、Cu^{2+}、Cd^{2+}、Pb^{2+}、Ca^{2+}的 5 种溶液，在 pH=5 时，哪些可以用 EDTA 溶液标准滴定？哪些不能被 EDTA 准确滴定？为什么？

22. 在络合滴定过程中，影响 pM 突跃范围大小的主要因素是什么？

23. 金属指示剂的作用原理如何？它应该具备哪些条件？

24. 什么叫指示剂的封闭、僵化？

25. 提高络合滴定选择性的方法有哪些？

26. 掩蔽干扰离子的方法有哪些？

27. 络合掩蔽剂和沉淀掩蔽剂各应具备什么条件？

28. $[Y]_\Sigma$和$[Y^{4-}]$各代表什么意思？它们之间有何关系？一般情况下，它们之中哪个大？哪个小？

29. 什么是氧化-还原滴定法？

30. 何谓条件电位？它与标准电位有何不同？

31. 影响氧化-还原反应速度的主要因素有哪些？

32. 在分析中是否都能利用加热的办法来加速氧化-还原反应的进行？为什么？

33. 如何判断氧化-还原反应进行的方向？

34. 影响氧化-还原反应进行方向的因素有哪些？

35. 常见的氧化-还原滴定法有哪几类？

36. 氧化-还原指示剂的变色原理和选择原则是什么？

37. 什么叫沉淀滴定法？沉淀滴定法对沉淀反应有哪些要求？

38. 什么是溶度积？如何运用溶度积来判断沉淀的生成与溶解？

39. 什么叫溶解度？它与溶度积之间的关系如何？

40. 什么是摩尔法？说明摩尔法的原理。

41. 在下列情况下，分析结果是准确的，还是偏高或偏低？

（1）pH＝2 时，用莫尔法测 Cl^-。

（2）用佛尔哈德法测 Cl^- 时，未将沉淀过滤，也未加邻苯二甲酸氢钾（或硝基苯）。

（3）用佛尔哈德法测 I^- 时，先加铁铵矾指示剂，然后加入过量的 $AgNO_2$。

42. 判断下列情况下有无沉淀生成？

（1）0.010mol/L $MgCl_2$ 溶液与 0.100mol/L NH_3H_2O—NH_4Cl 溶液等体积混合。

（2）将 0.050mol/L$Pb(NO_3)_2$ 溶液与 0.50mol/ LH_2SO_4 溶液等体积混合。

43. 佛尔哈德法测氯化物时，为什么 NH_4SCN 标准溶液容易过量？怎样减少这方面的误差？

44. 吸附指示剂的作用原理是什么？使用时注意哪些问题？

45. 重量分析法有哪几种方法？什么叫沉淀法？什么叫气化法？

46. 重量分析对沉淀的要求是什么？

47. 影响沉淀溶解度的因素有哪些？

48. 解释下列名词：同离子效应、共沉淀现象、后沉淀现象、陈化。

49. 影响沉淀纯净的因素有哪些？如何提高沉淀的纯度？

四、计算题

1. 现有 $c(NaOH)=0.5450$mol/L 的 NaOH 溶液 100.0mL，欲稀释成 $c(NaOH)=0.5000$mol/L 的溶液，需要加多少毫升蒸馏水？

2. 已知浓盐酸的相对密度为 1.19，其中含 HCl 约 37%，用浓盐酸配制 $c(HCl)=0.15$mol/L 的溶液 1L，应取该浓盐酸多少毫升？

3. 500mL H_2SO_4 溶液中含有 4.904gH_2SO_4，求 $c(H_2SO_4)$和 $c\left(\frac{1}{2}H_2SO_4\right)$。

4. 计算 $c(HCl)=0.011\ 35$mol/L 的溶液对 CaO 的滴定度。

5. 以邻苯二甲酸氢钾标定 $c(NaOH)=0.1$mol/L 的 NaOH 溶液时，要消耗的 NaOH 溶液体积控制为 20～30mL，$KHC_8H_4O_4$ 基准试剂的称取量范围为多少？

6. 已知浓盐酸的密度为 1.198g/mL，其中含 HCl 约 37.93%，求 HCl 的物质的浓度。今欲配制 1L 浓度为 0.2mol/L 的 HCl 溶液，应取浓 HCl 多少毫升？

7. 在 100mL $c(NaOH)=0.0800$mol/L 的 NaOH 溶液中，应加入多少毫升 $c(NaOH)=0.500$mol/L 的 NaOH 溶液，混合后的浓度恰为 0.200mol/L？

8. 有 NaOH 溶液，其浓度 $c(NaOH)=0.5450$mol/L，取该溶液 100.00mL，需加入多少毫升水可配成浓度 $c(NaOH)=0.5000$mol/L 的溶液？

9. 配制 700mL 浓度为 0.10mol/L 的 HNO_3 溶液，应取密度为 1.42g/mL、含量为 71% 的浓硝酸多少毫升？

10. 把下列各溶液的浓度换算为 g/mL 表示的滴定度：

(1)用 $c(HCl)=0.1500$mol/L 的 HCl 溶液滴定 $Ca(OH)_2$。

(2)用 $c(NaOH)=0.0200$mol/L 的 NaOH 溶液滴定 H_2SO_4。

11. 标定氢氧化钠溶液时，准确称取基准物邻苯二甲酸氢钾 0.4201g 溶于水后，用氢氧化钠溶液滴定至终点时消耗 36.70mL，求 $c(NaOH)$。

12. 某一仅含 $Na_2C_2O_4$ 和 KHC_2O_4 的试样 0.2608g，需用 50.00mL $c\left(\frac{1}{5}KMnO_4\right)=$

0.080 00mol/L 的 $KMnO_4$ 溶液滴定至终点。同样质量的同一试样，若用 0.1000mol/L 的 HCl 溶液滴定至甲基橙终点，需消耗 HCl 多少毫升？

13. 计算下列各溶液的 pH 值：

(1) $c(H_2SO_4)$=0.02mol/L；

(2) c(KOH)=0.01mol/L。

14. 计算下列缓冲溶液的 pH 值：

(1) 1L 溶液中 c(HAc)=1.0mol/L，c(NaAc)=1.0mol/L；

(2) 1L 溶液中 c(HAc)=1.0mol/L，c(NaAc)=0.1mol/L；

(3) 1L 溶液中 c(HAc)=0.1mol/L，c(NaAc)=1.0mol/L。

15. 计算下列缓冲溶液的 pH 值：

(1) 1L 溶液中 $c(NH_3)$=0.10mol/L，$c(NH_4Cl)$=0.10mol/L；

(2) 1L 溶液中 $c(NH_3)$=0.10mol/L，$c(NH_4Cl)$=0.01mol/L；

(3) 1L 溶液中 $c(NH_3)$=0.01mol/L，$c(NH_4Cl)$=0.10mol/L。

16. 1.0L c(HAc)=0.10mol/L 的 HAc 溶液中，当加入 8.2g NaAc 后(假设溶液体积不变)，计算：

(1) HAc 溶液的 pH 值改变了多少？

(2) 加入 8.2gNaAc 后的 HAc 溶液是否是缓冲溶液？

17. 取水样 100.0mL，用 c(HCl)=0.050 00mol/L 的 HCl 溶液滴定到酚酞终点时，用去 30.00mL，此后加甲基橙指示剂，继续用该 HCl 溶液滴定至橙色出现，又用去 5.00mL。问水样中含有何种碱度？其含量分别为多少 mg/L？

18. 有一水样，若用 pH=5 的指示剂滴定到终点，用去 c(HCl)=0.050 00mol/L 的 HCl 溶液 40.00mL，而用 pH=8 的指示剂滴定到终点，用去上述 HCl 溶液 15.00mL，水样体积为 100.0mL，试分析水样的碱度组成及含量。

19. 吸取 100.0mL 水样，用 c(HCl)=0.1000mol/L 的 HCl 溶液滴定到酚醛终点用去 10.25mL，再用甲基橙指示剂继续定至橙色出现，又用去该 HCl 溶液 18.25 mL，问水样中有何种碱度？其含量分别为多少 mmol/L？

20. 用硼砂[$m(Na_2B_2O_7 \cdot 10H_2O)$=381.37]基准试剂标定 HCl 溶液的浓度。称取 0.6048g 硼砂溶于适量水后，加入甲基橙指示剂，以 HCl 溶液滴定到终点，耗用 HCl24.80mL，计算此 HCl 溶液的浓度。若将此 HCl 溶液改配成 1000mL c(HCl)=0.1000mol/L的标准溶液，应将上述浓度的 HCl 溶液如何处理？

21. 当 pH=5、10、12 时能否用 EDTA 滴定 Ca^{2+}？

22. 试求以 EDTA 滴定 Fe^{3+}、Fe^{2+}时所需要的最低 pH 值为多少？

23. 吸取水样 50.00mL，用 0.050 00mol/L 的 EDTA 标准溶液滴定其总硬度，用去 EDTA12.50mL，求水的总硬度为多少？

24. 测定水中的钙、镁含量时，取 100.0mL 水样，调节 pH=10，用铬黑 T 作指示剂用去 0.010 00mol/L EDTA25.40mL；另取一份 1000mL 水样，调节 pH=12.5，用钙指示剂指示终点，耗去 EDTA14.25mL，问每升水中含钙、镁各多少毫克？

25. 在标定 $Na_2S_2O_3$ 标准滴定溶液时，称取 0.1980g 的 $K_2Cr_2O_7$，酸化并加入过量的 KI，释放出的 I_2 用 40.75mL 的 $Na_2S_2O_3$ 溶液滴定，计算 $c(Na_2S_2O_3)$。

26. 计算 c（$KMnO_4$）＝0.0201mol/L 的 $KMnO_4$ 溶液以下列物质表示的滴定度（单位以 mg/mL）：

（1）Fe；

（2）$Na_2C_2O_4$。

27. 用 20.00mL $KMnO_4$ 标准滴定溶液恰能氧化 0.1500g $Na_2C_2O_4$，试计算 c（1/5$KMnO_4$）。用该溶液滴定 Fe^{2+}，求该溶液的滴定度。

28. 在 0.1275g 的 $K_2Cr_2O_7$ 中加入过量 KI 和 H_2SO_4，再用 $Na_2S_2O_3$ 标准滴定溶液滴定析出的 I_2，用去 22.85mL，求 c（$Na_2S_2O_3$）。

29. 25.00mL $H_2C_2O_4$ 溶液需用 20.00mL 0.4000mol/L 的 NaOH 溶液滴定，而同样浓度的 25.00mL $H_2C_2O_4$ 溶液滴定需要 $KMnO_4$ 标准滴定溶液 45.00mL，计算 c（$KMnO_4$）。

30. 某溶液中同时含有 Cl^- 和 CrO_4^{2-}，其浓度分别为 [Cl^-] ＝0.010mol/L，[CrO_4^{2-}] ＝0.10mol/L，当逐滴加入 $AgNO_3$ 溶液时，哪种沉淀首先生成？当第二种离子开始沉淀时，第一种未沉淀的离子浓度为多少？

31. 计算 CaC_2O_4 的溶解度：

（1）在纯水中的溶解度；

（2）考虑同离子效应，在 0.010mol/L $(NH_4)_2C_2O_4$ 溶液中的溶解度。

32. 测定水中硫酸根时，用 $BaCl_2$ 将水样中的 SO_4^{2-} 沉淀为 $BaSO_4$。已知 25℃时 $BaSO_4$ 的溶度积 $K_{sp}=1.1\times10^{-10}$，测定硫酸根时需准确到 1mg/L，问加多少 $BaCl_2$ 溶液比较合适？

第二章 分光光度法

一、填空题

1. 当光束照射到物质上时，光与物质之间便产生光的________、________、________和________等现象。

2. 分子吸收光谱法（或分光光度法）包括________和________等，它们是基于________而建立起来的分析方法。

3. 朗伯定律是说明光的吸收与________成正比，比耳定律是说明光的吸收与________成正比，两者合为一体称为朗伯-比耳定律，其表达式为________。

4. 当一束平行的波长为 λ 的单色辐射光通过一均匀的有色溶液时，光的一部分被________，一部分被________，另一部分则透过溶液，通过对从介质内部出射的辐射（光）通量的测定可测得________。

5. 分光光度法的名称，国际标准为________。吸收光谱一般分为________和________两大类。

6. 能从辐射源辐射（光）线中分离出一定波长范围谱线的器件称为________。通常按其使用方法不同，可分为________和________两种。

7. 能连续地色散、分割各种不同波长的分光器件叫________波长选择器。按色散、分割原理的不同，可分为________、________和________三种。

8. 一般分光光度分析使用波长在 350nm 以上时可用________吸收池，在 350nm 以下时应选用________吸收池。

9. 所谓多元配合物，是指________个或________组分形成的配合物。目前应用较多的是________元配合物。

10. 三元配合物在分光光度分析中应用较多的有________、________、________和________。

11. 当$T=$________（或$A=$________）时，分光光度法测量的浓度相对误差较小。适宜的吸光度$A=$________（或透射比$T=$________）的范围内浓度测量的误差较小。为此可采用________和________来调节。

12. 分光光度计的种类和型号繁多，但基本都是由下列五大部件组成：________、________、________、________和________。

13. 一般紫外-可见分光光度计的可见光区常以________灯或________灯为光源，波长范围为________ nm。在紫外光区常以________灯或________灯为光源，其波长范围为________ nm。

14. 分光光度计上的单色器是将光源发射的________光分解为________的装置。单色器的核心部分称为________。

15. 紫外-可见分光光度计常用的色散元件有________和________。

16. 紫外-可见分光光度计的检测器是一种________设备。它将________转变为________显示出来。常用的检测器有________、________和________。

17. 紫外-可见分光光度计根据光度学分类，可分为________和________分光光度计。根据测量中提供的波长数可分为________和________分光光度计。

18. 国家计量检定规程规定，单光束紫外可见分光光度计的检定周期为________年。在此期间内，如经修理、搬动或对测量结果有怀疑时应________。

19. 紫外吸收光谱定性分析是利用________的数目、峰的________、吸收________等特征来进行物质鉴定的。

20. 原子吸收光谱分析又称原子吸收分光光度分析，是基于从________通过元素的原子蒸汽时被其________，由辐射的减弱程度测定元素含量的一种现代仪器分析方法。

21. 原子吸收光谱分析的主要优点有________、________、________、抗干扰能力强、分析速度快、应用范围广等。

22. 原子吸收光谱分析原理是将光源辐射出的待测元素的________通过________被待测元素的________所吸收，由发射光谱被减弱的程度，进而求得样品中待测元素的含量。

23. 从测光误差的角度考虑，吸光度在________范围内测光误差较小，确定标准工作溶液的浓度范围时，应使其产生的吸光度位于________范围内。为了保证测定结果的准确度，标准溶液的组成应尽可能________。

24. 原子化器的功能在于将________。被测元素由试样中转入气相，并________的过程，称为原子化过程。原子化过程直接影响________和________。原子化器主要分为________与________两种。

25. 石墨炉原子化器的基本原理是将试样注入在石墨管中，用通电的办法加热石墨管，使石墨管内腔产生很高的温度，从而使石墨管内的试样在极短的时间内________、________和________。

26. 原子吸收光谱分析中，为消除样品测定时的背景干扰，背景校正装置几乎是现代原子吸收光谱仪必不可少的部件。目前原子吸收所采用的两种主要背景校正方法是________和________。

27. 火焰原子吸收法分析最佳条件的选择主要包括________、________、________、________和________。

28. 石墨炉原子吸收法分析最佳条件的选择主要包括________、________、________、________和________。

29. 干燥阶段是一个低温加热的过程，其目的是________。一般干燥温度稍高于溶剂的沸点，如水溶液选择在________。干燥温度的选择要避免样品溶液的________，适当延长斜坡升温的时间或分两步进行。

30. 灰化的目的是要降低________的干扰，并保证________没有损失。灰化温度与时间的选择应考虑两个方面，一方面使用________和________，以有利于灰化完全和降低背景吸收；另一方面使用尽可能低的灰化温度和尽可能短的灰化时间，以保证________。

31. 原子化温度是由________决定的。原子化温度选择的原则是________。

32. 原子吸收分析中，特征浓度是指________时，溶液中________。

二、选择题

1. 目视比色法中常用的标准系列法是比较（ ）。

A. 入射光的强度；B. 透过溶液后光的强度；C. 透过溶液后吸收光的强度；D. 一定厚度溶液颜色的深浅；E. 溶液对白光的吸收情况。

2. 在分子吸收光谱法（分光光度法）中，运用光的吸收定律进行定量分析，应采用的入射光为（ ）。

A. 白光；B. 单色光；C. 可见光。

3. 物质的颜色是由于选择性吸收了白光中的某些波长的光所致。$CuSO_4$ 溶液呈现蓝色是由于它吸收了白光中的（ ）。

A. 蓝色光波；B. 绿色光波；C. 黄色光波；D. 青色光波；E. 紫色光波。

4. 用分光光度法测定 Fe^{2+}-邻菲啰啉配合物的吸光度时，应选择的波长范围为（ ）。

A. 200～400nm；B. 400～500nm；C. 500～520nm；D. 520～700nm；E. 700～800nm。

5. 在分光光度法中宜选用的吸光度读数范围为（ ）。

A. 0～0.2；B. 0.1～0.3；C. 0.3～1.0；D. 0.2～0.8；E. 1.0～2.0。

6. 有色配合物的摩尔吸收系数与下面因素中有关的量是（ ）。

A. 比色皿厚度；B. 有色配合物的浓度；C. 吸收池的材料；D. 入射光的波长；E. 配合物的颜色。

7. 符合朗伯-比耳定律的有色溶液稀释时，其最大吸收峰的波长位置（ ）。

A. 向长波移动；B. 向短波移动；C. 不移动、吸收峰值下降；D. 不移动、吸收峰值增加；E. 位置和峰值均无规律改变。

8. 当吸光度 $A=0$ 时，$T=$（ ）%。

A. 0；B. 10；C. 50；D. 100；E. ∞。

9. 钨灯可作为（ ）分析的光源。

A. 紫外原子光谱；B. 紫外分子光谱；C. 红外分子光谱；D. X 光谱；E. 可见光分子光谱。

10. 在紫外-可见分光光度计中，用于紫外波段的光源是（ ）。

A. 钨灯；B. 卤钨灯；C. 氘灯；D. 能斯特光源；E. 氢灯。

11. 用邻菲啰啉法比色测定微量铁时，加入盐酸羟铵或抗坏血酸的目的是（　　）。

A. 调节酸度；B. 作氧化剂；C. 作还原剂；D. 作为显色剂；E. 以上都不是。

12. 高吸光度示差分光光度法和一般的分光光度法不同点在于参比溶液的不同，高吸光度示差分光光度法的参比溶液为（　　）。

A. 溶剂；B. 去离子水；C. 试剂空白；D. 在空白溶液中加入比被测试液浓度稍高的标准溶液；E. 在空白溶液中加入比被测试液浓度稍低的标准溶液。

13. 在紫外吸收光谱曲线中，能用来定性的参数是（　　）。

A. 最大吸收峰的吸光度；B. 最大吸收峰的波长；C. 最大吸收峰的峰面积；D. 最大吸收峰处的摩尔吸收系数；E. B+D。

14. 光量子的能量正比于辐射的（　　）。

A. 频率；B. 波长；C. 波数；D. 传播速度；E. 周期。

15. 下面五个电磁辐射区域，①能量最大者是（　　）；②波长最短者是（　　）；③波数最小者是（　　）；④频率最小者是（　　）。

A. X 射线；B. 红外区；C. 无线电波；D. 可见光区；E. 紫外光区。

16. 下面五种化合物中，能作为近紫外光区（200nm 附近）的溶剂者有（　　）。

A. 苯；B. 丙酮；C. 四氯化碳；D. 乙醇；E. 环已烷。

17. 下列在紫外可见光区有吸收的化合物是（　　）。

A. $CH_3—CH_2—CH_3$；B. $CH_3—CH═CH—CH_3$；C. $CH_3—CH_2OH$；D. $CH_2═CH—CH_2—CH═CH_2$；E. $CH_3—CH═CH—CH═CH—CH_3$。

18. 在吸收光谱曲线中，吸光度的最大值是偶数阶导数光谱曲线的（　　）。

A. 极大值；B. 极小值；C. 零；D. 极大值和极小值；E. 极大值或极小值。

19. 在吸收光谱曲线中，吸光度的最大值是奇数阶导数光谱曲线的（　　）。

A. 极大值；B. 极小值；C. 零；D. 极大值和极小值；E. 极大值或极小值。

20. 双波长分光光度计与单波长分光光度计的主要区别是（　　）。

A. 光源的个数；B. 单色器的个数；C. 吸收池的个数；D. 检测器的个数；E. 单色器和吸收池的个数。

三、问答题

1. 分子吸收光谱分析包括哪几个光区的分析？其最大优点是什么？

2. 目视比色法是否符合朗伯-比耳定律？试作简要说明。

3. 分子吸收光谱法中的分光光度法和光电比色法有何相同处？有何不同处？

4. 在进行比色分析时，为何有时要求显色后放置一段时间再比，而有些分析却要求在规定的时间内完成比色？

5. 用分光光度法测定时，如何选择入射光的波长？

6. 72 型分光光度计与 72-1 型分光光度计在结构上有何相同和不同之处？

7. 比色分析法测定物质含量时，当显色反应确定之后，应从哪几方面选择试验条件？

8. 进行分光光度测定时，如何选用参比溶液？

9. 简述原子吸收光谱仪结构组成及各部分的主要功能。

10. 简述原子吸收法分析中检出限的定义。如何改善测试检测限？

四、计算题

1. 测定纯碱样品中微量 Fe，称取 2.00g 试样，用邻菲啰啉分光光度法测定，已知 Fe 标准液质量浓度为 0.010mg/mL，比色时加入 4mL 标准溶液，测得吸光度为 0.125，测定样品时吸光度为 0.114，求纯碱中 Fe 的质量分数。

2. 用硫氰酸盐比色法测定 Fe^{3+}，已知比色液中 Fe^{3+} 的含量为 0.088mg/50mL，用 1cm 比色皿，在波长 480nm 处测得吸光度 $A=0.740$，求该溶液的摩尔吸收系数。

3. 已知 $KMnO_4$ 的摩尔质量为 158.03g/mol，其摩尔吸收系数 $\varepsilon_{545}=2.2\times10^3$，在 545nm 波长下，用浓度为 0.02g/L 的 $KMnO_4$ 以 3.00cm 比色皿测得的透光率应为多少？

4. 某有色配合物相对分子质量为 125，在波长 480nm 时 $\varepsilon=2500$，一样品含该物约 15%，试样溶解后稀释至 100mL，用 1cm 比色皿在分光光度计上测得吸光度 $A=0.300$，问应称取样品多少克？

5. 用一般分光光度法测得 c（Zn^{2+}）=0.001mol/L 的锌标准溶液的吸光度 $A_1=0.700$，Zn 试样溶液的吸光度 $A_2=1.000$，两溶液的透光率相差多少？如果用 c（Zn^{2+}）=0.001mol/L 的标准溶液作参比溶液，试样溶液的吸光度是多少？示差分光光度法与一般分光光度法相比较读数标尺放大了多少倍？

第三章 电 位 分 析 法

一、填空题

1. 利用________和________之间的关系来测定被测物质活度（或浓度）的电化学分析方法叫电位分析法。

2. 电位分析法可分为________和________两大类。

3. 电位滴定法根据在滴定过程中________的变化来确定滴定终点。

4. 均相晶体膜电极可分为________、________和________。

5. 非均相晶体膜电极的敏感膜是将微溶金属盐粉末均匀地铺在两片惰性基质物质薄片之间再加热压制而成，________起着离子交换作用。

6. 根据膜基质的性质非晶体膜电极可分为两类：一类是________；另一类是________。

7. pH 玻璃电极能测定溶液的 pH 值的主要原因是它的________与待测溶液的 pH 值有特定的关系。

8. 银-氯化银电极（Ag/AgCl，Cl^-）由银、银的难溶盐和该难溶盐的阴离子溶液组成，它的电极反应为________。

9. 晶体膜电极分为________和________两类。

10. 在玻璃电极中，干玻璃层内________是电荷的传递者。它通过交换迁移来传递电荷。

11. 艾森曼（Eisenman）提出的________理论很好地解释了玻璃电极具有选择性的原因。

12. 玻璃电极浸泡后，内外表面形成了一层水合硅胶层，水合硅胶层表面的 Na^+ 与水溶液中的质子发生交换反应的方程为________。达平衡后，从膜的表面到胶层内部，H^+ 数目逐渐________，而 Na^+ 数目逐渐________。

13. 玻璃电极膜电位的产生和响应机理一般倾向于________和________两种理论。

14. 离子选择性电极与参比电极组成的电池中，以 E 对 $\lg a$ 作图可得到一条直线。符合线性的响应称为________，符合能斯特公式的响应区域称为________。

15. 标准比较法包括________和________。

16. 在两个相同的指示电极上施加电压，使微小但是稳定的电流流过两个电极，以滴定过程中两个电极间的电位差确定终点。这种滴定方法称为________，它又被称为________。

17. 酸度计是最常用的电位测量仪，通常具有________功能和________功能。

18. 玻璃电极在使用前，需要在去离子水中浸泡 24h 以上，目的是________；饱和甘汞电极使用温度不得超过 80℃，这是因为温度较高时________。

19. 盐桥的作用是________；用氯化银晶体膜电极测定氯离子时，如以饱和甘汞电极作为参比电极，应选用的盐桥为________。

20. 用离子选择性电极以"一次加入标准法"进行定量分析时，应要求加入标准溶液的体积应________，浓度应________，这样做的目的是________。

21. 电极按电子交换反应的类型不同，一般可分为：（A）第一类电极；（B）第二类电极；（C）第三类电极；（D）零类电极；（E）膜电极。请将 ABCDE 填入表 1 中。

表 1

电极体系	Ag^+/Ag	Ag_2CrO_4，CrO_4^{2-}/Ag	$Ag(CN)_2^-$，CN^-/Ag	ZnC_2O_4，CaC_2O_4，Ca^{2+}/Zn	$Fe(CN)_6^{3-}$，$Fe(CN)_6^{4-}/Pt$
电极类型					
电极体系	H^+，H_2/Pt	F^-，Cl^-/LaF_3 单晶/F^-	Fe^{2+}，Fe^{3+}/Pt	pH 电极	甘汞电极
电极类型					

22. 玻璃电极的内阻一般为 100～500 ________，考宁 015 玻璃电极在测量 pH＞13 的溶液的 pH 值时，会有一种系统误差存在，可称之为________，即测得的 pH 值比实际值要________，这是因为________。

23. 电池的电动势正负取决于________，在电池图解表示式中有 $E=$________。所以在测量某电极的电极电位时，其电池的图解表示式为________，但一般用作电位测量的电池图解表示式为________。

24. pH 玻璃电极的膜电位的产生是由于________，氟化镧单晶膜/氟离子选择电极的膜电位的产生是由于________。

25. 浓度为 1×10^{-6}mol/L 的氯、溴或碘离子，对氯化银晶体膜氯电极的干扰程度递增的次序为________。

26. 离子选择电极响应斜率（mV/pX）的理论值是________，当试液中二价响应离子的活度增加 1 倍时，该离子选择电极电位变化的理论值（25℃）是________。

二、判断题

根据题意，在括号内打"×"或"√"。

1. 电位滴定法本质上也是一种容量分析法。（　　）

2. 第二类电极由金属，两种具有相同阴离子的难溶盐（或难离解的配合物），含有第二种难溶盐（或难离解的配合物）的阳离子组成。（　　）

3. 惰性金属不参与电极反应，仅仅提供交换电子的场所。（　　）

4. 均相膜电极和非均相膜电极在原理上是不相同的，在电极的检测下限和响应时间等性能上也有所差异。（ ）

5. 非均相晶体膜电极在第一次使用时，必须预先浸泡，以防止电位漂移。（ ）

6. pH 玻璃电极插有一支 Ag/AgCl 电极作为内参比电极，它的电位是恒定的，与待测溶液的 pH 值无关。（ ）

7. 离子交换理论认为玻璃膜两侧相界电位的产生不是由于电子的得失，而是 H^+ 在溶液和胶层界面间进行扩散的结果。（ ）

8. pH 玻璃电极中，H^+ 能越过溶液和水合硅胶层界面进行离子交换，并且能透过干玻璃层，从而完成干玻璃的导电任务。（ ）

9. 氟电极选择性较好，在测试过程中 PO_4^{3-}、CH_3COO^-、X^-、OH^- 等离子不会造成干扰。（ ）

10. 离子交换理论虽然能够解释玻璃电极的响应机理和某些性能，但是它不能说明玻璃电极具有选择性的原因。（ ）

11. 玻璃膜两侧相界电位的产生不是由于电子的得失，而是 H^+ 在溶液和胶层界面间进行扩散的结果。（ ）

12. pM 玻璃电极与 pH 玻璃电极的主要结构区别在于玻璃组分中加入了铝的氧化物（Al_2O_3），从而制成铝硅酸盐玻璃膜，它可使 pM 玻璃电极的电位选择系数 $K_{i,j}$ 的值增大。（ ）

13. 玻璃的组成以及各组分之间的相对含量等都会影响玻璃膜电极的选择性。（ ）

14. 离子在水相和膜溶剂之间的分配系数会影响荷电流动载体膜电极的选择性。离子在膜内的迁移速度对荷电流动载体膜电极的选择性没有影响。（ ）

15. 电极的电阻越低，要求电位计的输入阻抗也越高，越容易受外界交流电场的影响，造成测量误差。（ ）

16. 标准加入法精确度较高，适合于批量试样的分析。（ ）

17. 离子选择性电极的分析方法有数种，如果试样的组成比较复杂，则较宜采用其中的标准曲线法。（ ）

18. 用微分电位分析法进行测定时，选用的两支离子选择性电极的性能必须完全一样。（ ）

19. 恒电流滴定法的优点是只要求被测物质或滴定剂之中有一个是电活性的。（ ）

20. 曾有人研究用离子电极与参比电极按常规法组成一般测量电池进行零点电位法测定，称为改进的零点电位法，这种方法实际上是消去了标准加入法计算公式里的电极斜率。（ ）

21. PXD-2 型通用离子计的输入阻抗很高，这就要求与其配用的交流仪器应有良好的地线，否则感应信号可能损坏仪器。（ ）

三、选择题

1. 在银电极（$Ag/Ag_2C_2O_4$、CaC_2O_4、Ca^{2+}）中，草酸根离子能与银和钙离子生成草酸银和草酸钙难溶盐。银电极属于（ ）。

A. 第一类电极；B. 第二类电极；C. 第三类电极；D. 零类电极。

2. 用几个标准溶液（标准系列）在与被测试液相同的条件下测量其电位值，再通过作图的方法求得分析结果的直接电位法是（　　）。

A. 标准加入法；B. 标准曲线法；C. 标准比较法；D. 格兰（Gran）作图法。

3. 在有大量络合物存在的体系中，（　　）是使用离子选择性电极测定待测离子总浓度的有效方法。它只需一种标准溶液，操作很简便。

A. 标准比较法；B. 微分电位分析法；C. 格兰（Gran）作图法；D. 标准加入法。

4. 在电位法中作为指示电极，其电位应与待测离子的浓度（　　）。

A. 成正比；B. 符合扩散电流公式；C. 的对数成正比；D. 符合能斯特公式的关系。

5. 有关离子选择性电极，不正确的说法是（　　）。

A. 不一定有内参比电极和内参比溶液；B. 比一定有晶体敏感膜；C. 不一定有离子穿过膜相；D. 只能用于正负离子的测量。

6. 在电极 Ag/AgCl 中，穿越相界面的有（　　）。

A. 电子；B. Cl^-；C. Ag^+；D. H^+及OH^-。

7. 晶体膜电极的选择性取决于（　　）。

A. 被测离子与共存离子的迁移速度；B. 被测离子与共存离子的电荷数；C. 共存离子在电极上参与响应的敏感程度；D. 共存离子与晶体膜中的晶体离子形成微溶解性盐的溶解度或络合物的稳定性。

8. 离子选择电极在使用时，每次测量前都要将其电位清洗至一定值，即固定电极的预处理条件，这样做的目的是（　　）。

A. 避免存储效应（迟滞效应或记忆效应）；B. 消除电位不稳定性；C. 消除电极；D. 提高灵敏度。

9. 除了玻璃电极外，能用于测定 pH 值的电极有（　　）。

A. 饱和甘汞电极；B. 锑-氧化锑电极；C. 氧化镧单晶膜电极；D. 氧电极。

10. 离子选择性电极的电位可用于（　　）。

A. 估计电极的检测限；B. 估计共存离子的干扰程度；C. 校正方法误差；D. 估计电极的线性响应范围。

11. 用离子选择性电极进行测量时，需用磁力搅拌器搅拌溶液，这是为了（　　）。

A. 减小浓差极化；B. 加快响应速度；C. 使电极表面保持干净；D. 降低电极内阻。

12. 晶体膜离子电极的灵敏度取决于（　　）。

A. 响应离子在溶液中的迁移速度；B. 膜物质在水中的溶解度；C. 响应离子的活度系数；D. 晶体膜的厚度。

13. 活动载体膜离子选择电极的检测限取决于（　　）。

A. 响应离子在水溶液中的迁移；B. 膜电阻；C. 响应离子与载体生成的缔合物或络合物在水中的溶解度；D. 膜厚度。

14. 活动载体膜离子选择电极的选择性取决于被测离子和共存离子（　　）。

A. 在水溶液中的迁移速度；B. 在水溶液中的活度系数；C. 与载体形成的缔合物或络合物的稳定性；D. 在膜相中的活度系数。

15. 在电位滴定中，以 $\Delta E/\Delta V \sim V$（E 为电位，V 为滴定剂体积）作图绘制滴定曲线，滴定终点为（　　）。

A. 曲线突跃的转折点；B. 曲线的最大斜率点；C. 曲线的最小斜率点；D. 曲线斜率为

零的点。

16. 氨气敏电极以 0.01mol/L 氯化氨作为中介溶液，指示电极可选用（　　）。

A. 银-氯化银电极；B. 晶体膜氯电极；C. 氨电极；D. pH 玻璃电极。

17. 用氟离子选择电极测定水中（含有微量的 Fe^{3+}、Al^{3+}、Ca^{2+}、Cl^{-}）的氟离子时，应选用的离子强度调节缓冲溶液为（　　）。

A. 0.1mol/L KNO_3；B. 0.1mol/L NaOH；C. 0.1mol/L 柠檬酸钠（pH 值调至5～6）；D. 0.1mol/L NaAc（pH 值调至 5～6）。

18. 用碘化银晶体膜碘电极测定水中的氰离子时，应选用的离子强度调节缓冲溶液为（　　）。

A. 0.1mol/L KNO_3；B. 0.1mol/L HCl；C. 0.1mol/L NaOH；D. 0.1mol/L HAc-NaAc。

19. 晶体膜碘离子的选择电极电位（　　）。

A. 随试液中银离子浓度的增高向正方向变化；B. 随试液中碘离子活度的增高向正方向变化；C. 与试液中碘离子的浓度无关；D. 与试液中氰离子的浓度无关。

20. 晶体膜碘离子的选择电极的电位（　　）。

A. 随试液中氟离子浓度的增高向正方向变化；B. 随试液中氟离子活度的增高向正方向变化；C. 与试液中氢氧根离子的浓度无关；D. 上述三种说法都不对。

21. 普通玻璃电极不能用于测定 pH＞10 的溶液，这是由于（　　）。

A. OH^{-} 在电极上的响应；B. Na^{+} 在电极上的响应；C. NH_4^{+} 在电极上的响应；D. 玻璃被碱腐蚀。

22. pH 玻璃电极在使用前一定要浸泡几个小时，目的在于（　　）。

A. 清洗电极；B. 活化电极；C. 校正电极；D. 除去黏污的杂质。

23. 用直接电位法定量时，常加入 Tisab 液，下列为其作用的说法错误的是（　　）。

A. 固定溶液的离子强度；B. 恒定溶液的 pH 值；C. 掩蔽干扰离子；D. 消除液接电位。

24. 不控制电位电解过程中，为保持工作电极电位恒定，必须（　　）。

A. 不断改变外加电压；B. 外加电压不变；C. 对电极电位不变；D. 保持参比电极电位不变。

四、问答题

1. 简述溶液 pH 值对 F^{-} 离子选择性电极的主要影响。

2. 电位分析法有哪些特点？

3. 有关玻璃电极膜电位的产生和响应机理，一般倾向于离子交换理论和晶格氧离子缔合理论。试简述离子交换理论的原理。

4. 什么叫响应时间？哪些因素会影响响应时间？

5. 示差滴定法是基于浓差电池的原理，那么示差滴定法是如何测出滴定终点的？

6. 论述电位分析法的应用。

7. 试简离子计在使用过程中应注意哪些事项。

8. 什么是标准曲线法？它的具体做法是什么？

9. 电导分析法在水质分析中的应用有哪些？

10. 直接电位法测定水样的 pH 值时，为什么要用 pH 值标准缓冲溶液标定 pH 计？

11. 在水质分析中，下列各电位滴定应选用何种指示电极和参比电极？

(1) HCl 滴定碱度；

(2) $AgNO_3$ 滴定 Cl^-；

(3) EDTA 滴定 Ca^{2+}；

(4) $AgNO_3$ 滴定 CN^-；

(5) $KMnO_4$ 滴定 Fe^{2+}。

12. 参比电极和指示电极的作用是什么？

13. 直接电位法和电位滴定法的特点是什么？

14. 电位滴定方法的原理是什么？

15. 什么是标准加入法？

16. 电极稳定性的好坏将直接影响电极的寿命。稳定性包括重现性和漂移，什么叫漂移和重现性？除了稳定性和寿命外，离子选择性电极的性能参数还有哪些？

17. 测定选择系数有许多种方法，通常采用的是哪种方法？

五、计算题

1. 下列电池的电动势为 0.903V，计算 $Ag(S_2O_3)_2^{3-}$ 络离子的生成常数 $K_{Ag(S_2O_3)_2^{3-}}$。

$$(-)Ag \mid Ag(S_2O_3)_2^{3-}(1.00\times10^{-3}mol/L),$$

$$S_2O_3^{2-}(2.00\ mol/L) \parallel Ag^+(5.00\times10^{-2}\ mol/L) \mid Ag(+)$$

该络离子是按下述反应生成的，即

$$Ag^+ + S_2O_3^{2-} \rightleftharpoons Ag(S_2O_3)_2^{3-} \quad E^0_{Ag^+,Ag}=0.7995V$$

2. 用玻璃电极测定水样 pH 值。将玻璃电极和另一参比电极侵入 pH=4 的标准缓冲溶液中，组成的原电池的电动势为-0.14V；将标准缓冲溶液换成水样，测得电池的电极电动势为 0.03V，计算水样的 pH 值。

3. 用膜电极测定水样中 Ca^{2+} 的量浓度。将 Ca^{2+} 膜电极和另一参比电极浸入 0.010mol/L的 Ca^{2+} 溶液中，测得的电极电势为 0.250V。将 Ca^{2+} 标准溶液换成水样，测得的电极电势为 0.271V。如两种溶液的离子强度一样，求水样中 Ca^{2+} 的浓度 (mol/L)。

4. 下列电池：

$$(-)Ag \mid Ag_2CrO_4,\ CrO_4^{2-}(2.5\times10^{-2}mol/L) \parallel 饱和甘汞电极(+)$$

测得以电池的电动势=-0.27V，计算 Ag_2CrO_4 的 $K_{sp}(Ag_2CrO_4)$。

$$Ag_2CrO_4 \rightleftharpoons 2Ag^+ + CrO_4^{2-} \quad 已知\ E^\Theta=0.7995V \quad 甘汞电极\ E=0.2438V$$

5. 于 0.001 mol/L 的 F^- 溶液中放入 F^- 选择电极与另一参比电极，测得的电动势为 0.158V。于同样的电池中放入未知浓度的 F^- 溶液，测得的电动势为 0.217V。两份溶液离子强度一致。计算未知溶液中 F^- 的浓度。

6. 用玻璃电极测定溶液 pH 值。于 pH=4 的溶液中插入玻璃电极与另一参比电极，测得的电动势是-0.14V。于同样的电池中放入未知 pH 值的溶液，测得的电动势是 0.02V，计算未知溶液的 pH 值。

7. 用钙离子选择电极直接电位法测定某溶液的钙离子浓度。当电极系统浸入 25.00mL 试液后，所测电池电动势为 0.4965V，在加入 2.00mL 的 5.45×10^{-2}mol/L $CaCl_2$ 标准溶液后，测得的电池电动势为 0.4117V，试计算此试液的 pCa 值。

8. 于干烧杯中准确放入 100.0mL 水，将甘汞电极与 Ca^{2+} 选择电极插入溶液中，钙离子电极电位为－0.0619V。将 10.00mL0.007 31mol/LCa$(NO_3)_2$液体加入烧杯后，与水样彻底混匀，新的钙电极电位为－0.0483V，计算原水样中 Ca^{2+} 的物质的量浓度。

第四章 电导率测量

一、选择题

1. 测量给水氢电导率(一般小于 0.2μS/cm)，应选择电极常数为(　　)的电导电极。

A. 0.01；B. 1；C. 10。

2. 测量炉水电导率(一般为 5～20μS/cm)，应选择电极常数为(　　)的电导电极。

A. 0.01；B. 1；C. 0.1。

3. 天然水的温度系数大约为(　　)。

A. 1%/℃；B. 4%/℃；C. 2%/℃。

4. 纯水的温度系数为(　　)。

A. (1%～2%)/℃；B. (3%～7%)/℃；C. (7%～10%)/℃。

5. 测量电导率一般向电极施加交流电压，是为了消除(　　)的影响。

A. 分布电容；B. 微分电容；C. 极化电阻。

6. 一般测量高纯度水的时候采用(　　)的测量频率，使分布电容产生的容抗 $1/(2\pi fC_f)$ 大大增加，从而减少对测量溶液电阻 RL 的影响。

A. 较高；B. 较低；C. 任何。

7. 测量氢电导率可直接反映水中(　　)的总量。

A. 杂质阴离子；B. 杂质阳离子；C. 碱化剂。

8. 纯水电导率的温度系数是(　　)。

A. 常数；B. 只随温度变化的单变量函数；C. 随温度和电导率变化的函数。

9. 阳离子交换柱中有空气泡会使测量结果(　　)，影响氢电导率测量的准确性。

A. 偏低；B. 偏高；C. 不受影响。

10. 当氢型交换树脂失效后，会使氢电导率测量结果(　　)。

A. 肯定升高；B. 肯定降低；C. 可能升高也可能降低。

11. 在测量电导率时，对于小于 0.2μS/cm 的水样，必须采用(　　)法进行检验；对于测量电导率大于 0.2μS/cm 的水样，可以采用标准溶液法进行检验。

A. 水样流动；B. 标准溶液；C. 标准电阻。

12. 测量电导率大于 10μS/cm 的水样时，应使用(　　)。

A. 镀铂黑电极；B. 光亮铂电极；C. 塑料电极。

13. 当测量电导率小于 1.0μS/cm 的水样时，应采用(　　)测量。

A. 烧杯静态法；B. 密闭流动法；C. 手工取样。

14. 用标准溶液检验电极的电极常数时，若电极常数为 0.01，选电导率为(　　)的标准溶液。

A. 1408.3μS/cm；B. 14.89μS/cm ；C. 146.93μS/cm。

15. 当将水样加热时，电极表面会产生气泡，会使电导率测量结果(　　)。

A. 偏高；B. 偏低；C. 不变。

二、问答题

1. 为什么测量氢电导率要换算成25℃下的氢电导率值?

2. 将在线电导率仪表的电极从在线装置上取下，浸入已知标准溶液中，对电极的电导池常数进行检验校正，实际使用过程中电导池常数是否可能产生误差? 为什么?

3. 氢型交换柱中使用的强酸性阳离子交换树脂有裂纹对氢电导率测量产生什么样的影响?

三、计算题

一台不具备温度自动补偿的电导率表测量一温度为35℃的水样的电导率为12μS/cm，已知温度补偿系数为2%/℃，请计算该水样25℃时的电导率。

第五章　离子色谱分析

填空题

1. 离子色谱是________的一种，是________________方法。

2. 离子色谱的主要优点有________、________、________、________、________。

3. 抑制器主要起两个作用，一是________________；二是________，________。

4. 离子色谱仪一般都具备________、________、________、________、________、________和________等主要部件。

5. 进行离子色谱痕量分析时，在样品采集与分析过程的各个环节中要格外注意避免________。

6. ________是用于分离阴离子和阳离子常见的典型分离方式。在色谱分离过程，样品中的________与流动相中________进行交换，在一个短的时间，样品离子会附着在固定相中的固定电荷上。由于样品离子对固定相________的不同，使得样品中多种组分的分离成为可能。

7. 离子色谱的选择性主要由________决定。固定相选定之后，对于待测离子而言，决定保留的主要参数是________，________，________和________。

第六章　误差基本知识及数据处理

一、填空题

1. 化学分析结果的误差主要来源有三个方面：________、________和________。

2. 精密度是指在规定条件下，相互独立的测试结果之间的________程度。准确度是指测试结果与被测量真值或约定真值间的________程度。

3. 误差是测量结果________被测量的真值。相对误差是测量误差________被测量的真值，以________表示。偏差是一个值________其参考值。相对偏差是偏差________其参考值，以________表示。

4. 系统误差决定着测定结果的________，其特点是它的________和________是可以测定的，至少在理论上是可以测定的，重复测定不能________和________系统误差，只有改变试验条件才能发现系统误差的存在。

5. 系统误差产生的主要原因有________误差、________误差及________误差。

6. 随机误差也称偶然误差，是由一些随机原因所引起的，因而是可变的，有时________，有时________，有时________，有时________。

7. 如果进行很多次测定，便会发现随机误差数据的分布符合一般的统计规律，即正误差和负误差出现的________相等；小误差出现的次数____，大误差出现的次数____，个别特别大的误差出现的次数________。

8. 根据误差理论，在消除系统误差的前提下，如果测定次数越多，则分析结果的________越接近于真值。也就是说，采用“多次测定、取________”的方法可以________随机误差。

9. 如确定出现过失误差，则在________前舍去。

10. 误差越小，分析结果的准确度________。可见准确度是表示分析结果与________接近的程度。如果几次分析结果的数值比较接近，则说明分析结果的精密度________。可见精密度表示各次分析结果相互________的程度。精密度高又叫________好。

11. 准确度高一定________精密度高，但精密度高________准确度高。精密度是保证准确度高的先决条件，精密度低说明所测结果________，在这种情况下，自然失去了衡量准确度的前提。

12. 测量结果的误差往往是由若干个分量组成的，这些分量按其特性不同均可分为________误差和________误差两大类，而且无例外地取各分量的________。

13. 试剂和器皿带进杂质造成的系统误差，一般可做________来消除。

14. 在分光光度法分析中，透光率 T 与吸光度 A 之间是对数关系，同样大小的透光率误差(ΔT)，在不同 A 值时所引起的吸光度的误差 ΔA 是不相同的。通过推导可知，吸光度在________范围内的相对测量误差较小。

15. 绝对误差与被测量的量纲________，而相对误差是量纲为________的量或________量。

16. 在一些标准分析方法中，往往给出该方法的允许差，在使用该方法进行分析时，如两次平行测定结果的差值超过允许差，则要进行________测定。若________测定值与前两次测定值的差值都小于允许差，则取三次测定结果的________为分析结果的报告值。若________测定值与前两次测定值中某一数值的差值小于允许差，则取该两数值的算术平均值作为分析结果的报告值，另一测定值舍弃。若________平行测定值之间的差值均超过允许差，则数据全部作废，查找原因后再进行测定。

17. 在实际工作中，有时遇到这样的情况，几个平行测定的结果非常好，似乎分析工作没有什么问题了，可是用其他(不同原理)可靠的方法一检查，发现所测结果差异显著，就发现分析结果有严重的________；另外，如果不存在系统误差，则一组测定结果(X_1，X_2，…，X_n)应遵从________，因此可用________的方法检验测定误差分布的正态性。

18. 为了检验系统误差，常用已知结果的试样与被测试样一起进行________，或用其他可靠的方法进行________。

19. 当对试样组分不完全清楚时，可采用________进行对照试验。这种方法是向试样中加入已知量的____，然后进行对照试验，看看加入的被测组分能否________，以此判断分析过程是否存在系统误差。

20. 在许多情况下，为了检验分析人员之间是否存在系统误差和其他问题，常在安排试样分析任务时，将一部分试样重复安排在不同分析人员之间，互相进行对照试验，这种方法称为________，有时又将部分试样送交其他单位进行对照试验，这种方法称为________。

21. 摩尔质量以 g/mol 为单位时，它的________等于物质(规定的基本单元)的相对分子量或相对原子量，一般情况下，只要确定基本单元，就可知其摩尔质量。

22. 仪器不准确引起的系统误差可通过校准仪器来减小其影响。除了按照仪器的操作规程使用仪器，并进行日常维护工作外，应由有资格的________部门对仪器定期进行检定，取得________合格证书，方能投入使用。

23. 测量不确定度就是说明被测量之值________的参数，它不说明测量结果是否接近________。为了表征这种________，测量不确定度用________来表示。

24. 用数理统计方法处理数据时，常用________来衡量精密度，比用平均偏差表示精密度________，因为将单次测量的偏差平方之后，较大的偏差更显著地反映出来，这样便能更好地说明数据的________。

25. 几个数据相加或相减时，它们的和或差的有效数字的保留应以________数据为根据，即取决于________最大的那个数据。几个数据乘除运算时，所得结果的有效数字的位数取决于________最大的那个数。

26. 若某一数据第____位有效数字不小于 8，则有效数字的位数可以多算一位。

27. 法定计量单位是由国家以________的形式规定允许使用的计量单位，明确规定要在________范围内采用的计量单位。

28. 国家采用________单位制。国际单位制计量单位和国家选定的________单位为国家法定计量单位。

29. 要建立一种计量单位制，首先要确定基本量，国际单位制(SI)选择了________个基本量。

30. 量的符号用________字母书写；单位符号用________字母书写；以人名命名的单位符号，第一个字母必须用________书写。

二、判断题

根据题意在括号内打“×”或“√”，或写出正确答案。

1. 砝码的准确程度直接影响测量的精密度。(　　)

2. 系统误差是由某种固定的原因所造成的误差，当进行重复测定时，它会重复出现。(　　)

3. 由于系统误差的大小和正负是可以测定的，至少在理论上是可以测定的，所以进行重复测定可以减少系统误差。(　　)

4. 在滴定分析中，如果有干扰离子的影响和副反应的发生，会增大测定的随机误差。(　　)

5. 系统误差可能是恒定的，也可能随着试样质量的增加或被测组分含量的增高而增加，甚至可能随外界条件的变化而变化。(　　)

6. 随机误差在分析操作中是无法避免的。(　　)

7. 测量不确定度是说明被测量之值分散性的参数，它不说明测量结果是否接近真

值。（ ）

8. 由于测量结果的不确定度往往由许多原因引起，对这些标准不确定度分量可分两类分别评定，即A类评定和B类评定。因为它们的估算方法不同，所以不能都用标准偏差来定量表达。（ ）

9. 几个数相加减时，它们的和或差的有效数字的保留取决于相对误差最大的那个数据；在几个数据乘除运算时，所得结果的有效数字的位数取决于绝对误差最大的那个数。（ ）

10. 大多数情况下，表示误差时取一位有效数字即已足够，最多取两位。（ ）

11. 有些量由于习惯上的用法可以有好几个符号，而单位符号是作为一个量的单位的代号，一般一个量的单位只有一个符号。（ ）。

三、选择题

1. 下列因素中产生随机误差的有（ ）。

A. 砝码未校正；B. 环境温湿度变化；C. 仪器不稳定；D. 容量瓶未校正。

2. 对一个称量瓶进行了5次称量，选择称量准确度的表示方法是（ ）。

A. 绝对误差；B. 相对误差；C. 绝对偏差；D. 相对偏差。

3. 为考察COD测定的精密度，对某一水样进行了10次平行测定，选择表示精密度的方法是（ ）。

A. 平均偏差；B. 相对平均偏差；C. 标准偏差；D. 相对标准偏差。

4. 6.313×0.5492×0.965×20.07，计算结果取（ ）有效数字。

A. 小数点后两位；B. 三位；C. 四位。

5. 56.82+3564+0.489−82.3−0.483 1，计算结果取（ ）有效数字。

A. 三位；B. 四位；C. 个位；D. 小数点后一位。

6. 欲量取100mL水样用于测定某一成分，使用下列三种玻璃器皿中的（ ）是错误的。

A. 100mL移液管；B. 100mL容量瓶；C. 100mL量筒。

7. 指出下列不合适的表示方式：（ ）。

A. 250毫升；B. $20mgL^{-1}$；C. $6(cm)^2$；D. 256mμm。

8. 指出下列不正确的写法：（ ）。

A. 恒温2h；B. 硫酸浓度为C=0.1mol/L；C. 1%(V/V)；D. 腐蚀速度为$1g/(m^2 \cdot h)$。

9. 指出下列不正确的写法：（ ）。

A. 该溶液的比重为1.05；B. COD_{Mn}=1.8mgO/L；C. 35mg/L；D. 电阻300k。

四、问答题

1. 简述随机误差的特征。

2. 测量误差分几类？

3. 什么是准确度？如何表示？

4. 什么是精密度？如何表示？

5. 下列情况将引起什么误差？

(1) 砝码腐蚀。

(2) 称量时试样吸收了空气中的水分。

(3) 天平零点稍有变动。

(4) 读取滴定管读数时，最后一位数字估测不准。

(5) 试剂中含有微量被测组分。

(6) 重量法测 SiO_2 时，试液中硅酸沉淀不完全。

6. 简述从哪几方面来考虑提高分析结果的准确度。

7. 简述用分光光度法测定水、汽中铁的不确定度分量的主要来源。

8. 简述系统误差的特点。

9. 简述精密度与准确度的关系。

10. 测量不确定度的评估有哪四个步骤?

11. 简述有效数字的运算规则。

12. 简述计算合成标准不确定度时的两个简单规则。

13. 对水质全分析结果，如何进行阳阴离子电荷总数的校核?

14. 对水质全分析结果，如何进行总硬度、碱度、离子间关系的校核?

15. 中华人民共和国法定计量单位的具体内容是什么?

五、计算题

1. 用沉淀滴定法测定纯 NaCl 中氯的质量分数，得到下列结果：0.5982、0.6002、0.6046、0.5986、0.6024。计算平均结果以及平均结果的绝对误差和相对误差(Na：22.989 77、Cl：35.453)。

2. 如果要求分析结果达到 0.2%或 1%的准确度，问至少应称取试样多少克?

3. 用一支 25mL，最小分度值为 0.1mL 的滴定管进行滴定，为了使滴定时的相对误差小于 0.1%，消耗滴定剂的体积至少要多少?

4. 下列数据各包括几位有效数字：

① 0.072；② 36.080；③ 4.4×10^{-3}；④ 1000；⑤ 10.00；⑥ 879；⑦ pH 值为 9.16；⑧pH 值为 10.2。

5. 下列计算结果应取几位有效数字?

①$\frac{1.20\times(112-1.240)}{5.4375}$；②$\frac{1.50\times10^{-5}\times6.11\times10^{-8}}{3.3\times10^{-5}}$。

6. 用“四舍六人五留双”的原则修约下列数据到小数点后两位：

①39.563；②30.0651；③0.0850；④12.5050；⑤0.033；⑥0.904 89。

第二篇　定量分析操作技能

第七章　定量分析实验室基本知识

一、填空题

1. 水、汽化学分析实验室的人员应有明确职责的组织分工，应由________全面负责实验室的技术工作；应由________并赋予其实施和遵循质量体系的责任和权力；应设立必要的 ________。

2. 实验室应建立与其工作相适应的一系列________，形成文件。

3. 应确保从事化学分析、操作专门设备以及签署分析报告等人员的能力，应按要求根据相应的教育、培训、经验和可证明的技能进行资格 ________，并按计划进行相关的

________与________，保存实验室人员的有关信息。

4. 实验室的设施及环境条件应符合有关________和________的要求，分析试验台架、能源、照明、采暖和通风等便于分析工作的正常进行，能确保________和________安全。

5. 实验室正确配备水、汽分析所需的仪器设备，对仪器设备进行正常的________，按规定对仪器设备定时________，主要仪器设备建有________。

6. 国家标准、行业标准及操作规程是水、汽分析的________，应按规章制度正确进行采样、分析记录和分析报告的________。

7. 发现起火，要立即切断________，关闭________，扑灭着火源，移走________。

8. 如为普通可燃物，如纸张、木器等着火，可用________、________等盖灭。

9. 衣服着火时，应立即离开________，可用厚衣服、湿布包裹压灭，或躺倒滚灭，或用 ________浇灭。

10. 若在敞口容器中着火，可用________布盖灭，绝不能用________浇。

11. 火势较大时除及时________外，可用________扑救。

12. 凡涉及毒品的操作，必须认真、小心，手上不要有________，实验完后一定要仔细________；产生有毒气体的实验，一定要在________中进行，并保持室内通风良好。

13. 不同的分析任务对器皿的洁净程度的要求虽然有不同，但是至少都应达到倾去水后器壁上________的程度。

14. 古氏坩埚、滤板漏斗及其他砂芯滤器，由于滤片上的空隙很小，极易被灰尘、沉淀物堵塞，又不能用________刷洗，需选用适宜的洗液浸泡抽洗，然后再用________，最后用________冲洗干净。

15. 根据化学试剂中所含杂质的多少，将实验室普遍使用的一般试剂分为________个等级。

16. 易腐蚀玻璃的试剂，如氟化物、苛性碱等，应保存在________中；易氧化的试剂（如氯化亚锡、低价铁盐）、易风化或潮解的试剂（如 $AlCl_3$、Na_2CO_3、NaOH 等）应用________密封瓶口。

17. 易受光分解的试剂，如 $KMnO_4$、$AgNO_3$ 等，应用________色瓶盛装，并保存在________处。

18. 易受热分解的试剂、低沸点的液体和易挥发的试剂，应保存在________处。

二、问答题

1. 实验室应建立与其工作相适应的主要规章制度有哪些？
2. 简述在化验室起火时，为什么尽量不要用水灭火。
3. 涉及毒品的操作应注意些什么？
4. 简述一般玻璃器皿的洗涤步骤。
5. 简述玻璃器皿的干燥方法。

第八章 分 析 天 平

问答题

1. 天平分为哪几类？
2. 简述电子天平的使用方法。

3. 天平的称量方法有哪几种?

4. 简要介绍挥发性液体的称量方法。

5. 简述电子天平的构造原理。

6. 简要介绍递减称量法。

第九章　化学分析基本操作

一、填空题

1. 移液管和吸量管是用于准确移取一定体积溶液的________式玻璃量器，滴定管是可放出不固定量液体的________式玻璃量器，容量瓶均为________式。

2. 在调整零点和放出溶液过程中，移液管始终保持________；等待 15s 以后，流液口内残留的一点液体不可用外力使其被________。

3. 无论用哪种滴定管，都必须掌握三种加液方法：①________滴加；②加________滴；③加________滴。

4. 滴定管读数时应保持________状态，视线应与液面成________状态。

5. 滴定管读数应估计到最小分度的________，对常量滴定管，读到小数点第________位。

6. 形成晶形沉淀一般是在________的、较________的溶液中进行。滴加速度要________，接近沉淀完全时可以稍________，沉淀完全后，盖上表面皿，放置过夜或在水浴上加热 1h 左右，使沉淀________。

7. 形成非晶形沉淀时，宜用较________的沉淀剂，加入沉淀剂的速度和搅拌的速度都可以________些，沉淀完全后用适量热试剂水稀释，不必放置________。

8. 需要灼烧的沉淀，要用________滤纸过滤；而对于过滤后只要烘干就可进行称量的沉淀，则可用________过滤。

9. 玻璃滤器配合吸滤瓶过滤时先开________，接上________，倒入过滤溶液。过滤完毕，应先拔下________，关________。否则由于瓶内负压，会使自来水倒吸入瓶。

10. 干燥器的沿口和盖沿均为磨砂平面，用时涂敷一层________以增加其密封性。

11. 坩埚在使用前需灼烧至恒重，即两次称量相差________ mg 以下。空坩埚第一次灼烧在________～________℃马弗炉中________～________ min 后，移至马弗炉口上稍冷，用热坩埚钳移入干燥器内冷却 45～50min，然后称量。第二次再灼烧________ min，冷却，称量(每次冷却时间要相同)，直至恒重。将恒重的坩埚放在干燥器中备用。

12. 用马弗炉灼烧沉淀时，沉淀和滤纸的干燥、炭化和灰化过程应事先在________上或________上进行，灰化后将坩埚移入适当温度的马弗炉中。

二、问答题

1. 简述倾注法对沉淀进行过滤的三个步骤。

2. 简述晶型沉淀的沉淀操作方法。

3. 简述非晶型沉淀的沉淀操作方法。

4. 沉淀过滤洗涤后，如何检验沉淀是否洗净？为什么过滤和洗涤沉淀的操作不能间断？

5. 简述将沉淀进行干燥、炭化和灰化，并在马弗炉中灼烧的操作要点。

二、参考答案

第一篇 基础理论

第一章 滴定分析法

一、填空题

1. 0.2%；

2. 酸碱滴定法、沉淀滴定法、络合滴定法、氧化-还原滴定法；

3. 直接滴定法、间接滴定法、置换滴定法、返滴定法；

4. 纯度应足够高、组分恒定、性质稳定；

5. 1.6～1.8、温度、溶剂、指示剂用量、滴定顺序；

6. 碱性、酸性、酚酞、百里酚蓝；

7. 置换滴定法；

8. 高锰酸钾法、重铬酸钾法、碘量法；

9. 自身指示剂、特效指示剂、氧化-还原指示剂、氧化-还原指示剂、特效指示剂；

10. 摩尔法、佛尔哈德法、法扬司法；

11. 摩尔法；

12. 配位、稳定常数、稳定常数；

13. 氢氧化镁；

14. 越强、越强；

15. 越弱、越弱；

16. 浓度、稳定常数、酸度；

17. 难溶银盐反应；

18. 铬酸钾、铁铵矾；

19. 0.2mg；

20. 直接法、间接法、间接法、标准溶液的标定。

二、选择题

1. B；2. D；3. A；4. B；5. C；6. A；7. D；8. D；9. C；10. B；11. D；12. C；13. A；14. C；15. B；16. A；17. A；18. A；19. A；20. A；21. D；22. D；23. A；24. C；25. C。

三、问答题

1. 答：滴定分析法又称为容量分析法，是将一种已知准确浓度的试剂溶液（标准溶液）滴加到被测物质的溶液中，直到所加的试剂与被测物质按化学计量定量反应为止，然后根据试剂溶液的浓度和用量，计算被测物质的含量。

2. 答：为了保证滴定分析的准确度，滴定分析法的化学反应必须具备以下几个条件：

（1）滴定剂与被滴定物质必须按一定的计量关系进行反应，没有副反应。

（2）反应要接近完全（通常要求达到99.9%左右）。

（3）反应能够迅速地完成。对于速度较慢的反应，有时可通过加热或加入催化剂等方法来加快反应速度。

（4）能用比较简便的方法确定滴定终点。

3. 答：根据所利用的化学反应类型不同，滴定分析法分为以下四种：

（1）酸、碱滴定法。其是以质子传递反应为基础的一种滴定分析方法，可以用来滴定酸、碱，其反应实质可用下式表示，即

$$H^+ + A^- = HA$$

（2）沉淀滴定法。其是以生成沉淀的化学反应为基础的一种滴定分析法，可用来对Ag^+、CN^-、SCN^-及卤素等离子进行测定，如银量法，其反应如下：

$$Ag^+ + Cl^- = AgCl\downarrow$$

（3）络合滴定法。其是以络合反应为基础的一类滴定分析法，如EDTA法测定金属离子，其反应为

$$M^{n+} + Y^{4-} = [MY]^{n-4}$$

（4）氧化-还原滴定法。其是以氧化-还原反应为基础的一种滴定分析法，如用草酸溶液标定高锰酸钾溶液，其反应为

$$2MnO_4^- + 5C_2O_4^{2-} + 16H^+ = 2Mn^{2+} + 10CO_2 + 8H_2O$$

4. 答：滴定分析的方式有直接滴定、返滴定、置换滴定、间接滴定。

5. 答：当加入的标准溶液与被测物质发生定量反应完全时，反应到达了化学计量点，化学计量点一般依据指示剂的变色来确定。在滴定过程中，指示剂正好发生颜色变化的转变点称为滴定终点。滴定终点与化学计量点不一定恰好符合，因此而造成的分析误差称为终点误差。

6. 答：能用于直接配制或标定标准溶液的物质称为基准物质或标准物质。基准物质应符合下列要求：

（1）试剂的纯度应足够高，一般要求其纯度在99.9%以上，杂质含量应在滴定分析所允许的误差限度以下。

（2）组分恒定，物质的组成应与化学式完全符合。若含结晶水，其结晶水含量也应该与化学式完全相符。

（3）在一般情况下应该性质稳定，即保存时应该稳定，加热干燥时不挥发、不分解，称量时不吸收空气中的二氧化碳。

（4）具有较大的摩尔质量，这样称量较多，称量时相对误差较小。

（5）参加反应时，应按反应式定量进行，没有副反应。

7. 答：基准物质具有较大的摩尔质量，这样称量较多，称量时相对误差较小。

8. 答：标准溶液是已知准确浓度的试剂溶液。标准溶液的配制一般采用直接法和间接法。

（1）直接法。准确称取一定量的基准物质，溶解后配成一定体积的溶液，根据物质质量和溶液体积，计算出标准溶液的准确浓度。

（2）间接法。有很多物质不能直接用来配制标准溶液，但可将其先配制成一种接近所需

浓度的溶液，然后用基准物质（或已用基准物质标定过的标准溶液）来标定它的准确浓度。

可用直接法配制的：邻苯二甲酸氢钾、硼砂、碳酸钠、重铬酸钾、草酸钠、硝酸银、氯化钠。

可用间接法配制的：硫酸、氢氧化钾、高锰酸钾、硫代硫酸钠。

9. 答：等物质的量规则是滴定分析计算的基础。此规则的定义为在化学反应中，待测物质 B 和滴定剂 T 反应完全时，消耗的两反应物的物质的量是相等的。

应用等物质的量反应原则时，关键在于选择基本单元。有关滴定分析的化学反应有四类，可根据反应的实质先确定某物质的基本单元，然后再确定与之反应的另一物质的基本单元。

10. 答：偏高。

11. 答：酸碱反应的实质是质子的转移（得失），为了实现酸碱反应，作为酸的物质必须将它的质子转移到一种作为碱（能接受质子）的物质上。由此可见，酸碱反应是两个共轭酸碱对共同作用的结果，或者说是由两个酸碱半反应相结合而完成的。

12. 答：酸的浓度和酸度在概念上是不相同的。酸的浓度又叫酸的分析浓度，它是指溶液中已离解和未离解酸的总浓度，单位为 mol/ L，以符号 c 表示，其大小可借滴定来确定；而酸度是溶液中 H^+ 的浓度，严格说是指 H^+ 的活度，其大小与酸的性质及浓度有关，当溶液的酸度较小时，常用 pH 值表示（$-\lg[H^+]$）。

13. 答：缓冲容量的大小与缓冲溶液的总浓度和组分的浓度比有关：

（1）缓冲组分总浓度。总浓度越大，缓冲容量就越大；反之就越小。

（2）缓冲组分浓度比。同一种缓冲溶液，缓冲组分总浓度相同时，组分浓度比为 1 时，缓冲容量最大；组分浓度比越接近 1，缓冲容量越大；比值离 1 越远，缓冲容量越小，甚至不起缓冲作用。

14. 答：在酸碱滴定中，如果用指示剂指示滴定终点，则应根据化学计量点附近的滴定突越来选择指示剂，应使指示剂的变色范围处于或部分处于化学计量点附近滴定曲线的 pH 值突跃范围内。

15. 答：(1) 含有 CO_3^{2-}；

(2) 含有 HCO_3^-、CO_3^{2-}（且 HCO_3^-、CO_3^{2-} 含量相等）；

(3) 含有 HCO_3^-；

(4) 含有 OH^-、CO_3^{2-}；

(5) 含有 HCO_3^-、CO_3^{2-}。

16. 答：由于 NH_4^+ 的 K_a（$=5.6\times10^{-10}$）较小，$cK_a<10^{-8}$，所以不能用强碱直接滴定，一般常用甲醛法进行分析。甲醛与铵盐作用，生成相当量的酸，再用碱标准溶液滴定，即

$$4NH_4^+ + 6HCHO = (CH_2)_6N_4H^+ + 3H^+ + 6H_2O$$

反应中所生成的 3 个 H^+ 和 1 个质子化的六次甲基四胺（$K_a=7.1\times10^{-6}$）都可以用碱直接滴定，即

$$(CH_2)_6N_4H^+ + 3H^+ + 4OH^- = (CH_2)_6N_4 + 4H_2O$$

反应产物六次甲基四胺是弱碱（$K_b=1.4\times10^{-9}$），可选用酚酞作指示剂。

17. 答：EDTA 分子中具有 6 个可与金属离子形成配位键的原子（2 个氨基氮和 4 个羧基氧，氮、氧原子都有孤对电子，能与金属离子形成配位键），而大多数金属离子的配位数

不大于 6，因此可以与 EDTA 形成 1∶1 型具有 5 个五元环的络合物，具有这种环状结构的络合物称为螯合物。从络合物的研究知道，具有五元环或六元环的络合物很稳定，因此 EDTA与大多数金属离子形成的螯合物具有较大的稳定性。

18. 答：由于不同的金属离子 EDTA 配合物的稳定常数不同，所以在滴定时允许的最低 pH 值也不同。如溶液中同时存在两种或两种以上的离子时，它们的 MY 络合物稳定常数差别又足够大，则控制溶液的酸度，使得只有一种离子形成稳定的络合物，而其他离子不易配位这样就可避免干扰。

19. 答：不同金属离子的 EDTA 络合物 β 值不同，滴定时允许的最低 pH 值也不同。为方便起见，可将 pH～$\lg\alpha_{Y(H)}$ 曲线的横坐标改为 $\lg\beta$，使 $\lg\beta= \lg\alpha_{Y(H)}+8$，根据金属离子 EDTA 络合物的 $\lg\beta$ 值，标出各金属离子在曲线上的位置，这样的曲线也称为酸效应曲线或林旁（Ringbom）曲线。

从酸效应曲就可直接查出单独滴定某种金属离子时所允许的最低 pH 值。

20. 答：滴定 Mg^{2+} 时要求 $\lg\alpha_{Y(H)}\leqslant\lg\beta-8=8.69-8=0.69$，查图得，pH≈9.7。

滴定 Mg^{2+} 时允许的最低 pH 值约为 9.7，所以 pH=4 时不能用 EDTA 滴定 Mg^{2+}。pH=12 时，Mg^{2+} 与强碱与 Mg^{2+} 形成 $Mg(OH)_2$ 沉淀，故此时 Mg^{2+} 也不能被滴定。

21. 答：Zn^{2+}、Cu^{2+}、Cd^{2+}、Pb^{2+} 可被滴定，Ca^{2+} 在 pH=5 时不能用 EDTA 溶液标准滴定。

若 TE=1%时，$\lg c\beta_{MY'}\geqslant6$ 金属离子才可用 EDTA 溶液标准滴定。

$c=0.01mol/L$，$\lg\beta_{MY'}\geqslant8$，则 $\lg\alpha_H\leqslant\lg\beta_{MY}-8$。

查表得 Zn^{2+}、Cu^{2+}、Cd^{2+}、Pb^{2+}、Ca^{2+} 的 $\lg\beta_{MY}$ 分别为 16.5、18.8、16.46、18.04、10.69，带入上式计算得出 $\lg\alpha_H$ 必须分别小于 8.5、10.8、8.46、10.04、2.69，根据 $\lg\alpha_H$ 查表得 Zn^{2+}、Cu^{2+}、Cd^{2+}、Pb^{2+}、Ca^{2+} 可被 EDTA 滴定的最低 pH 分别为 4.0、3.0、4.0、3.2 和 7.6，故 Zn^{2+}、Cu^{2+}、Cd^{2+}、Pb^{2+} 可被滴定，Ca^{2+} 在 pH=5 时不能用 EDTA 溶液标准滴定。

22. 答：pM 突跃是确定络合滴定准确度的重要依据。影响 pM 突跃的因素主要有：

（1）浓度。金属离子和络合剂的浓度越大，pM 突跃越大。

（2）络合物的稳定常数 β。在其他条件一定时，β 越大，pM 突跃越大。

（3）酸度。酸度的改变会引起酸效应系数 $\alpha_{Y(H)}$ 和络合物条件稳定常数 β' 的变化，从而影响 pM 突跃的大小。当其他效应不显著时，酸度越低，β 越大，pM 突跃越大。

23. 答：金属指示剂是一种能与金属离子生成有色络合物的显色剂，它与被滴定金属离子反应，形成一种与指示剂本身颜色不同的络合物。滴入 EDTA 时，金属离子逐步被络合，当达到反应的化学计量点时，已与指示剂络合的金属离子被 EDTA 夺出，释放出指示剂，这样就引起溶液的颜色变化，从而指示终点到达。

作为络合滴定的金属指示剂必须具备以下条件：

（1）金属指示剂络合物 MIn 与指示剂 In 的颜色应有明显差别，使滴定终点时有易于辨别的颜色变化。

（2）指示剂与金属离子的络合物稳定性要适当。

MIn 的稳定性应比 MY 的稳定性弱，否则临近化学计量点时，EDTA 不能夺取 MIn 中的金属离子，使 In 游离出来而变色，这就失去了指示剂的作用。但 MIn 的稳定性也不能太弱，以免指示剂在离化学计量点较远时就开始游离出来，使终点变色不敏锐，并使终点提前出现而产生较大的滴定误差。

(3) 指示剂及指示剂配合物具有良好的水溶性，并且指示剂与金属离子的反应必须进行迅速。

24. 答：(1) 当 MIn 的稳定性超过 MY 的稳定性时，临近化学计量点处，甚至滴定过量之后 EDTA 也不能把指示剂置换出来，指示剂因此而不能指示滴定终点的现象称为指示剂的封闭。

(2) 有些指示剂与金属离子形成的络合物水溶性较差，容易形成胶体或沉淀，滴定时，EDTA不能及时把指示剂置换出来而使终点拖长的现象称为指示剂的僵化。

25. 答：如何提高络合滴定的选择性，消除干扰，选择滴定某一种或几种离子是络合滴定中的重要问题。提高络合滴定的选择性的方法主要有以下几种：

(1) 控制溶液的酸度；

(2) 掩蔽作用；

(3) 化学分离法；

(4) 选用其他络合剂滴定。

26. 答：掩蔽干扰离子的方法按所用反应的类型不同可分为络合掩蔽法、沉淀掩蔽法和氧化-还原掩蔽法等，其中用得最多的是络合掩蔽法。

27. 答：作为络合掩蔽剂，必须满足下列条件：

(1) 干扰离子与掩蔽剂所形成的络合物应远比与 EDTA 形成的络合物稳定，且形成络合物应为无色或浅色，不影响终点的判断。

(2) 掩蔽剂应不与待测离子络合或形成络合物的稳定性远小于干扰离子与 EDTA 所形成的络合物，在滴定时能被 EDTA 所置换。

(3) 掩蔽剂的应用有一定的 pH 值范围，且要符合测定要求的范围。

沉淀掩蔽剂必须满足下列条件：

1) 沉淀的溶解度要小否则掩蔽不完全。

2) 生成的沉淀应是无色或浅色致密的，最好是晶形沉淀，吸附作用小；否则会因为颜色深、体积大、吸附指示剂或待测离子，从而影响终点的观察。

28. 答：$[Y]_{\Sigma}$ 与 $[Y^{4-}]$ 的比值称为 EDTA 的酸效应系数，用 $\alpha_{Y(H)}$ 表示，酸效应系数总是大于 1，它随溶液 $[H^{+}]$ 浓度的减小或 pH 值的增大而减小，只有在 pH≥12 时 $\alpha_{Y(H)}$ 才接近于 1，Y^{4-} 的浓度才接近 $[Y]_{\Sigma}$。

29. 答：氧化-还原滴定法是以氧化-还原反应为基础的滴定分析方法，广泛应用于水质分析和其他样品的常量分析。氧化-还原滴定法应用广泛，可用来直接测定氧化性或还原性物质，也可以用来间接测定一些能与氧化剂或还原剂发生定量反应的物质。

30. 答：计算中考虑了离子强度和存在状态两个因素而得出的电极电位称为条件电位。条件电位能反映实际过程中氧化-还原电对的实际氧化能力，用它判断实际氧化-还原反应的方向、次序及反应进行的程度比用标准电位更为准确。

31. 答：影响氧化-还原反应速度的主要因素有：

(1) 反应物的浓度。一般来说，反应物的浓度越大，反应的速度越快。

增大碘离子浓度或提高酸度都可以使反应速度加快。

(2) 温度。通常溶液的温度每增加 10℃，反应速度提高 2～3 倍。

应该注意，不是所有情况下都可以通过提高温度加快反应速度的。有些物质（如 I_2）挥发性较大，如将溶液加热，则会引起（I_2）挥发损失。这种情况下，如要提高反应速度，应采取其他方法。

(3) 催化剂的影响。有些反应需要在催化剂存在下才能较快地进行。

32. 答：通常溶液的温度每增加 10℃，氧化-还原反应速度提高 2～3 倍。

但应注意，不是所有情况下都可以通过提高温度加快反应速度的。有些物质挥发性较大，如 I_2，如将溶液加热，则会引起 I_2 挥发损失。这种情况下，如要提高反应速度，应采取其他方法。

33. 答：通过对氧化-还原电对条件电极电位的计算，可以判断氧化-还原反应进行的方向。当所组成电池电势大于 0 时，反应能正向进行；否则反应无法进行。

34. 答：影响氧化-还原反应进行方向的因素有：

(1) 浓度的影响。当两个氧化-还原电对的条件电极电位相差不大时，有可能通过改变氧化剂或还原剂的浓度来改变氧化-还原反应的方向。

(2) 溶液酸度的影响。氧化-还原反应往往有 H^+ 或 OH^- 参与，因此溶液的酸度对氧化-还原电极电位有影响。

(3) 形成络合物的影响。在氧化-还原反应中，当加入一种可与氧化态或还原态形成稳定络合物的络合剂时，就可能改变电对的电极电位，影响氧化-还原反应的方向。

(4) 生成沉淀的影响。在氧化-还原反应中，当加入一种可与氧化剂或还原剂形成沉淀的沉淀剂时，会改变电极电位而改变氧化-还原反应的方向。

35. 答：根据所用氧化剂的分类，可将氧化-还原滴定法分为不同类型，有高锰酸钾法、重铬酸钾法、碘量法、溴酸钾法等，水质分析过程中常用的是前三种。

36. 答：氧化-还原指示剂大都是结构复杂的有机化合物，具有氧化-还原性，而且它的氧化态和还原态具有不同的颜色，因而可以指示滴定终点。指示剂的变色范围可通过下式计算，即

$$E_{In} = E_{In}^{0'} \pm \frac{0.059}{n}(V)$$

由于变色范围的表达式中后一项较小，一般可用指示剂的条件电极电位来估计指示剂的变色范围。所选择的指示剂，其条件电极电位应在滴定的电位突跃范围内。

37. 答：沉淀滴定法是以沉淀反应为基础的一种滴定分析方法。虽然能形成沉淀的反应很多，但并不是所有的沉淀反应都能用于滴定分析。用于沉淀滴定法的沉淀反应必须符合下列条件：

(1) 所生成沉淀的溶解度必须很小。

(2) 沉淀反应必须能迅速、定量地进行。

(3) 能够用适当的指示剂或其他方法确定滴定终点。

38. 答：在一定温度下，难溶化合物在其饱和溶液中各离子浓度自乘之积是一常数，称为溶度积常数，简称溶度积，用 K_{sp} 表示。溶度积数值的大小与物质的溶解度和温度有关，它反映了难溶化合物的溶解能力。

溶度积原理的应用：

(1) 利用溶度积求难溶化合物的溶解度；

(2) 利用溶度积判断沉淀的生成与溶解。

39. 答：在溶液中存在有能生成难溶化合物的离子时，其离子浓度按溶度积方程式关系的乘积值称为离子积，此值随溶液中存在的能生成沉淀的离子浓度的变化而变化。在溶液中离子积和溶度积之间的关系有以下三种情况：

(1) 离子积$>K_{sp}$，这时过饱和溶液能析出沉淀，直至溶液中的离子积等于K_{sp}为止。

(2) 离子积$=K_{sp}$，这是饱和溶液，是该温度下难溶化合物与其组成离子处于动态平衡状态。

(3) 离子积$<K_{sp}$，这是未饱和溶液，当有沉淀加入时，可使沉淀溶解直至溶液中的离子积等于溶度积为止。

这三种情况中只有饱和溶液才是该温度下的稳定状态，其他两种情况都处于不稳定状态，在一定条件下将向稳定状态转化。

40. 答：用铬酸钾作指示剂的银量法称为摩尔法。

在含有Cl^-的中性溶液中，以K_2CrO_4作指示剂，用$AgNO_3$标准溶液滴定。在滴定过程中，AgCl首先沉淀出来，待滴定到化学计量点附近，由于Ag^+浓度迅速增加，达到了Ag_2CrO_4的溶度积，此时立刻形成砖红色Ag_2CrO_4沉淀，指示出滴定的终点。

41. 答：(1) 结果偏高；

(2) 结果偏低；

(3) 结果准确。

42. 答：(1) 无沉淀生成；

(2) 有沉淀生成。

43. 答：用佛尔哈德法测定氯化物时，需采用返滴定法，即加入已知过量的$AgNO_3$标准溶液，再以铁铵矾作指示剂，用NH_4SCN标准溶液回滴剩余量的$AgNO_3$。

用NH_4SCN标准溶液回滴剩余量的$AgNO_3$时，根据沉淀转换的原理可知，滴定到达化学计量点后，微过量的SCN^-与AgCl作用，即

$$AgCl + SCN^- = AgSCN\downarrow + Cl^-$$

如果剧烈摇动溶液，反应便不断向右进行，直至达到平衡。这样，滴定到达终点时，就多消耗了一部分NH_4SCN标准溶液，终点与化学计量点相差较大。

为了避免上述误差，通常可采用以下两种措施：

(1) 试液中加入适当过量的$AgNO_3$标准溶液沉淀之后，将溶液煮沸，使AgCl凝聚，以减少AgCl沉淀对Ag^+的吸附。滤去AgCl沉淀，然后用NH_4SCN标准溶液滴定滤液中过量的Ag^+。

(2) 在滴入NH_4SCN标准溶液前加入硝基苯1～2mL，摇动后，AgCl沉淀即进入硝基苯层中，它不再与滴定溶液接触。

44. 答：吸附指示剂是一类有色的有机化合物。它被吸附在胶体微粒表面之后，可能由于形成某种化合物而产生分子结构的变化，因而引起颜色的变化。

应用吸附指示剂时需要注意以下几个问题：

(1) 由于吸附指示剂的颜色变化发生在沉淀微粒表面上，所以应尽可能使卤化银沉淀呈胶体状态，这样沉淀物具有较大的表面积。

(2) 常用的吸附指示剂大多是有机弱酸，而起指示作用的是它们的阴离子。当溶液的pH值低时，大部分以 HFI 形式存在，不被卤化银沉淀吸附，无法指示终点，因此溶液的pH值应调节适当。

(3) 卤化银沉淀对光敏感，遇光易分解析出金属银，使沉淀很快转变为灰黑色，影响对终点的观察。因此，在滴定过程中应避免强光照射。

(4) 胶体微粒对指示剂离子的吸附能力应略小于对待测离子的吸附能力，否则指示剂将在化学计量点前变色，但吸附能力也不能太差，否则变色不敏锐。

(5) 溶液中被滴定的离子浓度不能太低，因为浓度太低时沉淀很少，观察终点比较困难。

45. 答：重量分析法是将待测组分与试样中的其他组分分离，然后称重，根据称量数据计算出试样中待测组分含量的分析方法。根据被测组分与试样中其他组分分离的方法不同，重量分析法通常可分为沉淀法、气化法、电解法。

(1) 沉淀法——利用沉淀反应使待测组分以难溶化合物的形式沉淀出来，将沉淀过滤、洗涤、烘干或灼烧后称重，根据称得的质量求出被测组分的含量。沉淀法是重量分析中最常用的方法。

(2) 气化法——利用物质的挥发性质，通过加热或蒸馏等方法使待测组分从试样中挥发逸出，然后根据气体逸出前后试样质量的减少来计算被测组分的含量。

46. 答：(1) 对沉淀形式的要求：

1) 沉淀的溶解度要小，以保证被测组分沉淀完全。

2) 沉淀要易于转化为称量形式。

3) 沉淀易于过滤、洗涤，最好能得到颗粒粗大的晶形沉淀。

4) 沉淀必须纯净，尽量避免杂质的沾污。

(2) 对称量形式的要求：

1) 称量形式必须有确定的化学组成，否则无法计算分析结果。

2) 称量形式要十分稳定，不受空气中水分、CO_2 等的影响。

3) 称量形式的摩尔质量要大，这样由少量被测组分得到较大量的称量物质，可以减小称量误差，提高分析准确度。

47. 答：影响沉淀平衡的因素很多，如同离子效应、盐效应、酸效应、配位效应等。同离子效应是降低沉淀溶解度的有利因素，在进行沉淀反应时，应尽量利用这一有利因素，而盐效应、酸效应、配位效应都要增大沉淀的溶解度，不利于沉淀进行完全。除上述因素以外，影响沉淀溶解度的因素还有温度、溶剂、沉淀颗粒的大小和结构。

48. 答：(1) 同离子效应。当沉淀反应达到平衡后，若向溶液中加入含某一构晶离子的试剂或溶液，则沉淀的溶解度减小，这一效应称为同离子效应。

(2) 共沉淀。当沉淀从溶液中析出时，溶液中的某些可溶性物质同时沉淀下来的现象称为共沉淀。产生共沉淀现象的原因是由于表面吸附，生成混晶、吸留等造成的。

(3) 后沉淀。沉淀析出后，在沉淀与母液一起放置期间，溶液中某些可溶和微溶杂质可能沉淀到原沉淀上，这种现象称为后沉淀。

(4) 陈化。在沉淀后，使沉淀与母液一起放置一段时间，称为陈化。由于小晶体比大晶体的溶解度大，在同一溶液中对小晶体是未饱和，对大晶体是过饱和的。这样，在陈化过程中，细小晶体逐渐溶解，大晶体继续长大，不仅能得到粗大的沉淀，还能使吸附杂质的量减少。

49. 答：沉淀重量法不仅要求沉淀物质的溶解度要小，而且要求纯净。但是当沉淀从溶液中析出时总有一些杂质随之一起沉淀，使沉淀沾污。共沉淀和后沉淀是影响沉淀纯度的两个重要因素。

提高沉淀纯度可通过以下途径：

（1）选择适当的分析程序和沉淀方法。

（2）降低易被吸附的杂质离子浓度。

（3）选择适当的沉淀条件。

（4）选择适当的洗涤剂进行洗涤。

（5）进行再沉淀。

四、计算题

1. 解：设需要加 x（mL）水，根据题意得

$100\times0.545=(100+x)\times0.500, x=9.00$（mL）

2. 解：设需要取 x（mL）浓盐酸，根据题意得

$x\times1.19\times37\%=0.15\times36.5$

$x=12.42$（mL）

3. 解：$c(H_2SO_4)=4.904/(98/0.5)=0.1(mol/L)$

$c\left(\frac{1}{2}H_2SO_4\right)=0.2(mol/L)$

4. 解：M(CaO)＝56.08g/mol，$T_{CaO/HCl}=56.08\times0.01135/2=0.3183(mg/mL)$

5. 解：设 m_1 为最小称量质量，设 m_2 为最大称量质量，已知 $M(KHC_8H_4O_4)=204.2g/mol$，根据题意得

$m_1(KHC_8H_4O_4)=0.1\times20\times10^{-3}\times204.2=0.4084(g)$

$m_2(KHC_8H_4O_4)=0.1\times30\times10^{-3}\times204.2=0.6126(g)$

即称量范围为0.4084～0.6126g。

6. 解：M(HCl)＝36.46 g/mol，

此浓盐酸物质的量浓度为

$1.198\times10^3\times37.93\%/36.46=12.46(mol/L)$

配0.2mol/L的盐酸1L应取：$0.2\times1000/12.46=16.1(mL)$稀释至1L。

7. 解：设应加入 x(mL)c(NaOH)＝0.500mol/L的NaOH溶液，根据题意得

$100\times0.080+0.500x=(100+x)\times0.200$

$x=(40mL)$

8. 解：设需要加入 x(mL)水，根据题意得

$0.5450\times100=(100+x)\times0.500$

$x=(9 mL)$

9. 解：已知 $M(HNO_3)=63.01$ g/mol，设应取 x(mL)浓硝酸，根据题意得

$700\times10^{-3}\times0.1\times63.01=1.42\times71\%x$

$x=4.37(mL)$

10. 解：(1)$M[Ca(OH)_2]$=74g/mol，$T_{Ca(OH)2/HCl}$=0.150/2×74=5.55(g/mL)
(2) M(NaOH)=40g/mol，T_{NaOH/H_2SO_4}=0.020/2×98=0.98(mg/L)
11. 解：已知$M(KHC_8H_4O_4)$=204.2g/mol，设c(NaOH)为x，根据题意得
0.4201/204.2=36.70x/1000
x=0.056(mol/L)
12. 解：已知$M(Na_2C_2O_4)$=134.00
$M(KHC_2O_4)$=128.14
$2MnO_4^- +5\ C_2O_4^{2-} +16H^+ =2Mn^{2+} +10CO_2 +8H_2O$
设$Na_2C_2O_4$物质的量为x(mol)，KHC_2O_4物质的量为y(mol)，根据题意得
$x\ M(Na_2C_2O_4)+yM(KHC_2O_4)=0.2608$
$x+y=50\times0.080\times10^{-3}/2$
$134x+128.14y=0.2608$
$x+y=0.002$
$x=7.71\times10^{-4}$(mol)
$y=1.228\times10^{-3}$(mol)
用HCl滴定时，设消耗的0.1mol/L盐酸的体积为V，则
$2x+y=0.1V$
$V=10(2x+y)=27.7$(mL)
13. 解：已知(1)$H_2SO_4=H^+ +HSO_4^-$
$HSO_4^- =H^+ +\ SO_4^{2-}$　$K_a=1.0\times10^{-2}$
设HSO_4^-电离出的H^+浓度为x，根据题意得
$[HSO_4^-]=\ (0.02-x)$
$[H^+]=0.02+x$
$[SO_4^{2-}]=x$
$[SO_4^{2-}][H^+]/[HSO_4^-]=K_a$
即$x(0.02+x)/(0.02-x)=\ 1.0\times10^{-2}$
$x=0.0056$
$[H^+]=0.0256$
即pH=1.59
(2)$N_aOH=N_a^+ +OH^-$
$pOH=-\lg[OH^-]=-\lg0.01=2$
pH=14－ pOH =12。
14. 解：(1)已知$HAc=H^+ +Ac^-$
$NaAc=Na^+ +Ac^-$
设HAc电离出的Ac^-浓度为x，则溶液中
$[Ac^-]=1.0+x$
$[H^+]=x$
$[HAc]=1.0-x$
$K_a=[H^+][Ac^-]/[HAc]$

$[H^+]=K_a[HAc]/[Ac^-]$

由于 $x \ll 1$ 即 $[HAc]/[Ac^-] \approx 1$，所以 $[H^+] \approx K_a$

$pH = pK_a = 4.74$；

(2)由 $[H^+]=K_a[HAc]/[Ac^-]$

由于 $[HAc]/[Ac^-]=1.0/0.1=10$

所以 $pH = pK_a + p10 = 3.74$；

(3)同理 $pH = pK_a - p10 = 5.74$。

15. 解：$pOH = pK_b + p([NH_3]/[NH_4^+])$

(1)当 $[NH_3]/[NH_4^+]=0.10/0.10=1$ 时

$pOH = pK_b = 4.74$

$pH = 14 - pOH = 9.26$；

(2)当 $[NH_3]/[NH_4^+]=0.10/0.01=10$ 时

$pOH = p(10K_b) = 3.74$

$pH = 14 - pOH = 10.26$；

(3)当 $[NH_3]/[NH_4^+]=0.01/0.10=0.1$ 时

$pOH = p(0.1K_b) = 5.74$

$pH = 14 - pOH = 8.26$。

16. 答：(1)$[H^+]=\sqrt{K_a c}$

$=\sqrt{1.8\times10^{-5}\times0.10}$

$=1.34\times10^{-3}$

$pH = 2.86$

M(NaAc)=82.03 g/mol,

8.2gNaAc 水解后 $[Ac^-]=8.2/82.03=0.10$(mol/L)

$[H^+]=K_a[HAc]/[Ac^-]=K_a 0.1/0.1=K_a$

$pH = pK_a = 4.74$

pH 值由 2.86 变为 4.74；

(2)是。

17. 答：水中含氢氧根碱度和碳酸盐碱度。

碳酸盐碱度消耗的氢氧化钠为 2×5.00=10.00mL；浓度为 10×0.0500/100×1000=5 (mmol/L)

$M(1/2CO_3^{2-})$=30g/mol

CO_3^{2-} 含量：5×30=150(mg/L)

$M(OH^-)$=17g/mol

OH^- 含量：(30−10)×0.0500/100×1000=10(mmol/L)=170(mg/L)

18. 答：水样中含碳酸盐和重碳酸盐碱度。

碳酸盐碱度为 15.00×0.050/100×1000=7.500(mmol/L)

全碱度为

40.00×0.050/100×1000=20.00(mmol/L)

重碳酸盐碱度＝全碱度－2×碳酸盐碱度＝20.00－2×7.500＝5.000(mmol/L)。

19. 答：水样中含碳酸盐和重碳酸盐碱度。

碳酸盐碱度为10.25mmol/L。

碳酸盐和重碳酸盐碱度为18.25－10.25＝8.000(mmol/L)。

20. 解：c(HCl)＝0.6048×2×1000/(381.37×24.80)＝0.1279mol/L。

1000×0.1000/0.1279＝781.86mL，即取781.86mL0.1279mol/L稀释至1000mL。

21. 答：判断是否能被EDTA滴定，应满足公式 $\lg a_{Y(H)} \leqslant \lg\beta-8$，查表1-6得

$\lg\beta_{Ca}=10.69$

查表1-7得

pH＝5时，$\lg a_{Y(H)}=6.45$，10.69－8＝2.69，不满足以上公式，所以不可滴定；

pH＝10时，$\lg a_{Y(H)}=0.45$，小于2.69，满足以上公式，所以可滴定；

pH＝12时，$\lg a_{Y(H)}=0$，小于2.69，满足以上公式，所以可滴定。

22. 答：查EDTA的酸效应曲线得出：Fe^{3+} pH＝1.2、Fe^{2+} pH＝5。

23. 解：总硬度为：

0.05×12.5/50×1000＝12.5(mmol/L)

24. 解：已知M(Ca)＝40.08g/mol；M(Mg)＝24.305g/mol，根据题意得：

钙浓度为

14.25×0.0100/100×1000＝1.425(mmol/L)

＝57.11(mg/L)

镁浓度为

(25.40－14.25)×0.0100/100×1000＝1.115(mmol/L)＝27.10 (mg/L)

25. 解：已知M($K_2Cr_2O_7$)＝294.18g/mol，根据题意得

c($Na_2S_2O_3$)＝0.1980/294.18×6/100×1000/40.75＝0.099 10(mol/L)

26. 解：已知M(Fe)＝55.847 g/mol；M($Na_2C_2O_4$)＝134.00 g/mol，根据题意得

$MnO_4^- + 8H^+ + 5Fe^{2+} = Mn^{2+} + 4H_2O + 5Fe^{3+}$

$T_{Fe/KMnO_4}$ ＝ 0.0201×5×55.847＝5.613 (mg/mL)

$2MnO_4^- + 5C_2O_4^{2-} + 16H^+ = 2Mn^{2+} + 10CO_2 + 8H_2O$

$T_{Fe/Na_2C_2O_4}$ ＝ 0.0201×5/2×134.00＝6.734 (mg/mL)

27. 解：已知M(KMO_4)＝158.03g/mol；M($Na_2C_2O_4$)＝134.00g/mol；M(Fe)＝55.847 g/mol

$2MnO_4^- + 5C_2O_4^{2-} + 16H^+ = 2Mn^{2+} + 10CO_2 + 8H_2O$

根据题意得

c(1/5 KMO_4)×20.0＝0.1500/134.00×2

c(1/5 KMO_4)＝0.2 (mmol/L)

$T_{Fe_2+/1/5MnO_4}$＝0.2×55.847＝11.2mg/mL

28. 解：已知M($K_2Cr_2O_7$)＝294.18g/mol，则反应式为

$Cr_2O_7^{2-} + 6I^- + 14H^+ = 2Cr^{3+} + 7H_2O + 3I_2$

$I_2 + 2S_2O_3^{2-} = S_4O_6^{2-} + 2I^-$

因此1mol $Cr_2O_7^{2-}$ 相当于6mol $S_2O_3^{2-}$

根据题意得

$c(Na_2S_2O_3)=0.1275/294.18\times6/22.85=1.138\times10^{-4}(mol/L)=0.1138(mmol/L)$

29. 解：草酸的浓度为

$$c(H_2C_2O_4)=20.00\times0.400/25.00=0.32(mol/L)$$

$2MnO_4^-+5C_2O_4^{2-}+16H^+=2Mn^{2+}+10CO_2+8H_2O$

由以上反应式可知

$c(KMO_4)=25.00\times0.32/5/45.00=0.035\ 56mol/L$

30. 解：已知

$AgCl=Ag^++Cl^-$，$K_{SP1}=[Ag^+][Cl^-]=1.56\times10^{-10}$

$Ag_2CrO_4=2Ag^++CrO_4{}^{2-}$，$K_{SP2}=[Ag^+]^2[CrO_4{}^{2-}]=2.0\times10^{-12}$

AgCl 沉淀需要的$[Ag^+]=1.8\times10^{-10}/[Cl^-]=1.8\times10^{-10}/0.01=1.8\times10^{-8}(mol/L)$

Ag_2CrO_4 沉淀需要的$[Ag^+]\sqrt{K_{sp2}/[CrO_4^{2-}]}=\sqrt{2.0\times10^{-12}/0.10}=4.472\times10^{-6}(mol/L)$

由于 AgCl 沉淀需要的$[Ag^+]$更低，所以 AgCl 首先生产沉淀。

当第二种离子 Ag_2CrO_4 开始沉淀时，溶液中$[Ag^+]=\sqrt{k_{sp2}/[CrO_4^{2-}]}=\sqrt{2.0\times10^{-12}/0.10}=4.472\times10^{-6}$

这时溶液中的为沉淀的$[Cl^-]=K_{SP1}/[Ag^+]=1.56\times10^{-10}/(4.472\times10^{-6})=3.49\times10^{-5}(mol/L)$

31. 解：(1)已知 $Ca^{2+}+C_2O_4{}^{2-}=CaC_2O_4$

$K_{SP}=1.78\times10^{-9}$

草酸钙的溶解度$=[Ca^{2+}]=[C_2O_4{}^{2-}]=\sqrt{K_{sp}}=\sqrt{1.78\times10^{-9}}=4.22\times10^{-5}(mol/L)$

(2)$[C_2O_4{}^{2-}]=0.010mol/L$时，草酸钙的溶解度为

$$1.78\times10^{-9}/0.010=1.78\times10^{-7}(mol/L)$$

32. 解：已知 $2Ba^++SO_4^{2-}\rightarrow BaSO_4\downarrow$

$[Ba^+]^2[SO_4^{2-}]=K_{SP}$

$[SO_4^{2-}]=1/96\times10^{-3}$

$K_{SP}=1.1\times10^{-10}$

$[Ba^+]=\sqrt{K_{sp}/[SO_4^{2-}]}=\sqrt{1.1\times10^{-10}\times96\times10^3}=3.2\times10^{-3}(mol/L)$

在增加了 $BaCl_2$ 用量后，$BaSO_4$ 能够沉淀完全，但沉淀剂过量太多，往往会发生盐效应等其他副反应，反而会使沉淀的溶解度增大。象 $BaCl_2$ 这种不易挥发的沉淀剂一般过量20%～30%，即加入 $BaCl_2$ 的量为 $3.8\times10^{-3}mol/L\sim4.2\times10^{-3}mol/L$。

第二章 分光光度法

一、填空题

1. 反射、散射、吸收、透射；
2. 紫外-可见分子吸收分光光度法、红外光谱法、物质对光的选择性吸收；
3. 吸收层的厚度、溶液的浓度、$A=kLc$；

4. 吸收池表面反射回来、吸收、有色溶液的浓度；

5. 分子吸收光谱法、分子吸收光谱、原子吸收光谱；

6. 波长选择器、固定带通选择器、连续变化选择器；

7. 连续变化、棱镜、光栅、可调干涉滤光片；

8. 玻璃、石英；

9. 3、3个以上、三；

10. 三元混配化合物、三元离子缔合物、三元胶束配合物、三元杂多酸配合物；

11. 36.8%、0.434、0.2～0.8、15%～60%、调节溶液浓度、使用厚度不同的吸收池；

12. 光源、单色器、吸收池、检测器、测量系统；

13. 钨、卤钨、320～2500、氢、氘、200～375；

14. 复合、单色、色散器；

15. 棱镜、光栅；

16. 光电转换、光强度、电信号、光电池、光电管、光电倍增管；

17. 单光束、双光束、单波长、双波长；

18. 1、及时进行检定；

19. 光谱吸收峰、位置、强度；

20. 光源发出的被测元素特征辐射、基态原子吸收；

21. 检出限低、选择性好、精密度高；

22. 特征光谱、样品蒸汽、基态原子；

23. 0.1～0.5、0.1～0.5、接近样品溶液的组成；

24. 试样转化为所需的基态原子、解离为基态原子、分析灵敏度、结果的重现性、火焰原子化器、石墨炉原子化器；

25. 热解、气化、形成基态原子蒸气；

26. 氘灯背景校正、塞曼效应背景校正；

27. 吸收线选择、灯电流的选择、光谱通带的选择、燃气-助燃气比的选择、燃烧器高度的选择；

28. 干燥温度和时间选择、灰化温度与时间的选择、原子化温度和时间的选择、净化温度和时间的选择、惰性气体流量的选择；

29. 蒸发样品的溶剂或含水组分、90～120℃、暴沸与飞溅；

30. 基体及背景吸收、待测元素、足够高的灰化温度、足够长的时间、待测元素不损失；

31. 元素及其化合物的性质、在保证获得最大原子吸收信号的条件下尽量使用较低的温度；

32. 能产生1%吸收（吸光率为0.0044）、待测元素的质量浓度（mg/L/1%）。

二、选择题

1. D；2. B；3. C；4. C；5. D；6. D；7. C；8. D；9. E；10. CE；11. C；12. DE；13. E；14. AC；15. ① A；② A；③ C；④ C；16. DE；17. E；18. E；19. C；20. E。

三、问答题

1. 答：分子吸收光谱分析又称为分子吸收分光光度分析。它包括紫外光区、可见光区、红外光区三部分的光谱分析。一般所指的分光光度法是指在紫外、可见光区进行的光度分析。

分子吸收光谱分析（分光光度法）的最大优点是可以在一个试样中同时测定两种或两种以上的组分而不需事先进行分离。因为分光光度法可以任意选择某种波长的单色光，所以可以利用各种组分吸光度的加和性，在指定条件下进行混合物中各自含量的测定。

2. 答：不严格符合朗伯-比耳定律。因为目视比色是在白光下进行的，入射光为白光，并非单色光，所以入射光的强度和吸收系数 K 并非一定值，而朗伯-比耳定律是在 K 值一定、入射光为单色光的前提下成立的。

3. 答：(1) 相同处是原理相同，都是根据光的通用吸收定律的原理进行测定的。

(2) 不同处是得到单色光的方法不同。光电比色计是使用滤光片得到单色光的，分光光度计是使用棱镜或光栅得到单色光的。

4. 答：因为一些物质的显色反应较慢，需要一定时间才能完成，溶液的颜色也才能达到稳定，所以不能立即比色。而有些化合物的颜色放置一段时间后，由于空气的氧化、试剂的分解或挥发、光的照射等原因，会使溶液颜色发生变化，所以应在规定时间内完成比色。

5. 答：为使测定结果有较高的灵敏度，应选择波长等于被测物质的最大吸收波长的光作为入射光，称为“最大吸收原则”。这样不仅测量灵敏度高，而且测定时偏离朗伯-比耳定律的可能性和程度减小，准确度也好。但当有干扰物质存在时，有时不可能选择最大吸收波长，这时应根据“吸收最大，干扰最小”的原则来选择入射光的波长。

选择方法：除可制作吸收曲线选择最大吸收波长外，成熟的分析方法可以查阅文献、资料、标准、规程来选择。

6. 答：(1) 相同处是都是以棱镜获得单色光。

(2) 不同处是 72-1 型分光光度计用体积很小的晶体管稳压电源代替了 72 型笨重的磁饱和稳压计，用真空光电管代替了光电池作为光电转换元件。以真空光电管配合放大线路代替了体积较大，而且容易损坏的光电检流计。

7. 答：当显色反应确定之后，应进行下列各种条件试验：

(1) 显色剂用量试验。

(2) 选择适宜的溶液酸度。

(3) 选择合适的显色反应温度。

(4) 确定合适的显色时间。

(5) 通过绘制吸收曲线，选择最佳吸收波长。

(6) 选择适当的显色反应溶剂。

(7) 采取消除干扰的措施。

8. 答：选用参比溶液可用以下几种方法：

(1) 溶剂参比：显色剂及其他试剂均无色，被测液中也无其他有色离子，可用溶剂（如水、有机溶剂等）作参比。

(2) 试剂参比：显色剂本身有色，可用不加试样的其他试剂作参比。

(3) 试液参比：显色剂无色，被测溶液中有其他有色离子时，可采用不加显色剂的被测溶液作参比。

(4) 其他参比：显色剂无色，试液中的有色成分干扰测定时，可在一份试液中加入适当的掩蔽剂，将被测组分掩蔽起来，然后加入显色剂和其他试剂，以此作为参比。

另外，还可以水为对照，以试剂空白为参比，测定试剂空白的吸光度。在制作标准曲线时，从每个标准参比液中减去空白试验的吸光度绘制标准曲线，样品测定时也要同时做试剂空白对水的吸光度，并从样品溶液吸光度中减去此值，再去查标准曲线。

9. 答：原子吸收光谱仪由光源、原子化器、光学系统、检测系统和数据工作站组成。光源提供待测元素的特征辐射光谱；原子化器将样品中的待测元素转化为自由原子；光学系统将待测元素的共振线分出；检测系统将光信号转换成电信号进而读出吸光度；数据工作站通过应用软件对光谱仪各系统进行控制，并处理数据结果。

10. 答：检出限是指产生一个能够确证在试样中存在某元素的分析信号所需要的该元素的最小含量，即待测元素所产生的信号强度等于其噪声强度标准偏差三倍时所相应的质量浓度或质量分数，用 D_c（mg/L 或 μg/g）表示，绝对检出限则用 D_m（μg）表示，即

$$D_c = \frac{c}{A} \cdot 3\sigma \text{ 或 } D_m = \frac{m}{A} \cdot 3\sigma$$

式中 c、m——试样中待测元素的浓度、质量；

A——试样多次测定吸光度的平均值；

σ——噪声的标准偏差，对空白溶液或接近空白的标准溶液进行十次以上连续测定，用标准偏差估计值 s 代替 σ，由所得的吸光度值计算其标准偏差估计值。

优化测试条件、降低噪声、提高测定精密度是改善检测限的有效途径。

四、计算题

1. 解：由于邻菲啰啉-Fe 配合物的浓度与吸光度呈直线关系，即符合比耳定律，故

$$\frac{A_1}{A_2} = \frac{\varepsilon_1 c_1 L_1}{\varepsilon_2 c_2 L_2}$$

因为标准和样品均用同一方法及相同的比色皿，故 $\varepsilon_1 = \varepsilon_2$，$L_1 = L_2$。

上式即变成

$$\frac{A_1}{A_2} = \frac{c_1}{c_2}$$

其中只有 c_2 为未知，故可列出下式，即

$$\frac{0.125}{0.114} = \frac{4 \times 0.010}{c_2}$$

当标准比色液和样品比色液体积相同时，m 可代替 c，则

$$m = \frac{0.114 \times 0.040}{0.125} = 0.0365(\text{mg})$$

$$\frac{0.0365}{2.00 \times 1000} \times 100\% = 0.0018\%$$

答：纯碱中 Fe 的质量分数为 0.0018%。

2. 解：$A = \varepsilon c L$，$A = 0.740$，$L = 1\text{cm}$

$$c = \frac{0.088 \times 1000}{50 \times 1000 \times 55.85} = 3.15 \times 10^{-5}(\text{mol/L})$$

$$\varepsilon = \frac{A}{cL} = \frac{0.740}{3.15 \times 10^{-5} \times 1} = 2.35 \times 10^4 \text{L/(mol} \cdot \text{cm)}$$

答：该溶液的摩尔吸收系数为 2.35×10^4 L/（mol·cm）。

3. 解：$A=\varepsilon cL$，$L=3.00$，$\varepsilon=2.2\times10^3$

$$c=\frac{0.02}{158.03}\text{mol/L}=1.27\times10^{-4}(\text{mol/L})$$

代入上式得

$$A=2.2\times10^3\times1.27\times10^{-4}\times3.00=0.838$$

透光率 T 与吸光度 A 的关系式为 $\lg T=2-A$，则

$$\lg T=2-0.838=1.162\quad T=14.52\%$$

答：透光率应为 14.52%。

4. 解：设取样 xg，则

$$c=\frac{15\%x\times1000}{125\times100}=0.012x$$

$$A=\varepsilon cL\quad A=0.300\quad \varepsilon=2500\quad L=1$$

$$0.300=2500\times0.012x\times1$$

$$x=\frac{0.300}{2500\times0.012}=0.01\text{g}$$

答：应称取样品 0.01g。

5. 解：根据公式 $A=2-\lg T$，则

当 $A_1=0.700$ 时，$T=0.20=20\%$；

当 $A_2=1.000$ 时，$T=0.10=10\%$。

两种标准溶液的透光率之差为 20%－10%＝10%。

若将标准溶液的透光率 20% 作为 100%计（即以 0.001mol/L 锌标准溶液调零），则试液的透光率 10%为

$$T=\frac{1.0\times0.1}{0.20}=0.5=50\%$$

$$A=2-\lg50=2-\lg50=0.301$$

因为 $A=0.700$ 时 $T=20\%$，将它作为 $T=100\%$，所以示差法将读数标尺放大了 $\frac{100}{20}=5$倍。

答：两种溶液的透光率相差 10%，示差法将读数标尺扩大了 5 倍。

第三章 电位分析法

一、填空题

1. 电极电位、溶液中某种离子的活度（或浓度）；
2. 直接电位法、电位滴定法；
3. 指示电极电位；
4. 单晶膜电极、多晶膜电极、混晶膜电极；
5. 微溶金属盐；
6. 刚性基质电极（玻璃电极）、流动载体电极（液膜电极）；
7. 玻璃膜（敏感膜）产生的膜电位；

8. $AgCl+e \rightarrow Ag^{+}+Cl^{-}$；

9. 均相膜电极、非均相膜电极；

10. 金属阳离子；

11. 晶格氧离子缔合；

12. $H^{+}+NaGl \rightarrow Na^{+}+HGl$、减少、增多；

13. 离子交换理论、晶格氧离子缔合理论；

14. 能斯特响应、线性范围；

15. 单标准比较法、双标准比较法；

16. 恒电流滴定法、双电位滴定法；

17. pH 值测量、mV 值测量；

18. 使不对称电位处于稳定值、$Hg_2Cl_2=Hg+HgCl_2$；

19. 减小液体接界电动势、硝酸钾；

20. 小、高、保持溶液的离子强度不变；

21. 见表 1；

表 1

电极体系	Ag^{+}/Ag	Ag_2CrO_4，CrO_4^{2-}/Ag	$Ag(CN)_2^{-}$，CN^{-}/Ag	ZnC_2O_4，CaC_2O_4，Ca^{2+}/Zn	$Fe(CN)_6^{3-}$，$Fe(CN)_6^{4-}/Pt$
电极类型	A	B	B	C	D
电极体系	H^{+}，H_2/Pt	F^{-}，Cl^{-}/LaF_3 单晶/F^{-}	Fe^{2+}，Fe^{3+}/Pt	pH 电极	甘汞电极
电极类型	D	E	D	E	B

22. MΩ、碱差或钠差、低、钠离子在电极上响应；

23. 电流的方向、E_R-E_L、标准电极‖待测电极、指示电极｜待测溶液｜参比电极；

24. 氢离子在玻璃膜表面进行离子交换和扩散而形成双电层结构、氟离子进入晶体膜表面缺陷而形成双电层结构；

25. Cl＜Br＜I；

26. $2.303\times10^{3}\dfrac{RT}{zF}$、8.9mV。

二、判断题

1. √；2. ×；3. √；4. ×；5. √；6. √；7. √；8. ×；9. ×；10. √；11. √ 12. √；13. √；14. ×；15. √；16. ×；17. ×；18. √；19. √；20. √；21. √。

三、选择题

1. C；2. B；3. D；4. D；5. D；6. A；7. D；8. A；9. B；10. B；11. B；12. B；13. C；14. C；15. D；16. D；17. C；18. A；19. A；20. D；21. B；22. B；23. D；24. A。

四、问答题

1. 答：(1) pH 值影响被测离子在溶液中的存在状态。例如溶液中游离 F^{-} 与 H^{+} 存在

的平衡为

$$H^+ + 3F^- \rightleftharpoons HF + 2F^- \rightleftharpoons HF_2^- \rightleftharpoons F_3^{2-}$$

当溶液的 pH 值降低时，平衡向右移，自由氟离子活度降低，因而测量电池的电动势在正值方向增加。

（2）溶液 pH 值对电极敏感膜的影响。以 F^- 电极为例。在高 pH 值的溶液中，单晶膜与溶液中的 OH^- 作用，在膜表面上形成 $La(OH)_3$。这是因为 $La(OH)_3$ 同 LaF_3 单晶的溶解度大致相当。在高 pH 值的溶液中，电极表面发生以下反应，即

$$LaF_3 + 3OH^- \rightleftharpoons La(OH)_3 + 3F^-$$

被 OH^- 置换出的自由 F^- 被电极所响应，pH 值增加测得电动势在负值方向增加。

由上述讨论可知：应用离子选择性电极电位法，溶液的 pH 值是一个比较重要的试验条件。测定时要控制溶液的 pH 值在 5～6 之间。

2. 答：电位分析法有如下特点：

（1）选择性好，在多数情况下，共存离子干扰很小，对组成复杂的试样往往不需经过分离处理就可直接测定。

（2）灵敏度高，直接电位法的相对检出限量为 10^{-8}～10^{-5}mol/L，特别适用于微量组分的测定。

（3）电位分析只需用少量试液，可做无损分析和原位测量。

（4）电位滴定法仪器设备简单，操作方便，分析速度快，便于实现分析的自动化。

3. 答：离子交换理论是由尼克尔斯基（Nicolsky）提出的。玻璃电极在使用之前必须在水中浸泡一定的时间，浸泡时玻璃内外表面形成了一层水合硅胶层，这种水合硅胶层是逐渐形成的。只有在水中浸泡足够长的时间后，水合硅胶层才能完全形成并趋向稳定。浸泡后，玻璃电极水合硅胶层表面的 Na^+ 与水溶液中的质子发生交换反应，即

$$H^+ + Na^+Gl^- \longrightarrow Na^+ + H^+Gl^-$$

达到平衡后，从膜的表面到胶层内部，H^+ 数目逐渐减小，而 Na^+ 数目逐渐增多。

把浸泡好的玻璃电极浸入待测试液时，水合硅胶层与外部试液接触，由于胶层表面和溶液的 H^+ 活度不同，两者之间存在着浓度差，H^+ 从活度大的一方向小的一方扩散，建立如下平衡，即

$$H^+\text{（硅胶层）} \longrightarrow H^+\text{（溶液）}$$

这样就改变了胶层-溶液相界面的电荷分布，在内外两个胶层-溶液间产生了一定的相界电位 E_D^1、E_D^2。

4. 答：响应时间是指从离子选择性电极与参比电极接触试液或试液中离子的活度改变开始时到电极电位值达到稳定（±1mV 以内）所需的时间，也可用达到平衡电位值 95%或 99%所需的时间 $t_{0.95}$ 或 $t_{0.99}$ 表示。

响应时间的波动范围相当大，性能良好的电极的响应是相当快的。随着离子活度下降，响应时间将会延长。溶液组成、膜的结构、温度和搅拌强度等也都会影响响应时间。

5. 答：将两支相同的离子选择性电极，一支浸于被测溶液中，另一支浸入标准溶液中，再用盐桥连接两溶液构成浓差电池。若两个溶液的组成基本相同或都加入等量离子强度调节剂，则活度系数和液界电位相等，那么电池电动势与离子浓度的关系为

$$E=\frac{2.303RT}{nF}\lg\frac{c_x}{c_s}$$

示差滴定法直接读出 $\Delta E/\Delta V$ 值，它最大时即为滴定终点。

6. 答：电位滴定可以完成以中和、沉淀、氧化-还原以及络合等化学反应为基础的容量滴定。同样，电位滴定法还可用在有色或混浊的溶液和非水溶剂体系的分析上。但是，电位滴定法用于水溶液中的酸碱滴定时，只能用于电离常数大于 10^{-8} 的那些酸碱，太弱的酸或碱在滴定时终点不明显，这种情况下如果选择合适的非水溶剂，就能使滴定时的电位突跃明显增大。例如，苯酚苯胺的电离常数约为 10^{-10}，它们在水溶液中无法进行滴定，但是在非水溶剂中却能很好地进行滴定。

pH 值测量不仅应用于实验室的日常分析，现在也广泛地应用于现代工业生产过程的控制中，用于高温、低温、高压下的 pH 值测量仪器也已经得到了开发。

生活饮用水、工业用水以及工业废水中各种离子的检测和监测都用到了离子选择性电极。在医学上，离子选择性电极用于测定人血和生物体液中的各种离子，或者作为电化学传感器，各种微型离子电极可用来探测活体组织中体液内某些离子的活度，对药理和病理研究有着重要的意义。

在物理化学研究中也广泛地用到了电位分析法，例如用电位分析法来测定溶度积、离子活度系数、酸碱电离常数、络合物稳定常数等。

7. 答：(1) 使用本仪器时，必须严格遵循使用说明书规定进行调零、校准、粗测、量程选择、细测。更换电极或被测溶液前，要把转换开关拨至“粗测”，并复原“测量”键，千万不要在细测时将测量键复原，否则表针反打或者超满度容易损坏。

(2) 离子电极在使用之前先要浸泡，按要求将其浸泡在蒸馏水或标准溶液中，切忌不要用手触摸电极表面。

(3) PXD-2 型通用离子计的输入阻抗很高，这就要求与其配用的交流仪器应有良好的地线，否则感应信号可能损坏仪器。

(4) 如果在测量中误差较大，则有可能是离子电极或参比电极内阻改变造成的，因此应定期检查电极的内阻。

(5) 如果使用干电池，应定期检查电池是否正常以保证仪器精度。

8. 答：(1) 标准曲线法是离子选择性电极最常用的一种分析方法，它用几个标准溶液（标准系列）在与被测试液相同的条件下测量其电位值，再通过作图的方法求得分析结果。标准曲线法精确度较高，适合于批量试样的分析。

(2) 其具体做法如下：用待测离子的纯物质（>99.9%）配制一定浓度的标准溶液，然后以递增的规律配制标准系列，在同样的测定条件下用同一电极分别测定其电位值。在半对数坐标纸上，以电位 E（mV）为纵坐标，以浓度的对数（$\lg c_s$）为横坐标绘制工作曲线，或根据浓度和电位值求得回归方程。在相同的条件下测定待测试液的电位值，通过工作曲线查得或由回归方程计算出待测离子浓度。

9. 答：(1) 检验水质的纯度。一般用电导率大小检验蒸馏水、去离子水或超纯水的纯度。

(2) 判断水质状况。通过电导率的测定可初步判断天然水和工业废水被污染的状况。

(3) 估算水中的溶解氧。利用某些化合物和水中溶解氧发生反应而产生能导电的离子成分，从而可以测定溶解氧。

（4）估计水中可过滤残渣（双溶解性固体）的含量。

（5）利用电导滴定测定稀溶液中的离子浓度。

10. 答：在公式 pH=［$E-K$］/0.059 中，K 除包括膜电位 E_m 和 $E_{(AgCl/Ag)}$ 的常数外，还包括难以测定的不对称电位 E_U 和液体接界电位 E_L，不可能计算出 pH 值来，因此要用一个已确定的标准溶液 pH 值为基准，通过比较被测水样和标准缓冲溶液两个工作电池的电极电势来计算水样的 pH 值。

11. 答：（1）指示电极采用玻璃电极，参比电极采用饱和甘汞电极；

（2）指示电极采用氯离子选择电极，参比电极采用玻璃电极或双液接参比电极；

（3）指示电极采用钙离子选择电极，参比电极采用银电极；

（4）指示电极采用银电极，参比电极采用饱和甘汞电极；

（5）指示电极采用铂电极，参比电极采用饱和甘汞电极。

12. 答：指示电极的电势随溶液中被测离子的活度或浓度的变化而改变，参比电极的电动势恒定不变，把这两个电极共同浸入被测溶液中构成原电池，通过测定原电池的电极电动势，可求得被测溶液的离子活度或浓度。

13. 答：直接电位分析法的特点：根据测得电池的电动势数值来确定被测离子的浓度。

电位滴定法的特点：向水样中滴加能与被测物质进行化学反应的滴加剂，根据反应达到化学计量点时被测物质浓度的变化所引起电极电动势的“突跃”来确定滴定终点；根据滴定剂的浓度用量，求出水样中被测物质的含量和浓度，它不受水样的浑浊度、颜色或缺乏合适的指示剂而进行的限制；不论酸碱滴定、氧化-还原滴定、沉淀滴定、配位滴定等都适用，要求被测物质的浓度大于 10^{-3}mol/L 。

14. 答：它是根据指示电极电位在滴定过程中的变化来确定滴定终点的一种方法。进行电位滴定时，在试液中插入一个指示电极，并与一个参比电极组成电池，随着滴定剂的加入，由于发生化学反应，被测离子或与之相关离子的浓度不断变化，指示电极电位也发生相应的变化，而在等当点附近发生电位的突跃，因此测量电池电动势的变化就能确定滴定终点。可见，电位滴定的基本原理与容量分析相同，其区别在于确定终点的方法不同。

15. 答：标准加入法又称增量法，它先对被测试液进行电位测定，再向试液中添加待测离子的标准溶液进行电位测定，将所测数据经过数学处理，即可求得分析结果。

16. 答：（1）漂移是指在一组成和温度固定的溶液中，离子选择性电极和参比电极组成的测量电池的电动势随时间而缓慢改变的程度。性能良好的电极在 10^{-3}mol/L 溶液中，24h 电位漂移将小于 2mV。

（2）电极电位的重现性指将电极从 10^{-3}mol/L 溶液转移至 10^{-2}mol/L 溶液中，反复转移三次所测得电位的平均偏差。测量温度为 25℃±2℃，两溶液的温度差不得超过 0.5℃，从电极浸入溶液 3min 后开始读数。

（3）离子选择性电极的性能参数还有线性范围、检测下限、响应时间、电极内阻、不对称电位。

17. 答：通常采用的是固定干扰离子 j 的活度图解法。

固定干扰离子 j 的活度，然后改变被测离子 i 的活度，测量相应的电极电位 E，作E-lga_i 图。随着 a_i 的下降，干扰也会逐渐变得明显，最后达到完全干扰时曲线将变为水平线。在

校正曲线的线性部分和水平线部分，电极电位分别为

$$E_1 = E^0 + s\lg a$$

$$E_2 = E^0 + s\lg K_{i,j} a_j^{n_i/n_j}$$

式中　s——能斯特响应曲线的斜率。

当 $E_1 = E_2$ 时，有

$$K_{i,j} = \frac{a_i}{a_j^{n_i/n_j}}$$

利用 $K_{i,j}$ 可估算不同离子的相对响应值以及干扰离子的最大允许量。

五、计算题

1. 解：阳极电极电位为

$$E = E^0_{Ag^+,Ag} + 0.0591\lg(Ag^+) = 0.7995 + 0.0591\lg(0.0500) = 0.722V$$

阴极电极电位为

$$\begin{aligned} E &= E^0_{Ag^+,Ag} + 0.0591\lg(Ag^+) \\ &= 0.7995 + 0.0591\lg[Ag(S_2O_3)_2^{3-}/(S_2O_3^{2-})^2 K_{Ag(S_2O_3)_2^{3-}}] \\ &= 0.7795 + 0.0591\lg[(0.001\,000)/(2.00)^2 K_{Ag(S_2O_3)_2^{3-}}] \\ &= 0.584 - 0.0591\lg K_{Ag(S_2O_3)_2^{3-}} \end{aligned}$$

$$0.903 = 0.722 - 0.584 + 0.0591\lg K_{Ag(S_2O_3)_2^{3-}}$$

$$K_{Ag(S_2O_3)_2^{3-}} = 1.0 \times 10^{13}$$

答：生成常数为 1.0×10^{13}。

2. 解：$pH=\frac{\Delta E-K}{0.059}$

当 pH=4 时，$\Delta E=-0.14V$，$K=E-0.059$，则 pH=0.03 时，水样的 pH 值为

$$pH = \frac{\Delta E - K}{0.059} = \frac{0.03+0.376}{0.059} = 6.9$$

答：水样的 pH 值为 6.9。

3. 解：$pC_y=pC_b+\frac{(E_y-E_b)\ n}{0.059}=-\lg 0.010+\frac{(0.271-0.25)\ \times 2}{0.059}=2.712$

所以 $C_y=10^{-2.712}=1.9\times10^{-3}$（mol/L）

答：Ca^{2+} 的浓度为 1.9×10^{-3}mol/L。

4. 解：K_{sp}（Ag_2CrO_4）$=c$（Ag^+）^2c（CrO_4^{2-}），

c（CrO_4^{2-}）$= 2.5\times10^{-2}$mol/L

$\varphi_{Ceu}/V = E_+ - E_- = E_g - E$（$Ag^+/Ag$），

E（Ag^+/Ag）$=0.5158$

E（Ag^+/Ag）$/V = E^\ominus_{Ag^+/Ag} + 0.059\lg c$（$Ag^+$）

$$\lg c(Ag^+) = \frac{E(Ag^+/Ag) - E^\ominus(Ag^+/Ag)}{0.059} = \frac{0.5158-0.7995}{0.059} = -4.808$$

$c(Ag^+)/(mol/L) = 10^{-4.808} = 1.556\times10^{-5}$

K_{sp}（Ag_2CrO_4）$=c$（Ag^+）^2c（CrO_4^{2-}）$=1.556^2\times10^{-10}\times2.5\times10^{-2}=6.0\times10^{-12}$

答：Ag_2CrO_4 的 K_{sp}（Ag_2CrO_4）为 6.0×10^{-12}。

5. 解：因为 $E_S=0.158$　$pF_S=3$

$E_X=0.217$　$pF_X=?$

$0.158=K+0.059\times3$

$0.217=K+0.059pF_X$

$0.059=0.059$（pF_X-3）

$pF_X=4$

所以 $[F^-]=0.0001mol/L$

答：F^- 的浓度为 0.0001mol/L。

6. 解：$pH_S=4$　$E_S=-0.14$

$pH_X=?$　$E_X=0.02$

$$pH_X-4=\frac{0.02+0.14}{0.059}$$

$$pH_X=6.7$$

答：未知溶液的 pH 值为 6.7。

7. 解：$E=K'=\frac{RT}{ZF}\ln\alpha_{Ca^{2+}}$

当电极系统浸入 25.00mL 试液后，则

$$E_1=K'+\frac{RT}{ZF}\ln\alpha_{Ca^{2+}}$$

即

$$0.4117=K'+\frac{8.314T}{2\times9.65\times10^{-4}}\ln\frac{25\alpha_{Ca^{2+}}+2\times5.45\times10^{-2}}{2} \quad (1)$$

当加入 $CaCl_2$ 标准溶液后，则

$$E_2=K'+\frac{RT}{ZF}\ln\alpha'_{Ca^{2+}}$$

即

$$0.4117=K'+\frac{8.314T}{2\times9.65\times10^{-4}}\ln\frac{25\alpha_{Ca^{2+}}+2\times5.45\times10^{-2}}{2} \quad (2)$$

式(1)－式(2)得

$$0.0848=\frac{RT}{ZF}\times2.303\left(\lg\alpha_{Ca^{2+}}-\lg\frac{25\alpha_{Ca^{2+}}+2\times5.45\times10^{-2}}{2}\right)$$

由上式解得：$\lg\alpha_{Ca^{2+}}=-5.268$。

答：$\alpha_{Ca^{2+}}$ 为 5.268。

8. 解：原水样的电池电动势为

$$E_1=-0.0619-E_{Hg_2Cl_2/Hg}$$

加入 $Ca(NO_3)_2$ 后电池电动势为

$$E=-0.0483-E_{Hg_2Cl_2/Hg}$$

设原水样中 Ca^{2+} 的浓度为 c_0，加入 $Ca(NO_3)_2$ 溶液后，其浓度增加为 c_Δ，则

$$-0.0619-E_{Hg_2Cl_2/Hg}=K'+\frac{0.059}{2}\lg\gamma_1 c_0 \quad (1)$$

$$-0.0483-E_{Hg_2Cl_2/Hg}=K'+\frac{0.059}{2}\lg\gamma_2(c_0+c_\Delta) \quad (2)$$

因为 $\gamma_1=\gamma_2$，合并两式得

$$0.0136=\frac{0.059}{2}\lg\frac{c_0+c_\Delta}{2}$$

由于

$$c_\Delta=\frac{10\times0.007\,31}{110}=0.000\,665$$

代入上式得

$$2.84=1+\frac{0.000\,665}{c_0}$$

则

$$c_0=0.000\,361(\text{mol/L})=0.361\,(\text{mmol/L})$$

答：Ca^{2+} 的物质的量浓度为0.361mmol/L。

第四章　电导率测量

一、选择题

1. A；2. C；3. C；4. B；5. C；6. B；7. A；8. C；9. B；10. C；11. A；12. A；13. B；14. C；15. B。

二、问答题

1. 同样杂质含量的水样在不同温度下电导率不同，因此设定25℃的氢电导率值作为统一衡量标准。

2. 会产生误差。因为电极从在线装置上取下浸入已知标准溶液中电极接触的溶液面积（高度）有时与电极在线测量时电极接触的溶液面积（高度）不同。

3. 阳离子交换树脂有裂纹会使氢电导率测量结果偏高。

三、计算题

解：$K_{(25℃)}=K_t/[1+\beta(t-25)]$
$=12/[1+0.02\times(35-25)]$
$=10(\mu S/cm)$

答：10μS/cm。

第五章　离子色谱分析

填空题

1. 高效液相色谱、分析离子的一种液相色谱；
2. 快速、方便、灵敏度高、选择性好、多组分同时测定；
3. 降低淋洗液的背景电导、增加被测离子的电导值、改善信噪比；
4. 淋洗液贮罐、淋洗液泵、进样阀、分离柱、抑制器、检测器、数据处理系统；
5. 沾污；

6. 离子交换、离子、对应离子、亲和力；
7. 固定相性质、待测离子的价数、离子的大小、离子的极化度、离子的酸碱性强度。

第六章 误差基本知识及数据处理

一、填空题

1. 测定方法、被测样品的稳定性、测定过程；
2. 一致、一致；
3. 减去、除以、%、减去、除以、%；
4. 准确度、大小、正负、减小、发现；
5. 方法、仪器和试剂、操作；
6. 大、小、正、负；
7. 概率、多、少、很少；
8. 算术平均值、平均值、减小；
9. 计算平均值；
10. 越高、真值、高、接近、重现性；
11. 需要、不一定、不可靠；
12. 随机、系统、代数和；
13. 空白试验；
14. 0.2～0.8；
15. 相同、一、无量纲；
16. 第三次、第三次、算术平均值、第三次、三次 ；
17. 系统误差、正态分布、数理统计；
18. 对照试验、对照试验；
19. 加入回收法、被测组分、定量回收；
20. 内检、外检；
21. 数值；
22. 计量检定、计量检定；
23. 分散性、真值、分散性、标准偏差；
24. 标准偏差、好、分散程度；
25. 小数点后位数最少的、绝对误差、相对误差；
26. 1；
27. 法令、全国；
28. 国际、非国际单位制；
29. 7；
30. 斜体、正体小写、正体大写。

二、判断题

1.×；2.√；3.×；4.×；5.√；6.√；7.√；8.×；9.×；10.√；11.√。

三、选择题

1.BC；2.C；3.C；4.B；5.C；6.B；7.ACD；8.BC；9.ABD。

四、问答题

1. 答：(1) 随机误差是可变的，有时大，有时小，有时正，有时负。

(2) 符合统计规律，即正误差和负误差出现的概率相等；小误差出现的次数多，大误差出现的次数少，个别特别大的误差出现的次数很少。

2. 答：系统误差、随机误差、过失误差。

3. 答：准确度是表示分析结果与真值接近的程度。用绝对误差和相对误差表示。

4. 答：表示各次分析结果相互接近的程度。用平均偏差、相对平均偏差、标准偏差、相对标准偏差表示。

5. 答：(1) 系统误差；(2) 系统误差；(3) 随机误差；(4) 随机误差；(5) 系统误差；(6) 系统误差。

6. 答：选择合适的分析方法、减小测量误差（考虑最少的称样量、考虑应消耗的标准滴定液的体积、分光光度法应控制吸光度的范围等）、增加平行测定的次数、消除测量过程中的系统误差。

7. 答：取样、试剂纯度、仪器的影响、标准曲线线性回归、测量条件、空白修正、操作人员的影响、随机影响。

8. 答：(1) 系统误差会在多次测定中重复出现；

(2) 系统误差具有单向性；

(3) 系统误差的数值基本上是恒定不变的。

9. 答：分析工作要求结果准确，首先应做到有好的精密度，因为没有好的精密度就不可能得到好的准确度，但精密度好不一定准确度好，这是由于分析中可能存在系统误差。总之应当控制随机误差，消除系统误差，才能得到精密又准确的分析结果。

10. 答：①确定被测量；②识别不确定度的来源和分析；③不确定度分量的量化；④计算合成标准不确定度，并做出不确定度报告。

11. 答：几个数据相加或相减时，它们的和或差的有效数字的保留应以小数点后位数最少的数据为根据，即取决于绝对误差最大的那个数据。

在几个数据乘除运算时，所得结果的有效数字的位数取决于相对误差最大的那个数，即不超过参加运算的数字中有效数字最少的那个数的有效数字位数。

12. 答：规则1：对于只涉及量的和或差的模型，例如 $y=(p+q+r+\cdots)$ 合成标准不确定度 $u_c(y)$ 为

$$u_c[y(p,q,\cdots)]=\sqrt{u(p)^2+u(q)^2+\cdots}$$

规则2：对于只涉及积或商的模型，例如 $y=(p,q,\cdots)$ 或 $y=p/(q,r,\cdots)$ 合成标准不确定度 $u_c(y)$为

$$u_c(y)=y\sqrt{\left[\frac{u(p)}{p}\right]^2+\left[\frac{u(q)}{q}\right]^2+\cdots}$$

其中 $u(p)/p$ 等是参数表示为相对标准偏差的不确定度。

13. 答：按照电中性原则，水中阳离子正电荷总数等于阴离子负电荷总数，即

$$\sum K=\sum A$$

$$\sum K=K^{+}+2K^{2+}+3K^{3+}$$

$$\sum A=A^{-}+2A^{2-}+3A^{3-}$$

$$\delta=\frac{\sum K-\sum A}{\sum K+\sum A}\times 100\% \leqslant \pm 2\%$$

式中 K^{+}、K^{2+}、K^{3+}——水中1价、2价和3价阳离子的物质的量浓度，mmol/L；

A^{-}、A^{2-}、A^{3-}——水中1价、2价和3价阴离子的物质的量浓度，mmol/L；

δ——阳阴离子电荷总数之间的允许差值。

计算各种弱酸、弱碱阴阳离子时，因为它们的存在状态与pH值有关，因此应查找有关图表进行校正。

14. 答：总硬度（YD_{Σ}）为碳酸盐硬度（YD_{T}）与非碳酸盐硬度（YD_{F}）之和。

$$YD_{\Sigma}=YD_{T}+YD_{F}$$

（1）非碳酸盐硬度时，应没有负硬度存在，此时 $c(Cl^{-})+c(\frac{1}{2}SO_4^{2-})>c(K^{+})+c(Na^{+})$。总硬度>总碱度。

（2）有负硬度存在时，应没有非碳酸盐硬度存在，此时 $YD_{\Sigma}=YD_{T}$，负硬度 = 总碱度－总硬度。

$$c\left(\frac{1}{2}Ca^{2+}\right)+c\left(\frac{1}{2}Mg^{2+}\right)<c(HCO_3^{-})$$

$$c(Cl^{-})+c\left(\frac{1}{2}SO_4^{2-}\right)\leqslant c(K^{+})+c(Na^{+})$$

（3）钙、镁离子总和等于总硬度。如上述计算和实测值相差较大，一般可认为总硬度和钙值分析是正确的，据次修正镁值。

此外，在一般清水中，钙含量皆大于镁含量，甚至会大出几倍，如果发现相反现象，应注意检查校正。

15. 答：中华人民共和国法定计量单位，具体内容包括：

法定计量单位
- 国际单位制（SI）单位
  - 国际单位制（SI）基本单位，7个
  - 国际单位制（SI）辅助单位，2个
  - 国际单位制（SI）具有专门名称的导出单位，19个
- 国家选定的非国际单位制单位
- 由以上单位构成的组合形式的单位
- 由词头和以上单位所构成的十进倍数和分数单位

五、计算题

1. 答：平均结果=(0.5982+0.6002+0.6046+0.5986+0.6024)/5=0.6008

绝对误差=0.6008－35.453/(35.453+22.989 77)=－0.0058

相对误差=－0.0058/[35.453/(35.453+22.989 77)]×100%=－0.96%

2. 解：设至少称取 x（g）。已知天平的不确定度为±0.2mg，当准确度为0.2%时，$0.2\times10^{-3}/x\leqslant0.2\%$，即 $x\geqslant0.1$g；当准确度为0.2%时，应称取试样重量不小于0.1g。

当准确度1%时，$0.2\times10^{-3}/x\leqslant1\%$，则 $x\geqslant0.02$g。

3. 解：设至少消耗滴定剂的体积 x（mL），已知滴定管的最小分值为0.1mL，不确定度为±0.02mL，$0.02/x\leqslant0.1\%$，即 $x\geqslant20$mL。

4. 答：①2位；②5位；③2位；④不定；⑤4位；⑥4位；⑦2位；⑧1位。

5. 答：①3 位；②2 位。

6. 答：①39.56；②30.07；③0.08；④12.50；⑤0.03；⑥0.90。

第二篇　定量分析操作技能

第七章　定量分析实验室基本知识

一、填空题

1. 技术主管、质量主管、管理员；
2. 规章制度；
3. 确认、培训、考核；
4. 标准、规定、人身、设备；
5. 维护管理、检定、档案；
6. 依据、审批；
7. 电源、煤气、可燃物；
8. 沙子、湿布；
9. 实验室、水；
10. 石棉、水；
11. 报警、灭火器；
12. 伤口、洗手、通风柜；
13. 不挂水珠；
14. 毛刷、自来水、去离子水；
15. 四；
16. 塑料瓶、石蜡；
17. 棕、暗；
18. 阴凉。

二、问答题

1. 答：(1) 关于实验室质量控制。

(2) 关于实验室文件的管理，包括内部文件、外来文件（标准、政策、法律、法规、规定和其他文件资料）、各种记录和分析报告等。

(3) 关于人员的培训和考核。

(4) 关于安全和内务管理。

(5) 关于环境的建立、控制和维护。

(6) 关于仪器设备的控制和管理。

(7) 关于样品的管理。

(8) 关于分析操作、记录和分析报告的管理。

(9) 关于出现意外和偏离规定时的纠正措施。

2. 答：因为有的化学药品比水轻，会浮于水面随水流动，反而可能扩大火势，有的药品能与水反应引起燃烧甚至爆炸，所以除非确知用水无害时，尽量不要用水。

3. 答：必须认真、小心、手上不要有伤口，实验完后一定要仔细洗手；产生有毒气体的实验，一定要在通风柜中进行，并保持室内通风良好。

4. 答：洗涤任何器皿之前，一定要将器皿内原有的东西倒掉，然后再按下述步骤洗涤：

(1) 用水洗：根据仪器的种类和规格，选择合适的刷子，蘸水刷洗，洗去灰尘和可溶性物质。

(2) 用洗涤剂洗：用毛刷蘸取洗涤剂，先反复刷洗，然后边刷边用水冲洗。当倾去水后，如达到器壁上不挂水珠，则用少量蒸馏水或去离子水分多次（最少三次）涮洗，洗去所沾的自来水即可（或烘干后）使用。

(3) 液洗：用上述方法仍难洗净的器皿，或不便于用刷子刷洗的器皿，可根据污物的性质选用相宜的洗液洗涤。用洗液洗涤后，仍需先用自来水冲洗，洗去洗液，再用少量蒸馏水或去离子水分多次（最少三次）涮洗，除尽自来水。

5. 答：(1) 不加热的情况下干燥器皿：将洗净的器皿倒置于干净的实验柜内或容器架上自然晾干，或用吹风机将器皿吹干；还可以在器皿内加入少量酒精，再将其倾斜转动，壁上的水即与酒精混合，然后将其倾出，留在器皿内的酒精快速挥发而使器皿干燥。

(2) 用加热的方法干燥器皿：洗净的玻璃器皿可以放入恒温箱内烘干，应平放或将器皿口向下放；烧杯或蒸发皿可在石棉网上用火烤干，有刻度的量器不能用加热的方法干燥，加热会影响这些容器的精密度，还可能造成破裂。

第八章 分 析 天 平

问答题

1. 答：从天平的构造原理来分类，天平分为杠杆天平（机械式天平）和电子天平两大类。杠杆天平可分为等臂双盘天平和不等臂双刀单盘天平，双盘天平还可分为摆动天平、阻尼天平和电光天平。

2. 答：(1) 使用前检查天平是否水平，调整水平。

(2) 称量前接通电源预热 30min。

(3) 称量按下显示屏的开关键，待显示稳定的零点后，将物品放到秤盘上，关上防风门，显示稳定后即可读取称量值，操纵相应的按键可以实现去皮、增重、减重等称量功能。

3. 答：(1) 指定质量称量法。常用此法称取指定质量的基准物质来直接配制指定浓度的标准溶液；在例行分析中，为了便于计算结果或利用计算图表，往往要求称取某一指定质量的被测样品，这时也采用指定质量称量法。

(2) 称量法。

(3) 挥发性液体试样的称量法（安培法）。

4. 答：用软质玻璃管吹制一个具有细管的球泡，称为安瓶，用于吸取挥发性试样，熔封后进行称量。具体操作步骤如下：

(1) 先称出空安瓶质量。

(2) 将球泡部放在火焰中微热，赶出空气，立即将毛细管插入试样中，同时将安培球浸在冰浴中（碎冰加食盐或干冰加乙醇），待试样吸入所需量（不超过球泡 2/3），移开试样瓶，使毛细管部试样吸入。

(3) 用小火焰熔封毛细管收缩部分，将熔下的毛细管部分赶去试样，和安瓶一起称量，两次称量之差即为试样质量。

5. 答：应用现代电子控制技术进行称量的天平称为电子天平。各种电子天平的控制方式和电路结构不相同，但其称量的依据都是电磁力平衡原理。当通电导线放在磁场中时，导线将产生电磁力，力的方向可以用左手定则来判定，当磁场强度不变时，力的大小与流过线圈的电流强度成正比；如果使重物的重力方向向下，电磁力的方向向上，与之相平衡，则通过导线的电流与被称物体的质量成正比。

6. 答：递减称量法是首先称取装有试样的称量瓶的质量，再称取倒出部分试样后称量瓶的质量，两者之差即是试样的质量，如再倒出一份试样，可连续称出第二份试样的质量。此法因减少被称物质与空气接触的机会，因此故适于称量易吸水、氧化或与二氧化碳反应的物质，适于称量几份同一试样。

第九章　化学分析基本操作

一、填空题

1. 量出、量出、量入；
2. 垂直、吹出；
3. 逐滴、1、半；
4. 垂直、水平；
5. 1/10、二；
6. 热、稀、慢、快、陈化；
7. 浓、快、陈化；
8. 定量、微孔玻璃滤埚；
9. 水泵、橡皮管、橡皮管、水泵；
10. 凡士林；
11. 0.2、800、850、15、30、15；
12. 煤气灯、电炉。

二、问答题

1. 答：(1) 将上层清液沿着玻璃棒倾入漏斗，用约 15mL 洗涤液吹洗玻璃棒和杯壁，并进行搅拌，澄清后再按上法滤出清液。如此反复用洗涤液洗 2～3 次。

(2) 将沉淀转移到滤纸上。把沉淀搅起，将悬浮液小心地转移到滤纸上。如此反复进行几次，将沉淀转移到滤纸上。

(3) 洗涤烧杯和洗涤沉淀。黏附在烧杯壁上和玻璃棒上的沉淀可用玻帚自上而下刷至杯底，再转移到滤纸上；也可用撕下的滤纸角擦净玻棒和烧杯的内壁，将擦过的滤纸角放在漏斗的沉淀里，最后在滤纸上将沉淀洗至无杂质。

2. 答：形成晶形沉淀一般是在热的、较稀的溶液中进行，沉淀剂用滴管加入。操作时，左手拿滴管滴加沉淀剂溶液；滴管口需接近液面以防溶液溅出；滴加速度要慢，接近沉淀完全时可以稍快些。与此同时，右手持玻璃棒充分搅拌，且不要碰到烧杯的壁或底。充分搅拌的目的是防止沉淀剂局部过浓而形成的沉淀太细，太细的沉淀容易吸附杂质而难以洗涤。

3. 答：形成非晶形沉淀时，宜用较浓的沉淀剂，加入沉淀剂的速度和搅拌的速度都可以快些，沉淀完全后用适量热试剂水稀释，不必放置陈化。

4. 答：为了检查沉淀是否洗净，先用洗瓶将漏斗颈下端外壁洗净，用小试管或表面皿收集滤液少许，用适当的方法（例如用 $AgNO_3$ 检查是否有 Cl^-）进行检验。

过滤和洗涤沉淀的操作必须不间断地一气呵成，否则搁置较久的沉淀干涸后几乎无法将其洗净。

5. 答：用煤气灯或电炉小心加热坩埚，使滤纸和沉淀烘干，并利于滤纸的炭化（要防止温度升得太快）。在炭化时不能让滤纸着火，否则会将一些微粒扬出。万一着火，应立即将坩埚盖盖好，同时移去火源使其熄灭，不可用嘴吹灭。滤纸烘干，部分炭化后，将灯放在坩埚下，先用小火使滤纸大部分炭化，再逐渐加大火焰把炭完全烧成灰。炭粒完全消失后，将坩埚移入适当温度的马弗炉中。在与灼烧空坩埚时相同温度下，第一次灼烧 40～45min，第二次灼烧 20min，冷却。

资格考核发证模拟试卷（一）

闭卷考试　时间 90min

一、选择题（每题 2 分，共 30 分）

1. 酸碱滴定时所用的标准溶液的浓度（　　）。

A. 越大突跃越大，越适合进行滴定分析；

B. 越小标准溶液消耗越多，越适合进行滴定分析；

C. 标准溶液的浓度一般在 1mol/L 以上；

D. 标准溶液的浓度一般在 0.01～1mol/L 之间。

2. 在 0.10mol/L 氨性溶液中，当 pH 值从 9 变到 4 时，Zn^{2+}～EDTA 络合物的条件稳定常数变小，是因为（　　）。

A. Zn^{2+} 的 NH_3 络合效应；

B. Zn^{2+} 的 NH_3 络合效应与 EDTA 的酸效应的综合作用；

C. EDTA 的酸效应；

D. NH_3 的质子化作用。

3. AgCl 在 0.05mol/L HCl 溶液中的溶解度较在 0.01mol/L HCl 溶液中的大，主要是因为（　　）。

A. 同离子效应；B. 盐效应；C. 络合效应；D. 酸效应。

4. 用重量法测定试样中的钙时，将钙沉淀为草酸钙，高温 1100℃ 灼烧后称重，则钙的换算因素是(　　)。

A. $\frac{M(Ca)}{M(CaC_2O_4)}$；B. $\frac{M(Ca)}{M(CaO)}$；C. $\frac{M(Ca)}{M(CaCO_3)}$；D. $\frac{M(CaC_2O_4)}{M(Ca)}$。

5. 某试样含 Na_2CO_3、NaOH 或 $NaHCO_3$ 及其他惰性物质。称取试样 0.3010g，用酚酞作指示剂滴定时，用去 0.1060mol/L HCl 20.10mL，继续用甲基橙作指示剂滴定，共用去 HCl 47.70mL。由此推论该样品主成分是(　　)。

A. NaOH；B. Na_2CO_3；C. $NaHCO_3$；D. Na_2CO_3＋$NaHCO_3$。

6. 用分光光度法测定 Fe^{2+}—邻菲啰啉配合物的吸光度时，应选择的波长范围为(　　)。

A. 200nm～400nm；B. 400nm～500nm；C. 500nm～520nm；D. 520nm～700nm；E. 700nm～800nm。

7. 符合朗伯-比耳定律的有色溶液稀释时，其最大吸收峰的波长位置（　　）。

A. 向长波移动；B. 向短波移动；C. 不移动、吸收峰值下降；D. 不移动、吸收峰值增加；E. 位置和峰值均无规律改变。

8. 用邻菲啰啉法比色测定微量铁时，加入抗坏血酸的目的是（　　）。

A. 调节酸度；B. 作氧化剂；C. 作还原剂；D. 作为显色剂；E. 以上都不是。

9. 用氨基黄酸比色法测定炉水的磷酸根时，用 10mm 比色皿，所作标准曲线的公式为

$$c = K(A - A_0) + B$$

式中 c——含磷酸根量 mg/L；

A 和 A_0——吸光度；

B——截距；

K——斜率。

K 为（　　）准确？

A. 10～15；B. 15～17；C. 17～20；D. 20～22。

10. pH 玻璃电极在使用前一定要浸泡几个小时，目的在于（　　）。

A. 清洗电极；B. 活化电极；C. 校正电极；D. 除去粘污的杂质。

11. 测量氢电导率可直接反映水中（　　）的总量。

A. 阴离子；B. 阳离子；C. 碱化剂；D. 杂质阴离子。

12. 纯水电导率的温度系数是（　　）。

A. 常数；B. 只随温度变化单变量函数；C. 只电导率变化的函数；D. 随温度和电导率变化的函数。

13. 当测量电导率小于 1.0μS/cm 的水样时，应采用（　　）测量。

A. 烧杯静态法；B. 密闭流动法；C. 手工取样。

14. 下列因素中产生随机误差的有（　　）。

A. 砝码未校正；B. 环境温湿度变化；C. 仪器不稳定；D. 容量瓶未校正。

15. 欲量取 100mL 水样用于测定某一成分，使用下列三种玻璃器皿中的（　　）是错误的。

A. 100mL 移液管；B. 100mL 容量瓶；C. 100mL 量筒。

二、填空题（每题 2 分，共 30 分）

1. 滴定分析法中常用的分析方式有直接滴定、（　　）、（　　）定和（　　）四种。

2. 以铬酸钾（K_2CrO_4）作指示剂，在中性或弱碱性溶液中用 $AgNO_3$ 标准溶液直接测定含 Cl^- 或 Br^- 溶液的银量法称为（　　）。

3. 氧化还原滴定法根据所选作标准溶液的氧化剂的不同，可分为（　　）、（　　）和（　　）三类。

4. 氧化还原滴定法的指示剂有（　　）、（　　）、（　　）三类。

5. 在 pH 值为（　　）时，用钙指示剂测定水中的离子含量时，镁离子已转化为氢氧化镁，因此此时测得的是钙离子单独的含量。

6. 标准溶液的配制有（　　）和（　　）两种。配制标准溶液时，先配制近似浓度的溶液，选用一种基准物质或另一种已知准确浓度的标准溶液确定该溶液准确浓度的方法是（　　），确定该溶液准确浓度的过程叫（　　）。

7. 一般分光光度分析，使用波长在（　　）nm 以上时可用玻璃吸收池。

8. 朗伯定律是说明光的吸收与吸收层的（　　）成正比，比耳定律是说明光的吸收与溶液的（　　）成正比，两者合为一体称为朗伯－比耳定律，其表达式为 $A=kbc$。

9. 一般紫外-可见分光光度计的可见光区常用（　　）灯或（　　）灯为光源，波长范围为 320～2500nm。在紫外光区常用（　　）灯或（　　）灯为光源，其波长范围为 200～375nm。

10. 利用（　　）和溶液中某种离子的（　　）之间的关系来测定被测物质浓度的电化

学分析方法叫电位分析法。

11. pH玻璃电极能测定溶液的pH值的主要原因是它的（　　）产生的膜电位与待测溶液的pH值有特定的关系。

12. 离子色谱是（　　）的一种，是分析（　　）的一种液相色谱。

13. 抑制器主要起两个作用，一是降低淋洗液的（　　），二是增加（　　）的电导率，改善信噪比。

14. 系统误差决定着测定结果的（　　），其特点是它的大小和正负是可以测定的，至少在理论上是可以测定的，重复测定不能（　　）和（　　）系统误差，只有改变试验条件才能发现系统误差的存在。

15. 随机误差也称偶然误差，是由一些随机原因所引起的，因而是可变的，有时（　　），有时（　　），有时（　　），有时（　　）。

三、问答题（每题5分，共30分）

1. 准确说明下列名词含义：化学计量点、滴定终点、终点误差？

2. 提高络合滴定选择性的方法有哪些？

3. 在进行比色分析时，为何有时要求显色后放置一段时间再比，而有些分析却要求在规定的时间内完成比色？

4. 直接电位法测定水样的pH值时，为什么要用pH标准缓冲溶液标定pH计？

5. 氢型交换柱中使用的强酸性阳离子交换树脂有裂纹会对氢电导率测量产生什么样的影响？

6. 从哪几方面来考虑提高分析结果的准确度？

四、计算题（每题5分，共10分）

1. 现有 $c(NaOH)=0.5450mol/L$ 的NaOH溶液100.0mL，欲稀释成 $c(NaOH)=0.5000mol/L$ 的溶液，需要加多少毫升蒸馏水？

2. 计算 $c(HCl)=0.010\,00mmol/L$ 的溶液对CaO的滴定度。

参　考　答　案

一、选择题

1. D；2. B；3. C；4. B；5. D；6. C；7. C；8. C；9. D；10. B；11. D；12. C；13. B；14. B；C；15. B。

二、填空题

1. 间接滴定；置换滴定；返滴定。

2. 摩尔法。

3. 高锰酸钾法；重铬酸钾法；碘量法。

4. 自身指示剂；特效指示剂；氧化还原指示剂。

5. 12。

6. 直接法；间接法；间接法；标准溶液的标定。

7. 350。

8. 厚度；浓度。

9. 钨灯；卤钨；氢灯；氘灯。

10. 电极电位；浓度。

11. 玻璃膜。

12. 高效液相色谱；离子。

13. 背景电导率；被测离子。

14. 准确度；减小；发现。

15. 大；小；正；负。

三、问答题

1. 答：当加入的标准溶液与被测物质定量反应完全时，反应到达了化学计量点，化学计量点一般依据指示剂的变色确定。在滴定过程中，指示剂正好发生颜色变化的转变点称为滴定终点。滴定终点与化学计量点不一定恰好符合，因此而造成的分析误差称为终点误差。

2. 答：如何提高络合滴定的选择性，消除干扰，选择滴定某一种或几种离子是络合滴定中的重要问题。提高络合滴定的选择性的方法主要有以下几种：

(1) 控制溶液的酸度；

(2) 掩蔽作用；

(3) 化学分离法；

(4) 选用其他络合剂滴定。

3. 答：因为一些物质的显色反应较慢，需要一定时间才能完成，溶液的颜色才能达到稳定，所以不能立即比色。而有些化合物的颜色放置一段时间后，由于空气的氧化、试剂的分解或挥发、光的照射等原因，会使溶液颜色发生变化，因此应在规定时间内完成比色。

4. 答：在公式 $pH=[E_{cell}-K]/0.059$ 中，K 除包括 E_m 和 $E_{(AgCl/Ag)}$ 常数外，还包括难以测定的计算的 E_b 和 E_L，不可能计算出 pH 值来，所以要用一个已确定的标准溶液 pH 值为基准，通过比较被测水样和标准缓冲溶液两个工作电池的电极电动势来计算水样的 pH 值。

5. 答：阳离子交换树脂有裂纹会使氢电导率测量结果偏高。

6. 选择合适的分析方法、减小测量误差（考虑最少的称样量、考虑应消耗的标准滴定液的体积、分光光度法应控制吸光度的范围等）、增加平行测定的次数、消除测量过程中的系统误差。

四、计算题

1. 解：设需要加 x_{mL} 蒸馏水，则

$0.5450\times100=0.5000\times(100+X)$

$X=0.5450\times100\div0.5000-100=9.00$ (mL)

答：需要加 9.00mL 蒸馏水。

2. 解：$T_{CaO/HCl}=0.01000\times\frac{1}{2}M_{CaO}=0.01000\times\frac{1}{2}\times56=0.28$ (mg/mL)

答：滴定度为 0.28mg/mL。

资格考核发证模拟试卷（二）

闭卷考试　时间90min

一、选择题（每题2分，共30分）

1. 相关系数是判断制作标准曲线是否可用的一个重要指标，DL/T 938—2005《火电厂排水水质分析方法》规定，标准曲线的相关系数γ的绝对值应大于（　　）。

A. 0.99；B. 0.998；C. 0.999；D. 0.9998。

2. 标准溶液必须使用基准试剂或优级纯试剂配制。在标准溶液标定时，一般应平行作两份或两份以上，当两份标定的相对误差在（　　）以内时，才能取平均值计算其物质的量浓度。

A. ±0.1%；B. ±0.2%；C. ±1%；D. ±2%。

3. 下列对滴定反应的要求中错误的是（　　）。

A. 滴定反应要进行完全，通常要求达到99.9%以上；

B. 必须有合适的确定终点的方法；

C. 反应中不能有副反应发生；

D. 反应速度较慢时，等待其反应完全后，确定滴定终点即可。

4. 将HAc溶液稀释10倍以后，溶液的pH值（　　）。

A. 稍有增大；B. 增大1；C. 减小1；D. 不能确定。

5. 下列物质中，可直接配制标准溶液的有（　　）。

A. 盐酸；B. NaOH；C. $K_2Cr_2O_7$；D. $KMnO_4$。

6. 在分子吸收光谱法（分光光度法）中，运用光的吸收定律进行定量分析，应采用的入射光为（　　）。

A. 白光；B. 单色光；C. 可见光；D. 不可见光。

7. 符合朗伯-比耳定律的有色溶液稀释时，其最大吸收峰的波长位置（　　）。

A. 向长波移动；

B. 向短波移动；

C. 不移动、吸收峰值下降；

D. 位置和峰值均无规律改变；

E. 不移动、吸收峰值增加。

8. 用邻菲啰啉法测定微量铁时，用100mm比色皿，所作标准曲线的公式为

$$c = K(A - A_0) + B$$

式中　c——含铁量μg/L；

A和A_0——标液和空白的吸光度；

B——截距；

K——斜率。

K为（　　）准确？

A. 470～474；B. 475～489；C. 490～495；D. 496～510。

9. 下列各组酸碱对中，属于共轭酸碱对的是（　　）。

A. H_3PO_4 － PO_4^{3-}；B. HCl － NaOH；C. $NH_3^+CH_2COOH$ － $NH_2CH_2COO^-$；D. $C_6H_5NH_2$－$C_6H_5NH_3^+$。

10. 用重量法测定试样中的钙时，将钙沉淀为草酸钙，高温（1100℃）灼烧后称重，则钙的换算因素是（　　）。

A. $\frac{M(Ca)}{M(CaC_2O_4)}$；B. $\frac{M(Ca)}{M(CaO)}$；C. $\frac{M(Ca)}{M(CaCO_3)}$；D. $\frac{M(CaC_2O_4)}{M(Ca)}$。

11. 在分光光度法中宜选用的吸光度读数范围为（　　）。

A. 0～0.2；B . 0.1～0.3；C. 0.3～1.0；D. 0.2～0.8；E. 1.0～2.0。

12. 在紫外吸收光谱曲线中，能用来定性的参数是（　　）。

A. 最大吸收峰的吸光度；

B. 最大吸收峰的波长；

C. 最大吸收峰的峰面积；

D. 最大吸收峰处的摩尔吸收系数；

E. （B＋D）。

13. 在电位法中作为指示电极，其电位应与待测离子浓度（　　）。

A. 成正比；B. 符合扩散电流公式；C. 的对数成正比；D. 符合能斯特公式的关系。

14. 炉水电导率一般为 5～20μS/cm，测量炉水的电导率时应选择电极常数为（　　）的电导电极。

A. 0.01；B. 1；C. 0.1；D. 10。

15. 测量电导率大于 10μS/cm 的水样时，应使用（　　）。

A. 铂电极；B. 镀铂黑电极；C. 光亮铂电极；D. 塑料电极。

二、填空题（每题 2 分，共 30 分）

1. 基准物质必须具备（　　　　）、（　　　）和（　　　）等特点。

2. 氧化还原滴定法根据所选作标准溶液的氧化剂的不同，可分为（　　　）、（　　）和（　　）三类。

3. 在 pH 值为 12 时，用钙指示剂测定水中的离子含量时，镁离子已转化为（　　），因此此时测得的是钙离子单独的含量。

4. 氧化还原滴定法的指示剂有（　　）、（　　）和（　　　）三类。

5. 利用生成（　　）的测定方法称为“银量法”。用银量法可以测定 Cl^-、Br^-、I^-、CN^-、SCN^- 等离子。

6. 滴定分析法中常用的分析方式有直接滴定法、（　　　）、（　　　）和（　　　）。

7. 酸或碱在水中离解时，同时产生与其相应的共轭碱或共轭酸。某种酸的酸性越强，其共轭碱的碱性就____，同理，某种碱的碱性越弱，其共轭酸的酸性就____。

8. 一般分光光度分析，使用波长在 350nm 以上时可用（　　）吸收池，在 350nm 以下时应选用（　　）吸收池。

9. 利用生成（　　）的测定方法称为银量法。用银量法可以测定 Cl^-、Br^-、I^-、CN^-、SCN^- 等离子。

10. 紫外-可见分光光度计常用的色散元件有（　　）和（　　）。

11. 原子吸收光谱分析的主要优点有（　　）、（　　）、（　　）、抗干扰能力强、分析速度快和应用范围广等。

12. 电位分析法可分为（　　）和（　　）两大类。

13. pH 玻璃电极所以能测定溶液的 pH 值，主要是由于它的（　　）产生的膜电位与待测溶液的 pH 值有特定的关系。

14. 如确定出现过失误差，则在计算（　　）前舍去。

15. 在分光光度法分析中，透光率 T 与吸光度 A 之间是对数关系，同样大小的透光率误差（　　），在不同 A 值时所引起的吸光度的误差 ΔA 是不相同的。通过推导可知，吸光度在（　　）范围内的相对测量误差较小。

三、问答题（每题 5 分，共 30 分）

1. 试说明目视比色法是否符合朗伯-比耳定律。

2. 什么叫陈化？陈化的作用是什么？

3. 分析氢型交换柱中使用的强酸性阳离子交换树脂有裂纹时，对氢电导率测量的影响？

4. 什么叫响应时间？哪些因素会影响响应时间？

5. 为什么测量氢电导率要换算成 25℃下的氢电导率值？

6. 下列情况将引起什么误差？

（1）砝码腐蚀。

（2）称量时试样吸收了空气中的水分。

（3）天平零点稍有变动。

（4）读取滴定管读数时，最后一位数字估测不准。

（5）试剂中含有微量被测组分。

（6）重量法测 SiO_2 时，试液中硅酸沉淀不完全。

四、计算题（每题 5 分，共 10 分）

1. 测定纯碱样品中微量 Fe，称取 2.00g 试样，用邻菲啰啉分光光度法测定，已知 Fe 标准液质量浓度为 0.010mg/mL，比色时加入 4mL 标准溶液，测得吸光度为 0.125，测定样品时吸光度为 0.114，求纯碱中 Fe 的质量分数。

2. 已知 Al^{3+}-F^- 络合物的 $\lg\beta_1 \sim \lg\beta_6$ 分别为 6.1、11.1、15.0、17.8、19.4、19.8，求在 0.10mol/L 铝氟络合物溶液中，当溶液中 $[F^-]=0.010$mol/L 时，试列出溶液中络合物的 3 种主要存在形式，并按浓度的大小排列。

参 考 答 案

一、选择题

1. C；2. B；3. D；4. A；5. C；6. B；7. C；8. B；9. D；10. B；11. D；12. E；13. D；14. C；15. B。

二、填空题

1. 纯度应足够高；组分恒定；性质稳定。

2. 高锰酸钾法；重铬酸钾法；碘量法。

3. 氢氧化镁。

4. 自身指示剂；特效指示剂；氧化还原指示剂。

5. 难溶银盐反应。

6. 间接滴定法；置换滴定法；返滴定法。

7. 弱；强。

8. 玻璃；石英。

9. 难溶银盐反应。

10. 棱镜；光栅。

11. 检出限低；选择性好；精密度高。

12. 直接电位法；电位滴定法。

13. 玻璃膜。

14. 平均值。

15. ΔT；0.2～0.8。

三、问答题

1. 答：不严格符合朗伯-比耳定律。因为目视比色是在白光下进行的，入射光为白光，并非单色光，所以入射光的强度和吸收系数 K 并非一定值，而朗伯-比耳定律是在 K 值一定、入射光为单色光的前提下成立的。

2. 答：在沉淀后，使沉淀与母液一起放置一段时间，称为陈化。由于小晶体比大晶体的溶解度大，在同一溶液中对小晶体是未饱和，对大晶体是过饱和的。这样，在陈化过程中，细小晶体逐渐溶解，大晶体继续长大，不仅能得到粗大的沉淀，还能使吸附杂质的量减少。

3. 答：在测量氢电导率时，如果使用的强酸性阳离子交换树脂有裂纹，则再生后的阳离子交换树脂裂纹中的酸很难清洗干净，在测量过程中会逐渐释放，导致测量结果偏高。

4. 答：响应时间是指从离子选择性电极与参比电极接触试液或试液中离子的活度改变开始时到电极电位值达到稳定（±1mV 以内）所需的时间，也可用达到平衡电位值 95%或 99%所需的时间 $t_{0.95}$ 或 $t_{0.99}$ 表示。

响应时间的波动范围很大，性能良好的电极的响应是很快的。随着离子活度下降，响应时间将会延长。溶液组成、膜的结构、温度和搅拌强度等也都会影响响应时间。

5. 答：同样杂质含量的水样在不同温度下电导率不同，只有在相同温度下电导率相同，因此设定 25℃的氢电导率值作为统一衡量标准。

6. 答：(1)、(2)、(5)、(6) 为系统误差；(3)、(4) 为随机误差。

四、计算题

1. 解：由于邻菲啰啉-Fe 配合物的浓度与吸光度呈直线关系，即符合比耳定律，则

$$\frac{A_1}{A_2} = \frac{\varepsilon_1 c_1 L_1}{\varepsilon_2 c_2 L_2}$$

因为标准和样品均用同一方法及相同的比色皿，所以 $\varepsilon_1 = \varepsilon_2 \quad L_1 = L_2$

上式化简为

$$\frac{A_1}{A_2} = \frac{c_1}{c_2}$$

其中只有 c_2 为未知，则

$$\frac{0.125}{0.114}=\frac{4\times 0.010}{c_2}$$

当标准比色液和样品比色液体积相同时，m 可代替 c

$$m=\frac{0.114\times 0.040}{0.125}=0.0365\ (\text{mg})$$

$$\frac{0.0365}{2.00\times 1000}\times 100\%=0.0018\%$$

答：纯碱中 Fe 的质量分数为 0.0018%。

2. 解：根据络合物的定义，各组分的平衡浓度可用下式表示，即

$[AlF^{2+}]=\beta_1\times[F^-]\times[Al^{3+}]=10^{6.1}\times 10^{-2}\times[Al^{3+}]=10^{4.1}\times[Al^{3+}]$

$[AlF_2{}^+]=\beta_2\times[F^-]^2\times[Al^{3+}]=10^{11.1}\times 10^{-4}\times[Al^{3+}]=10^{7.1}\times[Al^{3+}]$

$[AlF_3]=\beta_3\times[F^-]^3\times[Al^{3+}]=10^{15.0}\times 10^{-6}\times[Al^{3+}]=10^{9.0}\times[Al^{3+}]$

$[AlF_4^-]=\beta_4\times[F^-]^4\times[Al^{3+}]=10^{17.8}\times 10^{-8}\times[Al^{3+}]=10^{9.8}\times[Al^{3+}]$

$[AlF_5^{2-}]=\beta_5\times[F^-]^5\times[Al^{3+}]=10^{19.4}\times 10^{-10}\times[Al^{3+}]=10^{9.4}\times[Al^{3+}]$

$[AlF_6{}^{3-}]=\beta_6\times[F^-]^6\times[Al^{3+}]=10^{19.8}\times 10^{-12}\times[Al^{3+}]=10^{7.8}\times[Al^{3+}]$

由于溶液中的 $[Al^{3+}]$ 是一定的，所以溶液中络合物的 3 种主要存在形式按浓度从大到小分别为 AlF_4^-、AlF_5^{2-} 和 AlF_3。

附录 A　微量硬度快速测定方法

（GB/T 25836—2010）

1　范围

本标准规定了软化水、H 型阳离子交换器出水、锅炉给水、凝结水等水样中微量硬度的测定方法。

本标准适用于水样中硬度$\left(以\frac{1}{2}Ca^{2+}和\frac{1}{2}Mg^{2+}计\right)$为 0.5μmol/L～200μmol/L 含量的测定。

2　规范性引用文件

下列文件对于本文件的应用是必不可少的。凡是注日期的引用文件，仅注日期的版本适用于本文件。凡是不注日期的引用文件，其最新版本（包括所有的修改单）适用于本文件。

GB/T 6903　锅炉用水和冷却水分析方法　通则

GB/T 6907　锅炉用水和冷却水分析方法　水样的采集方法

3　方法概要

在 pH 为 10.0±0.1 的水溶液中，加入微量硬度指示剂[1]，用乙二胺四乙酸二钠盐（简称 EDTA）标准滴定溶液滴定至蓝色为终点。根据消耗 EDTA 标准滴定溶液的体积，即可计算出水样硬度值。

水样中铁含量小于 1.0mg/L、铜含量小于 0.05mg/L 对测定无干扰。当水样中铁含量大于 1.0mg/L、铜含量大于 0.05mg/L 可在加指示剂前用 2mL 的 L-半胱胺酸盐酸盐溶液（10g/L）和 2mL 三乙醇胺溶液（1+4）进行联合掩蔽消除干扰。

4　试剂与仪器

4.1　试剂纯度应符合 GB/T 6903 规定。

4.2　试剂水：应符合 GB/T 6903 规定的Ⅱ级试剂水。

4.3　滴定管：当水中硬度含量小于 50.0μmol/L 时采用最小分刻度不大于 0.05mL 的微量滴定管；当水中硬度含量大于或等于 50.0μmol/L 时采用最小分刻度为 0.1mL 的滴定管。

4.3　氢氧化钠溶液（40g/L）。

4.4　盐酸溶液（1+4）。

4.5　硼砂缓冲溶液：称取 40g 硼砂（$Na_2B_4O_7 \cdot 10H_2O$），加入 10g 氢氧化钠，溶于试剂水中，稀释至 1L。贮于塑料瓶中。

1）微量硬度指示剂是由西安热工研究院有限公司提供的产品的商品名。

4.6 钙标准溶液[c_1=0.1000mmol/L]：准确称取于110℃下烘2h并在干燥器中冷却的基准碳酸钙($CaCO_3$)1.0009g，溶于15mL盐酸溶液(4.4)并定量转移至1L容量瓶中，用试剂水稀释至刻度。再吸取此标准溶液10.00mL至1L容量瓶中，混匀，并用试剂水稀释至刻度。

4.7 微量硬度指示剂溶液：称取微量硬度指示剂2.0g，加入5mL试剂水搅匀，再加入80mL三乙醇胺和15mL无水乙醇，搅拌均匀，贮于棕色瓶中。有效期≤30天。

4.8 EDTA标准滴定溶液［c（EDTA）=0.5mmol/L］的配制和标定。

4.8.1 EDTA标准滴定溶液的配制：称取4.0g EDTA($C_{10}H_{14}N_2O_8Na_2 \cdot 2H_2O$)溶解于一定量试剂水中，并用试剂水稀释至1L，混匀。吸取此溶液50mL，稀释至1L，混匀，贮存于塑料瓶中。

4.8.2 EDTA标准滴定溶液的标定：吸取20.00mL钙标准溶液放入250mL锥形瓶中，加入80mL试剂水，按分析步骤5.3～5.5标定。EDTA标准滴定溶液的浓度（c_2）按式（1）计算：

$$c_2 = \frac{20.00 \times c_1}{V_1 - V_o} \tag{1}$$

式中 c_2——EDTA标准滴定溶液的浓度，mmol/L；

c_1——钙标准溶液浓度，mmol/L；

20.00——吸取钙标准溶液的体积，mL；

V_1——标定消耗EDTA标准滴定溶液的体积，mL；

V_o——空白消耗EDTA标准滴定溶液的体积，mL。

5 分析步骤

5.1 按GB/T 6907规定的方法采集水样。

5.2 量取水样100mL（V_1）放入250mL锥形瓶中。

注1：水样酸性或碱性很高时，用氢氧化钠溶液（4.3）或盐酸溶液（4.4）调节试样的pH值为7～10。

5.3 加入1mL硼砂缓冲溶液和1～2滴微量硬度指示剂溶液，摇匀。

5.4 用EDTA标准滴定溶液滴定，溶液由红色变为蓝色即为终点，记录消耗EDTA标准滴定溶液的体积（V_2）。从加入缓冲溶液到滴定完成应不超过5min，水样温度应不低于15℃。

5.5 另量取100mL试剂水，按5.3、5.4操作步骤测定空白，记录消耗EDTA标准滴定溶液体积（V_3）。

5.6 结果表述

水样中硬度按式（2）计算：

$$H = \frac{(V_2 - V_3) \times c_2 \times 2}{V} \times 1000 \tag{2}$$

式中 H——水样中硬度，μmol /L；

c_2——EDTA标准滴定溶液的浓度，mmol/L；

V_2——滴定水样消耗EDTA标准滴定溶液的体积，mL；

V_3——空白试验消耗EDTA标准滴定溶液的体积，mL；

V——水样体积，mL；

2——Ca^{2+}和Mg^{2+}换算成$\frac{1}{2}Ca^{2+}$和$\frac{1}{2}Mg^{2+}$基本单元的换算系数；

1000——单位换算系数。

7 允许差

取平行测定结果的算术平均值为测定结果。当水中硬度含量小于50.0μmol/L时两次平行测定结果的允许差不大于0.5μmol/L硬度；当水中硬度含量大于或等于50.0μmol/L时两次平行测定结果的允许差不大于1.0μmol/L硬度。

8 试验报告内容

试验报告至少应包括下列各项：

a）注明引用标准；

b）受检水样的完整标识：包括水样名称、采样地点、采样时间、采样人等；

c）测定结果；

d）测定人员、校核人员和测定日期。

附录B　发电厂水汽中痕量阳离子的测定　离子色谱法

（DL/T 301—2011）

1　范围

本标准规定了离子色谱法测定发电厂水、汽样品中的阳离子——钠离子（Na^{+}）、钾离子（K^{+}）、镁离子（Mg^{2+}）、钙离子（Ca^{2+}）和铵离子（NH_4^{+}）的方法。

本标准适用于发电厂给水、凝结水、蒸汽和炉水等水样中上述阳离子的测定。

2　规范性引用文件

下列文件对于本文件的应用是必不可少的。凡是注日期的引用文件，仅注日期的版本适用于本件。凡是不注日期的引用文件，其最新版本（包括所有的修改单）适用于本文件。

GB/T 6903　锅炉用水和冷却水分析方法　通则

GB/T 6907　锅炉用水和冷却水分析方法　水样的采集方法

3　术语和定义

下列术语和定义适用于本文件。

3.1

离子色谱法　ion chromatography

是高效液相色谱法的一个分支，通过离子交换分离离子组分，用适当的检测器检测。

3.2

保护柱　guard column

用于保护分离柱免受颗粒物或不可逆保留物等杂质污染的离子交换柱。

3.3

分离柱　separation column

用于分离待测离子的高效离子交换柱。

3.4

抑制器　suppressor device

用于降低淋洗液中离子组分的电导响应，增加被测离子的检测响应，提高信噪比的装置。

3.5

阳离子捕获柱　cation trap column

用于去除淋洗液和试剂溶液中痕量阳离子杂质，阻止其到达分离柱的一种高容量阳离子交换柱。

3.6

浓缩柱 concentrator column

用于浓缩待测离子，提高检测灵敏度的一种离子交换柱。

3.7

淋洗液 eluent

离子色谱流动相。

3.8

淋洗液发生器 eluent generator

以在线方式提供高纯度淋洗液的装置。

4 原理

离子色谱流路图如图1所示（图中虚线框为可选用部件）。进样阀处于装样位置时（进样阀中虚线），一定体积的样品溶液（如500μL）被注入样品定量环。当进样阀切换到进样位置时（进样阀中实线），淋洗液将样品定量环中的样品溶液带入分离柱，被测阳离子根据其在分离柱上保留特性的不同实现分离。淋洗液通过抑制器时，所有阴离子被交换为氢氧根离子，酸性淋洗液转化为水，背景电导率降低。与此同时，被测阳离子转化为相应的碱（氢氧化物），待测离子的电导率响应升高，信噪比提高。由电导检测器检测响应信号，数据处理系统记录并显示离子色谱图。以保留时间对被测阳离子定性，采用外标法，以峰高或峰面积对被测阳离子定量。

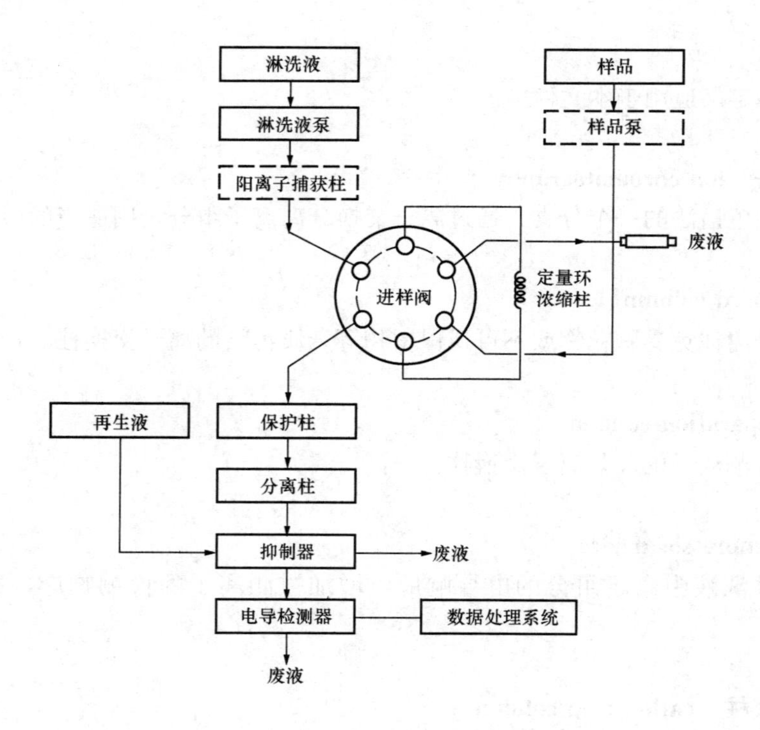

图1 离子色谱流路图

5 试剂

5.1 试剂与试剂水

本标准所用试剂应为优级纯试剂。试剂水应符合 GB/T 6903 规定的一级试剂水。

5.2 淋洗液

应根据所用分离柱的特性配制适合的淋洗液，或采用淋洗液发生器。

5.3 再生液

应根据所用抑制器及其使用方式选择再生液。

5.4 标准储备液

5.4.1 应使用标准物质溶液作为标准储备液。无法购置到标准物质溶液时，可采用 5.4.2 所述方法配制标准储备液。

5.4.2 标准储备液的配制方法。

5.4.2.1 钠离子标准储备液（1000mg/L）

称取 2.542g 氯化钠（优级纯 NaCl，5000℃～600℃灼烧至恒重），溶于水中，转移至 1000mL 容量瓶中，用水稀释至刻度，储于聚丙烯或高密度聚乙烯瓶中，4℃冷藏存放。

5.4.2.2 钾离子标准储备液（1000mg/L）

称取 1.907g 氯化钾（优级纯 KCl，500℃～600℃灼烧至恒重），溶于水中，转移至 1000mL 容量瓶中，用水稀释至刻度，储于聚丙烯或高密度聚乙烯瓶中，4℃冷藏存放。

5.4.2.3 镁离子标准储备液（1000mg/L）

称取 1.657g 氧化镁（优级纯 MgO，800℃灼烧至恒重）于 100mL 烧杯中，用水润湿，滴加盐酸（优级纯）至溶解，再过量加入 2.5mL 盐酸，转移至 1000mL 容量瓶中，用水稀释至刻度，储于聚丙烯或高密度聚乙烯瓶中，4℃冷藏存放。

5.4.2.4 钙离子标准储备液（1000mg/L）

称取 2.497g 碳酸钙（优级纯 $CaCO_3$，105℃～110℃灼烧至恒重）于 100mL 烧杯中，用水润湿，滴加盐酸（优级纯）至溶解，再过量加入 2.5mL 盐酸，转移至 1000mL 容量瓶中，用水稀释至刻度，储于聚丙烯或高密度聚乙烯瓶中，4℃冷藏存放。

5.4.2.5 铵离子标准储备液（1000mg/L）

称取 2.965g 氯化铵（优级纯 NH_4Cl，105℃～110℃干燥至恒重），溶于水中，转移至 1000mL 容量瓶中，用水稀释至刻度，储于聚丙烯或高密度聚乙烯瓶中，4℃冷藏存放。

6 仪器

6.1 离子色谱仪

离子色谱仪应包括淋洗液泵、进样阀、分离柱、抑制器、电导检测器、数据处理系统（色谱工作站）等部件。淋洗液泵接触流动相的部件应为非金属材料，分离柱应使钠离子、钾离子、镁离子、钙离子和铵离子达到基线分离。

6.2 特殊器皿

6.2.1 容量瓶，聚丙烯材质，100，500，1000mL。

6.2.2 样品瓶，聚丙烯或高密度聚乙烯材质。

7 取样

7.1 水样的采集方法应符合 GB/T 6907 的规定。

7.2 用聚丙烯或高密度聚乙烯瓶取样，使水样溢流赶出空气，盖上瓶盖。

8 分析步骤

8.1 仪器的准备

8.1.1 应按照仪器使用说明书调试、准备仪器。选择合适的分离柱、抑制器及相应的色谱条件，系统平衡至基线平稳，参见附录 A。

8.1.2 应根据分离柱的性能和待测水样中的阳离子含量，选择直接进样或浓缩柱进样方式。对水样中微克/升级阳离子的测定，应使用大容积样品定量环（如 500μL）直接进样，对水样中毫克/升级阳离子的测定，应使用小容积样品定量环（如 25μL）直接进样。

8.2 混合标准工作溶液

8.2.1 中间混合标准溶液的配制：应根据待测阳离子种类和各种阳离子的检测灵敏度，准确移取适量所需阳离子标准储备液，用水稀释定容，制备成毫克/升级（如 1.0mg/L Na^+、1.0mg/L NH_4^+、1.0mg/L Mg^{2+}、2.0mg/L K^+、2.0mg/L Ca^{2+}）混合标准溶液，储于聚丙烯或高密度聚乙烯瓶中，4℃冷藏存放。此中间混合标准溶液可存放一周。

8.2.2 混合标准工作溶液的配制：混合标准工作溶液应当天配制，浓度范围应包含被测样品中阳离子的浓度。准确移取适量中间混合标准溶液，用水稀释定容。配制五个浓度水平的混合标准工作溶液。以试剂水为空白溶液，混合标准工作溶液中各阳离子的浓度水平，通常分别为 2.5，5.0，10.0，15.0，20.0μg/L 或更高。

8.3 标准工作曲线的绘制

8.3.1 应先分析空白溶液和系列混合标准工作溶液，记录谱图上的出峰时间，确定各阳离子的保留时间；以峰高或峰面积为纵坐标，以阳离子浓度为横坐标，由仪器数据处理系统得出标准工作曲线，铵离子应采用非线性回归方式，其他离子宜采用线性回归方式，相关系数应大于 0.995。

注：铵是弱碱，在抑制电导检测方式下，铵离子的响应为非线性状态。

8.3.2 如需同时测定发电厂加氨后的汽、水中痕量钠离子和高含量铵离子，应增加铵离子系列标准工作溶液，如 125，250，500，750，1000μg/L 或更高。宜先完成痕量浓度水平的标准工作溶液测试后，再对高浓度水平铵标准工作溶液进行测试。对铵离子工作曲线可采用点到点回归方式，参见附录 A。

8.3.3 标准工作溶液和水样的进样体积应保持一致。

8.4 水样分析

8.4.1 按标准工作溶液的测试条件，对水样进行两次平行测定，根据被测阳离子的峰高或峰面积，由相应的标准工作曲线确定各阳离子的浓度。

8.4.2 若怀疑样品中有颗粒物，进样时应采用 0.45μm 一次性针筒过滤器过滤水样。

8.5 干扰及消除

8.5.1 应避免在采样、存储和分析环节中的污染。

8.5.2 当样品中某种离子浓度过高，影响待测阳离子定量时，可适当稀释样品，或采用梯度淋洗的方法减少干扰。

8.6 结果表述

由仪器数据处理系统得出样品测定值，取两次平行测定的算术平均值作为测定结果。

9 精密度

本方法精密度是由三个实验室协同试验结果得出的。待测离子浓度在0.5μg/L～1μg/L范围时，相对标准偏差小于15%；待测离子浓度在1μg/L～20μg/L范围时，相对标准偏差小于5%。

10 试验报告

试验报告至少应包含下列信息：

a）注明引用本标准；

b）受检水样的完整标识，包括水样名称、水样编号、采样日期、采样人、采样地点、厂名等；

c）水样中各阳离子含量；

d）试验人员和试验日期。

附 录 A
（资料性附录）
阳 离 子 测 试 示 例

A.1 色谱工作条件

色谱工作条件见表A.1，阳离子色谱分离图见图A.1。

表A.1 色 谱 工 作 条 件

	A	B
色谱柱	lonpac CG12A，CS12A（2mm）	IonPac CG16，CS16（3mm）
淋洗液	20mmol/L 甲磺酸	32mmol/L 甲磺酸
淋洗液来源	甲磺酸淋洗液发生器	甲磺酸淋洗液发生器
抑制器	CSRS300（2mm），自动抑制外接水模式	CSRS300（2mm），自动抑制外接水模式
再生液	试剂水	试剂水
柱箱温度	30℃	40℃
淋洗液流速	0.25mL/min	0.36mL/min
进样量	500μL	1000μL

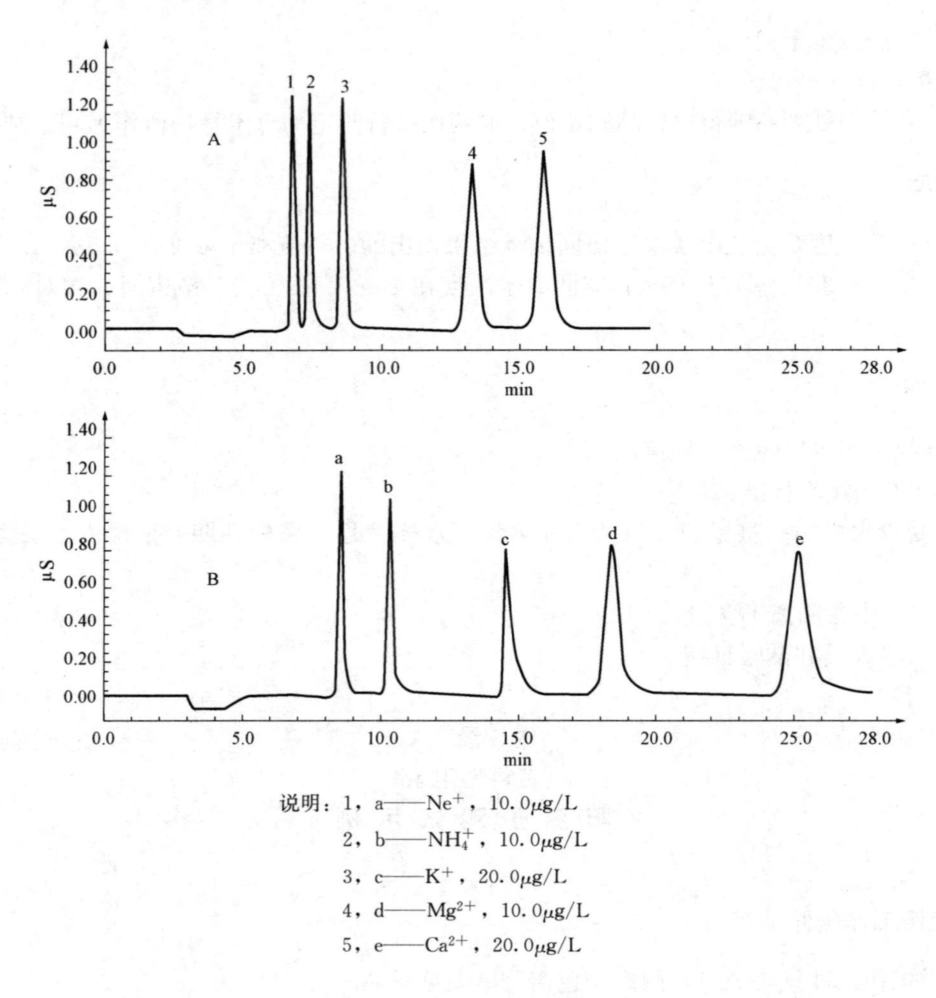

图 A.1 阳离子色谱分离图

A.2 实际水样测试条件示例

标准工作溶液系列见表 A.2，某发电厂给水阳离子色谱分离图见图 A.2。

表 A.2 标准工作溶液系列

项目	标准工作溶液系列浓度水平 μg/L											回归方式
	0	1	2	3	4	5	6	7	8	9	10	
钠离子	空白	2.5	5.0	10.0	15.0	20.0	—	—	—	—	—	线性
铵离子	空白	2.5	5.0	10.0	15.0	20.0	125	250	500	750	1000	点到点

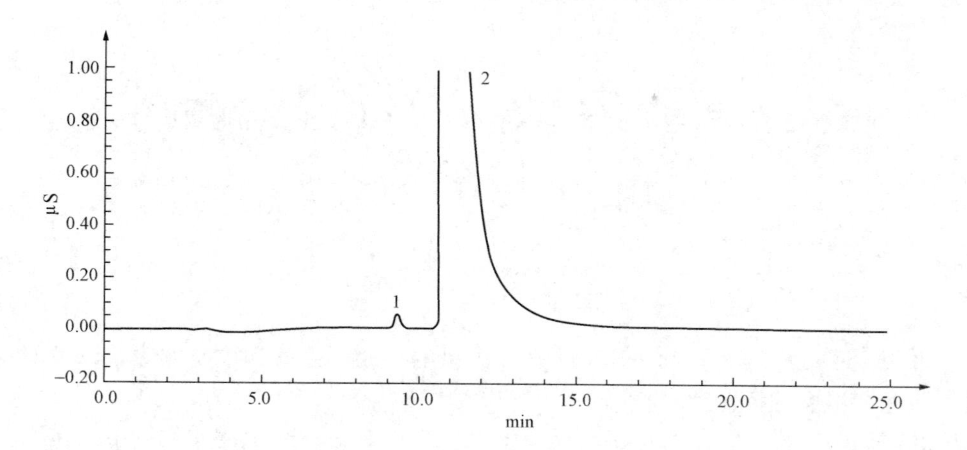

说明：色谱柱：IonPac CG16，CS16（3mm）

淋洗液：32.0mmol/L 甲磺酸

淋洗液来源：甲磺酸淋洗液发生器

流速：0.36mL/min

抑制器：CSRS 300（2mm），自动抑制外接水模式

进样量：1000μL

抑制器电流：34mA

色谱峰：1. Na^+，0.60μg/L

2. NH_4^+，0.98mg/L

图 A.2　某发电厂给水阳离子色谱分离图

附录C　发电厂低电导率水pH在线测量方法

(DL/T 1201—2013)

1　范围

本标准规定了低电导率流动水样pH在线测量的程序、设备和校准方法，以及对水样流动压力、流速和温度的控制要求。

本标准适用于电导率低于100μS/cm、pH（25℃）在3～11之间水样的pH在线测量。

2　规范性引用文件

下列文件对于本文件的应用是必不可少的。凡是注日期的引用文件，仅注日期的版本适用于本文件。凡是不注日期的引用文件，其最新版本（包括所有的修改单）适用于本文件。

GB/T 6904.3　锅炉用水和冷却水分析方法　pH的测定　用于纯水的玻璃电极法

GB/T 13966　分析仪器术语

DL/T 677—2009　发电厂在线化学仪表检验规程

3　术语和定义

GB/T 13966　界定的以及下列术语和定义适用于本文件。

3.1

液接电位　liquid junction potential

在参比电极盐桥和水样接触点处的直流电位差。理想情况下该电位差接近于零并且稳定。在低电导率水中，液接电位增大，并且其增大量不可知，造成测量误差。只要该电位差保持长时间稳定，则可通过在线校准降低其影响。

3.2

流动电位　streaming potential

由于低电导率水流经非导电体表面（如pH测量体系中的玻璃电极的玻璃膜或其他非导电材料）产生的静电荷所引起的电位变化。

3.3

玻璃电极　glass electrode

用对氢离子有选择作用的玻璃敏感膜制作的一种离子选择电极。其电位与溶液中氢离子活度的对数呈线性关系。该电极用于测量pH。

[GB/T 13966—1992，定义3.61]

3.4

参比电极　reference electrode

在实际电化学测量条件下，电位值已知并基本保持不变的电极，用于测量指示电极的电位。例如，在电位法分析中用的甘汞电极、银-氯化银电极等。

[GB/T 13966—1992，定义 3.53]

3.5

pH 复合电极　pH combination electrode

由一支离子选择电极和一支参比电极组合构成的一种电化学传感器。

[GB/T 13966—1992，定义 3.55]

4　方法概述

本方法所述的 pH 在线测量，是指将玻璃电极与参比电极放置在密闭流通池中进行低电导率水 pH 的在线连续测量。选择适合在低电导率水中连续测量、内阻小的玻璃电极，以降低流动电位的影响。宜采用密闭结构、无须补充电解液的参比电极，带有的盐桥与水样通过扩散导通，在连续测量期间，盐桥能限制内充电解液扩散速度，以防止扩散造成电极内充电解液被显著稀释。

本方法介绍了用于低电导率水样 pH 在线连续测量的仪器和程序。详细介绍了 pH 传感器组件的类型和 pH 仪表接口模块。规定了水样压力和流速的控制要求。规定了 pH 传感器的安装和校准方式，介绍了校准时防止水样污染和取得代表性水样应采取的措施。

5　意义和作用

提高在线测量低电导率水 pH 的准确性，对水汽系统 pH 监督、判断水中杂质的污染性质以及获得与纯水系统总体状态有关的信息有重要意义。

通常在酸、碱或溶解性盐含量较大的溶液中，可以快速和精确测定 pH。但低电导率水样 pH 的在线连续测量难度却很大。因为低电导率水样容易受到大气、水样流路和参比电极的污染，且液接电位容易发生改变，导致 pH 测量误差。另外，低电导率水样对参比电极的影响以及高电阻率也可造成 pH 测量值不稳定和误差。

6　低电导率水样 pH 在线测量影响因素

6.1　污染

进行 pH 在线测量时，高纯度、低电导率水样特别容易受到污染，这些污染来自大气(尤其是 CO_2)、取样管路沉积物（氧化铁和其他金属腐蚀产物）、高电导率的标准缓冲液、不正确的取样系统以及参比电极渗出的内充 KCl 溶液。只含有氨和二氧化碳水溶液的 pH 和电导率计算值（25℃）见表 1。

表 1　只含有氨和二氧化碳水溶液的 pH 和电导率计算值（25℃）

氨 mg/L	二氧化碳 0mg/L		二氧化碳 0.2mg/L		水样含 0.2mg/L 二氧化碳引起的 pH 改变量 ΔpH
	μS/cm	pH	μS/cm	pH	
0	0.056	7.00	0.508	5.89	1.11
0.12	1.462	8.73	1.006	8.18	0.55
0.51	4.308	9.20	4.014	9.09	0.11
0.85	6.036	9.34	5.788	9.26	0.08
1.19	7.467	9.44	7.246	9.38	0.06

6.2 流动电位

玻璃电极的电位与水样中的氢离子活度的对数成比例，反映水样的真实 pH 值。而低电导率水样在流动过程中，额外产生变化的流动电位，该电位叠加到玻璃电极上，使玻璃电极的电位发生变化从而造成 pH 的测量误差，并且该误差变化不定。可使用导电的流通池、对称 pH 复合电极和减少电极表面流速来减少流动电位对低电导率水样 pH 在线测量的影响。

6.3 液接电位

液接电位在低电导率水样中最为明显，使参比电极的电位发生变化，从而改变了玻璃电极和参比电极的电位差，造成 pH 测量误差。参比电极液接电位的变化受参比电极的性能、水样的电导率、运行时间、水样流速和水样压力的影响。pH 仪表的整机校准在 pH 标准缓冲液中进行，其离子强度远高于低电导率水样离子强度，因此将电极从标准缓冲溶液中转移至低电导率水样时，液接电位发生显著变化，导致在 pH 标准缓冲液中校准准确的 pH 仪表，在测量低电导率水样 pH 时，仍然会出现较大测量误差。

在 pH 仪表整机校准时，应保证液接电位的稳定。在离子强度较高的 pH 标准缓冲液中校准后，测量低电导率水样时，需要很长的冲洗时间，参比电极的液接电位才能达到稳定。为了保证低电导率水 pH 在线测量的准确性，应按第 8.2 条所述的方法，在低电导率水样中进行在线校准，或使用与被测水样电导率相近的标准水样进行校准。

6.4 温度

在测量低电导率水样 pH 时，流动水样的温度变化，以及补偿到 25℃所用的温度补偿系数，对 pH 测量的准确性有较大影响。温度对 pH 测量的影响，参见附录 C。

6.5 流速

应控制流经 pH 测量流通池的水样流速在一定范围内，才能使测量结果稳定准确。水样流速对 pH 测量的影响，参见附录 D。

7 仪器

7.1 测量传感器

7.1.1 纯水 pH 测量传感器应是一个完整的组件。pH 测量流通池、连接管宜采用不锈钢（应首选 316 不锈钢，也可采用电解抛光的 304 不锈钢），电极宜采用不锈钢整体屏蔽，并且整个系统应接地良好。同时要求整个测量系统有良好的屏蔽，以减少电磁干扰；应使整个水样系统严密，防止空气漏入水样；应防止水样系统积累沉积物。当水样系统使用塑料（如聚四氟乙烯和聚偏氟乙烯等）或其他材料时，应确保这些材料不会释放杂质从而污染水样。

7.1.2 传感器的温度响应会影响测量的准确性和重现性。玻璃电极、参比电极和温度测量电极均应对温度变化有较快的响应。

7.1.3 一些玻璃电极长期在低电导率水中会发生玻璃膜降解。应选择适合在低电导率水中长期使用的玻璃电极。

7.1.4 为了保证 pH 测量结果的准确性和稳定性，应避免低电导率水样扩散到参比电极内部的高电导率电解液中引起参比电极的电位变化。

7.1.5 宜选择密封（不需要补充电解液）的参比电极，该电极在长期测量低电导率水样过程中，应能避免参比电极内充液被显著稀释。测量过程中，参比电极中微量的 KCl 会扩散到水样中。

7.2　取样管系统

pH测量传感器上游与水样接触的材料应选用不锈钢、聚四氟乙烯、玻璃等。在水样减压器和冷却器后，还应设有压力调节系统和流量调节系统。在水样进入传感器前，应设有人工取样旁路，用于pH仪表的整机在线校准。人工取样旁路应满足以下条件：进行在线校准时，流经在线pH仪表传感器的水样压力和流量保持不变。

7.3　传感器与二次仪表的连接

pH测量传感器与二次仪表的连接线长度小于3m，传感器与二次仪表直接连接，见图1(a)。pH测量传感器与二次仪表的连接线长度大于3m，宜使用转换模块。该模块具有测量信号放大、抗干扰、温度补偿等功能。转换模块与pH传感器的连接线长度宜小于3m，转换模块的输出端与pH二次仪表的连接见图1（b)。

8　校准

8.1　检查性校准

8.1.1　检查性校准适用于新购仪表的初次使用，或者更换电极后的首次使用，使用中的pH仪表宜半年进行一次检查性校准。检查性校准的目的是检验电极与二次仪表的配套性能。由于低电导率水pH的在线测量受流动电位、液接电位、温度补偿等特殊干扰因素的影响，检查性校准后的pH仪表，并不能保证在线测量低电导率水样pH时的准确性。

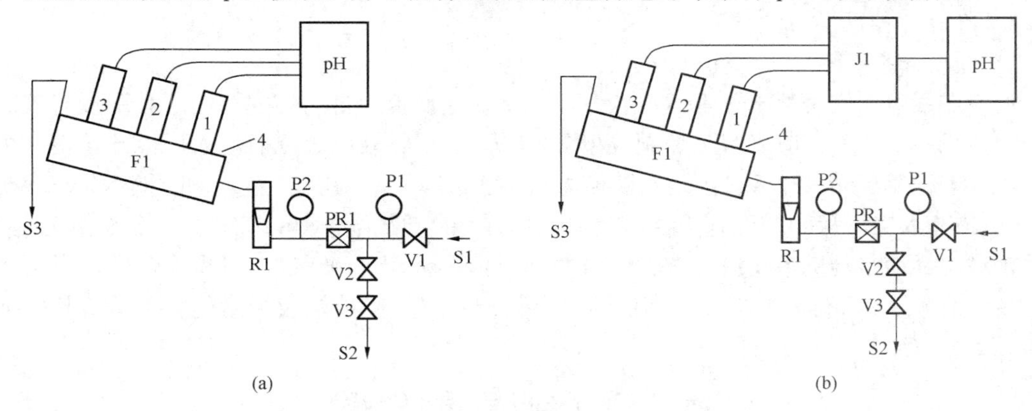

图1　在线pH测量系统和取样系统示意

(a）连接线长度小于3m；（b）连接线长度大于3m

S1—水样进口；V1—高压水样进口截止阀；P1—水样进口压力表；V2—人工取样截止阀；V3—人工取样调节阀；S2—人工取样出口；PR1—二次压力调节阀；R1—转子流量计；P2—测量池压力表；F1—测量流通池；S3—水样排水管；1—温度测量电极；2—玻璃电极；3—参比电极；pH—二次仪表；J1—转换模块；4—pH测量传感器（包括F1、1、2、3）

8.1.2　检查性校准步骤如下：

a）按照厂家说明书，将pH测量传感器与二次仪表连接，启动仪表，并进行后续操作。

b）将pH仪表设置为自动温度补偿。

c）将电极（参比电极、玻璃电极和温度测量电极）从流通池中取出，分别置于pH7和pH9的标准缓冲溶液中进行两点定位（见GB/T 6904.3)。然后再把电极分别放入pH7和pH9的标准缓冲溶液中进行检验，并记录示值误差。每次更换标准缓冲液之前，使用二级除盐水彻底冲洗电极和玻璃器皿。

d）完成上述操作后，使用二级除盐水或被测水样彻底冲洗电极，按厂家说明将其安装在 pH 测量流通池中。调整水样流速不小于 250mL/min，冲洗流通池和电极至少 3h，彻底清除微量高电导率的 pH 缓冲溶液。

8.1.3 检查性校准结果处理如下：

a）若 pH 仪表的示值误差绝对值不大于 0.05pH，说明电极与二次仪表匹配。

b）若 pH 仪表的示值误差绝对值大于 0.05pH，或 pH 仪表示值上下波动幅度超过 ±0.02pH，应按照 DL/T 677—2009 中 6.9 的规定检查电极性能。

c）若无法将 pH 仪表的示值校准到标准缓冲溶液的 pH 值，说明电极与二次仪表不匹配。

8.2 准确性校准

8.2.1 准确性校准的目的是保证 pH 仪表在线测量准确。准确性校准时，pH 仪表处于正常在线监测状态，所有可能使仪表测量出现误差的因素都存在。因此，准确性校准合格的 pH 仪表，一定时间内，pH 在线测量误差的绝对值不大于 0.05pH。

8.2.2 对于连续运行的在线 pH 仪表，应每月进行一次准确性校准；如果发现 pH 仪表在线测量异常，应立即进行准确性校准。新购置的在线 pH 仪表，或者更换电极的在线 pH 仪表，在完成检查性校准后，应立即进行准确性校准。机组检修后投入运行，应进行一次准确性校准。

8.2.3 准确性校准的方法如下：

a）低电导率 pH 标准水样校准法。

被检在线 pH 仪表处于正常运行状态，温度补偿设置为自动温度补偿。对于参与控制或报警的在线 pH 仪表，应先解除控制或报警状态。然后将被检表流通池入口拆开，将一个低电导率 pH 标准水样（见表 2）接入被检表流通池入口（见图 2、参见 DL/T 677—2009 附录 C）。调节水样流量和压力到正常测量值，用标准水样冲洗 30min 以上。当被检表读数稳定后，对比标准水样的 pH 值，两者差值的绝对值不大于 0.05pH，即检验合格；当两者差值的绝对值大于 0.05pH，按照仪表说明书调整被检表，使被检表测量的 pH 示值与标准水样的 pH 值一致。

表 2 25℃下，pH 与电导率的关系

NH_3 mg/L	NH_4OH mg/L	pH	电导率 μS/cm
0.10	0.21	8.65	1.24
0.15	0.31	8.79	1.72
0.20	0.41	8.89	2.15
0.25	0.51	8.96	2.54
0.30	0.62	9.02	2.91
0.35	0.72	9.07	3.25
0.40	0.82	9.11	3.57
0.45	0.93	9.15	3.88
0.50	1.03	9.18	4.17
1.00	2.06	9.38	6.58
1.50	3.09	9.49	8.47
2.00	4.11	9.56	10.08

注：该表列出通过热力学数据计算得到的纯水中的低浓度氨水的 pH 和电导率的理论值。

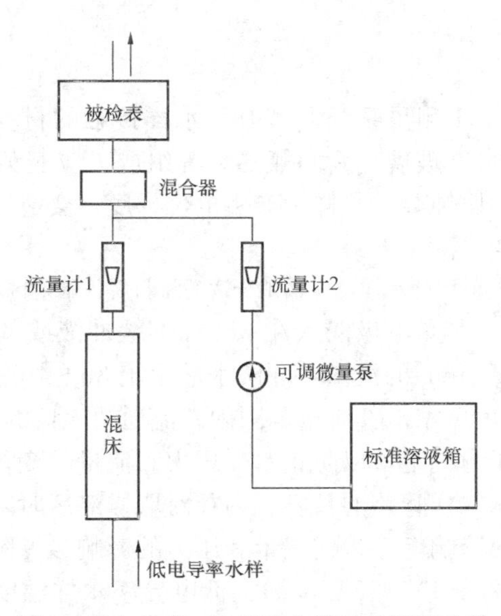

图2　低电导率pH标准水样制备装置示意

b）标准表比对校准法。

被检在线pH仪表处于正常运行状态，温度补偿设为自动温度补偿。

标准pH仪表的整机温度补偿附加误差的绝对值小于0.01pH，温度测量误差的绝对值小于0.50℃，标准表比对校准前，应使用低电导率pH标准水样校准法校准标准pH仪表，使其工作误差的绝对值小于0.02pH。

然后，将标准pH仪表流通池入口连接到被检pH仪表所测水样的人工取样点（见图3），使被检表和标准表测量同一个水样，调节流经两个表的水样流量与厂家推荐值一致。当被检表和标准表读数稳定后，对比两者差值的绝对值，不大于0.05pH，检验合格；当两者差值的绝对值大于0.05pH，按照仪表说明书调整被检表，使被检表测量的pH示值与标准表测量的pH示值一致。

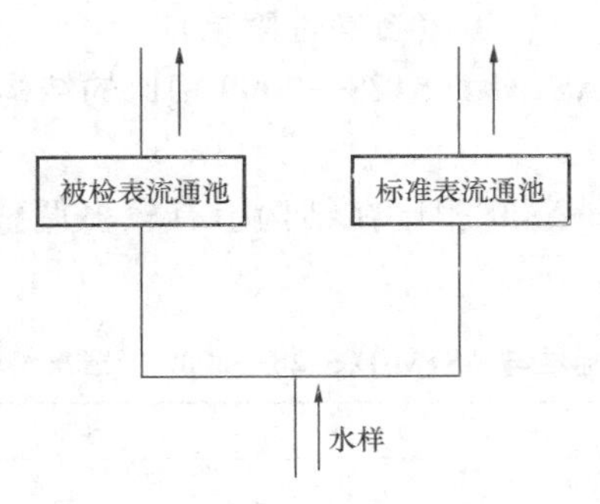

图3　标准表比对校准法示意

8.3　注意事项

8.3.1　对于不能恒温在25℃±1℃的水样，应检验在线pH仪表的温度补偿附加误差（见DL/T 677—2009，6.6）。温度对pH测量的影响，参见附录C。

8.3.2　应定期检验被检表的温度测量误差（见DL/T 677—2009，6.6）。

9 pH的在线测量

9.1 按图1所示连接在线pH测量系统。所有与水样接触的材料应由不锈钢（316不锈钢或电化学抛光的304不锈钢）、玻璃、聚四氟乙烯等组成。应避免使用不同金属，以防止不同金属间的电偶腐蚀。电偶腐蚀会在水样中产生电位梯度，会造成明显的pH测量误差。关于水样系统污染的讨论，参见附录E。

注：聚四氟乙烯不适合于放射性的水样，应采用合适的材料替代辐射区域内的所有聚四氟乙烯组件。

9.2 对于新投运的仪表，尤其是电极浸入在pH标准缓冲液或其他高电导率溶液后，应使用低电导率水样，以250mL/min的流量，冲洗水样系统3h～4h。

9.3 应控制水样流量在仪表厂家推荐流量范围内。流通池入口的水样压力应保持在345kPa以下。宜保持水样流量和压力稳定，以防止水样压力和流量的变化产生pH测量误差。确定水样流量应考虑的因素有：取样管路的长度、内径对取样滞后时间和取样代表性的影响，温度控制的影响，压力调节的影响等。水样流量和压力的影响参见附录D。

9.4 宜保持水样温度在（25±1)℃（见6.4)。低电导率水样温度对pH测量的影响参见附录C。

9.5 应按照厂家说明书安装在线传感器和连接管路，保证系统严密，避免空气漏入。

9.6 按照厂家说明书将pH传感器与pH二次仪表相连接。

9.7 按第8章对在线pH仪表进行校准后，仪表才可投入正常测量。

9.8 按8.2.2规定的检验周期，定期检验和校准在线pH仪表，保证其测量准确。

10 精度和偏差

由于本测试方法为在线连续测定，不能进行不同单位的协同试验，无法获得精度或偏差数据。

附 录 A
（资料性附录）
本标准与ASTM D 5128—2009相比的结构变化情况

本标准与ASTM D 5128—2009相比在结构上有较多调整，具体章条编号对照情况见表A.1。

表A.1 本标准与ASTM D 5128—2009的章条编号对照情况

本标准的章条编号	对应ASTM标准的章条编号
前言	—
引言	—
1	1.1，1.2
—	1.3
3.1	3.1.1
3.2	3.1.2
3.3，3.4，3.5	—

续表 A.1

本标准的章条编号	对应 ASTM 标准的章条编号
—	3.2
4	4.1，4.2
—	4.3
5	5.1，5.2
6.3	6.3、6.3.1
—	6.3.2
—	8
8.1.1	9.2，9.5 的注释 6
8.1.2	9.1，9.2，9.3
—	9.4
8.1.3	—
8.2.1，8.2.2	—
8.2.3 a)	9.5，9.6
8.2.3 b)	—
8.3.1	9.5 的注释 4
8.3.2	9.5 的注释 5
9.1，9.2，9.3，9.4，9.5，9.6，9.7	10
9.8	—
10	11.1
附录 A	—
附录 B	—
附录 C	附录 X2
附录 D	附录 X3
附录 E	附录 X4

附 录 B
(资料性附录)
本标准与 ASTM D 5128—2009 的技术性差异及其原因

表 B.1 给出了本标准与 ASTM D 5128—2009 的技术性差异及其原因。

表 B.1 本标准与 ASTM D 5128—2009 的技术性差异及其原因

本标准的章条编号	技术性差异	原因
1	删除“使用密闭的、无须补充电解液的参比电极”	此内容属规范性内容，且标准正文 7.1 节“测量传感器”中已有论述
1	删除“对于传统 pH 电极、方法和相关测量仪器而言，低电导率水的 pH 测量是有困难的”	此事实广为人知
1	删除 ASTM D 5128—2009 表 1、表 2	适应我国标准的编写要求，减少不必要的解释性内容

续表 B.1

本标准的章条编号	技术性差异	原因
1	删除 ASTM D 5128—2009 图 1	适应我国标准的编写要求，删除不必要的解释性内容
1	删除 ASTM D 5128—2009 1.3 条	适应我国标准的编写要求，无此方面内容
2	关于规范性引用文件，本部分做了具有技术性差异的调整，调整的情况集中反映在第 2 章“规范性引用文件”中，具体调整如下： ——用 GB/T 6904.3 代替了 ASTM D 5464（见 8.1.2）； ——增加引用了 GB/T 13966（见 3.3、3.4、3.5）； ——增加引用了 DL/T 677—2009（见 8.1.3，8.2.3，8.3.1，8.3.2）； ——删除 ASTM D 1129，ASTM D 1193，ASTM D 1293，ASTM D 2777，ASTM D 3864，ASTM D 4453	适应我国标准的编写要求，便于国内标准使用者使用
3	增加术语和定义中的 3.3，3.4，3.5	便于标准使用者理解
3	删除 ASTM D 5128—2009 3.2 条	第 3 章术语和定义中已给出国内对应的参考标准
6.1	删除 ASTM D 5128—2009 附录 X1“CO_2 对高纯水 pH 测量的影响”	表 1 足够说明，删除不必要的解释性内容
6.2	增加“减少电极表面流速”	多提供一种能有效减小流动电位的影响的可行办法
6.3	将“pH 电极暴露在比纯水具有更高离子强度的 pH 缓冲液，导致液接电位严重不稳定，造成 pH 测量误差，该误差是由于 pH 电极从一种离子强度的溶液转移到另一种离子强度溶液引起的。”修改为“pH 仪表的整机校准在 pH 标准缓冲液中进行，其离子强度远高于低电导率水样离子强度，因此将电极从标准缓冲溶液中转移至低电导率水样时，液接电位发生显著变化，导致在 pH 标准缓冲液中校准准确的 pH 仪表，在测量低电导率水样 pH 时，仍然会出现较大测量误差。”	表述更加具体、清晰，便于理解
6.3	删除 ASTM D 5128—2009 6.3.2	原标准旨在说明液接电位不可测定，对用户没有实际意义，删除不必要的解释性内容
6.3	低电导率水 pH 的校准“应按 9.5 进行”修改为“应按 8.2 所述的方法”	与标准章条号对应
图 1	采用分图形式表示	便于识图
8.1.1	增加了“使用中 pH 表的检查性校准要求”	满足仪表维护的实际需要

续表 B.1

本标准的章条编号	技术性差异	原因
8.1.2	增加了“pH电极两点定位的具体步骤”	便于用户实际操作
8.1.2	删除 ASTM D 5128—2009 第8章	在“pH电极两点定位的具体步骤”中介绍
8.1.3	增加了“检查性校准结果的处理方法”	给出详细的处理方法，便于指导用户进行仪表维护
8.2.1	增加了“准确性校准的目的”	强调“准确性校准”的重要性
8.2.2	增加了“准确性校准的周期”	便于指导用户进行仪表维护
8.2.3 a)	用DL/T 677—2009 第6.4.2条的方法代表 ASTM D 5128—2009 第9.6条的准确性校准方法	二者原理一致，故引用国内现行行业标准，便于用户使用
8.2.3 b)	增加了“另外一种准确性校准方法”	提供另外一种有效、快捷的准确性校准方法，便于用户选择和使用
8.3.1	增加了“在线pH仪表的温度补偿附加误差的具体检验方法”	引用国内现行行业标准，给出具体的检验方法，便于操作
8.3.2	用DL/T 677—2009 第6.6.4条的方法代替 ASTM D 5128—2009 NOTE 5的温度测量误差检验方法	引用国内现行行业标准，且提供的检验方法更简单和便于操作
9.7	按第8章对在线pH仪表进行校准后，仪表才可投入正常测量	与标准章条号对应
9.8	增加了“对在线pH仪表进行定期检验和校准的要求”	指导用户进行仪表维护，有助于提高仪表的测量准确性

附 录 C
(资料性附录)
温度对低电导率水 pH 测量的影响

C.1 在低电导率水样 pH 测量过程中，温度的影响主要有两方面。

C.1.1 标准能斯特方程温度系数。

C.1.2 超纯水的溶液温度效应（STE）：STE 是由水的电离平衡常数随温度变化引起的。然而，少量的酸性或碱性物质对该系数有着实质性影响。对低电导率碱溶液，STE 约为 −0.03pH/℃。这是因为水样的电离平衡随着温度的改变而改变。

C.2 通常，多数带有温度测量元件和自动温度补偿功能的 pH 表提供标准能斯特补偿。

对于带有手动温度补偿的 pH 表，只要运行人员测量水样温度，并在 pH 仪表上选择该温度，也能得到同样的补偿效果。

C.3 为了避免水样温度产生的误差，应确定溶液温度补偿系数（STC），以便在各种温度下准确测量水样的 pH 值。例如，一旦确定了 STC，技术人员可以在实验室测量 22℃的 pH 值，然后应用 STC 计算出 35℃下的在线 pH 值。

C.3.1 低电导率溶液 STC 的确定需要根据溶液的各个组分进行复杂的计算。因而，一个

STC 仅对某一特定溶液有效。

C. 3. 2 STC 的推导取决于所分析溶液的水化学性质。如果对水中微量成分测量不准确，推导得到的 STC 会产生较大误差。一个未知的微量组分会使推导的 STC 不能准确补偿溶液的 pH。

C. 3. 2. 1 一种常用的方法是测量已知溶液在两个不同温度下的 pH 值，计算出 STC。这种方法的缺点是缺少两点之间的数据。然而，由于水化学性质在一定范围内相对稳定，所以通过多个测量数据回归出 STC 修正因子，使用该 STC 可以将在不同温度下测量的水样 pH 值补偿到 25℃的 pH 值。

C. 3. 2. 2 以下几种水溶液可用温度补偿系数将 pH 测量值补偿到 25℃的 pH 值：

a）纯水。

b）1 溶液：4. 84mg/L 硫酸，代表 25℃下 pH 值为 4. 0 的酸性溶液。

c）2 溶液：0. 272mg/L 氨水和 20μg/L 的联氨，代表给水的一般控制条件（pH9. 0，25℃）。

d）3 溶液：1. 832mg/L 氨水、10mg/L 吗啉和 50μg/L 联氨，代表有机胺调节高 pH 全挥发处理。

e）4 溶液：3mg/L 磷酸盐（钠与磷酸根摩尔比为 2. 7）和 0. 3mg/L 氨，代表磷酸盐处理的炉水。

C. 3. 3 上述溶液的 pH 计算值和温度补偿系数见表 C. 1 和表 C. 2。这些碱性溶液的温度补偿系数基本相同，是纯水温度补偿系数的两倍左右。使用表 C. 1 和表 C. 2 中的温度补偿系数，可避免溶液温度效应造成的 pH 测量误差。

C. 3. 4 带有可设定 STC 温度补偿系数的 pH 仪表，可以保证仪表测量标准 pH 溶液和连续在线 pH 测量时不受温度的影响。

表 C. 1 不同溶液 pH 值随温度的变化

温度 ℃	pH			
	1 号溶液[a]	2 号溶液[b]	3 号溶液[c]	4 号溶液[d]
0	4. 004	9. 924	10. 491	10. 388
5	4. 004	9. 719	10. 294	10. 178
10	4. 004	9. 525	10. 108	9. 981
15	4. 005	9. 342	9. 932	9. 795
20	4. 005	9. 169	9. 765	9. 619
25	4. 006	9. 002	9. 604	9. 451
30	4. 007	8. 847	9. 456	9. 296
35	4. 008	8. 699	9. 312	9. 148
40	4. 010	8. 557	9. 175	9. 007
45	4. 011	8. 422	9. 044	8. 874
50	4. 013	8. 293	8. 919	8. 748

[a] 1 号溶液 4. 84mg/L SO_4。

[b] 2 号溶液 0. 272mg/L NH_3＋20μg/L N_2H_4。

[c] 3 号溶液 1. 832mg/L NH_3＋10. 0mg/L 吗啉＋50μg/L N_2H_4。

[d] 4 号溶液 3. 0mg/L PO_4（Na：PO_4＝2. 7）＋0. 30mg/L NH_3。

表 C.2 不同溶液 pH 测量温度补偿值

温度 ℃	pH 的温度补偿值				
	纯水	1 号溶液[a]	2 号溶液[b]	3 号溶液[c]	4 号溶液[d]
0	−0.477	−0.002	−0.923	−0.887	−0.937
5	−0.369	−0.002	−0.717	−0.690	−0.727
10	−0.269	−0.002	−0.524	−0.504	−0.530
15	−0.174	−0.001	−0.340	−0.327	−0.343
20	−0.085	−0.001	−0.167	−0.160	−0.168
25	0.000	0.000	0.000	0.000	0.000
30	0.078	0.001	0.154	0.149	0.155
35	0.153	0.002	0.303	0.292	0.304
40	0.224	0.004	0.445	0.429	0.444
45	0.292	0.005	0.580	0.560	0.577
50	0.356	0.007	0.709	0.685	0.704

[a] 1 号溶液 4.84mg/L SO_4。

[b] 2 号溶液 0.272mg/L NH_3+20μg/L N_2H_4。

[c] 3 号溶液 1.832mg/L NH_3+10.0mg/L 吗啉+50μg/L N_2H_4。

[d] 4 号溶液 3.0mg/L PO_4($Na:PO_4$=2.7)+0.30mg/L NH_3。

附 录 D
(资料性附录)
低电导率水样流速对 pH 测量的影响

低电导率水样 pH 的在线测量均受水样流速变化的影响。这种影响表现为：当水样 pH 值恒定，水样流速变化时，会导致玻璃电极和参比电极的电位差发生变化，这种变化不代表溶液的真实 pH 变化。玻璃电极和参比电极的电位差随水样流速变化，使 pH 测量的重现性变差。水样流速变化导致玻璃电极和参比电极的电位差的变化是不稳定和不可预测的。然而，给定流速下，纯水 pH 玻璃电极和参比电极的电位差是稳定的和可重现的。因此，在低电导率水中在线测量 pH 时，应保持水样流速恒定。

水样压力变化对 pH 在线测量的影响常被误认为是流速的影响。研究表明，水样压力变化影响参比电极的液接电位。这种影响在低电导率水 pH 的在线测量时更加明显。因此，在线测量低电导率水的 pH 时，应保持水样压力恒定，测量池排放口对空排放。

附 录 E
(资料性附录)
pH 传感器和取样管的安装

E.1 污染

发电厂纯水取样系统中一般会有各种沉积物。通常这些沉积物为氧化铁和其他金属腐蚀产物。这些小颗粒会黏附在水平采样管和测量池内壁。取样管路系统偶尔会有树脂颗粒、繁殖的微生物等污垢，像化学海绵一样，吸附和释放离子性杂质。这些杂质像一个离子仓库，当水样电导率上升时捕获离子，当水样电导率降低时，会释放离子到水溶液中，从而掩盖水质的真正变化。当水样流速突变或管路振动时，会释放大量含有离子的杂质，造成水质变化的虚假测量值。为了保证水样监测的准确性，应采取措施避免上述情况发生，其关键是保持水样流速达到一定值。

E.2 水样流速

研究表明，当雷诺数 Re 为 4000 时，80%的悬浮粒子将会沉积在长的水平取样管段中。一般取样流速下，取样管道中会产生几克的沉积物，但这些沉积物会储存大量的离子。美国电力研究院的研究表明，1.8m/s 是减少取样管内沉积的最佳流速。

由于流速是减少管内沉积的控制因素，选择取样管的规格很重要。对于内径 3.175mm（外径 6.35mm）的管子，1.8m/s 的流速对应的流量为 850mL/min；对于内径 6.35mm（外径 9.52mm）的管子，1.8m/s 的流速对应的流量为 3400mL/min。内径 3.175mm 的取样管比内径 6.35mm 的取样管减少 1 340 000L/年的取样量。因此，建议采用内径 3.175mm（外径 6.35mm）的取样管。在 40℃和 1.8m/s 条件下，内径 3.175mm 的取样管每 100m 产生压降为 1.8MPa。建议采用非焊接方式连接取样管，因为焊接会减少管内流通面积，增加流动阻力，如果水样中有树脂颗粒等杂物，还会堵塞取样管。取样管材应选奥氏体不锈钢，最好是 316 或 304 不锈钢。新取样管投运初期，需要几周时间冲洗管内的油和其他杂质。

E.3 水样温度控制

pH 传感器上游应安装冷却器和恒温装置。宜将水样温度恒温到 25℃±1℃。

附录 D　火力发电厂水汽中铜离子、铁离子的测定溶出伏安极谱法

（DL/T 1202—2013）

1　范围

本标准规定了火力发电厂水汽中铜离子、铁离子的伏安极谱测定方法。

本标准适用于锅炉给水、凝结水、蒸汽、发电机冷却水和炉水等水样中的铜离子、铁离子的测定。检测范围：铜为 0～100μg/L；铁为 0～100μg/L。

2　规范性引用文件

下列文件对于本文件的应用是必不可少的。凡是注日期的引用文件，仅注日期的版本适用于本文件。凡是不注日期的引用文件，其最新版本（包括所有的修改单）适用于本文件。

GB/T 6903　锅炉用水和冷却水分析方法　通则

GB/T 6907　锅炉用水和冷却水分析方法　水样的采集方法

3　方法提要

在一定的缓冲条件及还原电位下，溶液中铜离子、铁离子被还原到悬汞电极上；通过施加反向电压，使悬汞电极上的金属单质被氧化为相应的金属离子而进入溶液。利用氧化过程中产生的电流计算出样品中铜离子、铁离子的含量。

4　试剂

4.1　试剂水：应符合 GB/T 6903 规定的Ⅰ级试剂水的要求。

4.2　试剂纯度：应符合 GB/T 6903 要求。

4.3　盐酸：（1+1），用优级纯的盐酸配制。

4.4　硝酸：（1+1），用光谱纯或优级纯的硝酸配制。

4.5　硫酸：（1+2），用光谱纯或优级纯的硫酸配制。

4.6　pH＝4.6 的缓冲溶液：移取 11.4mL 优级纯的冰醋酸溶于装有约 50mL 试剂水的 100mL 容量瓶中，然后加入 7.5mL 优级纯氨水，使用试剂水定容备用。

4.7　氨水：（1+1），用光谱纯或优级纯的氨水配制。

4.8　氯化钾溶液，3mol/L：称取 11.182g 优级纯的氯化钾，加入试剂水溶解后，转移至 50mL 容量瓶，定容后装入塑料瓶中备用。

4.9　铜离子标准储备液，100mg/L：称取 0.1000g 金属铜（含铜 99.99%以上）于烧杯中，加入硝酸溶液（4.4）20mL，硫酸溶液（4.5）5mL，缓慢加热溶解，溶解后用试剂水定容至 1000mL。

4.10　铜离子标准溶液Ⅰ，1000μg/L：准确移取铜离子标准储备液 10mL 于 1000mL 容量

瓶中，用试剂水稀释至刻度备用。

4.11 铜离子标准溶液Ⅱ，100μg/L：准确移取铜离子标准溶液Ⅰ10mL 于 100mL 容量瓶中，用试剂水稀释至刻度备用。

4.12 pH＝8.9 的氨缓冲溶液：称取 15.24g 优级纯的氯化铵，用试剂水溶解后转移至 100mL 聚丙烯容量瓶中，小心加入 7.5mL 优级纯的氨水，加试剂水定容至刻度备用。

4.13 DHN 溶液：称取 0.16g DHN，用光谱纯甲醇溶解后转移至 50mL 聚丙烯容量瓶中，加甲醇定容至刻度备用。

注：DHN 化学名为 2，3 萘二酚（CAS：92-44-4），纯度优于 98%。

4.14 溴酸钾溶液：称取 3.32g 基准溴酸钾，溶解后转移至 50mL 聚丙烯容量瓶中，加试剂水定容至刻度备用。

4.15 铁离子标准储备液，100mg/L：称取 0.1000g 金属铁（含铁 99.99%以上）于烧杯中，加入硝酸溶液（4.4）50mL，溶解过程中加入 0.05g 过硫酸铵，溶解后用试剂水定容至 1000mL。

4.16 铁离子标准溶液Ⅰ，1000μg/L：准确移取铁离子标准储备液 10mL 于 1000mL 容量瓶中，用试剂水稀释至刻度备用。

4.17 铁离子标准溶液Ⅱ，100μg/L：准确移取铁离子标准溶液Ⅰ10mL 于 100mL 容量瓶中，用试剂水稀释至刻度备用。

4.18 高纯氮气：N_2 纯度不小于 99.999%。

4.19 稀硝酸：（1＋10），用光谱纯或优级纯的硝酸配制。

5 仪器

5.1 伏安极谱仪及相应的辅助设备。

5.2 工作电极：汞电极。

5.3 参比电极：Ag/AgCl 电极或甘汞电极。

5.4 辅助电极：Pt 电极。

5.5 移液枪：规格 100μL、1mL。

6 分析步骤

6.1 实验所涉及的器皿、器具等物品都应保持洁净。第一次使用前，应用稀硝酸（1＋10）浸泡 48h 以上。

6.2 按仪器使用说明书要求选择最佳测量参数。具体设置参数参见附录 A。

6.3 水样的采集及制备。

6.3.1 水样的采集方法应符合 GB/T 6903 的要求。

6.3.2 用预先加入 1mL 硝酸（1＋1）的取样瓶，采集水样 100mL。取 50mL 水样于 100mL 烧杯中，用电热板加热，使水样体积浓缩至 20mL～25mL，冷却后用氨水（4.7）将水样 pH 值调节至中性（可用精密 pH 试纸测试），转移至 50mL 容量瓶定容。

注：如酸化水样和酸化后加热消解水样测试结果一致，可不必进行加热消解。

6.4 铜离子的测定。

6.4.1 移取 15mL 水样至电极测量杯中。

6.4.2 向测量杯中加入 0.50mL pH＝4.6 的缓冲溶液（4.6）和 0.10mL 氯化钾溶液（4.8）。

6.4.3 按仪器设定的铜离子测定的操作程序进行测量，记录样品极谱峰高值 $A_{0,Cu}$。

6.4.4 继续向测量杯中加入 0.10mL 铜离子标准溶液Ⅱ，测量并记录极谱峰高值 $A_{1,Cu}$；再向测量杯样品中加入 0.10mL 铜离子标准溶液Ⅱ，测量并记录极谱峰高值 $A_{2,Cu}$。

6.4.5 试剂水按照 6.4.1～6.4.3 进行空白试验，记录空白极谱峰高值 $A_{b,Cu}$。

6.5 铁离子的测定。

6.5.1 移取 15mL 水样至电极测量杯中。

6.5.2 向测量杯中加入 0.01mL DHN 溶液（4.13）、0.50mL 氨缓冲溶液（4.12）和 0.50mL 溴酸钾溶液（4.14）。

6.5.3 按仪器设定的铁的操作程序进行测量，记录样品极谱峰高值 $A_{0,Fe}$。

6.5.4 继续向测量杯中加入 0.10mL 铁离子标准溶液Ⅱ，测量并记录极谱峰高值 $A_{1,Fe}$；再向测量杯样品中加入 0.10mL 铁离子标准溶液Ⅱ，测量并记录极谱峰高值 $A_{2,Fe}$。

6.5.5 试剂水按照 6.5.1～6.5.3 进行空白试验，记录空白极谱峰高值 $A_{b,Fe}$。

7 结果计算

水样中铜离子、铁离子的浓度按式（1）计算：

$$X = \frac{A_0 - A_b}{A_2 - A_1}\left(\frac{0.2c}{V_0 + 0.2} - \frac{0.1c}{V_0 + 0.1}\right) \tag{1}$$

式中 X——水样中铜离子、铁离子的含量，μg/L；

A_0——样品测定的极谱峰高值，nA；

A_b——空白测定的极谱峰高值，nA；

A_1——第一次加标准溶液后测定的极谱峰高值，nA；

A_2——第二次加标准溶液后测定的极谱峰高值，nA；

V_0——加标准溶液前测量杯内液体（样品、缓冲溶液及电解质）的总体积，mL；

c——所加标准溶液的浓度，μg/L。

8 精密度

铜离子、铁离子测定的相对标准偏差不大于10％。

9 分析报告

分析报告至少应包括下列各项内容：

a）注明引用本标准。

b）受检水样的完整标识，包括水样名称、采样地点、采样日期、取样人、厂名等。

c）水样中铜离子、铁离子的含量（μg/L）。

d）分析人员和分析日期。

附 录 A
（资料性附录）
检测方法参数及参考谱图

铜离子检测方法参数：
工作电极：HMDE
搅拌速度：2000r/min
模式：DP
氮吹时间：300s
富集电位：－300mV
富集时间：90s
平衡时间：10s
脉冲幅度：50mV
起始电位：－300mV
终止电位：＋100mV
电位步长：6mV
电位持续时间：0.2s
扫描速率：30mV/s
半峰电位：－100mV

铁离子检测参数：
工作电极：HMDE
搅拌速度：2000r/min
模式：DP
氮吹时间：300s
富集电位：－100mV
富集时间：30s
平衡时间：10s
脉冲幅度：50mV
起始电位：－200mV
终止电位：－800mV
电位步长：4mV
电位持续时间：0.1s
扫描速率：40mV/s
半峰电位：－620mV

水汽中铜离子测定

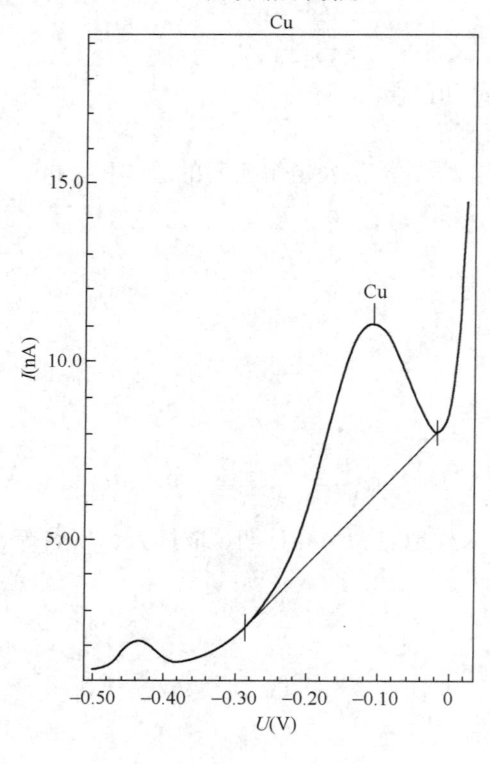

水汽中铁离子测定

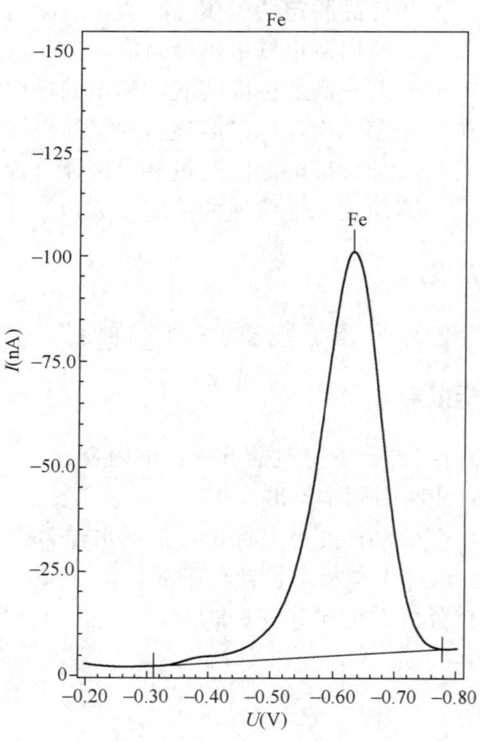

附录E　火力发电厂水汽中氯离子含量测定方法 硫氰酸汞分光光度法

（DL/T 1203—2013）

1　范围

本标准规定了火力发电厂水汽中氯离子的硫氰酸汞分光光度测定方法。

本标准适用于水汽中氯离子含量在 25μg/L～1000μg/L 时的测定。

2　规范性引用文件

下列文件对于本文件的应用是必不可少的。凡是注日期的引用文件，仅注日期的版本适用于本文件。凡是不注日期的引用文件，其最新版本（包括所有的修改单）适用于本文件。

GB/T 6903　锅炉用水和冷却水分析方法　通则

DL/T 502.2　火力发电厂水汽分析方法　第2部分：水汽样品的采集

3　方法提要

在硝酸介质中，氯离子与硫氰酸汞发生反应，形成氯化汞并释放出硫氰酸根，此时在溶液中加入三价铁，三价铁与硫氰酸根形成橘红色络合物，其显色强度与氯离子含量有关，浓度与吸光度呈线性关系。

4　试剂

4.1　试剂水：应符合 GB/T 6903 规定的Ⅰ级试剂水的要求。

4.2　试剂纯度：试剂纯度应符合 GB/T 6903 的要求。

4.3　硝酸（5mol/L）：移取 380mL 浓硝酸，加入 600mL 试剂水，冷却至室温后定容至 1L。

4.4　硫酸铁铵溶液：称取 60g $FeNH_4(SO_4)_2 \cdot 12H_2O$ 溶入 1L 硝酸（4.3），装入棕色瓶保存。如有浑浊必须过滤后再使用。

4.5　硫氰酸汞乙醇溶液：称取 1.5g 硫氰酸汞溶入 500mL 乙醇中，装入棕色瓶保存。

4.6　氯离子储备液（1mL 含 1mgCl^-）：准确称取 1.6480g 经 600℃灼烧 1h 的基准氯化钠，用试剂水溶解后定量转移至 1000mL 容量瓶，稀释至刻度。

4.7　氯离子标准溶液（1mL 含 0.01mg Cl^-）：准确移取氯离子储备液 10.00mL 放入 1000mL 容量瓶，用试剂水稀释至刻度。

5　仪器

5.1　分光光度计：使用波长 460nm，配有 100mm 比色皿。

5.2　分析天平：感量 0.1mg。

6 分析步骤

6.1 工作曲线的绘制

6.1.1 按表1用移液管分别移取氯离子标准溶液0mL～5mL至一组100mL烧杯中，加水使总体积为50mL。

表1 氯离子工作液的配制

编　号	1	2	3	4	5	6	7
加入氯离子标准溶液体积 mL	0	0.50	1.00	2.00	3.00	4.00	5.00
相当水样氯离子含量 μg/L	0	100	200	400	600	800	1000

6.1.2 加硫酸铁铵溶液10mL，摇匀。溴离子、碘离子、氰离子等对测定结果会有干扰。硫代硫酸根、硫离子以及亚硫酸根离子也有干扰，水中存在上述离子时需预先氧化。

6.1.3 加硫氰酸汞乙醇溶液5mL，摇匀，25℃～30℃放置约10min。

6.1.4 以试剂空白为参比，在波长460nm处，用100mm比色皿测定吸光值。

6.1.5 绘制氯离子含量和吸光值的工作曲线或计算回归方程。

6.2 样品的测定

6.2.1 按DL/T 502.2的规定采集水样。

6.2.2 取50mL水样，注入100mL烧杯中。

6.2.3 以测定工作曲线同样的步骤显色，测定吸光值。

6.2.4 根据测得的吸光值，查工作曲线或由回归方程计算得出氯离子含量。

7 结果的表述

水样中氯离子含量X_{Cl^-}（μg/L）按下式计算：

$$X_{Cl^-}=\frac{a\times 50}{V} \tag{1}$$

式中　a——从标准曲线上查得或由回归方程计算得出的氯离子含量，μg/L；

V——取水样的体积，mL；

50——定容体积，mL。

8 精密度

相对标准偏差不大于10%。

9 分析报告

分析报告至少应包括下列内容：

a）注明引用本标准；

b）受检水样的完整标识，包括水样名称、采样地点、采样日期、采样人、厂名等；

c）水样中氯离子含量，μg/L；

d）分析人员和分析日期。

附录F 发电厂纯水电导率在线测量方法

（DL/T 1207—2013）

1 范围

本标准规定了发电厂流动纯水电导率在线连续测量的仪器设备、检验和测量方法，并对取样系统、水样流量和温度的控制要求也进行了规定。

本标准适用于电导率低于10μS/cm，连续流动的取样管和工艺管道内纯水电导率的在线测量。

2 规范性引用文件

下列文件对于本文件的应用是必不可少的。凡是注日期的引用文件，仅注日期的版本适用于本文件。凡是不注日期的引用文件，其最新版本（包括所有的修改单）适用于本文件。

GB/T 6903 锅炉用水和冷却水分析方法 通则

GB/T 13966 分析仪器术语

DL/T 502.29—2006 火力发电厂水汽分析方法 第29部分：氢电导率的测定（DL/T 502.29—2006，ASTM D6504—2000，IDT）

DL/T 677—2009 发电厂在线化学仪表检验规程

ASTM D1125 水的电导率测量方法（Test Methods for Electrical Conductivity and Resistivity of Water）

3 术语和定义

GB/T 13966 界定的以及下列术语和定义适用于本标准。

3.1

电导 conductance

表示电解质溶液的导电能力的量。它是溶液电阻的倒数，并服从欧姆定律：

$$G = I/V \tag{1}$$

式中 G——电导，S；

I——电流，A；

V——电压，V。

[GB/T 13966—1992，定义3.29]

3.2

电导率 conductivity

边长为1cm的立方体内所包含溶液的电导。电导电极的两电极之间溶液的电导与溶液电导率之间的关系为：

$$\kappa = GL/A \tag{2}$$

式中　κ——溶液电导率，S/cm；

G——电导，S；

L——两电极间距，cm；

A——两电极间溶液的截面积，cm^2。

注：改写 GB/T 13966—1992，定义 3.30。

3.3

电极常数　cell constant

电导电极的两电极间距与两电极间溶液的截面积之比，也称电池常数。

$$J = L/A \tag{3}$$

式中　J——电极常数，cm^{-1}；

L——两电极间距，cm；

A——两电极间溶液的截面积，cm^2。

为了防止干扰，一般使用电极常数为 $0.01cm^{-1}$～$0.1cm^{-1}$ 的电极测量纯水的电导率。

3.4

流通池　flow chamber

用于安装电导电极和温度测量传感器、具有水样入口和出口的密闭容器。

3.5

电导传感器　conductivity sensor

用于在线测量电导率的传感器，一般由流通池、电导电极和温度测量传感器组成。

3.6

导线电容　capacitance of the leadwire

电导电极的两根引线之间的电容。

4　方法概述

4.1　测量基本要求

4.1.1　纯水电导率测量系统应包括电导电极、温度测量传感器或补偿器，并应将其安装在一个流动、密闭的系统中，应防止管路系统与水接触的表面释放的痕量杂质及大气污染。

4.1.2　电导率表应带有多种自动温度补偿的功能。温度对纯水电导率的影响包括离子导电能力变化、水的电离平衡移动、杂质离子对水电离平衡的影响。电导率表应将测量的电导率补偿到25℃的电导率值。

4.1.3　如果电导率表不具备自动温度补偿功能，应控制水样温度为25℃±0.2℃。

4.2　测量电极常数

4.2.1　如果电导率表用单支电极能够准确测量纯水至 150μS/cm 范围的水样，可直接按照 ASTM D1125 规定方法测量该电极的电极常数。

4.2.2　如果仪表在单支电极下不能准确测量纯水至 150μS/cm 范围的水样，可用根据 ASTM D1125 规定方法准确测定了电极常数的二级标准电极（与能够准确测量纯水电导率的仪表配套使用）和被测电极同时测量一个低电导率的水样（非标准溶液），将用二级标准电极测量得到的水样电导率与用被测电极测量得到的同一水样的电导率数值进行比较，可计算出被测电极的电极常数（见 10.5.1）。该方法也可作为检定电极常数的一种方式。

5 意义和用途

通常测量高电导率水样时，空气的污染可以忽略不计，使用温度补偿系数为1%/℃～3%/℃的线性温度补偿功能就可以满足测量要求。然而，测量纯水电导率时，水样中漏入空气或测量系统所释放的微量杂质均会使测量结果产生较大的误差。温度对电导率的影响是非线性的，并且影响更大，温度变化1℃，电导率变化可达7%。测量纯水的电导率表应具备非线性温度补偿功能，并且仪表各项性能应满足纯水电导率测量的要求。

本方法适用于监测纯水中微量离子杂质，是监测除盐系统和其他纯水处理设备出水质量的主要手段。本方法还适用于发电厂水汽系统、微电子工业漂洗用水、制药工艺用水的微量离子杂质的监测，以及发电厂水汽系统的加药控制。本方法填补了一般电导率测量方法在测量纯水时准确度差的不足。

当纯水中有微量碱性离子时，例如0～1μg/L NaOH，电导率会降低，甚至略低于不含任何杂质的理论纯水的电导率0.055μS/cm（25℃）。这是因为碱性离子会使水的电离平衡移动，减少了导电能力最强的氢离子的浓度。所以，当测量水样的电导率低于不含任何杂质的理论纯水的电导率时，并不一定是仪表测量错误，可能是水中有微量碱性离子。这种现象有时会造成水的纯度很高（即电导率很低）的假象。

6 纯水电导率在线测量的影响因素

6.1 空气和取样管

6.1.1 水样与空气接触，会造成在水中可电离的气体的溢出或溶解，使水样电导率发生变化。空气中的二氧化碳在纯水中可以达到1mg/L的平衡浓度，增加电导率约1μS/cm。因此，应确保电导流通池和上游管路的严密性。

6.1.2 发电厂使用很长的取样管线容易产生污染。新投产的取样管线需进行长时间的冲洗。氧化铁和其他沉积物会在流速较低的水平管段沉积，能够吸收和释放水中的离子，导致很长的滞后时间。

6.1.3 电极和流通池表面会缓慢释放离子杂质，当水样流速很低时，会导致电导率测量值增加。因此，应保持厂家说明书推荐的水样流速，以减少这种影响。另外，通过镀层增加表面积的电极，如镀铂黑电极，不适合用于纯水电导率测量。

6.2 导线电容

电极连接线间的导线电容，会使纯水电导率测量值偏高。因此，所使用的电导率表应具备消除导线电容影响的功能（见7.1.1和附录C）。此外，应严格遵守仪表说明书对电极连接线的要求。

6.3 温度

电导率测量值均应转换为25℃的电导率值。宜将水样温度控制在25℃±0.2℃，否则，应采用具备纯水电导率非线性温度补偿功能的电导率表。这种非线性温度补偿，不仅要适合不含任何杂质的理论纯水的温度补偿，还要适合含有微量杂质离子的纯水的温度补偿（见7.1.2）。

6.4 水中气体

如果水样中含有溶解的气体，取样流速较低时，在流通池中会析出和积累气体，造成电导率测量值偏低。为了避免析出的气体在流通池中积累，应保持厂家说明书推荐的水样流速。应特别注意的是除盐水系统，水经过阳床后变成酸性，水中的碳酸氢根转换为碳酸，在加热和降压条件下，会析出二氧化碳气体。

6.5 其他干扰

6.5.1 pH传感器中的参比电极会渗出少量离子影响纯水的电导率，因而不能将电导传感器安装在pH传感器的下游。应采用专用取样管线，或者将电导传感器安装在pH传感器的上游。

6.5.2 测量氢电导率时，氢型交换柱漏出的树脂容易卡在电极之间，会引起电导率测量值显著偏高。应确保交换柱树脂捕捉器有效，并且应定期检查和清洗电极之间颗粒。选择电极间距大于1.5mm的电极，可以大大减少电极间卡树脂的可能。

6.5.3 除盐系统再生剂流经电导传感器后，需要很长时间的冲洗才能恢复准确测量。因此，在树脂再生前，应关闭取样管阀门。

7 测量设备

7.1 电导率表

7.1.1 使用的电导率表应能测量纯水，应具有合适的交流电压、波形、频率、相位校正和信号处理技术，以克服导线电容、电极极化和直流分量产生的误差。采用一种模拟电路可以检验电导率表是否符合测量纯水电导率的要求，具体检验方法见附录C。

7.1.2 电导率表应具有自动非线性温度补偿功能，将测量的电导率值补偿到25℃的电导率值。这种非线性温度补偿，不仅能补偿微量中性盐杂质离子的迁移随温度变化产生的影响，还能补偿水的电离随温度变化产生的影响。

7.1.3 对于含有碱性或酸性离子的水样，如发电厂水汽中含有氨的水、氢交换柱出水以及微电子工业的酸性漂洗水，应使用特殊的非线性温度补偿方式，以适应酸性或碱性离子对水电离平衡的影响。非线性温度补偿的准确性对这些水样的电导率测量是非常重要的。

7.1.4 对于测量混床出水直接电导率的电导率表，应选择中性盐非线性温度补偿；对于测量氢电导率的电导率表，应选择酸性非线性温度补偿；对于测量碱性纯水电导率的电导率表，应选择碱性非线性温度补偿。不含任何杂质的理论纯水的非线性温度补偿，不适用于含有微量杂质离子的纯水电导率的温度补偿。

7.1.5 应在被监测水样的实际温度变化范围内，检验电导率表非线性温度补偿的准确性，具体检验方法见DL/T 677—2009中5.5.4。含微量氯化钠的纯水、含微量盐酸的纯水、含微量氨的纯水、含微量吗啉的纯水和不含任何杂质的理论纯水的电导率受温度影响的情况见图1。

7.1.6 如果电导率表不具备自动温度补偿功能，应控制水样温度为25℃±0.2℃。在0℃～10℃的温度范围，非线性温度补偿系数超过7%/℃。

7.1.7 如果电导率表有信号输出，要确保输出端与电极和接地线绝缘，以免形成地回路。

7.2 电导电极和流通池

7.2.1 应使用在线流通池，以避免空气的污染及水样接触材料所释放杂质的污染（见6.1）。水样流量应保持在仪表厂家建议的范围内。应在水样实际压力、流量和温度条件下定期校准电极常数。电导传感器应带有精确的温度测量传感器，能灵敏测量水样温度的变化，

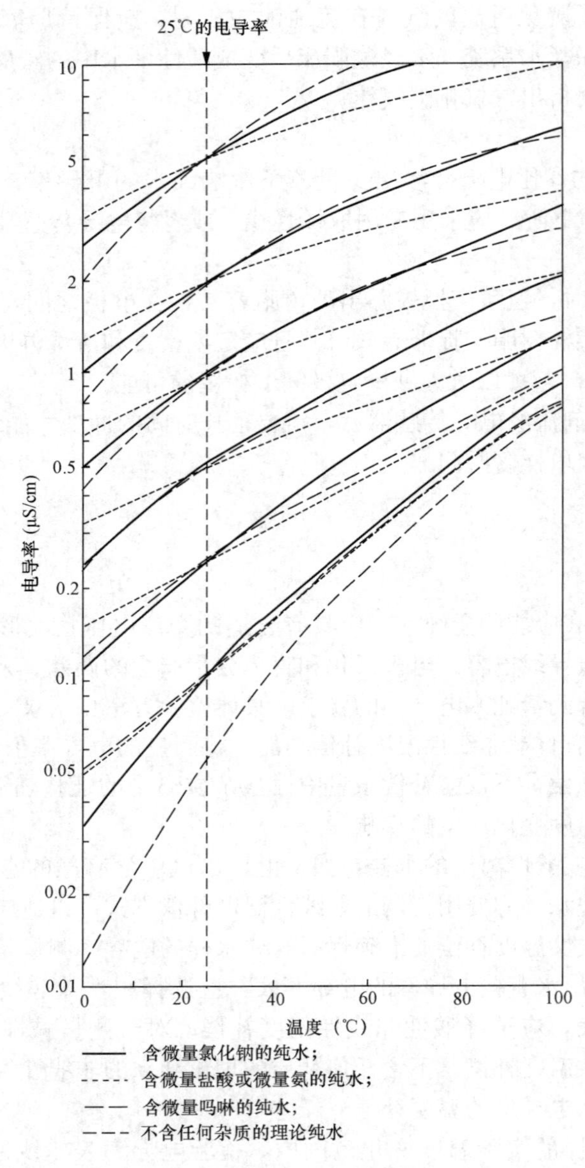

图 1　温度对纯水电导率的影响

以确保准确的温度补偿。

7.2.2　测量纯水电导率的电导传感器，不能测量高电导率的水样（大于 20μS/cm），因为离子杂质会造成电导传感器的污染，需要很长的冲洗时间，才能使电极恢复到准确测量纯水的状态。用于除盐水制水系统的纯水电导传感器再生前应关闭取样管阀门。

7.2.3　测量纯水时，不能选用带镀层的电导电极，因为带微孔镀层的表面会存留杂质离子，导致测量响应时间过长。钛、镍、不锈钢或亮铂电导电极适合测量纯水，但是，使用铂电极时，应特别注意不能超过厂家推荐流量，不能用力处理电导电极表面，以防止电导电极表面弯曲造成电极常数变化。

7.2.4　如果检验电极常数超出正常值范围，宜清洗电导电极或者更换电导电极。即使在纯水测量系统，电导电极表面也会形成铁的氧化物、树脂粉末或其他固体杂质等覆盖层，使电导率测量值偏低。在电导电极之间堆积的导电性杂质，会引起电极短路，导致电导率测量值偏高。对于铂电导电极，为了防止电极常数的改变，不能采用机械清洗的方法。应按照厂家说明书的要求或按照 ASTM D1125 推荐的方法清洗电导电极。超声波清洗有时也是一种有效的方法。

7.2.5 如果需要加长电极连接线，导线的类型、规格和长度应符合厂家说明书的要求，以避免导线电容超出仪表的补偿能力。

8 试剂

8.1 应使用优级纯及以上试剂。

8.2 应使用符合 GB/T 6903 规定的一级试剂水。制备氯化钾标准溶液，应使用电导率小于 1μS/cm 的纯水。必要时，可用带有气体分布管的不锈钢管或玻璃管将空气通入水中搅拌，直到达到平衡，平衡后水的电导率小于 1.5μS/cm。电导率标准溶液的制备方法参见 DL/T 677—2009 附录 A。

9 取样系统

9.1 直接在工艺管道上测量时，应将电导电极安装在水流畅通的部位，不能安装在水流静止的区域，以免水样缺乏代表性，以及防止气泡附着在电极表面。

9.2 设计和安装的取样管线应保证取样具有代表性。水样不能与空气接触，以免二氧化碳溶解到水样中改变水的电导率。电导传感器不能安装在 pH 传感器的下游（见 6.5）。

9.3 对于发电厂水汽取样系统，纯水水样中会有铁的氧化物和其他固体颗粒，应控制较高的取样流速，减少固体杂质在管道中积累，因为这些杂质会影响水样的电导率。水平管段最佳控制流速为 2m/s。

9.4 应保持取样流量连续稳定，以保证取样系统内表面与水样达到平衡。当水样流量突然变化时，需经过一定的时间后，才能得到准确的测量值。

9.5 将水样的温度控制在仪表非线性温度补偿的能力范围内，并保持水样温度稳定，以保证取样系统内表面与水样保持平衡。

9.6 纯水电导传感器不能接触树脂再生剂。

10 检验和校准

10.1 整机工作误差检验

10.1.1 按 DL/T 677—2009 5.3.1 的要求选用一台配备电导传感器的标准电导率表。

10.1.2 按图 2 将标准电导率表配备的电导传感器就近与被检电导率表配备的电导传感器并联连接，水样仍为被检表正常测量时的水样，水样电导率宜小于 0.20μS/cm。对于测量氢电导率的仪表，按图 3 将标准电导率表配备的电导传感器和被检电导率表配备的电导传感器分别连接在标准氢交换柱和在线氢交换柱后，水样为被检仪表正常测量时的水样，水样氢电导率宜小于 0.20μS/cm。水样的流速按照要求调整至符合仪表厂家规定的范围，并保持相对稳定。被检电导率表通电预热并冲洗流路 15min 以上，将被检电导率表和标准电导率表的温度补偿设定为自动温度补偿。精确读取被检电导率表示值（κ_J）与标准电导率表示值

(κ_B)。整机工作误差计算方法见式（4），即：

$$\delta_G = \frac{\kappa_J - \kappa_B}{M} \times 100\% \tag{4}$$

式中 δ_G——整机工作误差，%FS；

κ_J——被检电导率表示值，$\mu S/cm$；

κ_B——标准电导率表示值，$\mu S/cm$；

M——量程范围内最大值，$\mu S/cm$。

注：如果水样电导率不稳定，则使用能够连续产生稳定低电导率水样的装置产生稳定电导率的水样。

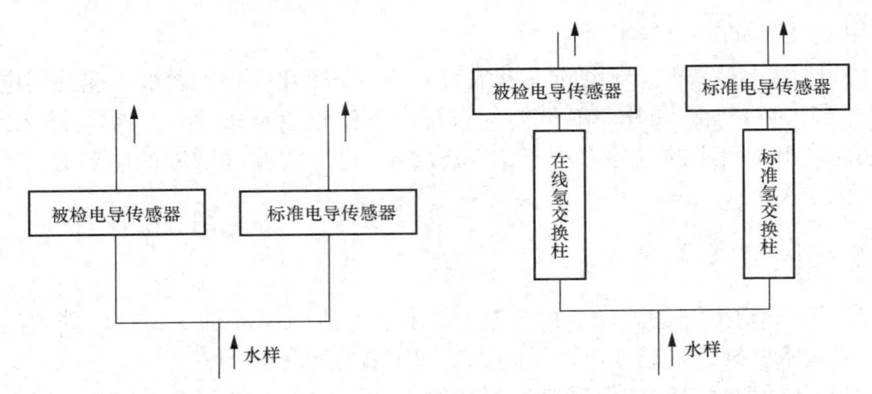

图 2 电导率表工作误差检验示意　　图 3 氢电导率表工作误差检验示意

10.1.3 按 DL/T 677—2009 表 1 规定，整机工作误差合格的电导率表，不必进行 10.2～10.5 条检验。整机工作误差不合格的电导率表，应进行 10.2～10.5 条检验，以确定整机工作误差超标的原因。

10.2 二次仪表检验

根据附录 C 评估未经检验的仪表测量纯水的性能，然后采用误差不超过±0.1%的标准电阻代替电导电极和温度电极。电导率等效电阻（R_x，Ω）等于电极常数（cm^{-1}）除以电导率（S/cm）。调整温度等效电阻（R_t），使仪表显示 25℃（基准温度），以便消除温度补偿的影响。标准电阻与仪表的连接方式如图 4 所示。

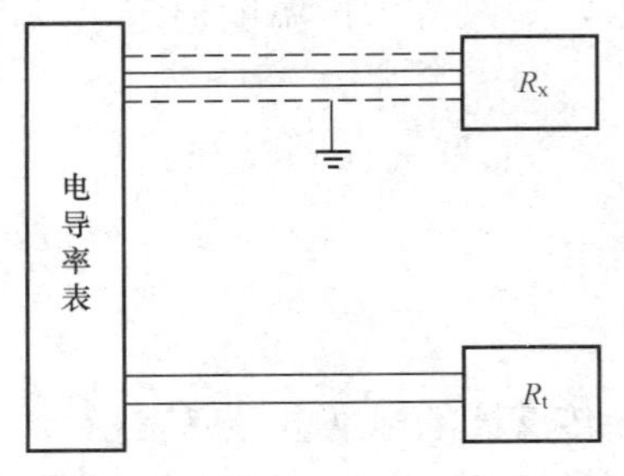

图 4 被检电导率表与标准电阻的连接

注：必须要明确的是，用一精确的电阻代替电导电极仅仅检验的是仪表测量纯电阻的能力，而实际仪表测量水样时，存在电极表面微分电容和导线电容的影响。二次仪表还应具备克服电极表面微分电容和导线电容的影响，准确测量纯水电导率的能力，具体检验方法见附录 C。

10.3 电极连接线影响的检验

10.3.1 如果电极至电导率表的接线超过 7m，宜进行电极连接线影响检验。

10.3.2 按图 4 所示，用长度 2m 的电极连接线将电导率表和标准电阻连接，记录仪表示值；将该电极连接线换为实际长度的电极连接线，检查仪表的示值是否发生变化。如果短电极连接线换成长电极连接线后仪表示值发生变化，表明电极连接线对测量有影响。

10.3.3　检验时，要同时检查电导率示值和温度示值。电极连接线长度增加后，会增加导线电容和温度测量连接线的电阻，造成电导率和温度测量的误差。

10.3.4　部分仪表厂家采用单独屏蔽的两根电极引线来减少导线电容，部分仪表厂家采用氟碳绝缘材料或缩短电极引线长度的方法减少导线电容，应严格遵守厂家的接线规定。

10.4　温度测量校准

将被检电导率表的电导电极和温度测量传感器与标准温度计放入同一水溶液中，待被检表读数稳定后，同时读取被检表温度示值和标准温度计示值。如果温度示值误差超过±0.2℃，调整被检电导率表，使仪表显示温度与标准温度计测量值一致。

10.5　电极常数校准

10.5.1　电极常数测量方法

按 DL/T 677—2009 中 5.3.1 的要求，选用一台配备电导传感器、准确测量范围为 0.055μS/cm～150μS/cm 的标准电导率表。按 DL/T 677—2009 5.6.2 的规定，采用 146.9μS/cm（25℃）标准溶液准确测量该电导电极的电极常数 J_B，将该电极作为标准电导电极。

按图 2 将装有标准电导电极的电导传感器（电极常数为 J_B）与被检电导传感器并联连接，水样的电导率在被测水样的正常电导率范围内，保持水样温度和水样的电导率在检验期间不变（如果水样电导率不稳定，则使用连续产生一定电导率水样的装置产生稳定电导率的水样），将标准电导率表（电极常数设定为 J_B）与标准电导电极连接，测量水样电导率为 κ_B。

将标准电导率表（电极常数设定为 J_B）与被测电导电极的引线连接，测量水样电导率为 κ_X。被测电导电极的电极常数计算方法见式（5），即：

$$J_X = \frac{J_B \kappa_B}{\kappa_X} \tag{5}$$

式中　J_X——被测电导电极的电极常数，cm^{-1}；

J_B——标准电导电极的电极常数，cm^{-1}；

κ_B——标准表连接标准电导电极时测量的水样电导率值，μS/cm；

κ_X——标准表连接被测电导电极时测量的水样电导率值，μS/cm。

10.5.2　电极常数调整

调整与被测电导电极配套的电导率表的电极常数设定值为 J_X。

11　测量

将电导传感器安装在取样管线，连接电导电极和电导率表。氢电导率测量用阳离子交换树脂柱应符合 DL/T 502.29—2006 中 6.1 的规定。对于新投运机组，应先切换取样管到排污冲洗管路，冲洗排放管路的杂质，以免杂物堵塞取样管。保持水样流量不低于 200mL/min，或调整到仪表厂家要求的流量，冲洗取样管和流通池中的杂质并排出空气。如果电导率表不具备合适的非线性温度补偿功能，应控制水样温度为 25℃±0.2℃。

随后对仪表进行整机工作误差检验（见 10.1）。以后每月进行一次整机工作误差检验。

校准整机工作误差合格后，投入正常测量。

12 精度和偏差

由于本测试方法为在线连续测定，不能进行不同单位的协同试验，因此无法获得精度或偏差数据。

附 录 A

（资料性附录）

本标准与美国 ASTM D5391—99（Reapproved 2009）相比的结构变化情况

本标准与美国 ASTM D5391—99（Reapproved 2009）相比在结构上有较多的调整，具体章条编号对照情况见表 A.1。

表 A.1 本标准与美国 ASTM D5391—99（Reapproved 2009）的章条编号对照情况

本标准章条编号	对应的 ASTM 标准章条编号
前言	—
引言	—
1	1.1
—	1.2、1.3
3.1	—
3.2	3.1.1
3.3	3.2.1
3.4、3.5、3.6	—
4.2.1	4.2
4.2.2	4.3
5	5.1、5.2、5.3
6.1	6.1、6.2、6.3
6.2	6.4
6.3	6.5
6.4	6.6
6.5	6.7、6.8、6.9
7.1.3、7.1.5、7.1.6	7.1.3
7.1.4	—
7.1.7	7.1.4
8.2	8.2、8.3
9.2	9.2.1、9.2.2
9.3	9.2.3
9.4	9.2.4
9.5	9.2.5
9.6	9.2.6

续表 A.1

本标准章条编号	对应的 ASTM 标准章条编号
—	9.2.7
10.1	—
10.2	10.1
10.3.1、10.3.2、10.3.3、10.3.4	10.2
10.4	10.3
—	10.4.1
10.5.1	10.4.2
10.5.2	—
11	11.1、11.2、11.3
附录 A	—
附录 B	—
附录 C	附录 A

附　录　B
（资料性附录）
本标准与美国 ASTM D 5391—99（Reapproved 2009）的技术性差异及其原因

表 B.1 给出了本标准与美国 ASTM D 5391—99（Reapproved 2009）的技术性差异及其原因。

表 B.1　下本标准与美国 ASTM D 539 重—99（Reapproved 2009）的技术性差异及其原因

本标准章条编号	技术性差异	原　因
1	将原标准中电导率低于 10μS/cm 的高纯水修改为电导率低于 10μS/cm 的纯水。 删除 ASTM D 5391—99（Reapproved 2009）中 1.2、1.3 对电导率测量单位的规定及使用本标准的安全说明	根据国内行业普遍共识，将原标准中电导率低于 10μS/cm 的高纯水修改为电导率低于 10μS/cm 的纯水。 电导率单位采用国际单位制，我国标准范围中没有使用该标准的安全说明
2	删除了 ASTM D 5391—99（Reapproved 2009）2.1 条中引用的部分 ASTM 标准条文。根据 GB/T 1.1—2009 要求将本部分修改为规范性引用文件，并列出具体标准名称	所删除的 ASTM 标准的内容与我国同类标准 GB/T 6903、GB/T 13966、DL/T 502.29——2006、DL/T 677—2009 中的内容类似，无技术冲突。为了便于我国标准人员使用本标准，因此用上述标准代替删除的 ASTM 标准
3	删除 ASTM D 5391—99（Reapproved 2009）术语中的 3.1.2、3.1.3，增加了电导、流通池、电导传感器、导线电容的定义（分别见 3.1、3.4、3.5、3.6），修改了电导率、电极常数定义（见 3.2、3.3）	在本标准中较多次出现了电导、流通池、电导传感器、导线电容等名词，为了帮助使用者理解这些名词的含义，防止产生混淆，增加了以上名词的定义

续表 B.1

本标准章条编号	技术性差异	原因
7.1.4	针对发电厂不同类型水质的纯水，增加了电导率表应该选择的温度补偿方式	ASTM D 5391—99（Reapproved 2009）标准中强调针对含有不同杂质的纯水应选择不同的温度补偿，并未指导标准使用者怎样设置电导率表的温度补偿。7.1.4 增加的内容明确了针对不同类型纯水、电导率表所应选择的温度补偿方式，使温度补偿方式具体化
7.1.5	增加了温度补偿电导率表非线性温度补偿准确性检验的方法	一些电导率表具备非线性温度补偿，但是否准确还需要进一步检验，并应明确检验方法
8.1、8.2	修改了对试剂的要求	ASTM D 5391—99（Reapproved 2009）8 中对试剂纯度的要求较低，为了保证电导率标准溶液的准确度，试剂要求按照国内相关标准执行
10.1	增加了整机工作误差检验的具体方法	ASTM D 5391—99（Reapproved 2009）10 中的各项内容是对电导率表的分项误差进行检验，检验工作量较大。按 DL/T 677—2009 表 1 规定，整机工作误差合格的电导率表，不必进行 10.2～10.5 条检验。整机工作误差不合格的电导率表，应进行 10.2～10.5 条检验，以确定整机工作误差超标的原因
10.2	增加了被检电导率表与标准电阻箱的连接图	使检验方法具体化，方便标准使用人员操作
10.3.2	增加了电极连接线影响检验的具体方法	使检验方法具体化，方便标准使用人员操作
10.4	增加了温度测量校准的具体方法	使检验方法具体化，方便标准使用人员操作
10.5.1	增加了电极常数测量的具体方法	使测量方法具体化，按照 DL/T 677—2009 方法便于国内标准使用人员操作
10.5.2	增加了电极常数调整	电极常数测量准确后，通过对电极常数进行调整，完成对电极常数的校准
11	修改 ASTM D 5391—99（Reapproved 2009）第 11 章	针对发电厂的纯水氢电导率测量，增加了对阳离子交换树脂柱的规定，增加了整机工作误差检验的频率，更便于标准使用人员操作执行
附录 C C.3	增加对电极常数的设置说明	使操作更加具体化，方便标准使用人员操作
附录 C C.4	修改 ASTM D 5391—99（Reapproved 2009）附录中的 A.1.5。增加电导率表是否满足纯水电导率测量要求的参照指标	使操作更加具体化，方便标准使用人员操作。给出详细的指标要求，便于用户判断电导率表是否能用来测量纯水

附　录　C
（规范性附录）
纯水电导率表的二次仪表性能检验

C.1　使用模拟电路检验电导率表测量纯水的性能，因为测量纯水电导率远比测量纯电阻的电导率复杂，不是所有电导率表适合准确测量纯水电导率。图C.1给出模拟电路示意图，该模拟电路表示电导电极在纯水中的实际导电情况。电导率表应能准确测量模拟电路中的标准电阻的电导率。

C.2　根据被测水样的电导率、电极常数和电极导线的长度，从表C.1中选择最接近实际情况的标准交流电阻箱和电容，组成模拟电路。将模拟电路的输出端与电导率表电导电极接线端连接，将一个直流电阻箱连接到电导率表的温度测量端，调整电阻箱使电导率表显示温度25℃±0.1℃，或者将电导率表设为不进行温度补偿的状态。

C.3　调整电导率表不进行任何补偿和修正，将电极常数设为0.1cm^{-1}或0.01cm^{-1}，使电导率表显示未经修正的电导率值。

C.4　将被检电导率表与标准交流电阻箱连接，读取其电导率示值；再将被检电导率表与标准交流电阻箱和电容组成的模拟电路（见图C.1）连接，读取被检电导率表示值；两次电导率示值的差表示电导率表测量纯水时受到微分电容和导线电容影响产生的误差（不包括温度补偿误差和电极常数误差）。本试验可以确定电导率表是否满足纯水电导率测量的要求（参见DL/T 677—2009表1“二次仪表引用误差要求”）。本模拟电路仅适用于电导率0.055μS/cm～0.1μS/cm范围的检验，对于电导率超过该范围的情况，用于检验的模拟电路各元件的参数需要重新确定。

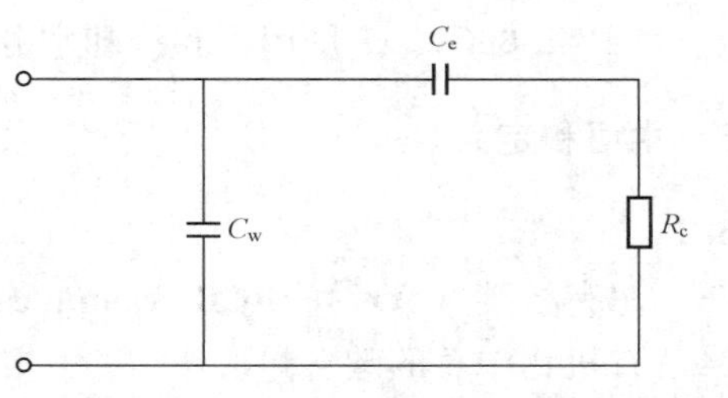

C_w—导线电容；C_e—微分电容；R_c—溶液电阻＝电极常数/电导率（用标准交流电阻箱调节）

图C.1　纯水电导率表检验模拟电路

表C.1　电导电极模拟电路的参数

模拟条件	C_w pF	C_e μF	R_c kΩ
0.055μS/cm，电极常数0.01cm^{-1}，2m电缆	330	1	182
0.055μS/cm，电极常数0.01cm^{-1}，50m电缆	8200	1	182
0.055μS/cm，电极常数0.1cm^{-1}，2m电缆	330	0.47	1820
0.055μS/cm，电极常数0.1cm^{-1}，50m电缆	8200	0.47	1820
0.1μS/cm，电极常数0.01cm^{-1}，2m电缆	330	5	100
0.1μS/cm，电极常数0.01cm^{-1}，50m电缆	8200	5	100
0.1μS/cm，电极常数0.1cm^{-1}，2m电缆	330	0.1	1000
0.1μS/cm，电极常数0.1cm^{-1}，50m电缆	8200	0.1	1000

附录G　火力发电厂水汽分析方法　总有机碳的测定

（DL/T 1358—2014）

1　范围

本标准规定了火力发电厂水汽中总有机碳的测定方法。

本标准适用于水汽中TOC和TOC_i含量在10μg/L～1000μg/L水样的测定。

2　规范性引用文件

下列文件对于本文件的应用是必不可少的。凡是注日期的引用文件，仅所注日期的版本适用于本文件。凡是不注日期的引用文件，其最新版本（包括所有的修改单）适用于本文件。

GB/T 6903　锅炉用水和冷却水分析方法　通则

3　术语和定义

3.1

总有机碳（TOC）　total organic carbon

有机物中总的碳含量。

3.2

总有机碳离子（TOC_i）　total organic carbon ion

有机物中总的碳含量及氧化后产生阴离子的其他杂原子含量之和。

4　方法提要

水中有机物完全氧化后将发生下列反应：

$$C_xH_yO_2 \longrightarrow CO_2 + H_2O \tag{1}$$

$$C_xH_yO_2M \longrightarrow CO_2 + H_2O + HM(O)_n \tag{2}$$

注：M表示有机物中除碳外氧化后可能产生阴离子的杂原子。

当有机物仅含有碳、氢、氧，不含其他杂原子时［见式（1）］，氧化后产生的二氧化碳与水中总有机碳含量成正比关系，通过测定氧化器进出口二氧化碳的变化就可计算出有机物中的碳（TOC）含量，此时测量的TOC含量与TOC_i含量一致。当有机物中除碳外还含有其他杂原子时［见式（2）］，氧化后除产生二氧化碳还会产生氯离子、硫酸根、硝酸根等阴离子（详见附录A），这时通过测量有机物中所有可能产生阴离子的原子（包括碳）氧化前后电导率的变化，折算为二氧化碳含量（以碳计）的总和即为TOC_i含量，而仅测定产生的二氧化碳含量计算得到的是TOC含量，这种情况下测得的TOC_i含量大于TOC含量，TOC_i含量能更准确地反映出水中有机物腐蚀性的大小。

5 试剂

5.1 试剂水：应符合 GB/T 6903 规定的一级试剂水的要求，且总有机碳含量应小于 50μg/L。

5.2 试剂纯度：应符合 GB/T 6903 要求。

5.3 TOC 储备溶液（1000mg/L）：准确称取 2.3770g 在 100℃烘干 2h 的优级纯蔗糖（$C_{12}H_{22}O_{11}$），用试剂水溶解后定量转移至 1000mL 容量瓶，用试剂水稀释至刻度。此溶液应保存在冰箱的冷藏室，有效期三个月。

5.4 TOC 标准溶液（10mg/L）：准确移取 TOC 储备液 1.00mL 放入 100mL 容量瓶，用试剂水稀释至刻度。此溶液应现用现配。

5.5 氨缓冲液 1（氨含量大约 1200mg/L）：移取 1.0mL 优级纯的氨水至 200mL 容量瓶中，用试剂水稀释至刻度。此溶液应保存在冰箱的冷藏室，有效期三个月。

5.6 氨缓冲液 2（氨含量大约 120mg/L）：移取 10mL 氨缓冲液 1 至 100mL 容量瓶中，用试剂水稀释至刻度。此溶液应现用现配。

6 仪器

6.1 仪器的选型：测量 TOC 可选用膜电导法为测量原理或使用非色散红外检测器的仪器。测量 TOC_i 宜使用直接电导法为检测器的仪器，但仪器应具备克服氨、乙醇胺等碱化剂对测量干扰的功能。

6.2 最低检测限不应大于 10μg/L。

6.3 分析天平：感量 0.1mg。

7 分析步骤

7.1 仪器测试条件的选择：仪器接通，预热后选择工作参数，使 TOC 测定仪处于稳定的工作状态。

7.2 工作曲线的绘制。

7.2.1 按表 1 的要求，用移液管分别移取 TOC 标准溶液（见 5.4 节）至一组 100mL 容量瓶中，向每个容量瓶中加入 1.00mL 氨缓冲液 2，定容至 100.0mL。

表 1 TOC 工作液的配制[a]

编号	1	2	3	4	5	6	7	8	9
加入 TOC 标准溶液体积 mL	0	0.50	1.00	1.50	2.00	4.00	6.00	8.00	10.0
氨缓冲液 2 体积[b] mL	1.00	1.00	1.00	1.00	1.00	1.00	1.00	1.00	1.00
相当水样加入的 TOC 含量 μg/L	0	50	100	150	200	400	600	800	1000

[a] 也可采用称量法配制总有机碳标准溶液。称取 0.5g～10.0gTOC 标准溶液（见 5.4 节）和 1.0g 氨缓冲液 2 至 100mL 塑料瓶，加入试剂水直至称量质量达到 100.0g，盖上瓶盖，摇匀后进行测定；测量不同含量 TOC 的样品时，可根据测量要求选择至少 4 点制作标准曲线，标准曲线的线性相关系数应达到或高于 0.999。

[b] 加入氨缓冲液是为了模拟水汽系统的水质条件，如测量结果表明加入氨缓冲液与不加氨缓冲液测量结果一致，TOC 工作液配制时也可不加氨缓冲液进行测量。

7.2.2 按照仪器的操作要求测量配制好的标准系列溶液的 TOC 或 TOC_i 含量，同时应进行空白水样的测量。

7.2.3 绘制 TOC 或 TOC_i 含量和响应值（宜为二氧化碳含量，μg/L）的工作曲线或计算回归方程。

注：有机物含量为零的纯水很难制得，因此在进行工作曲线绘制时，标样的值应减掉空白值才是加入标样的响应值。

7.3 水样中 TOC 或 TOC_i 的测定。

7.3.1 取样瓶宜采用聚酯、聚乙烯或聚丙烯材质，取样后应迅速密封并尽快测量。

7.3.2 取样后应按照仪器的操作要求进行测量。

7.3.3 根据测得的响应值，查工作曲线或由回归方程计算得出水样中 TOC 或 TOC_i 含量。

8 精密度

TOC 或 TOC_i 含量小于 200μg/L 时，两次测量结果的允许差应小于 10μg/L。

TOC 或 TOC_i 含量在 200μg/L～1000μg/L 时，两次测量结果的允许差应小于 20μg/L。

9 分析报告

分析报告至少应包括下列内容：

a）注明引用本标准。

b）受检水样的完整标识：包括水样名称、采样地点、采样日期、采样人、厂名等。

c）水样中 TOC 或 TOC_i 含量，μg/L。

d）分析人员和分析日期。

附 录 A
（资料性附录）
水中有机物的分解产物及潜在危害

A.1 热力系统有机物来源及潜在危害

有机物中不含卤素、硫等杂原子时，其在热力系统分解产物为甲酸、乙酸等低分子有机酸及二氧化碳；有机物中含氯，硫等杂原子时，其在热力系统分解产物除上述阴离子外还会有氯离子、硫酸根等阴离子。研究证明，水汽中有机物的含量超标会导致汽轮机低压缸叶片的腐蚀，由于低分子有机酸的腐蚀性远小于氯离子、硫酸根等强酸性阴离子，因此有机物对设备腐蚀与有机物中所含氯、硫等杂原子含量有密切关联。如污染严重的冷却水漏入凝结水、系统中添加药品质量不合格、补给水水源污染严重、除盐系统除有机物效率不高及树脂的溶出物较大时，均有可能在水汽系统中引进含卤素、硫等杂原子的有机物。许多电厂的案例表明，水中总有机碳（TOC）含量并未超标但 TOC_i 含量已严重超标，此时已伴随出现蒸汽氢电导率超标及汽轮机低压缸叶片严重腐蚀的情况。因此要防止汽轮机低压缸叶片的腐蚀，应该监测和控制水汽中 TOC_i 含量。

A.2 TOC与TOC_i测量指标的区别

A.2.1 TOC测量指标的含义

有机物中总的碳含量。其测量原理是通过检测有机物完全氧化前后二氧化碳的含量变化，折算为碳含量来计算有机物中总的碳含量，可使用以膜电导法为测量原理或使用非色散红外检测器的仪器进行测量。不管有机物成分如何变化，水汽中TOC含量仅表述有机物中总的碳含量，杂原子的含量不被反映。

A.2.2 TOC_i测量指标的含义

有机物中总的碳含量及氧化后产生阴离子的其他杂原子含量之和。测量TOC_i的原理为去除电厂水汽中的碱化剂及阳离子的干扰后，检测有机物完全氧化前后电导率的变化，折算为二氧化碳含量变化（以碳计）来表述有机物中碳含量及氧化后会产生阴离子的其他杂原子含量之和。测量TOC_i应使用直接电导法为检测器的仪器，但仪器应具备克服氨、乙醇胺等碱化剂对测量干扰的功能。水汽中TOC_i含量除表述有机物中总的碳含量外，卤素、硫等杂原子的含量也被反映出来，它表述的是TOC含量与有机物中杂原子含量之和。

A.3 几种典型有机物的分解产物

A.3.1 由碳氢化合物组成的有机物的分解产物

$$C_xH_yO_z \longrightarrow CO_2 + H_2O \longrightarrow H_2CO_3 \quad (A.1)$$

此时有机物的分解产物仅有二氧化碳，通过测量产生的二氧化碳即可测得总有机碳。如用蔗糖配置200μg/L的总有机碳溶液，测出的TOC及TOC_i含量一致，均能用于表征有机物含量。

A.3.2 三氯甲烷的分解产物

$$CHCl_3 \longrightarrow CO_2 + 3HCl \quad (A.2)$$

此时一个三氯甲烷分子的分解产物除一个二氧化碳外，还有三个HCl，通过测量产生的二氧化碳仅可测得三氯甲烷中的碳，而三个氯离子均未被反应出来；如测量TOC_i含量，氯离子产生的电导率可通过二氧化碳的量折算出来，因此可相对准确反应出有机物中杂原子的总量。如配制200μg/L的三氯甲烷溶液，测得其中TOC含量仅为20μg/L，TOC_i含量为196μg/L，此时TOC_i含量能更准确地反应出有机物中杂原子含量。

A.3.3 阳树脂溶出苯磺酸的分解产物

$$C_6H_6O_3S \longrightarrow 6CO_2 + H_2SO_4 \quad (A.3)$$

此时一个苯磺酸分子的分解产物除六个二氧化碳外还有一个H_2SO_4，通过测量产生的二氧化碳仅可测得有机物中六个碳，而硫离子未被反应出来。如果测量TOC_i含量，硫酸根离子产生的电导可通过二氧化碳的量折算出来，因此可以相对准确反应出有机物中杂原子的总量。如200μg/L的苯磺酸溶液，测得其中TOC含量为91μg/L，测得的TOC_i含量为145μg/L，此时TOC_i含量能更准确地反应出有机物中杂原子含量。

A.4 有机物分解产生的常见离子的极限摩尔电导率值

有机物分解产生的常见离子的极限摩尔电导率值见表A.1。

表 A.1 常见离子在水中的极限摩尔电导率（25℃）

离子	$\Lambda_{\mp}^{\infty}\times10^4$ S·m²·mol⁻¹	离子	$\Lambda_{\mp}^{\infty}\times10^4$ S·m²·mol⁻¹
H^+	349.82	NH_4^+	73.5
OH^-	198.6	CO_3^{2-}	144
Cl^-	76.35	$HCOO^-$	54.5
HCO_3^-	170	NO_3^-	71.4
F^-	54.4	SO_4^{2-}	160
CH_3COO^-	40.9	PO_4^{3-}	207

参 考 文 献

1 崔执应. 水分析化学. 北京：北京大学出版社，2006.

2 高等教育出版社. 分析化学实验. 4版. 北京：高等教育出版社，2003.

3 何以侃. 分析化学手册第三分册 光谱分析. 北京：化学工业出版社，1998.

4 刘约权. 现代仪器分析. 2版. 北京：高等教育出版社，2006.

5 李安模，魏继中. 原子吸收及原子荧光光谱分析. 北京：科学出版社，2000.

6 王世平. 现代仪器分析原理与技术. 哈尔滨：哈尔滨工程大学出版社，1999.

7 牟世芬，等. 离子色谱方法及应用. 2版. 北京：化学工业出版社，2005.

8 孙炳耀. 数据处理与误差分析基础. 河南：河南大学出版社，1990.